Paul Güterbock

Die chirurgischen Krankheiten der Harnorgane

Paul Güterbock

Die chirurgischen Krankheiten der Harnorgane

ISBN/EAN: 9783743340862

Hergestellt in Europa, USA, Kanada, Australien, Japan

Cover: Foto ©berggeist007 / pixelio.de

Manufactured and distributed by brebook publishing software (www.brebook.com)

Paul Güterbock

Die chirurgischen Krankheiten der Harnorgane

Die chirurgischen Krankheiten

der

HARNORGANE.

Von

PROF. DR. PAUL GÜTERBOCK,

K. Geheim. Medicinalrath und Privatdocent zu Berlin.

IV. THEIL:

Die chirurgischen Krankheiten der Nieren.

Mit 50 Holzschnitten.

LEIPZIG und WIEN

FRANZ DEUTICKE

1898.

VORWORT.

Bei dem Erscheinen dieses letzten Bandes der Krankheiten der Harnorgane weilt der Verfasser nicht mehr unter den Lebenden. Eine tückische Krankheit setzte seinem unermüdlichen wissenschaftlichen Streben ein jähes Ende — mit dem letzten Federstriche an diesem Buche war seine Schaffenskraft gebrochen. In dem uns hinterlassenen Werke über die Krankheiten der Harnorgane prägt sich am klarsten seine Eigenart aus, Alles auf seinem Gebiete Geschaffene seinem Wissen so organisch einzuverleiben und kritisch zu ordnen, dass er das ungewöhnlich reiche Material seines geistigen Besitzes zu jeder Zeit und an jeder Stelle zur Verfügung hatte.

Den ursprünglichen Plan, diesem Werke einen Band über die Krankheiten der männlichen Geschlechtsorgane folgen zu lassen, hatte der Verfasser aufgegeben, weil die Chirurgie dieser Organe zu einem grossen Theile bereits in den bisher erschienenen Abschnitten dieses Buches berücksichtigt worden ist, dagegen die Bearbeitung der functionellen Störungen in der Geschlechtssphäre im Wesentlichen der inneren Medicin und der Neurologie zufällt.

Wäre der Verfasser nicht so plötzlich von seiner Arbeit abgerufen worden, so hätte er wohl noch Manches überarbeitet und gefeilt; ich habe mich bei der mir durch Freundespflicht gebotenen Aufgabe, die hinterlassenen Manuscripte zu ordnen und die Drucklegung zu überwachen, nicht für befugt erachtet, Aenderungen vorzunehmen, selbst da, wo ich glaube, dass sie im Sinne des Verfassers gewesen wären.

Möchte dieses Buch dazu beitragen, das Andenken eines Forschers lebendig zu erhalten, der durch ausgeprägten Sinn für das Historische und eine auf lückenlose Literaturkenntniss basirte Gründlichkeit seiner Arbeiten im Gegensatze stand zu einer modernen Zeitströmung, welche, geblendet von den Erfolgen der Gegenwart, jenen Fundamenten wahrer Wissenschaft weniger Werth beizumessen geneigt ist, als sie verdienen.

Berlin, November 1897.

J. Israel.

INHALTS-VERZEICHNISS.

IX

Sechster Abschnitt.

Chirurgie der Nieren.

Vorbemerkung.

§ 102.

Von den Nierenkrankheiten fällt nur eine begrenzte Zahl in das Gebiet der praktischen Chirurgie, ihr grösserer Theil dagegen in das der inneren Medicin. Wir rechnen zu letzterer unter Anderem alle acuten und chronischen Entzündungen, soweit sie nicht zur Eiterung führen, namentlich also die früher als Morbus Brightii zusammengefassten Zustände, ferner die theils als trübe Schwellung, theils als fettige und amyloide Entartung, theils unter dem Bilde der Schrumpfung und Sclerose beschriebenen Veränderungen und dann auch die überwiegende Menge der tuberculösen und syphilitischen Nierenaffectionen. So wichtig die genaue Kenntniss aller dieser sowie mancher verwandten Krankheitsvorgänge dem Chirurgen sein muss, seiner directen Einwirkung sind sie entzogen. In das Bereich der Nierenchirurgie hat man dagegen aufgenommen:

1. Verlagerungen und abnorme Beweglichkeit der Niere, theils angeborener, theils erworbener Natur.

2. Verletzungen der Niere und ihre Folgen: eiterig-infectiöse Processe, Fisteln.

3. Pyo- und Hydronephrosen.

4. Cystenbildungen (Echinococcus der Niere).

5. Erkrankungen der Nerven und Blutgefässe.

6. Chirurgische Fälle von Syphilis und Tuberculose.

7. Neubildungen.

Dem üblichen Gebrauche, ein besonderes Capitel den an den Nieren ausgeführten Operationen zu widmen, haben wir uns theilweise, der besseren Uebersichtlichkeit halber, angeschlossen.

I. Einleitung.

Zur Anatomie und Physiologie der Nieren.

§ 103.

A. Allgemeine Beschreibung. Gestalt und Grösse der Nieren.

Die Nieren sind bilateral-symmetrische Organe, welche, jederseits von der Wirbelsäule am Uebergang von deren Brust- in den Lendentheil gelegen, den inneren Abschluss des uropoëtischen Systems bilden. Man hat die Gestalt der Niere mit der einer Bohne (*Henle*) verglichen und spricht von einem äusseren convexen und inneren concaven Rande, ferner von einer vorderen und hinteren Fläche, sowie einem oberen und unteren Ende oder „Pol“ und einem inneren an der Concavität gelegenen Einschnitte, „Hilus des Organs.“ Thatsächlich liegt indessen die vordere Fläche etwas nach aussen (lateralwärts), die hintere etwas nach innen (medianwärts) gekehrt, während das untere Ende weiter von der Wirbelsäule entfernt ist als das obere, derart, dass der innere Rand, welcher oben $2^{1}{}_{2}$ cm von der Mittellinie entfernt ist, unten etwa um $3^{1}{}_{2}$ oder 4 cm von dieser absteht (*Morris, Récamier*). Der Hilus liegt mithin nicht nach innen bezw. der Wirbelsäule zu, sondern mehr nach vorn und etwas nach unten.

Die Gestalt der Niere zeigt häufige Asymmetrien und Abweichungen vom bohnenförmigen Grundtypus, welche nicht nur von Fall zu Fall, sondern auch auf beiden Seiten (rechts und links) in der Regel wechseln. Erinnerungen an die embryonale Lappung sind häufig. Namentlich aber ist gewöhnlich die linke Niere ein wenig länger und schmäler als die rechte (*Luschka*). Abgesehen hiervon, ist an beiden Nieren fast immer die sogenannte vordere Fläche mehr gewölbt als die hintere, welche nahezu ganz flach ist, und man findet die grösste Dicke nicht in der Mitte, sondern an den Enden (Polen) des Organes, und zwar ist das untere Ende dicker als das obere (*Morris*). An der Concavität der Niere führt der „Hilus“ in eine meist mehr oder minder tief eindringende Höhle (sinus) zur Aufnahme seiner Bestandtheile; dieselbe hat eine vordere und hintere Lefze, von denen letztere meist stärker ist.

Die Grössenverhältnisse der Niere werden sehr verschieden, im Mittel auf $10\cdot8—11\cdot4 : 5\cdot4—6\cdot3 : 3\cdot4—4\cdot5$ cm angegeben. Doch ist der obere Theil oft bis $7\cdot2$ cm breit (*Vierordt*); auch ist die linke Niere nicht nur länger, sondern durchschnittlich wohl auch etwas grösser als die rechte. Indessen erleidet letztere Regel ebenso oft Ausnahmen wie die gleiche, dass die linke Niere in ausgeblutetem Zustande (*Sappey*) das mittlere Gewicht von 140 gr (*Vierordt*) etwas übertrifft, während die rechte unter demselben bleibt. Von grösserer Wichtigkeit dürfte sein, dass beim weiblichen Geschlechte die Niere als kleiner und leichter wie beim männlichen beschrieben wird, und dass ausserdem von der Mitte der Dreissiger-Jahre ab, also nach Abschluss des Wachsthums, eine fast ununterbrochene Gewichts- und

Volumsabnahme der Niere statt hat, und zwar beim weiblichen Geschlechte mehr als beim männlichen. Den Grund hierfür bildet nicht nur senile Atrophie, der die Nieren ebenso wie alle anderen Theile des Organismus verfallen, sondern es spielt hier mit zunehmendem Alter die stärkere Entwickelung des Hilusfettes wie des Nierenfettes überhaupt eine Rolle (*Launois*).

Die Consistenz der Niere ist derb, namentlich im Verhältnisse zu der der übrigen Bauchorgane, speciell der Leber und Milz. Das specifische Gewicht der Niere ist ein relativ hohes (*Landau*). Die Farbe der Niere ist am Lebenden nicht selten eine recht lebhafte, gelbröthliche, während ihre Oberfläche an der Leiche häufig einen verwaschenen Farbenton zeigt in Folge von Hypostase sowie Flüssigkeitsimbibition Seitens weicherer Nachbarorgane bei fortschreitender Verwesung.

B. Zusammensetzung und Befestigungsmittel der Niere.

Für die chirurgische Betrachtung der Niere kommen in Frage, abgesehen von ihrem aus Rinde und Mark bestehenden Parenchym, ihre Hüllen, die sogen. Fettkapsel und die eigentliche fibröse Kapsel (auch „Tunica propria" genannt) und die der rein anatomischen Eintheilung nach eigentlich zum Ureter gehörigen Nierenkelche und Nierenbecken. Letztere bilden mit den grossen Gefässen den wesentlichen Inhalt des Hilus bezw. Sinus. Doch beginnt die Verästelung der Gefässe in 4 oder 5 Stämme bereits kurz vor Eintritt in den Hilus. Sie setzt sich dann im Sinus fort, so dass im eigentlichen Nierenparenchym auf Durchschnitten nur selten erheblichere Gefässe getroffen werden.

Namentlich Incisionen, welche nach Art des in den Präparirsälen üblichen Sectionsschnittes die Niere von der Convexität aus halbiren, führen fast nie zu nennenswerthen Blutungen, und man hat eine getrennte Gefässversorgung der vorderen und hinteren Nierenhälfte angenommen. Die fibröse Kapsel erhält ebenso wie die Nebenniere und das Nierenbecken besondere Zweige.

Ausser dem Nierenbecken und den Blutgefässstämmen enthält der Hilus die grösseren Nerven- und Lymphgefässe. Einzelne Nervenfäden dringen jedoch von der Peripherie her in die Niere, während andere sich bald von den Gefässen am Hilus trennen und sich selbstständig verästeln. Daneben bestehen Anastomosen mit dem nervösen Netz des Harnleiters, und recurrirende uretero-capsuläre Fäden bilden das Substrat der reflectorischen Betheiligung der Nieren an den Vorgängen in den unteren Harnwegen wie auch der einer Niere an den Zuständen der anderen. Die Nerven der Niere stammen übrigens nicht alle aus dem Plexus solaris, sondern auch vom Stamm des Sympathicus und den unteren Lendenganglien (*Duprat*). Die Lymphstämme begleiten hauptsächlich die arteriellen Zweige (*Sappey*), so dass es bei der Erweiterung oder bei Anschwellung von Lymphdrüsen an der Nierenpforte nicht immer sofort zu Rückstauungen kommt, da die grossen Nierenvenen am meisten nach vorn liegen;

erst dann kommen die Arterien und zuletzt nach hinten Nierenbecken mit Harnleiter (s. Fig. 325). In Uebereinstimmung mit dieser Anordnung ist die Vena renalis links erheblich länger als rechts, während

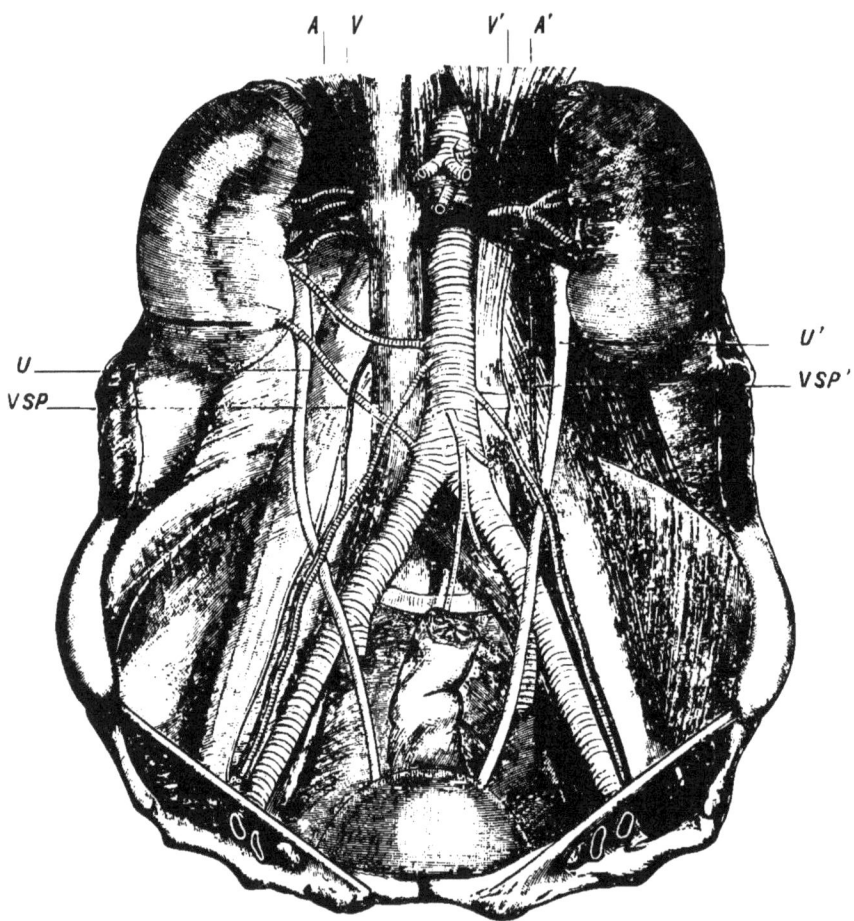

Fig. 325.

Hintere Bauchwand mit Niere und Harnleiter nach Entfernung des Bauchfells zur Erläuterung der verschiedenen Längen der Nierengefässe auf beiden Seiten und ihre Lage zu den Harnleitern. (Nach Gerlach, s. o. Fig. 311.)

A rechte, *A'* linke Arteria renalis.
V rechte, *V'* linke Vena renalis.
U rechter, *U'* linker Ureter.
VSP rechte, *VSP'* linke Vena spermatica interna.

für die Arteriae renales das Umgekehrte statt hat. Beide, Arterien und Venen, sind nur wenig auf der Unterlage verschieblich; man betrachtet sie daher als ein Befestigungsmittel der Niere, insofern als diese der Fixation durch Gekröse oder Aufhängebänder entbehrt. Die Nierengefässe sind unverhältnissmässig stark im Vergleich mit der Grösse der von ihnen gespeisten Organe. Es tritt dieses um so mehr hervor, als ausser den genannten kleinen Zweigen eine weitere Abgabe besonderer Aeste nicht erfolgt.

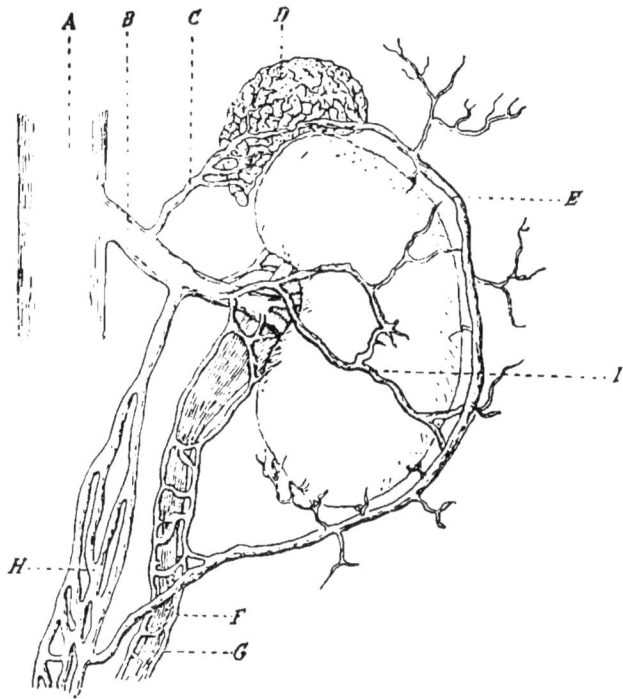

Fig. 326.

Venen der Capsula adiposa nach Tuffier und Lejars.

A Vena cava.

B Vena renalis.

C Vena suprarenalis seu capsularis autorum.

D Nebenniere.

E Arcus venosus perirenalis.

F Venengeflecht des Ureter.

G Ureter.

H Vena spermatica.

I Vordere Capselvene.

Nur die linke Nierenvene nimmt ausser der V. spermat. meist noch eine V. suprarenalis und eine V. phrenica inferior auf. Einen regelmässigen Zusammenhang hat im Uebrigen das Gefässsystem der Niere mit dem des Nierenfettes: man vergleiche hierüber und die specielle Bedeutung des sogenannten Arcus perirenalis (Fig. 326) das Capitel der Nierenverletzungen.

Wesentliche Abweichungen können die Nierengefässe in Bezug auf Anordnung und Auftheilung bieten, so dass die Lage der arteriellen zu den venösen Gefässen eine unregelmässige und ihre isolirte Unterbindung bei der Nierenexstirpation erschwert, ja unmöglich wird (*G. Smith*). Häufig ergiesst sich auch eine accessorische Nierenvene gemeinsam mit einer von der Unterfläche der Leber stammenden Vene direct in die Hohlvene.

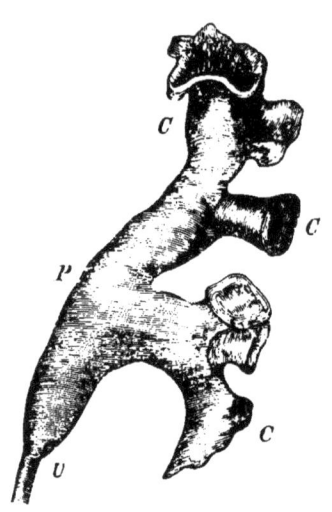

Fig. 327.

Abguss des Nierenbeckens mit Nierenkelchen und oberem Ende des Harnleiters (nach Henle, s. o. Fig. 310).

CC Nierenkelche (Calices).

P Nierenbecken (Pelvis).

U Ursprung des Harnleiters aus dem Infundibulum des Nierenbeckens.

Für das Nierenbecken mit den Nierenkelchen gilt als der normale Typus der „ampulläre" (Fig. 327 nach *Henle*). Das Nierenbecken spaltet sich in einen oberen und unteren Theil, jeder dieser beiden hierauf wieder in eine Anzahl Röhren (2·54 cm lang, von Stärke der Nr. 19 der französischen Scala). Diesen Röhren, den eigentlichen Kelchen, entspricht häufig eine grössere Zahl von Papillen, da manchmal ein einziger Kelch zwei bis drei Papillen umschliesst, wobei er ihnen mittelst des Tonus seiner circulären Musculatur hermetisch anliegt.

Seltener hat das Nierenbecken den „ramificirten" Typus (*Seyond*), bei dem sich die röhrenförmigen Kelche zu zwei und mehr Sammelröhren verbindend, direct in den Ureter münden und so dessen Duplicität vortäuschen können.

Im Allgemeinen zieht sich das Nierenbecken bei seinem Uebergang in den Harnleiter trichterförmig aus: „Infundibulum", und der Beginn des Harnleiters markirt sich an diesem der unteren Hälfte der Niere entsprechend (in vielen Fällen genau im Niveau des unteren Nierenpols), durch eine Verengerung der Lichtung; Fig. 328 (nach einem frischen Präparate des hiesigen königl. Institutes für Staatsarzneikunde) demonstrirt dieses bei *U* ebenso wie die Richtung des Nierenbeckens und des obersten Harnleiterabschnittes, welche mit den Gefässen den Nierenstiel in chirurgischem Sinne bilden. Allerdings ist der Verlauf dieser mehr ein querer, der vom Nierenbecken und oberen Harnleiterabschnitte aber ein von oben und aussen nach unten und innen gerichteter. Im Vergleich zu den Stielgefässen sind Nierenbecken und Ureter dünnwandige zarte Gebilde, und obschon ihre Wandung direct in die Tunica propria der Niere übergeht, tragen sie in vivo doch wenig zur Befestigung des Organes in seiner normalen Lage bei.

Oft ist der Uebergang von Nierenbecken in Ureter ein ziemlich plötzlicher. so dass man einen förmlichen Hals (Collum) des Ureter (s. o. Fig. 327) als seine engste der Mündung entsprechende Stelle beschreibt.

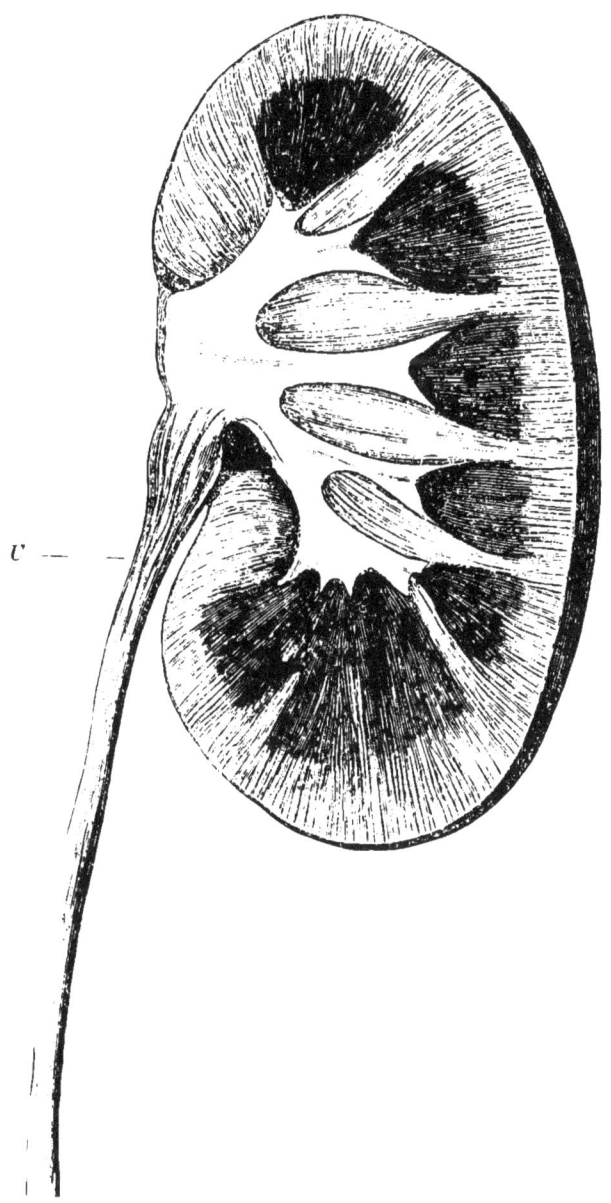

Fig. 328.

Sectionsschnitt durch eine normale Niere sammt Nierenbecken. um die Art der Einmündung des Harnleiters (U) in dieses zu demonstriren.
(Original-Abbildung von Paula Günther.)

Die fibröse Kapsel der Niere (Tunica propria) besteht aus zwei, beim Menschen minder deutlich als bei Thieren unterscheidbaren Schichten. Sie lässt sich nur mit einiger Gewalt von der Nierensubstanz trennen: dagegen ist die sogenannte äussere Fettkapsel (Capsula adiposa Halleri) leicht ablösbar, und es erscheint dann die Nierenoberfläche häufig mit leicht blutenden Fettträubchen besetzt.

Die Fettkapsel der Niere stammt von der Fascia propria peritonei, welche, sich in zwei Blätter spaltend, die Niere von vorn und von hinten überzieht, um sich oben zwischen Niere und Nebenniere, unten aber mehr in der Tiefe im Becken wieder zu einem Blatte zu vereinigen. Das hintere Blatt ist durch Adhäsionen an die Adventitia der Aorta und an die Fascie der Pars lumbalis des Diaphragma befestigt (Ligamentum suspensorium renis nach *Englisch*). Das vordere Blatt der Kapsel hängt innig mit dem Peritoneum zusammen. Bei Kindern ist diese Kapsel ebenso wie beim Fötus fettarm. Erst vom achten Lebensjahre beginnt sich der Raum zwischen den beiden Blättern der Fascie propria und der fibrösen Kapsel der Niere mit Fett zu füllen, und zwar ziemlich gleichmässig. Bis dahin genügt neben dem von den grossen Gefässen gebildeten Nierenstiel die straffe Spannung des Bauchfelles allein, um die Niere in situ zu erhalten. Es sind deshalb die Nieren nicht ganz so frei verschieblich wie manche anderen Unterleibsorgane. Immerhin ist es jedoch irrig, sie für völlig unbeweglich zu halten. Wohl dürfte die Fettkapsel, deren Fett am Lebenden man sich als flüssig und daher als wenig compressibel vorstellen muss, nur in begrenzter Weise ein den physiologischen und pathologischen Volumsschwankungen nachgebendes Polster (*Roy* und *Cohnheim*) darstellen. Andererseits gestattet eben diese flüssige Beschaffenheit der Fettkapsel eine mehr oder minder grosse Verschieblichkeit der Niere in ihrem Bereiche, und zwar um so mehr, als das Nierenfett mit einer Fettanhäufung nach oben bis zum Zwerchfell reicht und nach unten in das subperitoneale Fett des Beckenzellgewebes übergeht.

Eine solche Verschieblichkeit kann namentlich bei weiblichen Erwachsenen, deren circumrenale Fettbildung häufig stärker ist, als die der Männer, sehr augenfällig werden, und man beobachtet bei ihnen am besten die respiratorischen Mitbewegungen der Niere. Dieselben sind als normale Vorkommnisse (*J. Israel*, *Litten* u. A.) für Untersuchungszwecke ausnutzbar und dürften in ihrer regelmässigen Wiederkehr für die Nierenfunction eine physiologische Bedeutung besitzen (*Riedel*); auch lassen sie sich unter bestimmten Bedingungen an der Leiche nachahmen (*Lange*).

C. Topographie der Nieren.

Die Nieren nehmen jederseits das obere Drittel der Fossa lumbalis ein, d. h. des ganzen Gebietes, welches von den vorderen Flächen der grossen Rückenmusculatur der Lendengegend und dem Bauchfelle einerseits und vom Brustkorb und dem Darmbein andererseits begrenzt wird. Die Angaben über die specielle Lage der Nieren in dem genannten Theile der Fossa lumbalis sind nicht bei allen Autoren die gleichen. Im Allgemeinen kann man eine Niere in „mittlerer" Lage *(Litten)* bezw. in normaler Position befindlich erachten, die nach oben nicht viel über den letzten Zwischenrippenraum hinausgeht, nach unten aber die Mitte des dritten Lendenwirbels nicht ganz erreicht *(Morris, Greig Smith* und A.). *Litten* bezeichnet den Dornfortsatz des elften Brustwirbels als oberen, den des zweiten Lendenwirbels als unteren Merkpunkt der Längenausdehnung der „mittleren" Lage der Nieren, doch liegen bei Frauen die Nieren durchschnittlich um die halbe Höhe eines Lendenwirbels höher als bei Männern, und sind bei jenen extrem tiefe Lagen ungleich häufiger als bei diesen. Denn während bei Männern nur in einer begrenzten Zahl von Fällen der untere Nierenpol das Niveau des Darmbeinkammes, und zwar lediglich auf der rechten Seite überschreitet, findet dieses bei Frauen ungleich häufiger als bei Männern und auch beiderseitig statt *(Helm)*. Namentlich bei älteren weiblichen Personen, welche sich der Involutionsperiode nähern, findet man einen derartigen Tiefstand der Niere gleichzeitig mit dem Erschlaffen des Bauches und der Senkung seines Inhaltes nach vorn und unten. Man kann hier von einer Art physiologischer „Enteroptose" reden. Die Senkung des Niveaus der Niere, welche deutlicher palpabel und leichter äusseren Einflüssen zugänglich bezw. verschieblicher erscheint, führt Unerfahrene zur irrigen Annahme einer beweglichen oder Wanderniere. Letztere wird dann durch die stärkere respiratorische Mitbewegung, welche man zum Zwecke der Untersuchung der Niere durch den Kranken ertheilen lässt, noch besonders begünstigt.

Das vorstehende Verhalten kommt besonders auf der rechten Seite vor, denn, wenn bei Frauen häufiger als bei Männern beiderseits der untere Nierenpol das Niveau des Darmbeinkammes überschreitet, so findet dieses doch häufiger rechts statt. Bei Frauen steht zwar nicht regelmässig, wohl aber in der Mehrzahl — nach *Helm* in zwei Drittel der Fälle — die rechte Niere mit Rücksicht auf die über ihr ausgebreitete Leber, in deren unterer Fläche der obere Nierenpol einen Eindruck zu hinterlassen pflegt, deutlich tiefer als das linksseitige Organ. Es scheint fast, als ob die stärkere Ausbildung, welche mit dem zunehmenden Alter der rechte Leberlappen erreicht, das Wachsthum der rechten Niere nach oben behindert. Bei jungen Kindern treten nämlich Lageunterschiede zwischen rechts und links minder stark hervor als beim Erwachsenen, wenn sie auch bei diesem kein ganz regelmässiges Vorkommniss sind *(Landau)*, und jedenfalls beeinträchtigen die Stellungsunterschiede nicht die Regel, dass die nicht vergrösserten Nieren unter normalen Verhältnissen zu einem erheblichen Theil, etwa in der Hälfte ihrer Gesammtmasse, von den Organen der Pleurahöhle umgeben werden. Insbesondere gilt dieses von ihrer Hinterfläche.

Hat das Zwerchfell wie sehr oft muskelarme Stellen, so kann die hintere Fläche der Niere in grösserer Ausdehnung unvermittelt der Pleura anliegen, und zwar um so mehr, je weniger entwickelt die zwölfte Rippe ist. *(Holl, Lange* u. A.) Das Verhalten der zwölften Rippe ist überhaupt sehr wichtig wegen der Beziehungen der Pleura zur Niere. Ist die zwölfte Rippe nur kurz oder gar lediglich als Rudiment vorhanden, so muss die Pleura weit über sie hinaus nach unten, und in denjenigen hierhergehörigen Fällen, in denen sie so klein ist, dass man die elfte Rippe als letzte Rippe ansieht und diese als Grenze oder Ausgangspunkt für Schnitte nimmt, so liegt die Gefahr einer Verletzung der Pleura sehr nahe. Das Nähere über die hier massgebenden Verhältnisse zeigen die beiden nebenstehenden schematischen Abbildungen *Récamier's* auf Fig. 329. In zweifelhaften Fällen hat man daher gerathen, die Rippen von oben nach unten zu zählen, um sicher zu sein, wirklich die zwölfte Rippe vor sich zu haben. Jedenfalls sind Incisionen nicht zu sehr ihrem unteren Rand zu nähern, zumal da die Pleura sich bis zum lateralen Rand des M. quadrat. lumbor. erstrecken kann *(Lange)*.

Unterhalb des Brustkorbes kommt für die hintere Nierenfläche die hintere Bauchwand, speciell deren als Lende bezeichneter Theil in Betracht. Dieses für die operative Freilegung der Niere bestimmte Terrain wird bedeckt zunächst von einem Zipfel des M. serrat. post. inf., einem Stück des M. latiss. dorsi, und muskelarmen Stelle zwischen beiden. Dann aber kommen hauptsächlich der M. transv. abd. mit seiner Fascie und die zwischen deren drei Blätter*) aufgenommene Musculatur des Sacrolumbalis und Quadratus lumborum. Den „Point de repère" bildet der Rand der M. sacrolumbalis, nach dessen Freilegung man vom Nierenfett nur noch durch das sogenannte vordere Blatt der Fascia transversa getrennt ist und sich gleichzeitig nicht allzuweit von der Vereinigungsstelle der drei Blätter der Fascia transversa befindet, wohl aber hinreichend fern vom Umschlag des Peritoneum parietalis (Fig. 330 auf S. 850). Nur links ist diese Entfernung zuweilen etwas geringer, was man beim Eindringen in die Tiefe zu beachten hat, um eine Peritonealverletzung zu meiden *(Lange)*.

Von den übrigen topographischen Beziehungen der Niere haben wir die zur Nebenniere nur ganz kurz zu erwähnen. Ausserhalb der Capsula adiposa der Spitze des oberen Poles aufsitzend, nimmt die Nebenniere an den Verbildungen und sonstigen Veränderungen der Niere nur selten direct theil. Wichtiger ist das Verhalten der sogenannten vorderen, etwas gebogenen Fläche der Niere, welches indessen auf beiden Seiten Unterschiede bietet. Rechts liegt diese Fläche oben ausser der Leber dem verticalen Theile des Zwölffingerdarmes sowie anderen dünnen Därmen, vor Allem aber dem aufsteigenden Dickdarm an, in welchen Eiterungen der Niere direct, ohne das Bauchfell zu beschädigen, durchbrechen können *(Luschka)*. Die gewöhnliche Beschreibung, dass der aufsteigende Dickdarm die Vorderfläche der Niere schräg von aussen her kreuzt, um sich zum Querdarm umzuschlagen, ist indessen nicht ganz correct. Hier walten

---

*) Nach neueren Untersuchungen ist das sogenannte vordere oder tiefe Blatt der Fascia transver. nicht als zu dieser gehörig, sondern als Fascia propria des M. quadrat. lumb. aufzufassen.

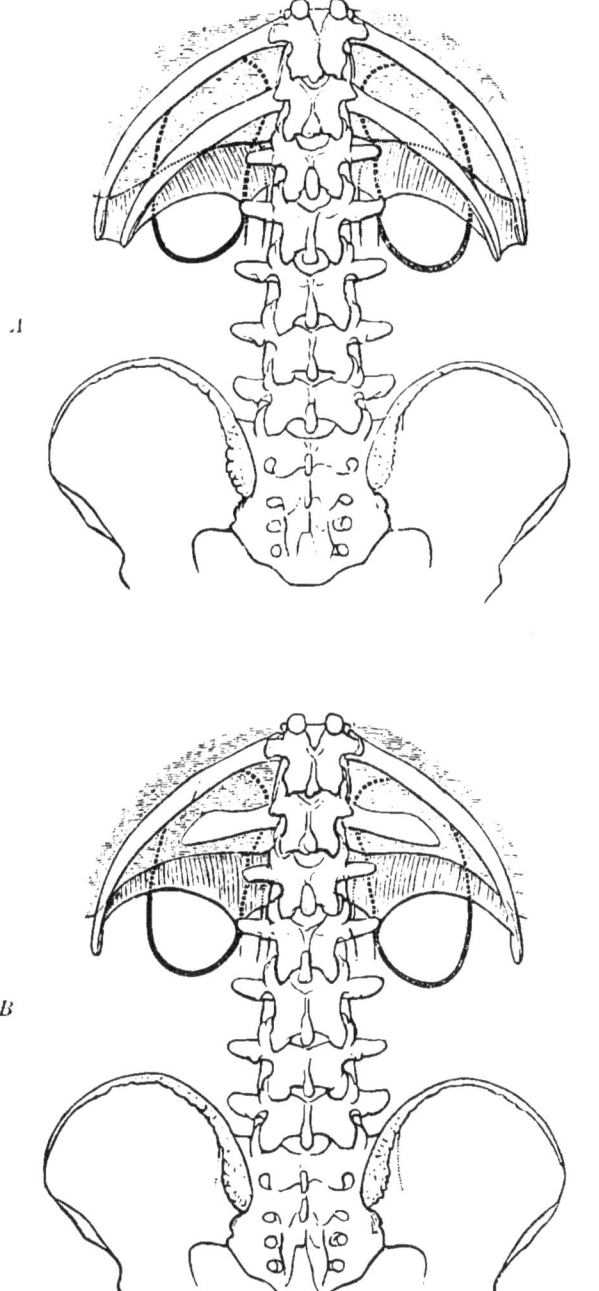

Fig. 329.

Schematische Darstellung des Verhaltens der Pleura bei langer (*A*) und kurzer (*B*) zwölfter Rippe nach Récamier. Im ersteren Falle befindet sich ein Theil der Rippe unterhalb der Grenze Pleura, im letzteren liegt diese Grenze unterhalb der zwölften Rippe.

grosse individuelle Verschiedenheiten ob; abgesehen von diesen, wird in der Mehrheit der Fälle das untere Ende der Niere vom Dickdarm in einem nach oben offenen Bogen umzogen, ehe derselbe in den Querdarm übergeht. Man kann daher auf der rechten Seite gewissermassen von einer Flexura renalis gegenüber der eigentlichen Flexura hepatica

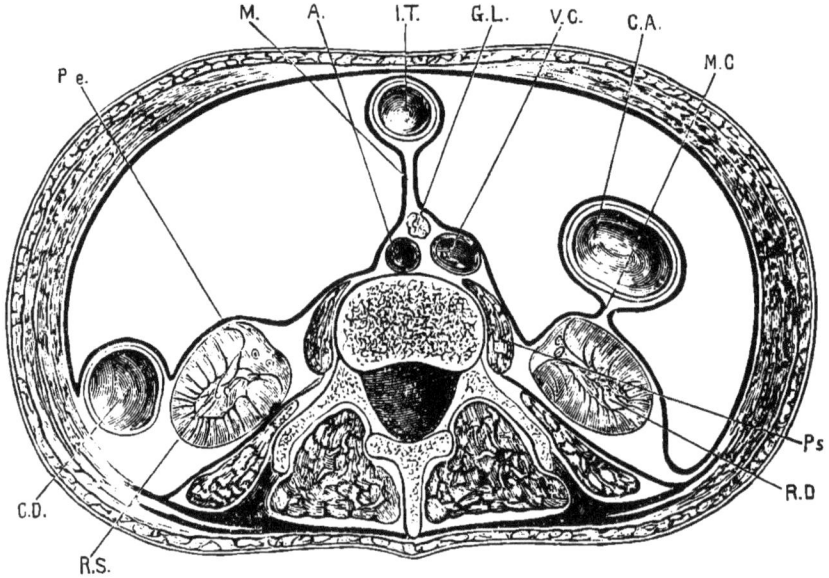

Fig. 330 (nach Tillaux).

Schematische Darstellung eines Querschnittes in Höhe der Lendengegend zur Veranschaulichung der Beziehungen des Bauchfells zu den Nieren und zu den Lendenfascien.

A Aorta.
C A Colon ascendens.
C D Colon descendens.
G L Lymphdrüse zwischen beiden Blättern des Mesenteriums (*M*).
I T Dünndarm.
V C Vena cava inferior.
M C Mesocolon ascendens.
P Psoas.
P E Peritoneum.
R D und *R S* rechte und linke Niere.

reden *(Helm)*. (Fig. 331.) Links findet dagegen der Uebergang vom Querdarm in den Dickdarm vom oberen Pol der Niere in der Regel statt, so dass die Stelle der fast rechtwinkligen Umbiegung hier höher liegt als die rechts. Auch hier existiren sehr viele Varietäten, im Ganzen entbehrt aber das absteigende Colon solcher directen Beziehungen zur Niere, wie das aufsteigende sie hat; es verläuft in der Regel deutlich aussen (lateralwärts) nach unten. Besitzt das aufsteigende Colon im Bereich der rechten Niere – wie es für mindestens ein Drittel der Fälle erwiesen — ein Gekröse, so kann dieses, wenn es kurz und straff ist, zur Unterstützung der Fixation der Niere beitragen; ist es dagegen länger, erstreckt es sich weit nach oben, so fehlt die directe Berührung der Niere mit dem Colon ohne Dazwischenkunft des Bauchfelles. In extremen Fällen wird die Niere dann fast zu einem Peritonealorgan gleichsam mit einer Art Mesonephron. Auf der linken Seite ist zwar für gewöhnlich kein Gekröse vorhanden, indem das absteigende Colon durch einen kurzen Zellstoff an die pars costalis des Zwerchfelles und den M. quadrat. lumbor. unver-

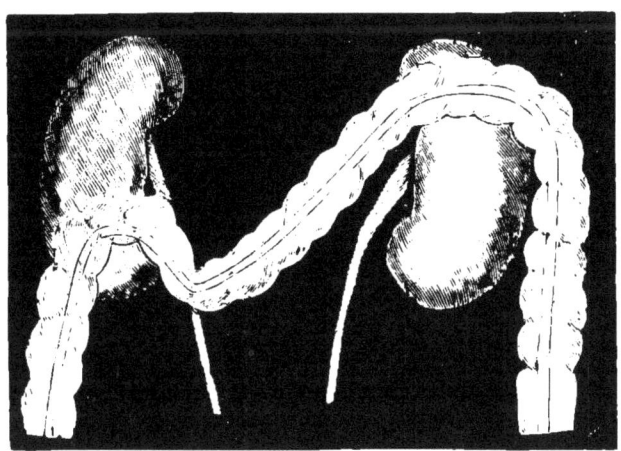

Fig. 331.

Lage des Dickdarms zu den Nieren (nach G u i l l e r).

(Man beachte die doppelte Krümmung der Flexura hepatica an der Vorderfläche der rechten Niere.)

schieblich angelöthet ist; aber selbst bei dem nicht übertrieben seltenen Vorhandensein eines Mesocolon descendens hat dieses, bei dem Fehlen inniger Beziehung zwischen dem Colon descendens selbst und der linken Niere, für die Fixirung dieser keine solche Bedeutung; die linke Niere hat an ihrer Vorderfläche stets ein vom Bauchfell freies Gebiet, welches zuweilen an ein ebensolches der Milz (*Lange*) stösst.

Bei Nierengeschwülsten liegt das Colon ascendens direct vor der rechten Niere, sie im geblähten Zustande namentlich mehr oder minderweit überdeckend; links ist der absteigende Dickdarm mehr aussen und gleichzeitig vorn zu suchen, doch erleidet beides vielfach Ausnahmen.

D. Untersuchung der Nieren.

§ 104.

Die Untersuchung der Nieren für chirurgische Zwecke geschieht entweder:

A durch die physikalischen Methoden, oder

B. durch die Beurtheilung ihrer Function mit Hilfe der Prüfung des Harns, oder

C. durch Explorativincision bezw. Explorativpunction.

A. Die physikalischen Methoden der Nierenuntersuchung.

Dieselben wurden in den meisten Werken bis vor Kurzem sehr cursorisch behandelt. Thatsächlich kommen die Inspection und die Percussion nur unter besonders günstigen pathologischen Verhältnissen in Frage.

1. Bei der Inspection soll man auf die mehr oder minder erhebliche Ausfüllung der Fossa lumbalis jederseits neben der Wirbelsäule achten (*Ledentu*), um durch den Mangel der Füllung auf das Fehlen der Niere an ihrer normalen Stelle, dagegen durch die Steigerung der Füllung auf eine Anschwellung des Organes Rückschlüsse zu machen. Höchstens bei ganz mageren Personen kann die Inspection auf diese Weise Aufklärungen geben, die auf anderen Wegen nicht so schnell zu erlangen sind.

2. Die Percussion der Niere vermag unter normalen Verhältnissen nur ein sehr kleines Stück ihres unteren Endes in Betracht zu ziehen, nämlich dasjenige, welches über den Rippenbogen nach unten und den Rand des M. sacrolumbalis nach aussen sich erstreckt. *Récamier* schätzt die grösste Ausdehnung dieses Stückes auf höchstens 1½ cm. Aber abgesehen von der Kleinheit dieses Areals, wird die Nierenpercussion häufig durch das mit Koth gefüllte oder meteoristisch aufgetriebene Colon illusorisch. Auch können die übrigens normalen Nieren nur mit einem sehr geringen, vornehmlich dem ihrem unteren Pol entsprechenden Theil ihrer Hinterfläche dem Rücken anliegen (*Pansch*), so dass aus diesem Grunde von der Percussion der Nieren nichts zu erwarten ist. Wirklich positive Ergebnisse hat die Percussion der Niere nur bei ihren Vergrösserungen und Verlagerungen, und kann hier der Nachweis werthvoll sein, dass die der normalen Position der Niere entsprechende Dämpfung unvermittelt in einen weiter aussen, unten und vorn gelegenen Dämpfungsbezirk übergeht. Die wahre Bedeutung dieses Verhaltens wird allerdings immer erst die Palpation ergeben, welche hier wie auch sonst der Percussion durchaus überlegen ist. Immerhin kann letztere sich hilfreich erweisen bei der Bestimmung der Grenzen wichtiger Nachbarorgane (Lungen, Leber, Milz, Magen, Därme) gegenüber einem der Niere angrenzenden, von der Lende nach vorn und unten sich hinziehenden Dämpfungsbezirk. In besonderen Fällen kann die künstliche Ausdehnung des Magens resp.

des Dickdarms durch Kohlensäure oder Luft hier sich verwerthen lassen.

Nach *Zuelzer* kann man die Ergebnisse der Nierenpercussion sehr verfeinern, wenn man gleichzeitig mit ihr an einer anderen Stelle der Abdomen, aber möglichst auf der gleichen Seite, auscultirt. Praktische Bedeutung hat diese „combinirte" Percussion aber bisher nicht.

3. Die Palpation der Niere knüpft sich in ihrer Ausführung eng an die physiologische, den verschiedenen Phasen der Respiration entsprechende Verschiebung der Niere (vergl. S. 846).

Man kann die Nierenpalpation sowol bei Rücken- wie bei Seitenlage des Patienten ausführen. In beiden Fällen ist es oftmals Sache der Uebung und des Tactus eruditus, ob der Untersuchende beide Nieren von der gleichen Stellung auf der rechten Seite des Kranken aus untersuchen will oder diese Stellung lediglich für die rechte Niere innehält, während er für die linke an die linke Seite des Patienten tritt (s. jedoch unten).

a) Bimanuelle Palpation der Niere in Rückenlage des Patienten. Der Kranke liegt auf einer festen Unterlage am besten mit leicht angezogenen Knieen; der an seiner Seite stehende Arzt schiebt die Finger der einen Hand flach unter die Lendengegend und vertieft sich mit den Fingern der anderen flach aufliegenden Hand vorn am Bauche, etwa 1" unterhalb der Vereinigungsstelle der X. Rippe mit dem Rippenbogen. Hierbei dürfen die Fingerspitzen keinen Druck ausüben oder sich in die Tiefe bohren, um in den Bereich der von der anderen Hand von der Lende her nach vorn gedrängten Niere zu gelangen. (Fig. 332 umstehend.)

Die vorstehenden Untersuchungsmanöver werden durch einige Momente sehr erleichtert und begünstigt. Am wirksamsten sind die Athmungsbewegungen (s. o. S. 846); mit der Inspiration tritt die Niere nach unten; je tiefer dieselbe, desto mehr ist dieses der Fall. Man gibt daher dem Kranken auf, bei leicht geöffnetem Munde möglichst tief zu athmen Ein weiterer hier massgebender Factor ist die möglichste Erschlaffung der Bauchdecken, zu deren Behufe man für die nöthige Entleerung des Verdauungscanals mit nachfolgender Darreichung von Wismuth vor der Untersuchung zu sorgen hat. Man hat auch zur Erschlaffung der Bauchdecken bei der Nierenpalpation die Narkose angewendet. So unentbehrlich diese in vielen Fällen chirurgischer Nierenkrankheiten für diagnostische Zwecke ist, so schliesst sie doch in der Regel die Ausnutzung der gesteigerten Inspirationsbewegungen bei der Nierenpalpation aus*). Dass dünne, magere äussere Bedeckungen, ebenfalls die bimanuelle Palpation der Niere in Rückenlage erleichtern, während die umgekehrten Verhältnisse, starkes Fettpolster, kräftige

---

*) Die von *Lennhoff* u. A. neuerdings empfohlene Untersuchung im warmen Bade dürfte hinreichend Erschlaffung der Bauchdecken ohne die Nachtheile der Narkose in manchen Fällen gestatten. (Anmerkung während des Druckes.)

Musculatur etc., sie erschweren oder gar verhindern, bedarf keiner Hervorhebung. Fügen wir noch hinzu, dass für die in Rede stehende Untersuchungsmethode oft auch individuelle Eigenthümlichkeiten, wie z. B. Deviationen der Wirbelsäule, von Einfluss sind, so darf man sich nicht wundern, dass ihre Ergebnisse durchaus nicht gleichmässige sind. Die Angaben der Autoren über diesen wichtigen Punkt sind sehr schwankend, so dass principielle Aufklärung, warum in dem einen Falle die Nierenpalpation gelingt, in dem anderen nicht, sehr erwünscht wäre. Nach *Litten* ist die Zahl der Männer, bei welchen man unter normalen Bedingungen die Niere durch bimanuelle Palpation

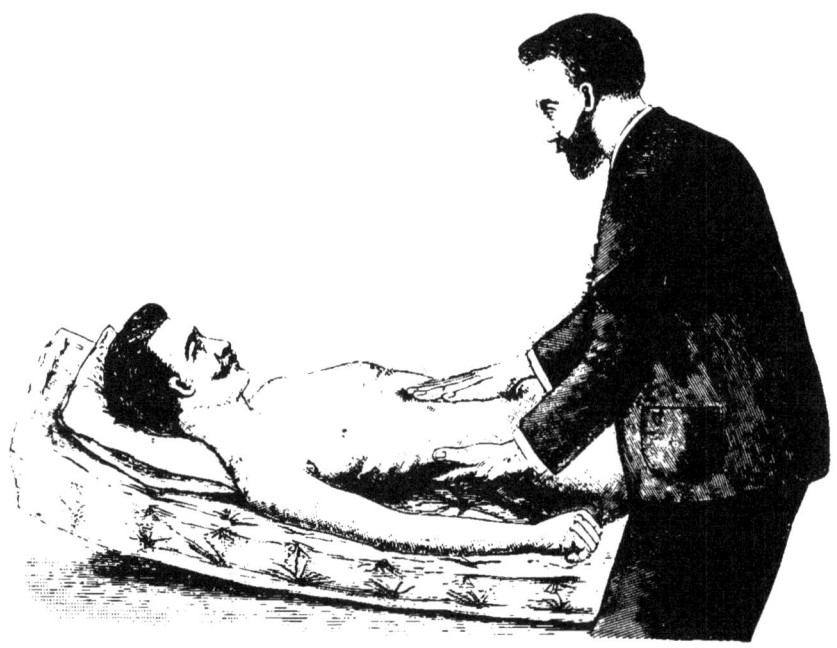

Fig. 332.

Bimanuelle Untersuchung der Nierengegend bei gewöhnlicher Rückenlage.

(Zum Theil nach Tuffier.)

in der Rückenlage fühlen kann, keine grosse; sie beträgt circa 6 bis 8 %, der Untersuchten. Bei Frauen vermochte er dagegen mittels der qu. Methode die linke Niere in circa 30 %, die rechte aber in 75 bis 80 % der Fälle wahrzunehmen. *Litten* betont als Ursache für eine derartige Differenz der beiden Geschlechter die grössere Spannung der Bauchdecken und den festeren Zusammenhalt der Eingeweide, speciell des Querdarms, beim Manne.

b) Bimanuelle Palpation der Niere in Seitenlage des Patienten. Bei dieser schon seit längerer Zeit von *Morris* und Anderen, besonders von *J. Israel* empfohlenen Methode liegt der Kranke mit gebeugten Knieen auf der gesunden Seite. Die leicht beweglichen Eingeweide fallen dann nach letzterer und die von ihrer Fettkapsel festgehaltene Niere der kranken Seite wird nicht mehr durch vorgelagerte Därme der directen Betastung entzogen. (Fig. 333.)

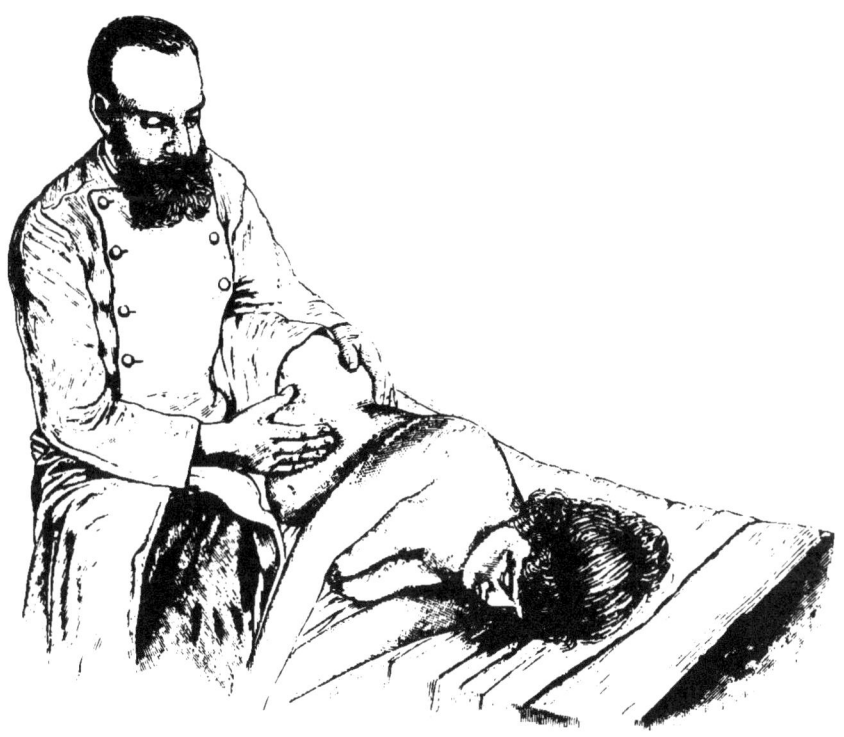

Fig. 333.

Untersuchung der Nierengegend in Seitenlage nach James Israel.

(Nach einer nach dem Lebenden aufgenommenen, im Besitze Verfassers befindlichen Originalzeichnung des Herrn Uwira.)

Nach *J. Israel* nimmt der Patient keine reine Seitenlage ein, sondern liegt dem Tisch noch mit einem Viertel seines Körpers so zugekehrt, dass der Rücken etwas nach hinten sieht. Bei gebeugtem Knie sind die Oberschenkel leicht angezogen. Zur weiteren Erschlaffung der Rumpfmusculatur darf der Kopf nicht höher als die Brust liegen, und hängt über letztere der Arm der kranken Seite ausgestreckt herab. Bei nicht ganz mageren Leuten kann man eine

Rolle unter die Lende der gesunden Seite schieben. Befindet sich
der Patient auf einem Operationstisch von gewöhnlicher Grösse und
Breite, so steht der Arzt an dessen Mitte auf der der zu untersuchen-
den entgegengesetzten Seite, das Gesicht dem Kranken zugekehrt.
Ist das Lager des Patienten dagegen so niedrig wie ein gewöhn-
liches Bett, so muss der Arzt bei der Untersuchung sitzen, gleichzeitig die Füsse auf den Fussboden oder einen kleinen Schemel
sicher aufstützend. Die der Seite der Untersuchung gleichnamige
Hand wird 2 Querfinger breit unterhalb der Vereinigungsstelle des
IX. und X. Rippenknorpels mit den Kuppen des 2. und 3. Fingers so
aufgelegt, dass sie der anderen mit den Fingerspitzen dicht unter der
XII. Rippe flach in die Lumbalgegend geschobenen Hand gegenüber-
steht. Anfänger irren nicht selten darin, dass sie diese Hand zu
weit lateralwärts auflegen; ferner muss man auch hier sich gewöhnen,
mit flach aufgelegter Hand, ohne bohrende Bewegungen mit den
Fingern zu machen, in der Tiefe zu tasten.

Die Untersuchung selbst geschieht bei tiefer ruhiger Respiration
des Patienten im Augenblicke des Ueberganges der Inspiration in die
Exspiration. Der untere Pol der Niere gleitet dann zwischen den
Fingerkuppen der beiden einander gegenüberstehenden Hände, und
während die an der Lende befindliche Hand unverändert in situ und
die Fingerspitzen in stetem Contact mit der XII. Rippe bleiben,
kann man zur besseren Abtastung der Nierenoberfläche mit den
Fingern der flach dem Bauche aufliegenden anderen Hand abwechselnd leichte Streck- und Beugebewegungen in den Metacarpo-
phalangealgelenken ausführen. Unter günstigen Umständen ist es
möglich, den grössten Theil der Niere auf diese Weise sich zugänglich zu machen: immerhin setzen auch bei nicht-pathologischer
Lagerung Rippenbogen, Wirbelsäule und auch das Lig. lumbocostale
der Untersuchung ihre Grenzen.

Es ist nicht gerade häufig, dass chirurgisch wichtige Nierenerkrankungen
nicht der von *Israel* verbesserten bimanuellen Palpation in Seitenlage erfolgreich
unterworfen werden können; namentlich für den Nachweis einer nicht vergrösserten oder in ihrer Consistenz veränderten Niere auf der sogenannten
gesunden Seite bei einseitiger Nierenaffection ist dieselbe in ausgedehntester
Weise nutzbar. Es gibt indessen bestimmte Verhältnisse, unter denen man mit
ihr nicht zum Ziel gelangt. so zunächst in Fällen von physiologischem
Hochstand der Niere. welche vornehmlich das männliche Geschlecht und die
linke Seite mehr als die rechte betreffen. Hieran reihen sich die Fälle pathologischen Hochstandes in Folge von Verwachsungen mit und ohne Verkleinerung der Niere. Ferner gehören hierher die Vorkommnisse von sehr straffer,
stark entwickelter Bauchmusculatur. besonders bei männlichen, hauptsächlich
der arbeitenden Classe angehörigen Personen und vor Allem manche Fälle
grösserer Fettleibigkeit. Specielle, der bimanuellen Untersuchung in Seitenlage
ungünstige Bedingungen existiren ferner bei sehr umfangreichem, schwer beweglichen, die Hauptausdehnung nach oben zeigenden Nierentumor. bei Fest-

legung der Niere durch perirenale Processe, bei Verlagerungen im Gefolge von gewissen Verbiegungen der Wirbelsäule.

c) Für manche Sonderfälle, die den sonstigen Untersuchungsmethoden schwer oder gar nicht zugänglich sind, eignet sich *Guyon's* als „Ballottement der Niere" beschriebenes Verfahren. Die Voraussetzung dieser Methode beruht darauf, dass die Niere, resp. der von dieser gebildete Tumor sich in unmittelbarem Contact mit der hinteren Bauchwand (scil. der Fossa lumbalis) befindet. Gelegentlich können daher auch andere Unterleibsgeschwülste, welche diese Voraussetzung erfüllen, wie z. B. Vergrösserungen der Gallenblase, perihepatitische Exsudate, Geschwülste des Netzes, des Bauchfelles, des Dickdarmes, der Milz etc. *(Ledentu)* die Erscheinungen des Ballottement bieten. Dieselben werden nämlich dadurch hervorgebracht, dass man bei dem wie bei der bimanuellen Palpation in Dorsalposition gelagerten Patienten der Niere (resp. der auf die Localität dieser bezogenen Anschwellung) eine schnellende Bewegung ertheilt. Man schiebt zu diesem Behufe die eine Hand unter die Lende, die andere legt man einer entsprechenden Stelle des Bauches an. Führt man nun mit der unter der Lende befindlichen Hand regelmässige und schnell gegen die Lende gerichtete Schläge, so theilen sich diese der Niere mit. so dass ein schnellendes Anschlagen dieser gegen die auf die vordere Bauchwand drückende Hand eintritt. Tastet man nun mit den Fingerspitzen dieser Hand die Grenzen ab, innerhalb deren der Anschlag der Niere noch gefühlt wird, so kann man sich ein Bild von der Grösse des palpirten Organes machen und bekommt gleichzeitig eine Vorstellung von der Beschaffenheit der Oberfläche desselben (*J. Israel).*

Bei allen zweifelhaften Nierenanschwellungen, mag sich eine der vorstehend geschilderten Untersuchungsmethoden erfolgreich erwiesen haben oder nicht, hat man auf das schon auf S. 851 geschilderte Verhalten des Dickdarmes zu der fraglichen Geschwulst zu achten. Man bemerke aber, dass dasselbe nicht selten Abweichungen zeigt, vor Allem aber das Colon als abgeplatteter, keinen tympanitischen Percussionsschall bietender und auch der Palpation nur schwer zugänglicher Strang sich darstellen kann. um eine Reihe von Irrthümern in der Diagnose von Nierentumoren zu verstehen.

Andere Hilfsmittel der palpatorischen Untersuchung der Niere bietet die charakteristische Form, welche die von ihr ausgehende Geschwulst in einzelnen Fällen von Verlagerung und ferner von neoplastischer Vergrösserung gewährt. In einzelnen Fällen erregt die Berührung der Niere ausserdem einen eigenthümlichen Schmerz, den namentlich französische Aerzte für pathagnostisch erachten. Derselbe kann von Nausea, Ohnmachtsgefühl. kleinem schnellen Puls begleitet sein und auf Hoden wie Oberschenkel irradiiren. Zuweilen beeinflussen die palpatorischen Manoeuver den Harn. der mit Blut, Sedimenten von Harnsalzen und Nierenepithelien untermischt erscheint, doch ist diese Harnveränderung ebensowenig ein regelmässiges Symptom wie der Schmerz bei Berührung der Niere.

B. Die Untersuchung der Nieren durch Beurtheilung ihrer Function.

Diese Untersuchung erfolgt auf Grund der Prüfung des Harnes nach den früher (s. o. S. 270 und S. 284) aufgestellten Principien. Niemals hat man sich nur mit einer einzigen Harnanalyse zu begnügen, vielmehr wenigstens während einiger Tage den 24stündigen Gang der Harnabsonderung zu verfolgen.

1. Von weitgehender Bedeutung für die Wahl eines etwaigen chirurgischen Eingriffes kann die Bestimmung der 24stündigen Harnstoffmenge werden. Eine besondere Aufmerksamkeit ist dem Harn bei einseitiger Unterbrechung der Nierenthätigkeit. z. B. bei Nierencoliken zu schenken: man hat ihn gesondert vor, während und nach einem solchen Anfall zu sammeln. Dagegen sind alle operativen Verfahren zum einseitigen Auffangen des Urins (s. o. S. 810), wie wir ausdrücklich hier wiederholen müssen, zu unsicher, um ihnen anders als in Ausnahmefällen einen praktischen Werth beizumessen. Besser bildet man sich ein Urtheil über bilaterale Nierenerkrankung aus dem „Ensemble“ der klinischen Erscheinungen des Einzelfalles (*Israel*) in Verbindung mit dem Ergebniss der Analyse des 24stündigen Harnquantums, speciell aus der Menge des täglich abgeschiedenen Harnstoffes (*Rovsing*).

2. Wenn auch nicht in erschöpfender Weise über die Function, so doch über etwaige Erkrankung der einen wie der anderen Niere giebt häufig genügende Auskunft die cystoskopische Untersuchung der vesicalen Harnleitermündungen. Dieses von *Fenwick* und *Nitze* in die specialistische Praxis eingeführte Verfahren (s. S. 807) hat alle die grossen Vorzüge der Cystoskopie überhaupt, aber auch in bereits erörterter Weise deren Grenzen, welche durch den Zustand der Harnblase bedingt werden. Erkrankungen letzterer können entweder die Cystoskopie ganz verhindern oder wenigstens die Sichtbarmachung der Ureterenmündungen erschweren. Im Uebrigen giebt nicht nur der Charakter der aus der einen oder der anderen Mündung heraustropfenden Flüssigkeit, sondern auch die Beschaffenheit der Mündung selbst, namentlich eine etwa nur auf diese beschränkte Erkrankung (Tuberkel-eruption), ferner Herausragen eines Gerinnsels, eines Schleimpfropfes u. dgl. m. häufig erwünschten diagnostischen Aufschluss.

3. Viel leistungsfähiger für die Erkennung einseitiger Nieren-erkrankung erscheint a priori unter der Voraussetzung seiner Aus-führbarkeit die Untersuchung der vesicalen Harnleitermündung wie des Ureters selbst durch den Harnleiterkatheterismus. Derselbe hat seit der ihm (S. 812) im vorliegenden Werke gewidmeten Dar-stellung durch seine engere Verbindung mit der Cystoskopie sehr erheblich für die Erkenntniss nicht nur der Krankheiten der Harn-leiter, sondern vornehmlich auch der der Nieren an praktischem Werth gewonnen.

a) Bei der Frau hat *Kelly* die brüske Erweiterung der Harn-röhre neuerdings zur Sichtbarmachung des Blaseninneren im

Allgemeinen und der Ureterenmündungen im Speciellen benutzt, so dass die Einführung eines Katheters in letztere keinen Schwierigkeiten unterliegt.

Nachdem die Harnröhre mittels allgemeiner Narkose oder durch Application von 5%/₀ starker Cocaïnlösung anaesthetisch geworden, und die Pat. mit erhöhtem Becken gelagert ist, wird die Harnröhre bis auf 15—20 mm. erweitert. Hierauf wird ein entsprechend starkes Speculum von 9·5 cm. Länge mit konischem Ende, durch einen Obturator geschlossen, eingeführt.

Nach Entfernung des Obturators dehnt sich die (vorher entleerte) Blase durch Luft aus, und man erhält entweder durch directes Sonnenlicht oder durch künstliches Licht (bei Verdunkelung des Untersuchungsraumes mit Hilfe eines Reflectors hineingeworfen) ein gutes Bild des Blaseninneren. Dreht man nun, nachdem die Blase sorgfältig durch Austupfen mit Wattebäuschen gereinigt worden, das Speculum um 30⁰ nach der einen oder der anderen Seite, so wird die Uretermündung dieser Seite sichtbar und für eine dünne, mit einem in einen Winkel von 120⁰ gebogenen Handgriff versehene Sonde zugänglich (*Brewer*). Selbstverständlich gelingt es ausserdem bei der Weite der Urethra muliebria, n e b e n einem Cystokop einen elastischen Katheter von geeignetem Caliber in die Harnleitermündung zu bringen. Um diesen Katheter aber über die Harnleitermündung weiter hinauf in den Harnleiter selbst zu schieben, muss man ihn über einen in schwachem Winkel nach *Pawlik* (Fig. 319) gebogenen Mandrin entsprechend der Richtung des vesicalen Harnleiterendes einführen, oder man gibt dem Katheter (Fig. 334) von vornherein ungefähr die Richtung, welche die ebengenannte von *Brewer* angegebene und von *Kelly* benutzte Untersuchungssonde besitzt.

Kelly empfiehlt ausserdem zum isolirten Auffangen des Harnes aus e i n e r Harnleitermündung statt des Katheterismus sein Speculum mit dem Rande gegen die betreffende Mündung zu drücken. Der Harn tropft dann längs des Speculums nach aussen und kann in einer Schale aufgefangen werden.

Fig. 334.

Untersuchungssonde zur Auffindung der Harnleitermündung nach B r e w e r und K e l l y.

b) Bei der Enge der m ä n n l i c h e n Harnröhre ist die c y s t o - s k o p i s c h e H a r n l e i t e r s o n d i r u n g in der m ä n n l i c h e n Blase nur durch solche Instrumente möglich, welche, mit dem cystoskopischen Apparat in enger organischer Verbindung befindlich, gleichzeitig mit resp. neben diesem in die Blase gelangen können. Die hierbei sich ergebenden technischen Schwierigkeiten hat man auf verschiedene Weise zu überwinden gestrebt. Von den hierhergehörigen Versuchen von *Boisseau du Rocher* und der *Brewer*'schen Modification der *Brenner*'schen Cystoskops absehend, haben wir die einschlägigen neueren Constructionen von *Nitze* und von *Casper* näher anzuführen.

Bei *Nitze's* Instrument besteht die Vorrichtung zur Aufnahme des Harnleiterkatheters in einem entsprechend gebogenen Metallröhrchen, welches auf dem Schafte des Cystoskops in einer auf diesem verschiebbaren Hülse verläuft. Der Schnabel des Cystoskops bildet nicht wie bei den sonstigen *Nitze*'schen Cystoskopen einen Winkel, sondern hat eine mit dem Metallröhrchen übereinstimmende

Fig. 335.

Schnabel des Harnleiterkatheter-Cystoskops von N i t z e.

(Der Harnleiterkatheter wird beim Zurückziehen von der zu dessen Aufnahme bestimmten Hülse vorgeschoben. Nach der Original-Abbildung im Cbl. für Chirurgie 1895. S. 219.)

Biegung, so dass, wenn die dieses tragende Hülse genügend weit vorgeschoben wird, das Metallröhrchen auf einen Vorsprung der Lampe ruht und die Einführung in die Blase keine Schwierigkeiten bietet. Es ist das letztere um so weniger der Fall, als der Schaft des Cystoskops in den neueren hierhergehörigen Instrumenten dem Caliber von Nr. 15, der ovaläre Querschnitt des ganzen Apparates aber nur dem von Nr. 22 (*Charrière*) entspricht. Ist man in die Blase gelangt, so zieht man die Hülse sammt dem gekrümmten Röhrchen zurück, so dass dieses die vorstehend (Fig. 335) dargestellte Lage erhält. Lässt man jetzt den elastischen Harnleiterkatheter aus der freien Oeffnung des Instrumentes weiter heraustreten und unter Controlle des Auges in die Harnleitermündung dringen, so hat der Katheter von vornherein eine dem Harnleiterverlauf conforme Richtung und vermag beliebig weit, wenn nöthig, bei genügender Länge bis in das Nierenbecken zu gelangen. Man kann ihn dann nach Herausnahme der Metalltheile des Instrumentes beliebig lange liegen lassen.

Auch *Casper*, dessen Cystoskop, nach dem Vorgange von *Lohnstein*, Lampe und Prismen nicht im Schnabel, sondern im vesicalen Ende des Schaftes hintereinander trägt, hat als Vorrichtung zur Aufnahme des Harnleiterkatheters ein zweites, dem Schaft fest anliegendes Röhrchen. Dieses Röhrchen endet bereits v o r dem Prisma, verläuft also in gerader Linie; eigentlich ist dasselbe aber kein Röhrchen, denn der von ihm zur Aufnahme der Harnleitersonde gebildete Canal kann durch einen herausziehbaren Deckel in einen Halbcanal, in eine R i n n e verwandelt werden. Aus dieser wird dann der Katheter *C* durch einen nachgeschobenen Mandrin herausgehoben, so dass jener im Ureter liegen bleiben kann, während man das übrige Instrument entfernt Da der Mandrin nicht bis an das Ende des Katheters reicht, vielmehr schon letzteres 10 15 cm weit ohne Mandrin ist, so bleibt dasselbe elastisch, und es gestattet die Deckeleinrichtung, seine Richtung zu ändern. „Je m e h r m a n d e n D e c k e l v o r s c h i e b t, d e s t o m e h r g e b o g e n k o m m t d e r K a t h e t e r h e r a u s, je m e h r m a n i h n z u r ü c k z i e h t, u m s o g e - s t r e c k t e r w i r d s e i n L a u f. (Fig. 336.)

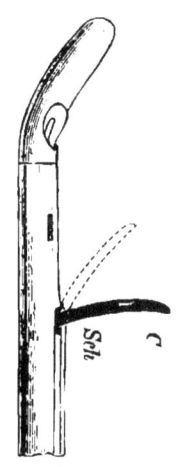

Fig. 336.

(Nach der Casper'schen Original-Abbildung.)

Blasenende des C a s p e r - schen Ureter - Cystoskops. Der Harnleiterkatheter *C* tritt in starker Krümmung aus dem Schlitz (*Sch*) des zu seiner Aufnahme dienenden Sondencanals. Der Katheter ist stark gekrümmt, weil der Deckel weit nach vorn geschoben und der Schlitz (*Sch*) dadurch kleiner geworden ist. Die punktirten Linien zeigen die Krümmung bei etwas herausgezogenem Deckel und vergrössertem Schlitz. (Nach C a s p e r.)

Dieses Princip der veränderlichen, regulirbaren Katheterkrümmung wird für die Erleichterung des Eintrittes in die Harnleitermündung für so wichtig von *Casper* betrachtet, dass der kleine, darin bestehende Uebelstand. dass, da der Deckel der Katheterrinne nicht ganz schliesst, etwas Flüssigkeit aus der Blase tropft, völlig in den Hintergrund tritt. Man kann dieses ausserdem mildern, wenn man das Instrument an seinem äusseren Ende mit Vaseline einstreicht. Zur bequemeren Entfernung des Deckels und um den Harnleiterkatheter in g e r a d e r Richtung einzuführen, hat *Casper* den optischen Apparat seines Harnleitercystoskops noch besonders modificirt. Das Bild bleibt nicht in der Axe, sondern wird durch ein Doppelprisma etwas nach unten verlegt, die Ocularöffnung kommt mithin circa 2 cm unterhalb des Sondencanals zu liegen. (S. umstehend Fig. 337.)

So wichtig der cystoskopische Harnleiterkatheterismus bereits jetzt schon ist, so ist doch gegenwärtig das Urtheil über seinen wirklichen Werth noch nicht abgeschlossen. Hierzu bedarf es weiterer Erfahrungen, sei es mit den bisherigen

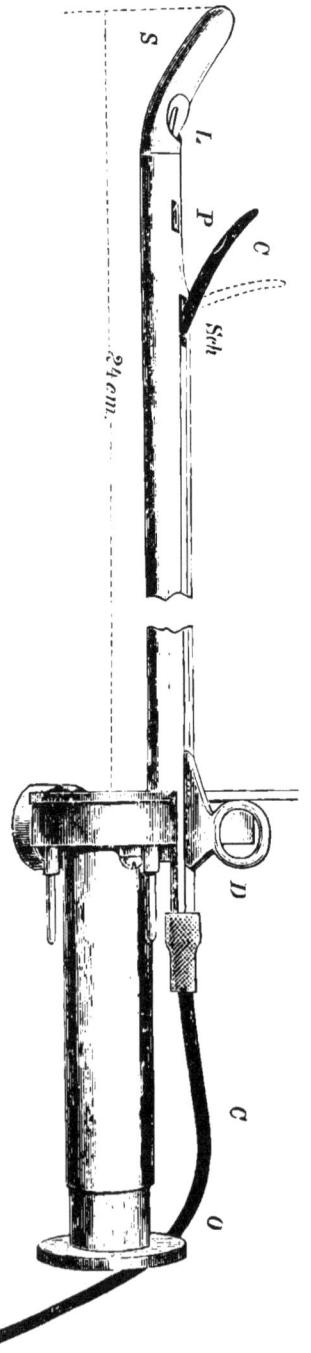

Instrumenten, sei es mit verbesserten Apparaten. Bis jetzt hat die Ausnutzung der Sondirung der Harnleiter dadurch ihre Grenzen, dass es nur gelingt, sehr weiche Bougies oder Katheter einzuführen, so dass die Erkennung etwaiger Canalisationshindernisse der Harnleiterlichtung, ob diese in Taschen- und Faltenbildung oder in Entwickelung einer wahren organischen Strictur oder in Einkeilung eines Steines bestehen, ausserordentlich erschwert bezw. geradezu unmöglich ist. Ausserdem ist zu beachten, dass die etwaige Urinentleerung durch den Harnleiterkatheter nur eine tropfenweise ist und (bei dem Casper'schen Instrument wenigstens) nicht ganz der Gesammtmenge der Secretion der betreffenden Niere entspricht, indem immer etwas neben dem Katheter in die Harnblase läuft*).

Fig. 337.

Das Casper'sche Ureter-Cystoskop (nach der Casper'schen Original-Abbildung).

S Schnabel.

L Lampe.

P Prisma.

Sch Schlitz des zur Aufnahme des Ureter-Katheters dienenden, mit einem verschiebbaren Deckel (D) versehenen Sondencanals. Der Ureter-Katheter C hat eine mässige Krümmung. Die punktirten Linien zeigen die Krümmung, die er einnehmen würde, wenn der Deckel weiter nach vorn geschoben wird.

O Ocularöffnung. circa 2 cm unterhalb der Sondenwand. (Nach Casper.)

---

*) Dass mit jedem Harnleiterkatheterismus leicht eine gewisse Infectionsgefahr für die betreffende Niere verbunden ist, dass ferner seine directen Ergebnisse häufig irreführend und nicht im Verhältniss zur Schwierigkeit seiner Ausführung sind, bedarf keiner weiteren Bemerkung. Voraussichtlich werden sich diese Uebelstände mit zunehmenden praktischen Erfahrungen mindern. Landau's neue, für die weibliche Blase bestimmte, von Leiter in Wien gefertigte Modification des Brenner'schen Ureter-Cystoskop hat Verfasser noch nicht vorgelegen. Anmerkung während der Correctur.]

C. Nierenuntersuchung durch Explorativincision.

Dieselbe kann, wie alle Nierenoperationen, entweder vom Bauch her (transperitoneal) oder von der Lende aus (extraperitoneal) gemacht werden. Die Schnittführung folgt in ihren Einzelheiten den bei der Nephrotomie bezw. Nephrektomie giltigen Regeln. Die Explorativincision erscheint berechtigt dort, wo man in der Lage ist, ihr nöthigenfalls den entsprechenden curativen Eingriff unmittelbar folgen zu lassen. Je nach der Sachlage hat man sich auf Freilegung und Auslösung der Niere zu beschränken oder in deren Parenchym einzudringen. Letzteres geschieht häufig mit Hilfe von Hohlnadeln, durch welche man nicht nur Steine zu erkennen, sondern auch Flüssigkeits-ansammlungen zu entdecken vermag. Da man aber die Punction oft an einer grossen Reihe von Stellen wiederholen muss, um zu einem positiven Ergebniss zu gelangen, zieht man neuerdings die Eröffnung der Niere mit dem Messer, und zwar aus bereits erwähnten Gründen durch den sogenannten, das Organ halbirenden Sectionsschnitt (s. o. S. 841) vor. Durch diesen dringt man erforderlichen Falls bis in das Nierenbecken ein, so dass man dessen Inneres abtasten kann; andererseits kann man ihn, wenn er an dem einen Ende der Niere nicht zum Ziele führt, an dem anderen in beschränkter Ausdehnung wiederholen.

Die Probepunction der Niere bei intacten weichen Bedeckungen ist neuerdings vielfach in Misscredit gerathen. Sie hat inzwischen den Vorzug vor der Explorativincision, dass sie keiner besonderen Vorbereitungen, namentlich aber nicht der Narkose zu ihrer Ausführung bedarf, und dass sie bei Anwendung genügender Cautelen keiner längeren Nachbehandlung benöthigt. Wendet man nach dem Vorgange von *Israel* eine hinreichend starke Troikarcanüle mit einer kräftigen Aspirationsspritze an, so gelingt es, nicht allein Flüssigkeitsproben, sondern auch consistentere Massen, Stücke von Gerinnseln, Epithelanhäufungen und Geschwulstbröckel herauszubefördern.

II. Angeborene Krankheiten der Niere.

§ 105.

Als angeboren hat man eine Reihe von cystischen und soliden Neubildungen zu betrachten, welche mit ihrer ersten Entwickelung bis in das intrauterine Leben zurückreichen. Häufig unterscheiden sich diese Zustände indessen nicht wesentlich von ähnlichen, erst später entstandenen Veränderungen, und als „angeborene Krankheiten" im engeren Sinn des Wortes gelten daher nur die Fälle von Anomalien in Zahl und Grösse der Niere, die sogenannten Missbildungen, sowie die abnormen, zuweilen auch mit excessiver Beweglichkeit verbundenen Verlagerungen (Dystopien).

A. Missbildungen der Niere.

Abweichungen bezüglich der Zahl und Grösse der Niere besitzen eine grosse pathologische Wichtigkeit, sowol bei der Untersuchung auf dem Leichentisch als auch in klinischer und operativer Hinsicht. Die Begünstigung, welche Missbildungen für Erkrankungen der betreffenden Niere bieten, tritt namentlich in Fällen sogenannter Einzelniere (s. u.) hervor. Immerhin soll man aber die relative Häufigkeit dieser und anderer Missbildungen nicht überschätzen. Mit der von *Morris* auf $\frac{1}{7}\,^0/_0$ auf Grund des Sectionsbefundes bei 7000 Leichen geschätzten Häufigkeitsziffer stimmt ungefähr das vom Verfasser aus einer grösseren Summe gerichtlicher Leichenöffnungen geschöpfte Ergebniss. Nicht mitgerechnet pflegen hierbei zu werden leichte Anomalien, wie Duplicität des Nierenbeckens. Dichotomie oder Duplicität des Harnleiters. Abweichungen in der Gefässversorgung und Auftheilung der grossen Stämme und einige anderen ähnlichen Verhältnisse. Solche Verbildungen bieten häufig ein von Fall zu Fall ausserordentlich wechselndes Bild, und man findet oft an einer und derselben Niere mehrere der hierhergehörigen Anomalien gleichzeitig.

An den Nierenmissbildungen nehmen in der Regel nicht Theil die Nebennieren: sie finden sich bei etwaigen Defecten und Verlagerungen gewöhnlich an normaler Stelle und sind dann nur ausnahmsweise klein und atrophisch; häufiger zeigen sie dagegen bei übrigens normaler Niere eine leichte Verlagerung vom oberen Pol nach dem Hilus zu, zuweilen wird eine solche durch Anhänge oder überzählige Nebenniere vorgetäuscht.

1. Defectbildungen der Niere.

Dieselben betreffen entweder:

1. Beide Nieren als Agenesis renalis bilateralis zugleich mit anderweitigen Missbildungen in nicht-lebensfähigen Früchten. Es ist dieses nicht gerade häufig, so dass *Graser* nur 5 derartige Fälle finden konnte. Es scheint entschieden öfters vorzukommen, dass die Nieren zwar de norma angelegt, aber durch intrauterine cystische Entartung ganz oder grösstentheils zerstört sind (s. u. das Capitel „Nierencysten").

2. Bei dem Fehlen einer Niere (Agenesis renalis unilateralis) existirt nur ein einziges „unpaariges" *(Rokitansky)*, einseitiges Organ, eine sogenannte „Einzelniere" (Solitärniere). Auf der anderen Seite fehlt jede Spur von Anlage einer Niere, oder es ist eine solche wie des Harnleiters, durch bindegewebige Stränge eben nur angedeutet. Letzteres Vorkommniss bildet bereits den Uebergang zu der sogenannten „rudimentären" Niere (s. u. S. 865). Die Einzelniere ist öfter, aber nicht regelmässig mit gleichseitigen oder gekreuzten Hemmungsbildungen der Harnwege und Geschlechtsorgane verbunden, und diese können zur Diagnose des Fehlens der einen Niere in einzelnen Fällen bei Lebzeiten verwerthet werden.

Meist erscheint die unpaarige Einzelniere hypertrophisch, in einem Falle Verfassers war sie um das Doppelte vergrössert. Woraufe eine solche Hypertrophie beruht, ist nicht völlig sicher gestellt, namentlich nicht, ob eine Hyperplasie der normalen Bestandtheile lediglich oder auch eine Vermehrung, z. B. der Glomeruli, besteht.

Nach *Morris* kommt auf circa 3370 Sectionen ein einseitiger, angeborener Nierendefect vor, also nur in 0·02 $^{0}/_{0}$ der Fälle, d. h. 30—40 Mal seltener als die entsprechende erworbene Anomalie. Wie weit diese Berechnung der Wirklichkeit entspricht, muss offene Frage bleiben, denn, wenn auch manche Personen mit nur einer Niere ein höheres Alter (der Patient Verfassers ein solches von 74 Jahren) erreichen, so fand doch *Graser* fast in der Hälfte der Fälle die einzig vorhandene Niere krank und auch als Todesursache. Hierbei spielt ausserdem eine Rolle, dass manche Beobachtungen als solche von Einzelniere beschrieben werden, thatsächlich aber die andere Niere existirt, jedoch in der Entwickelung zurückgeblieben war ("rudimentäre Niere"). Manchmal bleiben dann nicht nur die Dimensionen hinter der Norm zurück, sondern die Niere bewahrt aus dem Fötalleben die gelappte, unregelmässige Gestalt. Klinisch sind diese Fälle vielfach ebenso aufzufassen wie das angeborene vollständige Fehlen einer Niere, und Gleiches gilt vorwiegend auch von den Vorkommnissen erworbenen einseitigen Nierendefectes.

Die Agenesis unilateralis scheint links etwas häufiger zu sein als rechts, jedoch bei beiden Geschlechtern ziemlich gleichmässig vorzukommen.

3. Die allein vorhandene Niere ist keine "unpaarige", sondern eine "einfache" (*Rokitansky*), d. h. sie ist durch Verschmelzung zweier ursprünglich getrennten Nierenanlagen entstanden. Das häufigste Beispiel dieser "Symphysis renalis" ist die Hufeisenniere (Fig. 338 umstehend), von der die verschiedensten Grade von einfacher bindegewebiger Annäherung bis zu völliger Parenchymverschmelzung der beiderseitigen Organe mit oder ohne deutliches Mittelstück existiren. Am häufigsten sind die unteren Enden, am seltensten die Spitzen beider Nieren verbunden. Manchmal ist diese Vereinigung eine sehr bizarre, so dass z. B. eine einseitige S-Form (*Brösicke*) zu Stande kommt. Ueberhaupt erfolgt sehr häufig eine Verlagerung der beiden vereinigten Nieren nach unten. Letztere ist nicht immer bilateral-symmetrisch, vielmehr geschieht die Lagerung der Nieren öfters ausserhalb der Mittellinie über- und nebeneinander, und sind dann gleichzeitig ebenso wie bei der gewöhnlichen Hufeisenniere Form und Grösse des Organes verändert.

Sowohl mit der unpaarigen wie mit der einfachen Niere sind sehr häufig Abweichungen in der Gefässversorgung und in der Anordnung der Harnleiter verbunden. Bei der unpaarigen Niere existiren zuweilen zwei Ureteren, mehrfach auch eine Ueberzahl von Arterien. *Graser* registrirt einen Fall, in welchem deren sechs bestanden. Bei der einfachen Niere variirt die Zahl der Ureteren zwischen 1—4 und dementsprechend auch die Zahl der Nierenbecken. Letztere liegen dann zuweilen ganz ausserhalb des Bereiches der Niere, so dass man eine frühe Theilung der Ureteren vor sich zu haben meint. Der Verlauf der Harnleiter geht dabei immer vor und über der Niere, mehr oder minder direct subperitoneal. Bei der unpaarigen Niere ist ein zweiter Ureter zuweilen nur in seinem Blasentheil als ein cystenförmiger oder sackartiger Anhang der Blase entwickelt. Existiren hier zwei völlig ausgebildete Ureteren, so münden sie in der Regel bilateral-symmetrisch in die Blase.

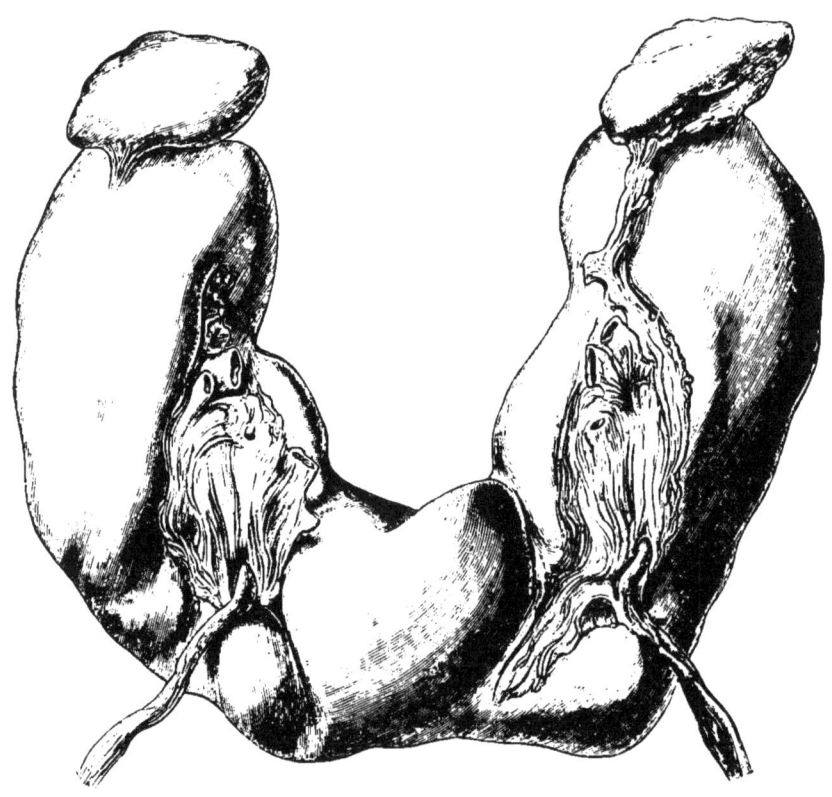

Fig. 338.

Hufeisenniere mit breitem Mittelstücke.

(In zwei Drittel Lebensgrösse, nach einem Präparate der Sammlung des k. Institutes für Staatsarzneikunde in Berlin. Von Uwira gezeichnet.)

Die Häufigkeit der einfachen Niere, speciell der Hufeisenniere, scheint grösser zu sein als die der unpaarigen. *Morris* berechnet dieselbe auf 1 : 1600, eine mit den Erfahrungen Verfassers ziemlich übereinstimmende Zahl. Streng genommen gehören hierher auch diejenigen Fälle, in denen die eine Niere nur einen atrophischen oder cystisch entarteten Anhang des mit ihr verschmolzenen Organes der anderen Seite darstellt.

2. Hyperplasien der Niere.

Viel seltener als Defecte der Niere sind ihre Hyperplasien. wofern man nicht diejenigen Fälle hierher rechnet, in denen die eine Niere (meist die linke) wesentlich stärker entwickelt ist als die rechte. Im engeren Sinne gehören hierher die überzähligen Nieren. Manchmal ist solche Ueberzähligkeit nur angedeutet. Man findet eine äusserlich abnorm lange Niere und auf dem Durchschnitt noch die obere oder untere Hälfte einer Niere an ein vollständiges Organ angesetzt (Orth). Hiermit sind in der Regel ebenfalls Anomalien in der Anordnung der Nierenbecken, der Harnleiter und Gefässe verbunden. Wirkliche Verdoppelung einer Niere ist mehr eine Ausnahme. Graser fand nur 13 solche Fälle von Ren duplicatus. in 2 Fällen waren 4 Nieren vorhanden. In 7 Fällen waren gleichzeitig die Nieren miteinander verschmolzen.

B. Lageveränderung der Niere (Dystopia renis).

Wenn auch nach den Untersuchungen von *Helm* das normale Lagerungsgebiet der Niere etwas weitere Grenzen besitzt, als man gewöhnlich angenommen hat. so sind doch Fälle, in denen man die Niere fern von der in unseren topographischen Vorstellungen mit ihr verknüpften Oertlichkeit findet, verhältnissmässig häufig. *Graser* hat von dieser Anomalie 200 Vorkommnisse gesammelt. Von 150 näherer Verwerthung fähigen Fällen waren in 12 beide Nieren nach abwärts gelagert, in 103 die linke und in 35 die rechte Niere; Verlagerung der Niere nach oben ist sehr selten. Ausserdem lagen 1mal beide Nieren links. 4mal dagegen rechts. In 22 Fällen fand sich die verlagerte Niere in der Höhe des Promontorium. in 15 ganz im kleinen Becken, meist in der Nähe der Darmbein-Kreuzbeinfuge. Bei diesen Verlagerungen handelt es sich zuweilen um ein überzähliges Organ, auch verbindet sich mit ihr fast immer eine Verschiebung nach der Mittellinie; dabei ist die dislocirte Niere häufig aufgerichtet, so dass ihre Vorderfläche medial. die Hinterfläche lateral steht.

Die angeborene Verlagerung der Niere unterscheidet sich von der erworbenen. bezw. aus einer abnormen Beweglichkeit hervorgegangenen. durch die Straffheit und Gleichmässigkeit ihrer Befestigungen. Ausserdem sind mit ihr fast immer Abweichungen in der Gefässversorgung verbunden. Die Zahl der Gefässe ist vermehrt von 2 bis auf 7; sie entspringen tiefer als normal aus der Aorta. bezw. aus der Iliaca comm.. aus der Hypogastrica, ja zuweilen aus der Cruralis. Die Einmündung des Ureters in die Blase erfolgt indessen meist de norma. ebenso findet sich gewöhnlich die Nebenniere an ihrer normalen Stelle. Andererseits ist das Verhalten des Harnleiters bei Dystopia renis häufig ein anomales. Auch wenn es sich nicht gleichzeitig um eine Solitärniere handelt. kann der Ureter wenigstens anfangs verdoppelt sein *(Alsberg)*; ferner kann er. nachdem er längs der Beckenwand einen Umweg gemacht. an normaler Stelle in die Harnblase münden *(Strube*. Vergl. Fig. 339 auf der nächsten Seite).

Selten gewinnt die Verlagerung der Niere klinische Bedeutung, indem von ihr Beschwerden ausgehen. Man hat dann retroperitoneale Tumoren verschiedener Art, Anschwellungen der Gekrösdrüsen, solche des Ovarium, des Lig. latum oder der Tuben angenommen. In einzelnen Fällen hat die tief im Becken liegende Niere ein Geburtshinderniss abgegeben, u. zw. einmal derart, dass sie Ursache einer Uterusruptur ward (*Albers-Schönberg*). Gewöhnlicher machen sich die verlagerten Nieren durch Erkrankungen (Hydro-Pyonephrose, Nephrolithiasis) bemerklich, doch ist eine sichere Diagnose bei Lebzeiten ohne operative Eröffnung des Unterleibes nicht zu stellen. Im Ganzen hat bis jetzt die Dystopie der Niere 6mal

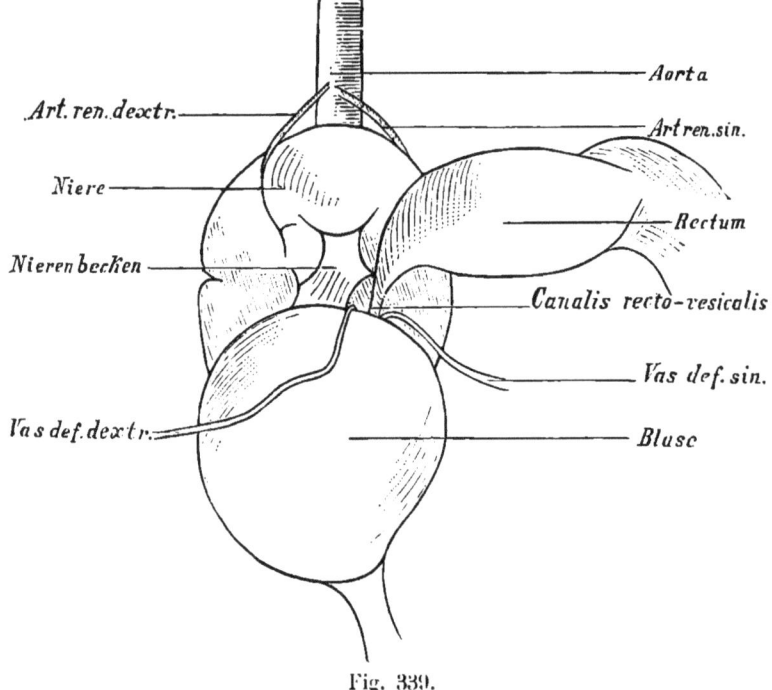

Fig. 339.

Dystopie der Niere. (Schematische Abbildung von Strube.)

Die in situ dargestellte Niere bedeckt die Aorta bis oberhalb der Bifurcation; aus der Aorta gehen zwei Nierenarterien hervor. Die Blase erscheint auf der Abbildung nach vorn heruntergeschlagen, so dass man ihre Hinterwand mit dem über diese dahinziehenden rechten Vas deferens sieht. Von links her schiebt sich zwischen Blase und Niere das Rectum, welches mit einem dünnen Canal in die Blase übergeht. Das linke Vas deferens hat hinter der Blase nur einen kurzen Verlauf.

Operationen veranlasst: 2mal handelte es sich um pyonephrotisch erkrankte, die übrigen Male um gesunde Nieren. Im Allgemeinen sollte man von Eingriffen bei gesunden, verlagerten Nieren, die man vorher diagnosticirt hat, absehen (*Alsberg*). Leider ist aber, wie schon betont, die Diagnose bei Lebzeiten niemals gestellt worden und ist daher in Zukunft bei zweifelhaften retroperitonealen Tumoren dringend geboten, die Möglichkeit einer verlagerten Niere in Betracht zu ziehen.

III. Abnorme Lage und Beweglichkeit der Niere.

§ 106.

Die Lehre von den durch abnorme Beweglichkeit der Niere erzeugten Krankheitszuständen ist ziemlich neu. Man kannte wohl die abnorme Beweglichkeit als solche; allgemeiner wurde die Aufmerksamkeit auf sie indessen erst. als die von ihr ausgehenden Beschwerden zu operativen Eingriffen (*Martin* u. A) führten. Man hat inzwischen gelernt, die unter dem Namen der Nierenectopie vielfach zusammengefassten Zustände in solche abnormer Beweglichkeit — Wanderniere in engerem Wortsinn (ren migrans, moveable kidney, ren mobilis) — und solche anomaler Lage — Nierenverlagerung (dislocatio renis, dystopia renis s. d.) zu trennen.

A. Verlagerung der Niere.

Die Verlagerung der Niere ist entweder in bereits besprochener Weise angeboren, oder sie ist erworben. Dieselbe braucht an und für sich nichts mit einer abnormen Beweglichkeit zu thun zu haben. Wir sahen vielmehr (S. 867), dass die Befestigung der angeborenen ectopirten Niere häufig sich durch besondere Intensität auszeichnet. Vielfach finden wir ausserdem die congenitale Verlagerung mit anderweitigen Missbildungen der Niere, namentlich mit Symphysis renalis, vergesellschaftet.

Erworben wird eine Verlagerung der Niere aus sehr mannigfachen Ursachen. Eine solche kann z. B. gewisse Verkrümmungen des Rumpfskeletes begleiten. Ein dauernd abnormer Tiefstand der Niere entwickelt sich ferner, wenn sie durch traumatische perirenale Blutergüsse gelockert und nach unten gedrängt wird, bezw. hier dann durch Verwachsungen fixirt bleibt (s. u.). Auch kann gelegentlich ein erheblicher Tiefstand des Zwerchfelles in gleichem Sinne die Lage der Niere beeinflussen. Sehr verschieden ist die Wirkung von Geschwülsten der Nachbarorgane wie der Niere selbst auf eine etwaige Verlagerung. Geschwülste der Leber drängen die Niere nur dann wesentlich nach unten, wenn sie in erheblicher Weise speciell die der letzteren benachbarte Stelle ihrer unteren Fläche betreffen. Es können Anschwellungen und Vergrösserungen der Milz bei genügender Dauer die linke Niere ebenfalls nach abwärts schieben. Geschwülste der Niere selbst überwinden bei hinreichender Grösse durch ihr Schwergewicht die normalen Befestigungsmittel der Niere in einzelnen Fällen und bedingen deren Tiefstand, zumal da dann öfters das perirenale Fett mehr oder minder geschwunden ist. Andererseits können häufig perirenale Verwachsungen in entgegengesetzter Weise ihren Einfluss ausüben. Was dagegen für gewöhnlich als „Tiefstand der Niere" in Fällen von Neubildungen derselben augenfällig wird. ist vielfach keine Folge der Wirkung der Schwere, sondern oft der Ausdruck einer Vergrösserung des Organes im Sinne der Längendimension. Zu unterscheiden sind hiervon diejenigen Fälle, in denen die

Neubildung von der Kapsel der perirenalen Zone, besonders aber von der Nebenniere und vom oberen Pol her sich entwickelt, ohne die Niere selbst zu betheiligen. Atrophirt diese dann nicht, so kann sie relativ weit nach unten gelangen, während die Neubildung im subdiaphragmatischen Raum versteckt bleibt Im weiteren Verlauf kann es allerdings zu einer Lockerung der Niere sammt der Geschwulst aus dem normalen Bett kommen, und eine gewisse Beweglichkeit des tiefstehenden Organes sich darthun lassen

Sehr schwer zu beurtheilen ist, in wie fern die Verlagerung von Magen und Därmen z. B. in Hernien und Eventrationen durch Zug auf die Niere nicht nur eine abnorme Beweglichkeit, sondern auch eine dauernde Verlagerung dieser bedingt. Manchmal, so z. B. bei Verlagerungen durch Verwachsungen mit den weiblichen Geschlechtstheilen, scheint der von derartigen Verwachsungen ausgehende Zug eine Wechselwirkung auszuüben. Beide, die Niere sammt dem Ureter, werden ebenso wie die Geschlechtsorgane auf der betreffenden Seite nicht selten in abnormer Weise fixirt. Der Grad der Verlagerung der Niere ist dann freilich oft nur gering; aber selbst dann kann die Verlagerung sich durch den Zug, den ihre Verwachsungen auf die Beckenorgane auszuüben vermögen, geltend machen, und die hieraus entstandenen Beschwerden hören erst auf, wenn man die Verwachsungen trennt, resp. die betreffende Niere entfernt (*Thornton*). (Ueber das Vorkommen der Niere in Hernien s. u. im Anhang.)

B. Abnorme Beweglichkeit der Niere.

§ 107.

Vorbemerkung. Viel grösseres klinisch-chirurgisches Interesse als die blosse Verlagerung bietet die abnorme Beweglichkeit der Niere. Es handelt sich bei dieser um eine Lockerung des Organes aus seiner normalen Befestigung, ohne dass wie bei jener von Hause aus eine „Ansiedelung" der Niere an einer anderen — abnormen — Oertlichkeit besteht. Die abnorme Beweglichkeit ist vielmehr im Princip nur eine mehr oder minder zeitweilige, bis zu gewissen Grenzen von äusseren Einflüssen abhängige. Je nach dem Grade dieser abnormen Beweglichkeit hat man die einfach „beweglichen Nieren" und die „Wandernieren" unterschieden. Aber im Gegensatz zur Dislocation der Niere entbehren die verschiedenen Grade ihrer abnormen Beweglichkeit, welche bei Lebzeiten ein Object der klinischen Beobachtung gebildet, eines bestimmten Leichenbefundes. Selbst die Existenz eines angeblichen Mesonephron *), durch welches die bewegliche Niere zu einem förmlichen Peritonealorgan wird, bietet für die extremen Fälle nichts Charakteristisches. Fälle grosser Beweglichkeit kommen vielmehr auch ohne dieses Mesonephron vor, und es wird daher im Nachstehenden von einer grundsätzlichen Trennung der „beweglichen" von der „Wanderniere" abgesehen werden. In beiden Fällen darf man aus einer etwa an der Leiche darzuthuenden, augenfälligen Verschieblichkeit der Niere keinen Rückschluss auf die

---

*) Die Beschreibungen des Mesonephron stimmen nicht überein. Von einigen Seiten wird ein solches überhaupt nicht anerkannt; was man so nennt, ist der Stiel des durch starke Erschlaffung des Peritonealüberzuges entstandenen Sackes und hat mit Gekrösbildung nichts zu thun (*Kofman*).

Verhältnisse intra vitam machen. Es ist dieses schon wegen der physikalischen Veränderungen post mortem der hier interessirten Gewebe, speciell des perirenalen Fettes, das seine im Leben flüssige Beschaffenheit einbüsst und in einen mehr oder minder festen Aggregatzustand übergeht, durchaus unmöglich.

Pathogenese und Aetiologie.

Für die Pathogenese der beweglichen Niere spielt die Lehre von ihren Befestigungsmitteln eine wesentliche Rolle. Wie aus Capitel I ersichtlich, handelt es sich hier: 1. um den Nierenstiel (Grösse und Länge der denselben bildenden Gefässe), 2. um die Fettkapsel, 3. um den Peritonealüberzug und 4. auch um die benachbarte Wirbelsäule. Ebenso wie für gewisse dauernde Lageveränderungen machen sich Veränderungen dieser Befestigungsmittel für die abnorme Beweglichkeit geltend. Aber solche Veränderungen sind nicht immer die gleichen, und es ist schwer zu entscheiden, ob sie primäre oder secundäre sind.

In erster Reihe gilt dieses vom Nierenstiel, dessen Gefässe bei ausgemachter Wanderniere nicht nur verlängert, sondern gedreht bezw. geschlängelt sind. Aber bei noch so starker Verlängerung ist die Wanddicke der Nierenarterie unverändert (*Fischer-Benzon*), und die abnormen Zustände von übertriebener Fettanhäufung, von neoplastischer Erkrankung etc. am Nierenstiel bedingen zunächst nur eine Verlagerung der Niere in der Richtung ihrer physiologischen Verschieblichkeit von oben nach unten. Dieses bestätigen der abnorme Tiefstand nach einzelnen perirenalen Verletzungen (*Peyrot*) sowie einige Thierversuche (*Bazy*, *Tuffier*). Die häufige Querstellung, in der man bewegliche Nieren findet, erklärt man dagegen dadurch, dass der Stiel nicht weiter nachgiebt, und die Niere dann nicht weiter nach unten weichen kann. In extremen derartigen Fällen muss ihr convexer Rand sich nach vorn resp. unten stellen, und hieraus resultirt eine Stieldrehung, die zuweilen zu einer sehr beträchtlichen Stielverlängerung führt. Ist letztere einmal entwickelt, so steht nichts der weiteren Lageveränderung resp. Verschiebung der Niere unter Einwirkung äusserer Einflüsse entgegen.*)

Ausserordentlich verschieden lauten die Bekundungen über diese äusseren Einflüsse, auf welche die abnorme Beweglichkeit der Niere im Einzelfalle zurückzuführen ist. Dass die abnormen Lagerungen**) hier nur mit Vorsicht zu verwerthen sind, geht aus deren

---

*) Für den vorstehenden Mechanismus sind die vordem auf S. 850 und 851 beschriebenen anatomischen Verhältnisse, speciell die Beziehungen der Niere zu den Därmen und den Gekrösen massgebend und besonders kommt in Betracht, dass der Nierenstiel rechts länger ist als links. Die rechte Nierenarterie ist wegen der Lage der Aorta links von der Wirbelsäule länger als die linke, gewährt also dem Herabsteigen und der grösseren Beweglichkeit der zu ihr gehörigen Niere weiteren Spielraum. Die zartwandigen Venen kommen hier weniger in Betracht, und daher hat es nur geringe Bedeutung, dass rechts sowol die Nierenvene wie die Nebennierenvene (welche direct in die Hohlvene einmündet) kürzer ist. Dagegen ist in manchen Fällen die linke Nierenvene noch dadurch besser befestigt, dass nicht selten (*Luschka*) die linke Nierenvene hinter der Aorta statt vor dieser verläuft.

**) Nach *Albarran* sind die für die Beweglichkeit der Niere in Betracht kommenden Lageanomalien ein Zeichen allgemeiner Degeneration bei erblich belasteten Personen, und dieses erklärt neurasthenische und hysterische Symptome, für deren Auslösung die Wanderniere selbst nur die Gelegenheitsursache darstellt.

Darstellung hinreichend hervor. Man könnte annehmen, dass durch
die pathologische Lage des Organes die Wirksamkeit der normalen
Befestigungsmittel der Niere beeinträchtigt wird. In Wirklichkeit aber
sind gerade sehr grosse Dislocationen nicht mit abnormer Beweglichkeit vergesellschaftet gewesen, und die hierhergehörigen Ausnahmsfälle
unterscheiden sich klinisch nicht von denen gewöhnlicher beweglicher
Niere. Wie noch öfter zu betonen: thatsächlich entspricht
kein bestimmter Sectionsbefund dem Symptomencomplex
der beweglichen Niere. Selbst die Constatirung einer grösseren
Verschieblichkeit oder Beweglichkeit bei der Obduction genügt hier
nicht. Man findet solche auch gelegentlich an Leichen von Kindern
unter drei Jahren (*Helm*) unter Umständen, die das Bestehen des
klinischen Symptomenbildes der Wanderniere bei Lebzeiten völlig ausschliessen. Ob überhaupt traumatische Einwirkungen, wie
sie bei subcutanen Nierenläsionen statthaben (*Küster*) und zu Tiefstand
der Niere führen oder, wie in gewissen Thierversuchen, durch Decortication zur Lockerung der Niere Anlass geben (*Tuffier, Navarro*), mehr
als Begünstigungen der abnormen Beweglichkeit darstellen und directe
Ursachen dieser abgeben, muss dahingestellt bleiben.*) Gleiches gilt
aber auch von den meisten übrigen ätiologischen Factoren, welche man
als massgebend für die Entstehung der Wanderniere aufzuführen pflegt.

In erster Reihe wird hier das mehr oder minder schnelle Eintreten von Abmagerung genannt, durch welche das Fett der Capsula
adiposa zum Schwinden gebracht und dadurch die Niere in ihrem
natürlichen Lager gelockert wird. Thatsächlich hat man bei Operationen von ausgemachten Fällen von Wanderniere die Capsula adiposa
durch ein wenig fettreiches, nicht sehr vollsaftiges Bindegewebe ersetzt
gefunden. Aber abgesehen davon, dass es sich hier vielleicht zuweilen
eher um einen Folgezustand als um die Ursache der Wanderniere
handelt, hat man in der schnellen Abmagerung allenfalls eine Begünstigung, aber nicht den directen Grund der Entstehung der abnormen Beweglichkeit der Niere zu erblicken. Denn bei der Häufigkeit
schneller Abmagerung müssten Wandernieren noch viel öfter vorkommen,
als thatsächlich der Fall ist (*Senator*). Ausserdem giebt es Beobachtungen
von Wanderniere bei wohlbeleibten Personen, und endlich sieht man
Wanderniere zuweilen im frühen Kindesalter, in welchem der die Niere
umhüllende Zellstoff noch arm an Fett ist. Es scheint jedoch, dass bei
Kindern meist die Befestigung der Niere an dem sich vor ihr ausspan-
nenden Bauchfell zur Verhinderung abnormer Beweglichkeit ausreicht.

Als ätiologisch sehr wichtig gelten ferner Erschlaffungs-
zustände des Bauches und Herabsetzungen des intra-
abdominalen Druckes, die am prägnantesten bei dem Hängebauch der Frauen sich zeigen. Als Endursachen der Wanderniere
werden in Uebereinstimmung hiermit grosse Unterleibsgeschwülste
und Schwangerschaft genannt, namentlich wenn letztere sich

---

*) Die Frage ist bezüglich des traumatischen Tiefstandes der Niere auf
Grund neuerer Erfahrungen Verfassers bei Leichenöffnungen zu bejahen. Vgl. auch
S. 888 weiter unten. (Anmerkung während der Correctur.)

oft und schnell hintereinander wiederholt. Es scheint hierbei die zeitweilige Blutüberfüllung des circumrenalen Gewebes, speciell das Ab- und Anschwellen im Bereich des Arcus perirenalis (s. Fig. 326 auf S. 843) auf die Niere und ihre Umgebung lockernde Wirkung zu üben. Doch wird die Beziehung zwischen Wanderniere und Schwangerschaft im Allgemeinen etwas übertrieben. *Landau* fand zwar von 42 Wandernieren nur 2 bei Nulliparae; er hatte aber ein ausschliesslich nur gynäkologisches Material vor sich, und bei anderen Autoren stellen sich diese Verhältnisse wesentlich anders: *Lindner* zählte unter 75 Patienten mit Wanderniere 24, welche nie geboren, und 12, welche nur einmal entbunden waren.

Offenbar äussert sich in manchen Fällen von Hängebauch dessen Einfluss auf Entstehung der Wanderniere in mehr directer Weise durch Druck oder Zug. Letzterer ist namentlich bei den mit dem Hängebauch verknüpften, oft erheblichen Verlagerungen der Baucheingeweide von Bedeutung; er spielt aber auch bei dem häufigen Zusammenhang von Lageveränderungen der weiblichen Geschlechtstheile (Beugungen und Neigungen der Gebärmutter, Vorfall von Scheide und Gebärmutter etc.) eine Rolle. Endlich hat man in bereits angedeuteter Weise (S. 869) einen mehr unmittelbaren Einfluss von Geschwülsten der Nachbarorgane der Niere nicht nur auf deren Lage, sondern auch auf deren Verschieblichkeit anzunehmen, und zwar sind hier weniger die Anschwellungen der Leber, als solche zwischen Leber und Niere (*König*), ferner der Milz, des Beckens und der Nebennieren (*Landau*) von Wichtigkeit.

Nicht ohne Weiteres erklärt erscheint die ätiologische Verbindung zwischen Wanderniere mit den häufig gleichzeitig vorhandenen Auftreibungszuständen von Darm und Magen, wie sie in der nach dem Vorgange von *Glénard* sogenannten „Enteroptose" (s. o. S. 847) zum Ausdruck gelangen. Der aufgeblähte Magen kann höchstens für die rechte Niere in Frage kommen, aber es ist zweifelhaft, ob der Auftreibungszustand ein so gleichmässig andauernder sein kann, um einen permanenten Druck oder Zug auf diese Niere auszuüben. Umgekehrt scheint die verlagerte Niere durch Druck auf den Zwölffingerdarm die Schuld von Gastrektasie in einigen Fällen abzugeben. Uebrigens dürfte nicht nur bei Enteroptose, sondern auch in manchen anderen Fällen von gegen die Niere gerichtetem Zug und Druck der Widerstand der noch intacten Bauchdecken im Stande sein, dieselbe in situ zu erhalten, wie überhaupt dieser auch andere ähnlichen schädlichen Einwirkungen auszugleichen vermag.

Von den Anschwellungen der Niere selbst, deren Einfluss auf gewisse Lageveränderungen wir bereits (S. 869) gewürdigt, sind hier ausser den eigentlichen Neubildungen der Niere, welche zu sehr erheblichen Vergrösserungen führen, diejenigen Volumszunahmen zu erwähnen, welche durch Zustände der Entzündung, der Congestion und Retention bedingt sein können. Auch bei diesen kann es zuweilen zu sehr beträchtlichen Anschwellungen kommen, aber wie die Experimente französischer Chirurgen zeigen, handelt es sich hier häufiger nur um mässige Nierenvergrösserungen. Ausserdem unterliegen die hierhergehörigen

Fälle von Congestion, Entzündung und Retention einem häufigen Wechsel, und
sie bedeuten daher für die Aetiologie der beweglichen Niere hauptsächlich dort
etwas, wo sie mit Lockerung des circumrenalen Gewebes und anderen ätiologischen Factoren von vornherein verbunden sind.

Dass Traumen ebenfalls von theilweise zweifelhafter Bedeutung
für die Aetiologie der beweglichen Niere sind, hatten wir kurz angedeutet. Man hat es hier meist mit leichteren äusseren Gewalteinwirkungen
zu thun, wie solche zu subcutanen Nierenverletzungen führen, und es
wird auf derartige Traumen namentlich von den Patienten selbst
häufig genug der Ursprung ihres Leidens zurückgeführt. Im Speciellen
werden hier meist etwas grössere Körperanstrengungen angeführt,
welche zu einer stärkeren Thätigkeit der Bauchpresse Anlass geben,
wie z. B. Heben und Tragen schwerer Lasten, heftiges Husten oder
Niessen, Erbrechen, gewaltsames Drängen beim Stuhlgang u. dgl. m.
Besonders hat man die öftere Wiederholung und längere Dauer
derartiger Bethätigungen als wirkungsvoll für die Entstehung der
Wanderniere angesehen, und sicher ist zuzugeben, dass dieselben in
manchen Fällen wenigstens Gelegenheitsursachen darstellen. Weiter
zu gehen ist man mangels der eigentlich nur in acuten traumatischen Fällen bis jetzt vorhandenen anatomischen Grundlagen hier
indessen nicht berechtigt, und die sehr naheliegende Behauptung, dass
die Unterschiede zwischen den massgebenden acuten, schnell vorübergehenden und den chronischen, länger anhaltenden Einwirkungen
nur graduelle sind, bedarf noch fernerer Beglaubigung. In einigen der
hierhergehörigen Vorkommnisse ist der traumatische Einfluss darin
zuzugeben, dass er zur Lockerung der Niere durch circumrenale Blutergüsse führt; in anderen ist er nur ein mittelbarer dadurch, dass er
zu einer Deformirung der unteren Thoraxpartie und daher zur Verlagerung und in zweiter Reihe zur abnormen Beweglichkeit der Niere
Anlass ist. Auf solche Weise macht sich theilweise auch der viel
umstrittene (*Lindner* u. A.) Einfluss des Schnürens und Corsettragens
auf die Entstehung der Wanderniere geltend, und es erklärt sich gleichzeitig hieraus, dass bei weitem nicht alle Frauen, die zu enge Leibchen
tragen, nothwendigerweise eine Wanderniere haben müssen.

Im Grossen und Ganzen ist unter obwaltenden Verhältnissen gegenwärtig
die Zahl der wenn auch nicht allgemein, so doch wenigstens von einer grösseren
Zahl von Aerzten anerkannten traumatischen Fälle von Wandernieren noch eine
recht geringe. Obschon einige der besseren älteren Beobachtungen (*L. Güterbock*)
die Beweglichkeit der Niere auf Trauma zurückführen, so hat man doch erst
neuerdings (*Küster, Verfasser* u. A.) die principielle Möglichkeit einer mehr acuten
Entstehung der traumatischen Wanderniere dargethan. Sehr ungünstig liegen indessen immer noch hier die statistischen Angaben (s. weiter unten) für die Annahme eines traumatischen Ursprungs. Die neueste hierhergehörige Zusammenstellung von *Küster* umfasst 225 Fälle, darunter nur 10 nicht bei Frauen; dabei
kamen unter 84 von ihm beobachteten Wandernieren nur 5 auf Männer. Dass
aber wiederum alle bis jetzt beschriebenen traumatischen Wandernieren nur Frauen
betreffen, ist mit Rücksicht auf den Fall von *Iljin* u. A. als zu weit gehend
zurückzuweisen.

Hinsichtlich des Vorkommens der Wanderniere bei beiden Geschlechtern werden die soeben erwähnten Ziffern *Küster's* von den verschiedensten Seiten hinsichtlich des Ueberwiegens der Frauen bestätigt. Bekannt ist die *Landau'sche* Statistik, der zufolge unter 314 theils eigenen, theils fremden Fällen 273 Frauen und nur 41 Männer waren. Nach *Sulzer* machen die Frauen 85—90% der Wandernierenkranken durchschnittlich aus, doch schwanken die einzelnen Statistiken, so dass hierdurch die Erklärung dieser Prädilection des weiblichen Geschlechtes einigermassen erschwert wird. Sicher hat man für dieselbe zu berücksichtigen, dass, abgesehen davon, dass die massgebenden Zahlen vielfach einem ausschliesslich gynäkologischen Material entstammen, Frauen mit Wanderniere häufiger als Männer zur Untersuchung kommen. Bei jenen treten die betreffenden Beschwerden häufiger und stärker hervor, als bei diesen, theils wegen der grösseren Häufigkeit des Mitbestehens von Leiden anderer Unterleibsorgane, speciell der weiblichen Genitalien, theils auch wegen des grösseren Einflusses des nervösen Elementes beim weiblichen Geschlechte. Es werden daher bei Frauen viel öfter als bei Männern bewegliche Nieren mehr zufällig bei Untersuchungen der Unterleibsorgane aus anderen Ursachen entdeckt. Immerhin steht eine allseitig befriedigende Erklärung über das Vorwiegen der Wanderniere beim weiblichen Geschlechte noch aus. Die Heranziehung der physiologischen Vorgänge der Menstruation und Schwangerschaft genügt hier nicht, vielmehr widersprechen einzelne Angaben (*Lindner*) der oben erwähnten Schulmeinung, als ob Frauen, die mehrfach entbunden sind, häufiger als Nulliparae an Wanderniere erkranken. Ausserdem lässt sich die Entstehung der wenn gleich seltenen Wandernieren in jugendlichem Alter weder durch die Menstruationsvorgänge noch durch die vorangegangene Schwangerschaft erklären; man ist hier zur Annahme einer angeborenen Disposition der Entwickelung gezwungen. Im Uebrigen muss man *Gugon* beipflichten, dass ausser in den physiologischen Veränderungen während des Geschlechtslebens der Frau massgebende Momente für die Pathogenese der Wanderniere auch in der sonstigen weiblichen Eigenart, wie sie sich in Erziehung, Lebensweise, Kleidung und Beschäftigung darstellt, in der mannigfaltigsten Weise zu suchen sind.

Sehr erhebliche Schwankungen finden wir ferner in den Angaben über die absolute Frequenz der Wanderniere: die betreffenden Zahlen zeigen Unterschiede von 0·07% (*Schultze*) und 17% (*Landau*). Es beruht dieses darauf, dass manche Statistiken nur Untersuchungen in vivo, andere auch die Obductionsergebnisse berücksichtigen. Allerdings bildet die Wanderniere im Ganzen keinen häufigeren Leichenbefund, da die gewöhnliche Sectionstechnik ihrer Auffindung nicht förderlich ist (s. S. 871 und 872). Vielleicht spielt die grössere Leichtigkeit, mit welcher man sich zur Annahme einer Wanderniere in concreto entschliesst, hier eine Rolle. Nach *Lindner* soll sogar jede fünfte bis sechste Frau eine bewegliche Niere tragen. Ebenfalls unentschieden ist noch, ob die Wanderniere in den körperlich schwer arbeitenden Classen oder in den sogenannten höheren Schichten der Bevölkerung häufiger vorkommt (*Sulzer*). In den meisten Statistiken, welche klinisches oder poliklinisches Material benutzen, werden fast ausschliesslich nur die ersteren berücksichtigt.

Das Alter, in welchem man die Wanderniere am häufigsten trifft, ist das 30. bis 40. Lebensjahr; nach dem 40. Lebensjahre ist sie erheblich seltener, indessen sind einzelne Fälle aus dem hohen Greisenalter ebenso wie aus den frühesten Jugendjahren bekannt.

Ebenso bemerkenswerth wie das Vorwiegen des weiblichen Geschlechtes ist die bei weitem häufigere Betheiligung der rechten Seite an der Wandernierenerkrankung. Bereits eine ältere Zusammenstellung von *Fritze* ergab unter 30 Fällen 19 rechtseitige, 4 linkseitige und 7 doppelseitige. Nach *Tuffier* betrug unter 314 Fällen das Verhältniss des Vorkommens rechts zu dem links = 4 : 1. während 14mal beide Nieren erkrankt waren. Noch mehr bevorzugt erscheint die rechte Seite in der Statistik *Landau's*, in welcher unter 179 Fällen nur 12 linkseitige und 9 doppelseitige waren, und unter 42 von *Landau* persönlich untersuchten Fällen war ein einziger linkseitiger neben 2 doppelseitigen. Diese Prädilection für die rechte Seite ist noch weniger aufgeklärt als die für das weibliche Geschlecht. Gewöhnlich begründet man sie durch die ungünstigere Befestigung der rechten Niere seitens des Bauchfelles und des Nierenstieles sowie durch die Beziehungen der rechten Niere zu Leber und Magen und besonders zum Colon, dann durch die grössere Häufigkeit, mit der extremer Tiefstand der Niere rechts vorkommt. Die linke Niere liegt dagegen von vornherein höher, das Mesocolon ist links straffer als rechts, die Flexura splenica rechtwinkelig und nicht stumpfwinkelig wie die Flexura hepatica (*Landau*). Dass aber auch andere Factoren, wie z. B. das Vorwiegen der pyelonephritischen Erkrankung während der Schwangerschaft, auf der rechten Seite (*Bonneau*) hier wesentlich mitspielen, ist zwar naheliegend, doch durch thatsächliche Angaben keineswegs hinreichend gestützt.

Pathologische Anatomie.

Vorbemerkung. Eine eigentliche pathologische Anatomie der Wanderniere fehlt in Uebereinstimmung mit unseren früheren Angaben bis jetzt. Eine systematische Verwerthung der bei Lebzeiten gelegentlich der ziemlich zahlreichen Wandernierenoperationen erhobenen Befunde steht noch aus. Man kann an der Leiche, wie bereits auf S. 871 bemerkt, nur die Thatsache einer mehr oder minder grossen Verlagerung oder Verschieblichkeit allenfalls für die eine oder beide Nieren constatiren, dagegen nicht die einzelnen abnormen Bewegungen, da diese selbstverständlich nur Gegenstand der Beobachtung bei Lebzeiten bilden. Die Verhältnisse für das Auffinden einer Wanderniere an der Leiche sind überhaupt sehr ungünstige (s. o. S. 872). Selten hat man, wie *Helm* es gethan, die besondere Aufmerksamkeit auf sie gerichtet, zumal da sie allein nie die directe Todesursache bildet. Ueberdies pflegen Nieren, die selbst höhere Grade von Beweglichkeit bei Lebzeiten geboten, an der Leiche wegen deren Rückenlage wieder in die Tiefe der

Fossa lumbalis zurückzusinken. Rechnet man hinzu, dass dann die durch postmortale Gasentwickelung aufgeblähten und nach vorn getriebenen Därme die in dem fest gewordenen Fett eingebetteten Nieren in situ meist völlig verdecken, so ist die überaus dürftige Ausbeute an Wandernieren aus sogar sehr grossem Material von Obductionsprotokollen nicht zu verwundern. *Durham* registrirte unter 1600 Sectionen nur 2, *Newman* unter 11.000 nur 11 hierhergehörige Fälle. *Schulte* fand unter 3658 in der Charité von 1854—1866 gemachten Obductionen nur 2. *Landau* unter circa 6000 Sectionen ebendaselbst aus den Jahren 1870—1879 nur 4 bewegliche Nieren.

Die pathologisch-anatomischen Beschreibungen des Verhaltens der Nieren selbst sind in den einzelnen hierhergehörigen Fällen durchaus nicht übereinstimmend. Selten sind die Fälle, in denen die Nieren in ihrer Fettkapsel in einem langen Beutel, dem sogenannten Mesonephron (s. o. S. 870), liegen (*Helm* traf ein solches in keiner der von 104 Leichen, in denen er die Nieren auf ihre Beweglichkeit geprüft). Zuweilen können Anomalien der Gefässauftheilung und die gelappte Form des Organes auf eine congenitale Entstehung des krankhaften Zustandes hinweisen. Noch seltener und mehr als Ausnahme findet man die Niere als Inhalt von Bauchbrüchen (*Monnet*, s. u. S. 899). Häufiger sieht man die Niere zwischen die beiden Blätter der Mesocolon gedrängt, die Dickdarmflexur unter ihr. Doch ist dieses ebensowenig ein regelmässiger Befund wie der des Schwundes des perirenalen Fettes. Der Behauptung, dass dieser Schwund in ausgemachten Fällen sich auch dann darthun lässt, wenn keine allgemeine Abmagerung stattgehabt (*Bauer*), steht die Angabe (*Tuffier*) gegenüber, dass sclerosirende und bindegewebige Processe der Fettkapsel sich eigentlich nur in Verbindung mit entzündlichen Veränderungen der beweglichen Niere selbst entwickeln. Leider sind unsere Kenntnisse von solchen entzündlichen Veränderungen der Substanz beweglicher Nieren nur gering; sie beschränken sich fast nur auf Beobachtungen, welche man gelegentlich der Exstirpation von Wandernieren gemacht hat. Unter 26 derartigen von *Brodeur* zusammengestellten Fällen war die Niere 12mal normal, hypertrophirt in 6, atrophirt in 3, congestionirt, fettig entartet in je 2 Fällen, während einmal alte narbige Einziehungen bestanden. Ausser den im Wesentlichen entzündlichen Zuständen kann die Wanderniere ebenso wie jede andere Niere tuberculösen (Fälle von *Haward* und *Terrillon*) und neoplastischen (Beobachtung Verfassers) Processen sowie der Steinkrankheit (*Jordan Lloyd* u. A.) unterliegen. Die naheliegende Vermuthung, dass die ektopirte Niere mehr als die normal gelagerte zu Nierenerkrankungen neigt, lässt sich jedoch ziffermässig zur Zeit noch nicht bestätigen. Die beweglichen Nieren sind sicher viel häufiger, als bis jetzt angenommen, krank (*Hartmann*), wenn sie auch oft genug in aller Kürze lediglich als „verkleinert" beschrieben werden.

In weitergediehenen Fällen findet man häufig die Niere nicht einfach nach unten und vorn gerückt, sondern um die Axe gedreht und quer, d. h. in die Horizontale gestellt. Wir haben bereits auf Seite 871 in der Anmerkung den hierfür massgebenden Mechanismus sowie die hieraus resultirenden Torsionen des Nierenstieles und die zuweilen sehr erheblichen Verlängerungen der in diesem verlaufenden, in ihren Wandungen übrigens unveränderten Gefässstämme angeführt. Es ist durch die Experimente Tuffier's wahrscheinlich, dass solche secundären Verlagerungen bei Vergrösserung der Niere durch die Zunahme der Schwere des Organes begünstigt werden, doch stehen noch exacte Beobachtungen am Menschen aus. Hinsichtlich des Verhaltens des Harnleiters bei uncomplicirter Wanderniere existiren keine übereinstimmenden Angaben; dasselbe wird im Allgemeinen als dem der Gefässe entsprechend bezeichnet (Strübing); Tuffier dagegen hat bei seinen zahlreichen Wandernierenoperationen niemals Biegung oder Abknickung des Ureters gesehen.

Die sonstigen, die Zustände der übrigen Eingeweide in Wandernierenfällen betreffenden Schilderungen beziehen sich entweder auf nicht ganz regelmässige Vorkommnisse (Verlagerung und Blähung der Därme) oder auf mehr zufällige Complicationen, wie z. B. entzündliche Verwachsungen. Letztere können zur Refixation des Organes (Ledentu), bezw. zu dauernden Verlagerungen in höchst eigenartigen Positionen führen.

Symptomatologie.

Ein wohl umschriebener, einer grösseren Reihe von uncomplicirten Wandernierenfällen zukommender Symptomencomplex wird durch die alsbald zu beschreibenden Einklemmungserscheinungen gebildet, welche indessen bereits Folgezuständen der abnormen Beweglichkeit des Organes entsprechen. Thatsächlich aber verlaufen, so lange als es nicht zu diesen Folgezuständen kommt, viele Wandernierenfälle entweder ganz symptomlos oder mit so vagen und so unwesentlichen Symptomen, dass die abnorme Beweglichkeit erst gleichsam zufällig gelegentlich wegen gynäkologischer oder anderer Unterleibsleiden unternommener Untersuchungen vom Arzte entdeckt wird. In einer Reihe von Beobachtungen bestehen freilich lebhafte Beschwerden; allerdings sind diese nicht immer auf die Niere oder wenigstens nicht auf deren Beweglichkeit zurückzuführen. Wenn nicht gleichzeitig secundäre Veränderungen oder concomitirende Erkrankungen der Niere vorliegen, spielen pathologische Zustände anderer Unterleibsorgane hier oft die für die Klagen der Patienten verantwortliche Rolle. Manchmal sehen wir diese Zustände mit der Wanderniere in gewissen ätiologischen Beziehungen; nothwendig ist dieses nicht, vielmehr von Fall zu Fall wechselnd. Intensität und Beschaffenheit der Beschwerden stehen deshalb in concreto nicht in directem Verhältnisse zum Grade der abnormen Beweglichkeit, ja sogenannte Wandernierenbeschwerden sind einige Male Grund zu therapeutischen Eingriffen geworden, wenn eingeständlich nichts von Wanderniere existirt hat (Riedel). Es ist dabei zu wiederholen, dass die Fälle mit und die ohne sogenanntes Mesonephron, so scharf manche englischen Autoren (Morris u. A.) sie als

„floating kidney" und „moveable kidney" sonst zu trennen suchen, sich bezüglich der von ihnen ausgehenden Erscheinungen in keiner Richtung unterscheiden; es scheint die abnorme Beweglichkeit mancher Nieren ohne sogenanntes Mesonephron erheblich ausgiebiger als bei Existenz eines angeblichen Gekröses zu sein.

Zur leichteren Uebersicht über die mannigfachen Wechsel im Krankheitsbild der Wanderniere pflegt man die subjectiven von den objectiven Symptomen gesondert zu betrachten. Wir folgen ebenfalls diesem Gebrauche.

Eine erste Reihe hierhergehöriger subjectiver Beschwerden betrifft nicht die Wanderniere selbst oder einen anderen Theil des Harnsystems, sondern den Verdauungsapparat Neben Obstipation spielt hier das an den Namen *Glénard's* sich knüpfende Krankheitsbild der „Enteroptose" eine Rolle (s. o. S. 873). Wegen dessen Einzelheiten auf die Arbeiten der inneren Mediciner (*Ewald*) verweisend, sei hier nur betont, dass durch Fixation der Niere die betreffenden Beschwerden zwar oftmals unbeeinflusst bleiben, andererseits werden aber in manchen Fällen in bestimmten von der beweglichen Niere eingenommenen Lagen durch den von ihr auf die benachbarten Därme (Dickdarm, Blinddarm) ausgeübten Druck oder Zug deren Wegsamkeit wie Peristaltik beeinflusst. — Nächst dem Verdauungsapparat sind am häufigsten die weiblichen Geschlechtsorgane bei der Symptomatologie der Wanderniere betheiligt. Besonders macht sich die Menstruation (*Landau* u. A.) durch Schmerzen in der Gegend der Niere, Blase, Vulva etc. bemerklich; nur selten besitzt dieselbe einen günstigen Einfluss auf das Befinden der Frauen mit Wanderniere. Es zeigen sich vielmehr hier häufig die eigenartigsten Combinationen zwischen den Nierenerscheinungen und den dem Geschlechtsleben angehörigen krankhaften Zuständen.

Gross ist die Zahl schwer erklärlicher Erscheinungen in Wandernierenfällen. Nach *Lindner* fanden sich die sogenannten *Hegar'*schen Lendenmarksymptome auch hier und nicht allein bei bestimmten Genitalleiden. Herzklopfen, welches nach *Lindner* eines der häufigsten Wanderierensymptome ist, sah *Wagner* nach geeigneter Bandagirung der Niere schwinden. Manche dieser Wanderierensymptome gehören indessen thatsächlich Erkrankungen des Nervensystems an, und *Tuffier* scheidet die „neurasthenische" Form der beweglichen Niere von der „intestinalen" und einfach „schmerzhaften" Art der Erkrankung. An und für sich ist die Wanderniere bei Berührung nur selten besonders schmerzhaft, die Druckempfindlichkeit (s. o. S. 857) ist eher eine Ausnahme (*Fürbringer*), und für gewöhnlich gewährt mehr oder minder energischer Druck auf die bewegliche Niere eine gewisse Erleichterung. Nur in einzelnen Fällen ist die eigenthümliche von *Trousseau* auch bei normalen, nicht verlagerten Nieren gefundene und mit der Sensation bei der Berührung der Hoden verglichene Druckempfindlichkeit (*Gerhardt*) abnorm gesteigert, so dass bereits leichte Betastung Erbrechen bedingt (*M'Evans*). Die Beurtheilung dieser Erscheinungen wird dadurch sehr erschwert, dass es sich hier vielfach um hysterische oder hypochondrische Patienten handelt, was schon daraus erhellt, dass viele von ihnen erst dann klagen, wenn sie auf die bewegliche Unterleibsgeschwulst aufmerksam gemacht sind. Es ist ihnen, „als ob etwas im Unterleibe herumginge". Gefühl der Schwere und Völle. Ausstrahlen der Schmerzen nach unten längs des Harnleiters sind dann nicht ungewöhnliche Beschwerden. Ihre Unbeständigkeit, ihre zeitweilige Steigerung durch Körperbewegung und Milderung durch Körperruhe, ihr gelegentliches Auftreten in Form von Neuralgien an mehr oder weniger von der jeweiligen Lage der Niere entfernten Punkten, z. B. in den Zwischenrippenräumen, in der Schulter, im Bein, sogar auch auf der entgegengesetzten Seite (*Fürbringer*), sondert sie von den als „Einklemmung" beschriebenen Schmerzzuständen, auf die weiter unten eingegangen werden wird.

Das objective Hauptzeichen der Wanderniere ist der Nachweis ihrer abnormen Lage und Beweglichkeit, der mehrfach namentlich bei Frauen durch Erschlaffung des Bauches und Lagerung der Eingeweide, speciell der Därme nach vorn, auch ohne gleichzeitiges Bestehen von Hängebauch, Brüchen, Eventrationen oder Prolapszuständen, erleichtert wird. In günstigen Fällen bei mageren Personen bildet die Niere dann eine deutliche Prominenz, deren Bewegungen sich zuweilen sowol bei Seitenlage wie bei aufrechter Stellung verfolgen lassen. Dagegen ist *Landau, Rosenstein* u. A. beizupflichten, dass eine dem Fehlen der Niere an der normalen Stelle entsprechende, durch Inspection oder Palpation wahrzunehmende Abflachung der Lendengegend höchstens ausnahmsweise besteht.

Das beste Verfahren, sich vom Bestehen einer Wanderniere Kenntniss zu schaffen, ist die bimanuelle Palpation (s. o. S. 849 ff.), welche je nach individueller Uebung und äusseren Umständen in sehr verschiedener Weise vorgenommen wird, am besten in Rückenlage (*Freund*) oder in Seitenlage (*J. Israel*). Um die Niere möglichst weit nach vorn gelagert zu haben, empfiehlt man ausserdem in Frankreich die stehende Position, von anderer Seite die Knieellenbogenlage, oder man lässt den Patienten mit vornübergebeugtem Kopf und Rumpf und aufgestützten Knieen sitzen. In zweifelhaften Fällen wird man die Untersuchung auf verschiedene Weise und zu verschiedenen Zeiten wiederholen, möglichst bei leeren Därmen der grösseren Erschlaffung des Unterleibes halber, im Nothfalle auch in Narkose. In der Regel stellt sich die Wanderniere als glatte, resistente, vom Rippenrande in der Richtung zum Becken sich ausdehnende Anschwellung dar, welche durch die Bauchdecken hindurch sich grösser als in Wirklichkeit anfühlt und mehr ausnahmsweise eine dem Hilus entsprechende Einkerbung, dagegen meist einen deutlich abgerundeten Rand und eine vordere und hintere Fläche unterscheiden lässt. In Folge der abnormen Beweglichkeit kann die Anschwellung bei aufrechter Position erheblich grösser als bei Ruhelage erscheinen. Im Uebrigen finden sich alle Grade abnormer Beweglichkeit. Leicht lässt sich oft der Tumor nach hinten in die Lendengrube reponiren; manche Patienten vollbringen dieses selbst durch gewisse Körperbewegungen mit grosser Geschicklichkeit, und die Niere tritt dann zunächst nur schwer aus der normalen Position wieder heraus. Andererseits halten sich manche beweglichen Nieren stets von der Lende fern (*Guyon*); ihre Beweglichkeit kann dann hier und wie auch sonst in einzelnen Fällen eine ausserordentlich freie sein, am meisten in der Richtung v o n o b e n n a c h u n t e n und v o n u n t e n n a c h o b e n. Letzteres, die von *Guyon* sogenannte a b d o m i n o - l u m b a l e Bewegung, führt die Niere zuweilen in sehr charakteristischer Weise zur Reposition. Weniger erheblich ist gewöhnlich die Ver- schieblichkeit der Niere medianwärts, nach der Mittellinie zu, und es sind solche geringeren Grade von Beweglichkeit oft nur schwer dar- zuthun, am leichtesten noch an der rechten, häufig von vornherein tieferstehenden Niere, und unter von Fall zu Fall sich ändernden spe- ciellen Vorbedingungen. Zuweilen findet eine Wechselwirkung zwischen den Bewegungen der Niere und denen der dicken Därme statt, welches man erst nach deren künstlicher Aufblähung deutlicher erkennen kann.

Die P e r c u s s i o n als Untersuchungsmittel steht auch hier weit hinter der Palpation zurück. Sehr charakteristisch ist die zuweilen vom Patienten ebenfalls wahrgenommene P u l s a t i o n in der beweg- lichen Niere, entstanden (wie Verfasser bestätigen darf) durch Fort- leitung von der Aorta her; ob auch durch Torsion der grossen Gefässe des Nierenstieles, muss zweifelhaft bleiben.

Vorstehende Zeichen der Wanderniere erleiden Veränderungen durch Er- krankungen, welche auf Form und Beweglichkeit des Organes einwirken. Nicht nur die (schon erwähnten) perirenalen Verwachsungen und sclerosirenden Pro- cesse, sondern auch solche, die zu einer erheblichen Vergrösserung der beweglichen Niere führen, sind hier von Einfluss. Bei Lage derselben direct unter den Rippen lassen sich dann ihre Vergrösserung und ihre etwaigen Erkrankungen (Lithiasis, Neoplasmen etc.) leicht erkennen, andererseits sind letztere zuweilen Ursache dia- gnostischer Schwierigkeiten, zumal da die neoplastische Volumszunahme der Niere ihr den Anschein einer Wanderniere verleihen kann.

Wesentliche Veränderungen in der Harnentleerung kommen weniger der Wanderniere an und für sich als ihren Folgezuständen zu. Die mehrfach an- geführte Steigerung der Harnfrequenz dürfte vorwiegend von nervösen Einflüssen abhängen.

V e r l a u f u n d F o l g e z u s t ä n d e sowie dementsprechend die P r o g n o s e wechseln in den einzelnen Fällen ausserordentlich. Immer- hin lassen sich hier gewisse Typen unterscheiden, von denen aller- dings häufig genug Uebergangsformen vorkommen.

Neben Fällen ohne Symptome oder mit nur ganz vagen Erscheinun- gen, so dass die Beweglichkeit der Niere einen zufälligen Untersuchungs- befund bildet, giebt es solche mit örtlich begrenzten, subjectiven Be- schwerden, die andauernd ziemlich stationär bleiben. Die betreffenden Personen sind meist Frauen in der zweiten Lebenshälfte, welche sich sonst ganz wohl fühlen, wenn sie sich von gewissen Schädlichkeiten fern halten. Bei anderen Patienten sieht man dagegen im Laufe der Zeiten einen Fortschritt sowol in den örtlichen wie in den allgemeinen Störungen. Es handelt sich hier nicht selten um jüngere weibliche

Patienten, die ein zur Zeit der Menses sich steigerndes Siechthum bieten, wenn ausser dem Nervensystem auch der Verdauungsapparat und dadurch die Gesammternährung in Mitleidenschaft gezogen sind. Einige Male hat man (durch Compression der V. cava bedingtes) Oedem, bezw. Thrombose an den unteren Extremitäten beobachtet (*Girard, Landau*), andere Male Icterus durch Compression des Duodenum (*Litten*), sowie Gastrektasie und Aehnliches: doch darf man, da der anatomische Nachweis des Zusammenhanges dieser Zustände mit der Wanderniere schwer zu erbringen ist (*Schütz, Lindner*), deren Existenz nicht mit unabänderlicher Nothwendigkeit auf die der Wanderniere beziehen. Selten sind überdies Personen, die wegen Wandernierenbeschwerden zum Arzt gehen, im Uebrigen „völlig gesund".

Mehr unmittelbar von der Wanderniere abhängig sind die sogenannten Einklemmungen (*Dietl*), sie zeigen sich in sehr verschiedenen Graden und Häufigkeit in den einzelnen Fällen. Man kann sie theils mit den vom Darme ausgehenden Einklemmungen, theils mit Nierenkolikanfällen vergleichen. Oft nach äusserer Gelegenheitsursache (Körperanstrengung), oft ohne solche klagen die Patienten über heftigen, stechenden, zuweilen auch weithin ausstrahlenden Schmerz im Leibe. Letzterer ist aufgetrieben und ganz besonders in der Gegend der Niere im weiteren Sinne überaus empfindlich. Soweit es hierbei möglich ist, vermag man dieser Gegend entsprechend eine nicht völlig scharf begrenzte Anschwellung durchzufühlen. Hand in Hand hiermit pflegen schwere allgemeine Symptome zu gehen: Schwindel und Ohnmacht bei kleinem Puls und oberflächlichem Athmen, heftiges Erbrechen, Aufstossen und Uebelkeit. Oft leitet ein Schüttelfrost den ganzen Zustand ein*) und es besteht relativ häufig Fieber (*Fürbringer*). Die Dauer des Anfalles ist verschieden, durchschnittlich binnen 6—8 Tagen erfolgt der Nachlass; die jede Bewegung hindernde Schmerzhaftigkeit, die Spannung des Leibes, die Intoleranz des Magens, kurz die anscheinend bedrohlichen Symptome gehen zurück. Der ganze Anfall gleicht dem einer umschriebenen Peritonitis, und als solche fasste ihn auch *Dietl* auf, welcher dieselbe durch Einklemmung der beweglichen Niere in dem diese umgebenden Bindegewebe und Bauchfell zu erklären suchte. Inzwischen sieht man in Verbindung mit der Einklemmung bestimmte Veränderungen des Harnes In der ersten Zeit, während der stürmischen Erscheinungen, ist derselbe hochgestellt, spärlich, sedimentirend, manchmal mit Beimengung von Blut und Schleimeiter: mit dem Nachlass beginnt reichliche Entleerung hellen Harnes von leichterem specifischen Gewichte, und allmälig erlangt dieser normale Verhältnisse. Gelegentlich finden sich solche Harnveränderungen auch ohne deutliche Einklemmungssymptome (*Landau*), und soll die Polyurie erst nach gelungener Reposition der Niere in die normale Position völlig schwinden (*Apolant*). Im Grossen und Ganzen sind aber die Art des Auftretens der Harnveränderungen sowie diese selbst

---

*) In England auch als „acute dislocation" bezeichnet.

bei der Einklemmung der beweglichen Niere völlig identisch mit denen bei der intermittirenden Hydronephrose (s. u.). Thatsächlich hat man es in beiden Fällen mit dem gleichen Vorgang, nämlich mit Harnstauung im Nierenbecken und der Niere selbst zu thun. Bei den symptomlosen Fällen ist die Entwickelung dieser Stauung resp. ihre Rückbildung eine mehr allmälige; je acuter beides ist, desto deutlicher markirt sich der Symptomencomplex der Einklemmung. Ist durch die Wiederholung dieser eine mehr oder minder ausgesprochene Veränderung in Niere und Nierenbecken eingetreten, hat namentlich letzteres die Elasticität seiner Wandung verloren, so ist der ganze Vorgang nicht mehr der einer Einklemmung einer beweglichen Niere, sondern der der intermittirenden Hydronephrose (s. u.).

Der Mechanismus der verschiedenen Grade der Folgezustände der abnormen Beweglichkeit der Niere von den sogenannten symptomlosen Harnveränderungen an bis zur ausgemachten intermittirenden Hydronephrose ist in allen Einzelheiten noch nicht ganz klar. Nach *Tuffier's* Thierversuchen sollte man für die symptomlosen Secretionsstörungen kein wohlumschriebenes Abflusshinderniss aus dem Nierenbecken, sondern nur Biegungen und Zerrungen des Ureters als massgebend annehmen. Für die eigentliche Einklemmung wurde früher die Torsion der im Nierenstiel enthaltenen Gefässe verantwortlich gemacht. Aber solche Torsionen kommen auch ohne Einklemmung und in Fällen vor, in denen von Wanderniere nicht die Rede ist, so z. B. bei einfacher Dystopie, bei Neubildungen u. dgl. m. Die Ursache der Einklemmungs- und der sonstigen Folgeerscheinungen der beweglichen Niere hat man vielmehr in Abflussbehinderung des Nierenbeckens durch Verlegung des Harnleiters zu suchen. Dieses zeigen die gelegentlichen Fälle temporärer Verstopfung des Harnleiters durch Schleimpfröpfe, Gerinnsel etc. (*Mosler*) in Verbindung mit Einklemmungserscheinungen. Für gewöhnlich sind aber diese Erscheinungen nicht von solchen Verstopfungen, sondern von einer Abknickung oder Winkelbildung an der Harnleiterinsertion abhängig.

Ueber das Zustandekommen dieser Abknickung oder Winkelbildung sind unsere Kenntnisse noch nicht abgeschlossen. Sicher ist nur, dass sie mit dem Mechanismus der Lageveränderungen, welche die in ihrer Befestigung gelockerte Niere erleidet, zusammenhängt. In Uebereinstimmung mit unserer früheren Schilderung auf S. 871 und S 877 hat das Herabsteigen der beweglichen Niere von oben nach unten seine Grenzen. Ihre ferneren Bewegungen müssen (unterstützt von äusseren Einflüssen, z. B. seitens der Bauchpresse, leichter Traumen etc.) wegen des Widerstandes, den die Wirbelsäule bietet (*Israel*), ausschliesslich in dem Sinne erfolgen, dass sie von oben und aussen nach unten und innen mit Wendung des Nierenbeckens in die Horizontale übergeht. Wie nun dieser Uebergang in die Horizontale die Winkelbildung an der Harnleitermündung zu Stande bringt, ist eine weitere Frage. Man hat hier eine directe Abknickung des Harnleiters, welcher der plötzlichen Bewegung der Niere nach der Horizontalen nicht folgen kann, angenommen. Dem steht entgegen, dass (wie erwähnt) der

Befund am Harnleiter durchaus nicht in allen Wandernierenfällen mit Ein-
klemmungs- und weiteren Folgeerscheinungen völlig identisch ist. Vor Allem aber
widerspricht dem die Thatsache, dass der Harnleiter de norma auf der Unterlage
so verschieblich ist, dass er selbst starken Verlagerungen der Niere in die Quere
folgen kann. Ohne einige Biegung, so dass der Ureter bei seinem Abgange eine
mehr auf- als absteigende Richtung verfolgt, wird es hierbei freilich nicht abgehen
und hierdurch von vornherein ein gewisser Einfluss auf die Winkelbildung des Harnleiters ausgeübt, wie ihn vielleicht auch einige anderen alsbald zu besprechenden
Factoren bedingen. Wesentlich für die Abknickung ist jedoch der Druck, welchen
von unten auf die Harnleitermündung die quergestellte Niere mit ihrem unteren
Theile ausübt (*Navarro*). Für die Ausgestaltung des Knickes kommt aber dabei,
wenn wir von den soeben erwähnten Biegungen des Harnleiters und etwaigen stets
nach *G. Simon* secundären Verwachsungen und Strangbildungen absehen, ausserdem
noch in Betracht, dass die Niere durch frühere Rückstauungen, wenn sie in die
Horizontale übergeht, sehr häufig bereits vergrössert ist. Insbesondere spielt hier
eine Hauptrolle, dass diese Vergrösserung der Niere vornehmlich ihre untere
Hälfte betrifft, da es hier in Folge der Rückstauung, dem Gesetze der Schwere
entsprechend, zu einer mehr oder minder starken Ausdehnung des entsprechenden
Theiles des Nierenbeckens gekommen ist. Manchmal ist hier die Ausdehnung so
gross, dass sich eine Art Blindsack bildet. Der ausgedehnte Theil des Nierenbeckens, hinter dem Ureter gelegen, comprimirt nicht nur diesen unterhalb
seiner Mündung, sondern verdrängt auch deren hintere untere Lippe so weit,
dass hierdurch der Blindsack vom übrigen Nierenbecken völlig abgesperrt wird.
Man findet demgemäss öfters z w e i Hindernisse bei Sondirung des Harnleiters
von der Niere aus: eines in Folge der wie eine Falte oder Klappe sich vor-
legenden hinteren Lippe der Harnleitermündung und ein zweites etwas weiter
unten, bedingt durch die von dem Druck des unteren Nierenpoles hervorgerufene
Verlagerung resp. Verlegung des Ureters. Solche doppelte Winkelbildung ist nicht nur
in vivo (*Israel, Fenger* u. A.) gesehen, sondern auch bei Thierversuchen (*Tuffier*)
dargethan worden. Gemeinsam ist dieser wie anderen minder wichtigen Modificationen der Abknickung des Harnleiters, dass sie zunächst der Rückentwickelung
und des Ausgleiches fähig sind, in erster Linie dadurch, dass die Niere wieder
aus der Horizontalen in die Verticale zurückkehrt, oder aber das Hinderniss ist
nicht so ausgesprochen, dass es nicht schliesslich vom intrarenalen Druck der
Harnsäule überwunden wird. Lässt dann die Ausdehnung des Nierenbeckens
nach, so richtet sich die nunmehr wieder kleiner gewordene Niere zuweilen gleichsam von selbst auf. In anderen Fällen aber wird die Abflussbehinderung zu
einer dauernden; hierüber und über den Uebergang der i n t e r m i t t i r e n d e n
in die r e m i t t i r e n d e und von dieser in die s t a t i o n ä r e resp. geschlossene
H y d r o n e p h r o s e s. u. im Capitel „Hydronephrose".

Die vorstehend skizzirte Entwickelung der Folgezustände der
beweglichen Niere lässt sich in einzelnen lange genug beobachteten
Fällen klinisch verfolgen, und man sieht dann gelegentlich der
Operation, dass selbst nach Reposition der Niere in die normale Lage
das Nierenbecken durch die Erschlaffung seiner ihrer Elasticität be-
raubten Wandungen schliesslich sich nicht völlig zu entleeren vermag
(*J. Israel*). Aber nicht alle beweglichen Nieren erreichen solch ein
extremes Stadium der hydronephrotischen Erkrankung. In Uebercin-

stimmung mit Thierversuchen ist vielmehr eine Spontanheilung der beweglichen Niere sehr wohl möglich und durchaus nicht selten. sei es, dass dieselbe, in ihre normale Lage zurückgekehrt, in dieser dauernd sich hält, sei es, dass sie in einer anderweitigen, für regelmässiges Functioniren geeigneten Lage durch Verwachsungen fixirt bleibt. Jedenfalls soll man aus dem Auftreten vorübergehender Beschwerden und vereinzelter Einklemmungsanfälle nicht sofort eine üble Vorhersage ableiten, so sehr man auch jedem Einklemmungsanfalle als solchem die grösste Aufmerksamkeit zuzuwenden hat. Wie kaum bei einer anderen Krankheit hat man vielmehr bei der Wanderniere mit der Prognose zu individualisiren. Für diese kommen nicht nur die Art der directen subjectiven Beschwerden und der geringeren oder grösseren Schwere der Anfälle von Harnstauung in Betracht — dieselben gefährden relativ selten unmittelbar das Leben —, vielfach bilden ausserdem einen prognostischen Hauptfactor die vorher eingehend geschilderten concomitirenden Symptome und zuletzt, wenn auch nicht in letzter Reihe, die socialen Verhältnisse der betreffenden Patienten.

Diagnose.

So präcise Erkennungszeichen der Wanderniere die in systematischer Weise ausgeführte physikalische Untersuchung liefern kann, so sind doch gerade hier Irrthümer nichts Seltenes, denn Wandernieren mit ausgiebiger, leicht in die Augen fallender Beweglichkeit sind keineswegs übertrieben häufig. Die grosse Geneigtheit, bei weiblichen Patienten rechtsseitige Wandernieren oder wenigstens einen höheren Grad abnormer Beweglichkeit der rechten Niere anzunehmen, wofern auf die Existenz einer solchen irgendwelche subjectiven Beschwerden hindeuten, hat oft zu übereilten Diagnosen geführt. Man hat namentlich die durch die respiratorischen Mitbewegungen beeinflussten, tieferstehenden Nieren älterer Frauen mit schlaffem Unterleib und herabgesunkenen Bauchorganen für abnorm beweglich fälschlich angesehen (*Litten*, eigene Beobachtungen des Verfassers), auch hat man neoplastisch erkrankte Nieren als Wandernieren aufgefasst (s. o. S. 869). Wo sich jedoch ohne Weiteres eine grössere Beweglichkeit der Niere darthun lässt, ist meistens sehr charakteristisch die Leichtigkeit, mit welcher das verlagerte Organ seine normale Position wieder aufsucht. Thatsächlich genügen oftmals leiseste Berührung. geringe Körperbewegungen und Aehnliches, um den von der Wanderniere gebildeten Tumor gleichsam den Händen des Arztes entschwinden und in die Tiefe gleiten zu lassen, aus welcher er trotz aller Beweglichkeit nicht wieder producirbar ist. Aehnliches sieht man höchstens bei sogenannten Pseudotumoren hysterischer Personen. Während aber bei letzteren bei einiger Aufmerksamkeit eine Verwechslung mit Wanderniere in das Reich des Vermeidbaren gehört, trifft man öfters wirkliche Wandernieren, deren Beweglichkeit minder deutlich, bezw. wegen Verwachsungen oder anderer besonderer Verhältnisse hauptsächlich nur in bestimmten Richtungen möglich ist

(s. S. 881). Bei ihnen besteht Gelegenheit zu den mannigfaltigsten Verwechselungen mit anderen Unterleibsgeschwülsten von beschränkter
Verschieblichkeit.

Bekannt ist eine Zusammenstellung von *Lawson Tait*, 13 Fälle von fälschlich angenommenen Wandernieren betreffend: 7mal handelte es sich hier um
die ausgedehnte Gallenblase, 4mal um langgestielte Ovarialcysten und 2mal
um Pancreasgeschwülste. Ihnen gegenüber steht eine Reihe von Beobachtungen,
in welchen die Wanderniere verkannt und statt ihrer eine anderweitige Unterleibsgeschwulst angenommen wurde. Es geschah dies namentlich dort (*Newman*), wo
ihre Symptome auf einen anderen Ursprung und nicht auf die abnorme Beweglichkeit der Niere hinzuweisen schienen.

In allen diesen Fällen, sowie in manchen anderen, in denen
bestimmte Erscheinungen fehlten oder nicht ausgeprägt genug waren,
ist man auf die Differentialdiagnose per exclusionem angewiesen. Besondere Regeln für diese Differentialdiagnose lassen sich
ausser den für die Untersuchung des Unterleibes im Allgemeinen und die
der Nieren im Speciellen gegebenen nicht aufstellen; immerhin wollen
wir die mehrfach betonte Möglichkeit der Verwechslung von in
den dicken Därmen stagnirenden Kothmassen mit
Wandernieren hier hervorheben, weil dieser Irrthum selbst bei
grosser Beweglichkeit und sehr langem und schlaffem Gekröse der
betreffenden Därme sich sehr wohl vermeiden lässt, wenn man auch
bei Wandernierenuntersuchungen streng daran festhält, nur bei leerem
Magen und leeren Därmen zu manipuliren. Ausserdem ist zu berücksichtigen, dass Gelegenheit zur Fehldiagnose bei rechtsseitiger Wanderniere wegen deren grösseren Frequenz nicht nur absolut, sondern auch
wegen der Nähe der Leber sammt Gallenblase relativ häufiger besteht
als bei der linkseitigen Erkrankung.

Die wesentlichsten, für die Differentialdiagnose
der Wanderniere in Betracht kommenden Krankheitszustände sind:

An der Leber ausser den Ausdehnungen und Geschwülsten der Gallenblase Echinokokken und Schnürlappen
oder anderweitige supernumeräre gestielte Lappen; abnorme
Beweglichkeit der Milz und Geschwülste einer solchen,
einzelne Geschwülste des Pancreas, des Netzes und des
Gekröses, wie auch des Peritoneum parietale und der diesem
benachbarten Bauchdecken (z. B. partielle Contracturen der
Bauchmuskeln); Geschwülste des Colon descendens und
des Colon ascendens und die von den weiblichen Geschlechtsorganen und deren Anhängen ausgehenden
Anschwellungen.

Bei allen diesen pathologischen Veränderungen beruhen die
diagnostischen Schwierigkeiten in erster Linie darauf, dass sich eine
mehr oder minder umfangreiche Geschwulst bildet, deren grobe Erscheinungsweise mehr oder weniger an die der Niere erinnert. Gelingt
es, die zweifelhaften Tumoren von allen Seiten der physikalischen

Untersuchung zugänglich zu machen, so ergeben sich gewöhnlich bald wesentliche Unterscheidungsmerkmale von einer beweglichen Niere. Bei der ausgedehnten Gallenblase findet man z. B. eine allseitig gleichmässige Abrundung auch am oberen Pole, dessen Zusammenhang mit der Leber ebenso wie bei Schnürlappen und Echinokokken vorsichtige, leise Percussion bei wiederholter Untersuchung darthut. Erschwert wird dieses nur bei sogenannter Wanderleber mit ausgesprochenem Hängebauch. Längere Beobachtung bei Rückenlage, bei schmaler Kost und reichlichen Laxantien führt auch hier ebenso wie in zweifelhaften Fällen beweglicher Milz zum Ziele. Zwar liegen gleich letzterer manche beweglichen Nieren anscheinend direct der Bauchwand an: tritt jedoch bei diesen eine Verschiebung nach oben ein, so rücken Därme nach, wie auch hier vorsichtige Percussion darthun kann. Die Wandermilz und die von dieser ausgehenden Tumoren bleiben dagegen stets unmittelbar den Bauchdecken angelagert, die Percussion ergiebt daher stets die gleichen, ihrer Gestalt entsprechenden Umrisse. In einzelnen Fällen erweist sich Aufblasen des Darms als nützlich. (Zusatz bei der Correctur.)

In manchen Fällen ist die Richtung der Verschieblichkeit entscheidend; ganz frei in abdomino-lumbalem Sinne (*Guyon*) ist sie eigentlich nur bei der beweglichen Niere. Schon bei Geschwülsten des Dickdarmes ist dieselbe minder ausgeprägt, noch weniger bei denen des Eierstockes und des Uterus. Bei erheblichem Geschwulstumfange und bei Bestehen von Adhäsionen lässt freilich die Prüfung der Verschieblichkeit im Stich. Hier bemühe man sich, aus der Anamnese die Wachsthumsrichtung des Tumors oder aus gleichzeitigen örtlichen und allgemeinen Störungen Anhaltspunkte für die Oertlichkeit seines Ausganges zu ermitteln. Scheint es bei der Palpation, als ob die Geschwulst einen Hilus hätte, so wird die häufig und unter den mannigfaltigsten Bedingungen, namentlich in wechselnden Positionen zu wiederholende Untersuchung oft noch rechtzeitig die angebliche Wanderniere als einen Tumor bilobatus des Gekröses oder des Bauchfelles, der Subserosa oder der Bauchdecken enthüllen.

Operative Eingriffe zu diagnostischen Zwecken sollen wie immer, so auch in zweifelhaften Fällen von Wanderniere nur dann unternommen werden, wenn man in der Lage ist, ihnen curative Operationen anzuschliessen. Hinsichtlich der Explorations-Laparotomie ist wie bei anderen Nierenerkrankungen auch bei der Wanderniere hervorzuheben, dass sie nur die eine Fläche und diese manchmal nur theilweise der directen Untersuchung zugänglich macht (*Récamier*, *Broca* u. A.). Handelt es sich dann um pathologische Veränderungen einer beweglichen Niere, wie z. B. Steinbildung, so werden diese sich nicht selten der Diagnose entziehen können, falls man nicht eine extra-intraperitoneale Schnittführung wählt, durch welche die Niere nach aussen luxirt werden kann.

Die Erkennung der Folgezustände der beweglichen Niere, speciell der Einklemmungserscheinungen und der intermittirenden Hydronephrose, bietet dem Erfahrenen vielfach keine grosse Schwierigkeit. Eine solche besteht besonders dort, wo die hierhergehörigen charakteristischen Symptome durch concomitirende Störungen seitens anderer Organe verwischt werden. Namentlich war einige Male der heftige Brechreiz, verbunden mit übergrosser Empfindlichkeit des Abdomen, irreführend, und man erreicht dann zuweilen erst durch die länger fortgesetzte Analyse des 24stündigen Gesammturins ein sichreres Urtheil. Man beachte indessen, dass. ebenso wie bei der normal fixirten Niere, auch bei der Wanderniere eine Hydronephrose ohne Voraufgehen von Einklemmungserscheinungen und intermittirenden Anfällen sich entwickeln kann. Ausgemachte umfangreiche Hydronephrosen ebenso wie voluminöse Neubildungen lassen natürlich nicht in jedem Einzelfalle einen bestimmten Rückschluss zu, ob ursprünglich die betreffende Niere abnorm beweglich war.

Unterschiede in den Symptomen, je nachdem die rechte oder linke Niere abnorm beweglich ist, sind von *Kendal Franks* u. A. gemacht worden; für die rechte Seite werden als Besonderheit die Magenstörung, für links die Obstipation hervorgehoben. Die Obstipation wird auf den Zug von Verwachsungen oder den Druck seitens der linken Niere auf den Dickdarm zurückgeführt; gastrische Störung erklärt man durch die Beziehungen der beweglichen Niere zum Zwölffingerdarm. Auch hier fehlt es vielfach an beweisenden anatomisch-pathologischen Daten, zumal die Thierversuche nicht ohne Weiteres gerade hier zu verwerthen sind.

Behandlung.

Die Behandlung der Wanderniere zerfällt in eine nicht-operative und eine operative.

Die nicht-operative Behandlung soll in erster Reihe den causalen Anzeigen entsprechen, was indessen bei dem unbefriedigenden Zustande der Aetiologie und Pathogenese der Wanderniere bis jetzt nur in beschränktem Maasse möglich ist. Immerhin sorge man z. B. selbst bei einem anscheinend leichten Trauma streng für hinreichend lange absolute Körperruhe zur Begünstigung der Aufsaugung etwaiger Blutergüsse*) sowie der Heilung von Zerreissungen im circumrenalen Gewebe und ferner bei schneller Abmagerung und Erschlaffung des Unterleibes für ein geeignetes Regime und passende Diät.

Da sehr häufig die Reposition der beweglichen Niere, besonders in Rückenlage, spontan oder bei leichter Unterstützung durch manuellen Druck von unten und vorn nach oben und hinten erfolgt und die Niere dann gewöhnlich ihre normale Lagerung bei unveränderter Rückenlage bewahrt, kommt es sehr oft lediglich darauf an, auch bei anderer Körperstellung die Niere in situ zu erhalten. Von den zu letzterem Zwecke empfohlenen, zum Theil recht complicirten Binden und Bandagen sind nur die wenigsten wirklich zu gebrauchen. Manche derselben, wie die in der Gegend des Rippenbogens mit einer Platte versehenen Apparate, wirken gar nicht auf die Niere und ihre Lagerung ein, andere thun dieses nur auf Kosten eines unerträglichen Druckes. Wenn diese und manche anderen wenig geeigneten Bandagen die Beschwerden nicht nur bessern, sondern zuweilen auch völlig beseitigen, so liegt das in gewissen Fällen sicher an dem

---

*) Neuere Erfahrungen, gewonnen an gerichtlichen Leichenöffnungen, haben Verfasser überzeugt, dass Blutaustritte am Hilus und im perirenalen Gebiete bei im Wesentlichen unversehrtem Nierenstiel und Nierenparenchym sehr erhebliche Verlagerungen des Organs nach unten und vorn bedingen können. (Anmerkung während des Druckes.)

psychischen Einfluss, den das Tragen wie immer auch gearteter
Binden ausübt. Vor Allem aber pflegen viele für die directe Zurückhaltung der beweglichen Niere wenig geeigneten Bandagen doch den
Bauch als Ganzes hinreichend zu unterstützen. Thatsächlich genügen
für eine Reihe von Patienten einfache breite Leibgürtel oder Corsets,
wofern dieselben hinreichend elastisch und direct nach den genauen
Körpermaassen passend von Fall zu Fall gearbeitet sind. Bei
alternden Patienten aber, bei welchen die Zurückhaltung der beweglichen Niere in situ dennoch Schwierigkeiten bereitet, sind ad hoc
verfertigte Apparate, wie der *Beely*'s mit stellbarer Bauchplatte, vor-

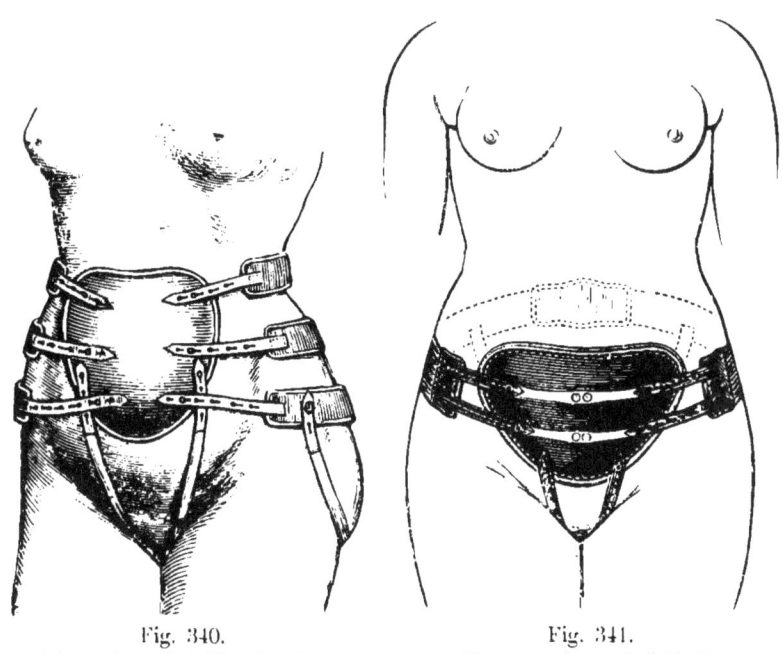

Fig. 340.
Schutzplatte bei Wanderniere
nach Beely.

Fig. 341.
Hypogastrische Leibbinde
von L. Landau.

zuziehen (Fig. 340). Bei grösserer Erschlaffung der Bauchdecken wird
vielfach mit Vortheil die *Landau*'sche oder eine dieser ähnliche Leibbinde, wenn nöthig mit Corset, benutzt (s. Fig. 341). Dasselbe reicht
bis zum Schambein und Lig. Poupart., den ganzen Bauch bedeckend;
vor gewöhnlichen Leibbinden hat es den Vorzug der Unverschieblich-
keit in Folge seiner Fixation am knöchernen Brustkorb. Da es nicht
geschnürt wird, ist die von ihm ausgehende Compression eine sehr
gleichmässige.

Die vorstehenden Befestigungsmittel der beweglichen Niere werden durch
geeignete diätetische Maassnahmen (Brunnen- und Badecuren, Mechano-
therapie mittelst Massage, Gymnastik, Douchen, Electricität etc.) in ihrer Wirksamkeit wesentlich unterstützt, wenn es durch diese gelingt, das Gesammtbefinden

durch Stärkung der Muskelenergie und Widerstandsfähigkeit gegen äussere Schädlichkeiten günstig zu beeinflussen. Es ist dieses namentlich von Vortheil, wenn die
Lageanomalie der Niere mit Störungen der Entwickelung, mit Verbildungen des
Rumpfskelets und ähnlichen bereits genannten Verhältnissen zusammentrifft.
Beschwerden der Verdauungs- und der Geschlechtsorgane sind auch dann sorgfältig zu berücksichtigen, wenn dieselben mit denen der Niere anscheinend nicht
in ursächlichem Zusammenhange stehen.

Einzelne störende Erscheinungen der Wanderniere erfordern im Uebrigen eine
s y m p t o m a t i s c h e   B e h a n d l u n g   nach allgemeinen Regeln. Besondere Berücksichtigung erheischen die Schmerzanfälle und die sogenannten Einklemmungen
insofern, als man bei ihnen von jedem activen heroischen Einschreiten abzusehen
hat. Während ihrer Dauer ist das Verhalten das Arztes abwartend, dem bei
Nierenkoliken ähnlich, doch kann man in geeigneten Fällen mit nachlassender
Empfindlichkeit die Reposition der Niere in die normale Position — wenn nöthig
in Narkose — versuchen. Specielle Vorschriften für die Ausführung der Reposition
in diesen und anderen Fällen lassen sich aber nur in so weit geben, als es meist
gelingt, die Niere bei horizontaler Lage des Patienten durch leichten Druck von
vorn und unten vom Bauche aus nach hinten und oben in die Lende zurückzubringen. Jedenfalls verdienen vorsichtige einfache Druckmanöver vor complicirten, gewaltsamen Manipulationen den Vorzug. Zuweilen führen erst wiederholte
allmälige Repositionsversuche zum Ziel; diesen Fällen dürften sich die von Reposition durch Massage (bezw. durch die *Thure-Brandt*'sche Behandlung) anschliessen.
Wiederholungen der Schmerzanfälle und der Einklemmungen kann man öfters
prophylaktisch entgegentreten, wenn sie den gleichen äusseren Schädlichkeiten
bezw. nach bestimmten traumatischen Einflüssen folgen, so z. B. nach zu engem
Schnüren, Tragen schlechtsitzender Corsets, übertriebenen Körperanstrengungen etc.

Operative Behandlung der Wanderniere.

Nachdem in den ersten Zeiten der Nierenchirurgie auch die
nicht anderweitig erkrankte bewegliche Niere, welche Ausgang heftigerer
Beschwerden geworden, der Exstirpation unterzogen worden, trat
sehr bald an die Stelle dieses verstümmelnden Eingriffes die blutige
Wiederbefestigung der Niere in ihrer natürlichen Lage. Diese als
Nephrorrhaphie oder besser als Nephropexie zu bezeichnende
Operation gelangte schnell zur Geltung wegen der Nachtheile, denen
Personen mit nur einer Niere ausgesetzt sind, und wegen der relativ
hohen, auch heute noch auf 25—30% geschätzten Sterblichkeit nach
Exstirpationen von beweglichen Nieren. Letztere werden daher heute
nur noch aus den gleichen Gründen entfernt, aus denen überhaupt
die Nephrektomie gemacht wird, und die Exstirpation ist zur Zeit
aus den Behandlungsmethoden der abnormen Beweglichkeit der Niere
völlig auszuscheiden.

Die ersten Fälle operativer Befestigung beweglicher Nieren
wurden 1881 von *E Hahn* veröffentlicht. Mittelst des *Simon*'schen, längs des
M. sacrolumbalis verlaufenden Längsschnittes wurde die Gegend der betreffenden
Niere freigelegt und diese, noch in ihrer Fettkapsel befindlich, vom Bauche her
stark nach hinten und in die Wunde gedrängt, an letztere mit 6—8 Catgut-

nähten möglichst tief festgenäht und dann tamponirt. Hierdurch kommt es zu strangförmigen Verwachsungen, wie u. A. *Kümmell* in vivo und *Vannenfocke* experimentell dargethan. Aber es zeigte sich bald, dass diese Verwachsungen, da die Fettkapsel der Niere zur Bildung eines festen, widerstandsfähigen Narbengewebes überhaupt wenig geeignet ist, nachgeben können; es tritt in manchen Fällen ein wirkliches Recidiv der abnormen Beweglichkeit ein, in anderen nimmt die Niere in Folge des Zuges der Narbenstränge eine fehlerhafte, den Abfluss des Harns aus dem Nierenbecken beeinträchtigende Lage an, so dass man von Neigungen und Beugungen der Niere, wie von denen des Uterus spricht (*Walther*) — Verhältnisse, die eine Readfixio, d. h. Wiederholung der Operation, nöthig machen können.

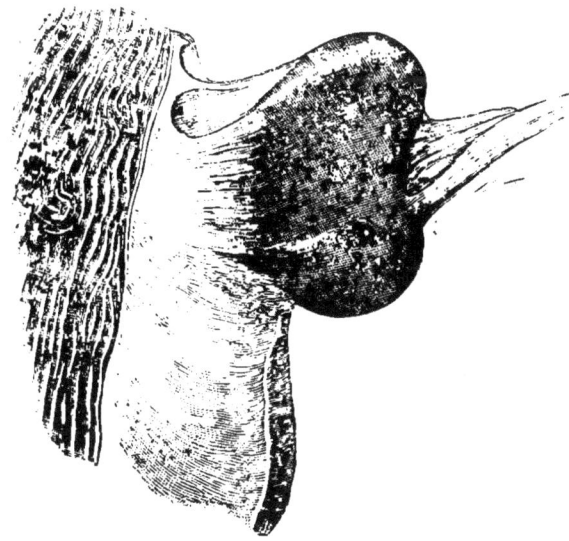

Fig. 342.

Verwachsung der mittels Decortication der Capsula propria durch Nephropexie befestigten Niere eines Hundes. 6 Wochen nach der Operation.
(Nach Albarran.)

Weitere Thierversuche (*Tuffier* u. A.) zeigten, dass eine einigermaassen widerstandsfähige Befestigung der Niere durch Narbengewebe nur zu erreichen ist, wenn man die Fettkapsel ablöst und die fibröse Kapsel freilegt. Man hat sich aber hiermit nicht begnügt, man hat secretorisches Nierengewebe geopfert, um an seine Stelle festes Bindegewebe zu setzen. Nachdem *Hahn* nach dem Vorgange von *Delbaes* die fixirenden Fäden durch die Niere selbst gelegt, ist man weiter gegangen: die fibröse Kapsel wurde gespalten, abgezogen, die Nierensubstanz durch Ankratzen wund gemacht und so eine totale Verwachsung der Niere erzielt (Fig. 342). *Riedel* hat durch eine Voroperation einen Granulationstrichter geschaffen und die Niere dann später mit der einen Fläche in einer

Bauchfellfalte, mit der anderen Fläche an die vordere Seite des M. quadrat. lumb. und das Zwerchfell anzuheilen gesucht. Hieran schliessen sich die Versuche der Befestigung an die Sehnsn des grossen Rückenstreckers einerseits und die der transperitonealen Fixirung andererseits. — Ebenso mannigfach wie die Modificationen

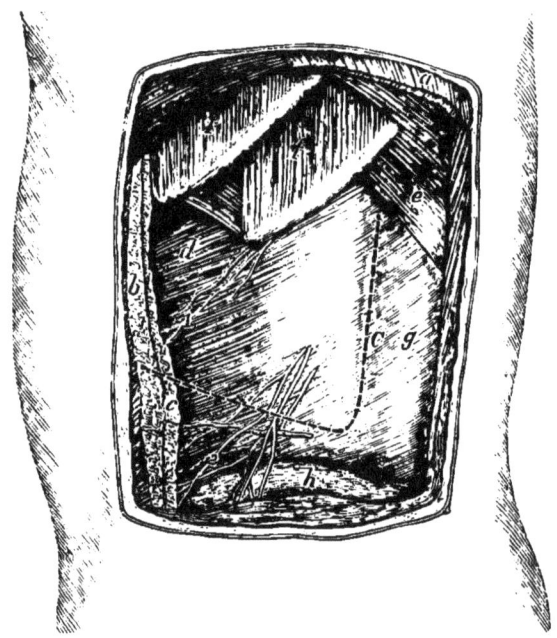

Fig. 343.

Schema des Terrains bei Nierenoperationen (mit Einzeichnung der Nerven-
vertheilung.) (Nach Treves.)

Eingezeichnet ist der lumbo-abdominale Schnitt von König bei *C* mit punktirten
Linien.

a M. latissimus dorsi.

b M. obliquus externus.

c M. obliquus internus.

d M. transversus abd.

e M. serratus post. ext.

f f Mm. intercost.

g Fascia lumbo-dorsalis.

h Crista il.

1. N. intercostalis.

2. N. lumbodorsalis.

der ursprünglichen Operation *Hahn*'s sind die Arten des für diese verwendeten Nähmateriales.

Ein wirklicher Fortschritt in der Ausführung der Nephropexie ist erst durch Annahme des Princips der möglichst hohen Be-

festigung der Niere, am besten an die letzte Rippe resp.
deren Periost gewonnen worden. Dasselbe, durch *Guyon* und
v. Bergmann eingeführt, ist seitdem von maassgebenden Seiten befolgt
(*J. Israel* u. A.), und gleichzeitig die Zahl der Nähte beschränkt worden,
da auch sie stets eine wenn gleich geringe Veränderung der Nierensubstanz bedingen.

Wir geben im Nachstehenden das Verfahren der Nephropexie
Guyon's nach der *Albarran'*schen Beschreibung als Paradigma wieder,
mit dem Bemerken, dass die ursprünglich von *Hahn* empfohlene tiefe
Fixirung der Niere nur für Fälle sehr grosser Beweglichkeit und sehr
erschwerter Reposition der Niere an die normale Stelle reservirt bleibt.

Der Schnitt durch die weichen Bedeckungen entspricht dem äusseren
Rand des M. sacrolumbalis; nur unten am Darmbeinkamm macht er eine kleine
Biegung von 2—3 cm nach vorn. Ist man zum M. quadrat. lumbor. gelangt und
dieser (in einzelnen Fällen unter Zuhilfenahme der Trennung seines Ansatzes am
Darmbeinkamm) hinreichend zurückgehalten, so gelangt man durch Spaltung des
sogenannten vorderen Blattes der Aponeurose des M. transversus auf das perirenale
Fett. Diese Spaltung hat vorsichtig nur innerhalb der beiden unteren Drittel der
Wunde zu geschehen, um die namentlich bei abnormer Kürze der XII. Rippe leicht
mögliche Verletzung der Pleura zu meiden. Man gewöhne sich von vornherein,
nur die Aponeurose ganz allein zu durchschneiden, die Nerven, z. B. der N. abdo-
mino-genitalis und die beiden ihn meist begleitenden Venen, werden stumpf mit
dem Finger abgelöst. In der klaffend gehaltenen Wunde wird während ein Assistent die Niere vom Bauch her entgegendrängt, zwischen zwei Klemmen durch
die beiden Zeigefinger des Operateurs das perirenale Fett durchtrennt. Gleichzeitig hiermit werden die beiden Klemmen angezogen, was nicht nur die Ablösung des Fettes erleichtert, sondern auch die Niere fester nach der Wunde zu
drängt. Sollte bei starker Beweglichkeit die Ablösung des Fettes von der Capsula
propria erschwert sein, so applicirt man schon vorher einen der später zur Befestigung der Niere dienenden Parenchymfäden nach Art einer Ansa, um vordere
wie hintere Fläche gleichmässig der Aushülsung aus dem Fett zugänglich zu
machen. Die Durchführung der aus starkem Catgut gebildeten Parenchymnähte
geschieht mittelst einer *Hagedorn'*schen Nadel in Form eines Doppelfadens, so
dass sowol auf der vorderen wie auf der hinteren Fläche sich je zwei Fadenenden
befinden. Jedes dieser Fadenpaare wird nun für sich direct auf der Capsula
propria der vorderen resp. der hinteren Fläche geknotet, die Enden lang gelassen,
durch die Aponeurose sowie die Muskeln jeder Wundlefze durchgeführt und hier
noch einmal geknotet. Dieses etwas complicirte Manöver soll das Durchschneiden
der Fäden durch die Nierensubstanz hindern. Gewöhnlich genügen drei solcher
Parenchymnähte, ausser der durch die Mitte je eine im unteren resp. oberen
Drittel. Die durch das obere Drittel gelegten Fäden werden über der XII. Rippe
oder über dem Periost geknotet, während die Niere möglichst weit nach oben
hinter die XII. Rippe geschoben wird.*) Vor dem Knoten dieser Parenchymfäden
empfiehlt es sich, das vorquellende perirenale Fett abzutragen; es sichert dieses
die Befestigung der Niere. Die Wundränder werden durch zwei Nahtreihen

---

*) *Küster* u. A. gebrauchen statt des Catgut Silberdraht, welcher mit einer
Zange zugedreht und den man einheilen lässt, bezw. nachträglich entfernt.

vereinigt, eine tiefe aus Catgut für Aponeurose und Musculatur, eine oberflächliche aus Seidenwurmdarm (Fil de Florence) für die Haut. Drainage ist nur
ausnahmsweise erforderlich, wenn nämlich im unteren Theil des Lagers der Niere
nach Abtragung des vorquellenden Fettes eine Leere bleibt.

Nach acht Tagen werden die Nähte entfernt. Wie Fig. 344 zeigt,
erfolgt die Heilung durch den Nähten entsprechende, hinreichend feste,
derbe Stränge in einer sicheren und soliden Weise bei diesem Verfahren,
ohne dass es, wie bei den Operationen mit gleichzeitiger Aushülsung
der Capsula propria, zu
einer totalen Verwachsung
mit Sclerose der Corticalis
kommt (s. Fig. 342 auf
S. 891). Es besteht eine
mässige Verdickung, welche
sich, wie aus Fig. 345 auf
nächster Seite im Einzelnen
zu ersehen, auf die Capsula
propria allein an den Stellen
zwischen den Parenchym-
fäden beschränkt.

Uebele Ereignisse
während der Nephro-
pexie sind in den letzten
Jahren überaus selten ge-
worden. Das sich zuweilen
in die Wunde vorschiebende
Colon ist mit Wund-
hebeln zurückzudrängen,
während vom Bauche her
die Niere in den Wundraum
geschoben wird. Etwaige
Blutung beim Durch-
ziehen der Parenchymfäden
steht bei deren Knotung
von selbst. Von Neben-
verletzungen sind die
des Bauchfelles belang-
los, insofern man sie zeitig
bemerkt und sofort durch

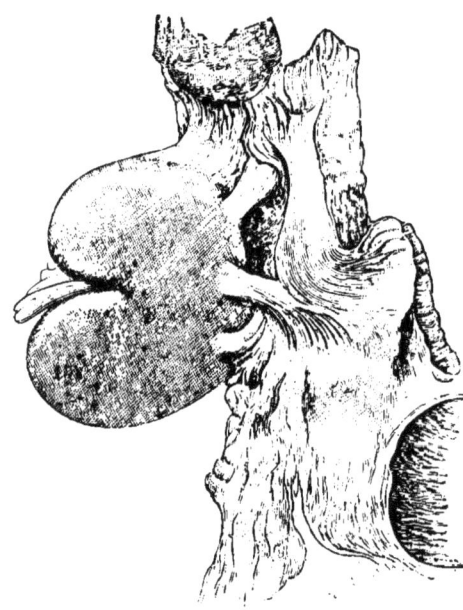

Fig. 344.

Verwachsung der ohne Decortication der Capsula
propria durch Nephropexie mittels Parenchymfäden befestigten Niere eines Hundes. Man
beachte die wenig entwickelten Adhäsionen des
Fettzellgewebes innerhalb der Zwischenräume
zwischen den dicken fibrösen Strängen, welche
die Niere in der Lende festhalten.
(Nach Albarran.)

die Naht schliessen kann. Nebenverletzungen des Brust-
fells, die früher ein paarmal zu Pleuritis (darunter einzelne tödtliche Fälle) geführt, sind um so eher zu meiden, je vorsichtiger man
bei besonderer Kürze der XII. Rippe vorgeht und in zweifelhaften
Fällen nicht um diese, sondern um ihr Periost die Parenchymfäden
knotet. Durchtrennung von Nervenästen (Fig. 343) wird gewöhnlich
erst nachträglich an den Innervationsstörungen in den betreffenden
Gebieten erkannt, ist im Uebrigen ebenfalls bei Befolgung der angegebenen Cautelen vermeidbar.

Die Nachbehandlungsperiode nach der Nephropexie bietet zuweilen, und zwar in den ersten Tagen nach der Operation, in Folge der Verletzung des Parenchyms durch die durch dasselbe geführten Fäden blutige Beimengung im Harn. Ausnahmsweise kommt es zu Oligurie, die sich bis zur vorübergehenden Anurie steigern kann (*Tuffier*), um dann in eine Polyurie überzugehen und schliesslich normalen Absonderungsverhältnissen Platz zu machen.

Die Dauer der Nachbehandlung ist eine sehr verschiedene, je nach dem Kräftezustand und vor Allem nach den Ernährungsverhältnissen der Operirten. *Guyon* lässt nach der Nephropexie die

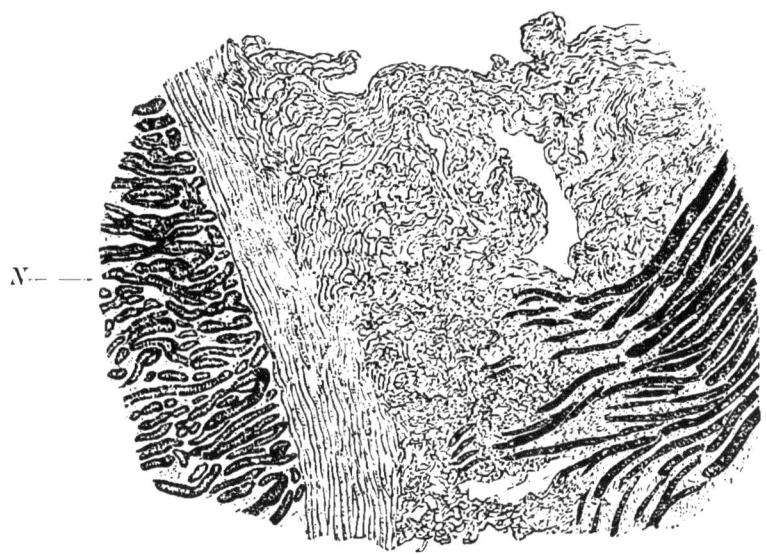

Fig. 345.

Mikroskopischer Schnitt durch eine Adhäsion einer durch Nephropexie ohne Decortication der Capsula propria mittelst Parenchymnäthe befestigten Niere, eine Stelle zwischen zwei Nähten betreffend. Die Capsula propria ist hier sehr verdickt, das Nierengewebe selbst (*N*) ist alles frei und ohne Sclerose.

(Nach Albarran.)

Patienten 3 Wochen im Bett, andere Chirurgen noch länger. Jedenfalls sind die ersten Versuche des Aufstehens nur bei Unterstützung des Bauches mit einer Bandage oder Binde zu machen. In vielen Fällen muss eine solche oder ein geeignetes Corset noch weiter getragen werden; bei muskelkräftigen Personen kann man, nachdem man sich von der Fixirung der Niere durch wiederholte Untersuchung überzeugt hat, allmälig vom Tragen eines Unterstützungsapparates abgehen.

Als Nachkrankheit der Nephropexie hat man ein Paar Mal Vorfall der Niere und Vortreibung der sie bedeckenden, narbig gedehnten Weichtheile der Lende in Fällen von weitgediehener allgemeiner Erschlaffung der Bauchdecken gesehen. Hier ist Excision des verdünnten Narbengewebes und Wiedervernähung der Wunde angezeigt, und zwar statt mit einer einfachen Naht durch die Etagennaht.

In einigen wenigen Fällen bleiben Fisteln zurück. In 7 Beobachtungen *Albarran's* gingen diese Fisteln von den zur Parenchymnaht gebrauchten Seidenfäden aus. Immerhin sind das nur Ausnahmen. *Küster* lässt die von ihm zur Befestigung der Niere an die letzte Rippe neuerdings verwendeten Silberdrähte regelmässig liegen; da sie aber entfernt werden müssen, wenn sie reizend wirken, wird dieses Verfahren von vielen Seiten nicht nachgeahmt (s. o. S. 895 in der Anmerkung).

Sieht man bei den Ergebnissen der Nephropexie von den lediglich die grosse Ausnahme bildenden tödtlichen Ausgängen ab,*) so pflegt man Erfolge, Besserungen und Misserfolge zu unterscheiden. Leider finden sich in den Statistiken viele Fälle, welche erst in den letzten Jahren operirt worden sind und über die man noch kein abgeschlossenes Urtheil haben kann. Muss deshalb hier, wie bei allen neueren Operationen, die Gruppe der „Erfolge" mit fortgesetzter Beobachtung einer Verkleinerung unterliegen, so sehen wir andererseits die Grenze zwischen den Fällen geringer Besserung und denen des Misserfolges nicht immer scharf gezogen. Streng genommen sind als Misserfolge zu rechnen die nicht seltenen Vorkommnisse, in denen wohl die Befestigung des beweglichen Organes gelang, die störenden Symptome ganz oder zu einem wesentlichen Theil jedoch persistiren. Unter 35 ungünstigen Fällen fand *Albarran* 19, in denen die Befestigung der Niere sei es von vornherein nicht glückte oder sich nachträglich wieder lockerte, so dass einige Male eine Readfixio erforderlich ward.

Die Beschaffenheit der klinischen Ergebnisse der Nephropexie hängt vielfach von den mannigfaltigen, vor der Operation vorherrschenden störenden Symptomen ab. Je mehr letztere sich nur auf die Niere selbst beziehen, desto besser sind die Aussichten der operativen Eingriffe. Weniger günstig sind diese beim Vorwalten von Verdauungsbeschwerden, am besten noch dort, wo solche rein mechanischer Natur sind. Am ungünstigsten sind dagegen die Fälle, in denen rein nervöse Symptome vorherrschen. Nach *Albarran* hat die Operation hier bei der Hälfte der Patienten keinen genügenden Erfolg, sei es, dass sie überhaupt durch dieselbe nicht beeinflusst werden (36°/₀ der Fälle), sei es, dass die Beschwerden nur gemildert werden (14°/₀).

Die statistischen Aufstellungen über die Erfolge der Nephropexie sind ausserordentlich widerspruchsvoll. Selbst die verschiedenen Zusammenstellungen neueren Datums zeigen die grössten Schwankungen untereinander. Die Heilungsziffer variirt zwischen 50·3°/₀ bei *Tuffier* im Jahre 1892 und 65·3°/₀ (bei *Neumann* im Jahre 1894),

*) Die meisten Statistiken berechnen vier von der Operation abhängige Todesfälle.

während die Misserfolge 12·7°₀ bei *Tuffier*. dagegen 27·8°/₀ im Jahre
1891 bei *Sulzer* betrugen. Umgekehrt berechnet letzterer die Besserungen auf 9·2°₀, *Tuffier* dagegen auf 33·3°₀. Trotz dieser Unzuläng-
lichkeiten der Sammelstatistiken scheint sich doch eine allgemeine
Besserung der Resultate dadurch zu vollziehen, dass, abgesehen von
einer besseren Auswahl der zur Operation geeigneten Fälle, diese
selbst durch bessere Verfahren, vornehmlich durch die Aufhängung
an die XII. Rippe, an Sicherheit gewinnt. Solches zeigt sich u. A.
durch die von *Küster* persönlich erreichten Ergebnisse. Unter 26 von
ihm nach den sonst üblichen Vorschriften Operirten boten 6 Besserungen und 5 Misserfolge: 13 Fälle, in denen die Niere mit Silberdraht an der XII. Rippe aufgehängt wurde, zeigten dagegen 11 Erfolge,
2 Besserungen, keinen Misserfolg. Ebenso zählt *Albarran* bei einfacher
Befestigung der Capsula adiposa oder Capsula propria ohne Parenchymnähte auf 41 Fälle nur 40°₀ Heilungen, auf 161 mit Parenchym-
nähten, aber ohne Decortication verrichtete Nephropexien dagegen
81% und auf 75 ebenfalls mittels Parenchymnähte, aber gleichzeitig
mit Decortication ausgeführte Operationen 77°₀ Genesungen.

Anmerkung. Die wenigen tödtlichen Ausgänge nach der Nephro-
pexie (s. o. S. 896) lassen sich fast alle auf vermeidbare Ursachen zurückführen:
auf Verletzung der Pleura (*Cecherelli*), auf Sepsis (*Lawson Tait*), auf Tetanus
(*Tuffier*). In einem Falle von *Hahn* erfolgte der Tod durch Ileus unabhängig von
der Operation.

Die Würdigung der verschiedenen Behandlungs-
weisen der Wanderniere einschliesslich der Aufstellung etwaiger
Operationsanzeigen wird dadurch sehr erschwert, dass ziffermässige
Belege über die Ausdehnung und die Ergebnisse der nicht-operativen
Behandlung so gut wie ganz fehlen. Es ist diese Lücke um so empfind-
licher, als die Gesammtsumme der operativ behandelten Wandernieren
immer noch eine recht geringe ist, und man die nicht-operative Behandlung zunächst überall dort zu versuchen hat, wo nicht dringende
Gründe für die Operation sprechen. Förmlich angezeigt erscheint die nicht-operative Behandlung stets:

1. In allen Fällen mit sehr geringen oder mit ganz
vagen Beschwerden, ebenso wie sie auch bei manchen Patienten
mit grösseren Störungen Ausgezeichnetes leistet.*)

2. In den Fällen mit vorwiegend nervösen bezw.
psychischen Störungen.

3. Bei den meisten Patienten mit Störungen des
Darmcanals, speciell mit Enteroptose, wofern die Niere nicht selbst
directe Ursache von krankhaften Erscheinungen bildet.

Ausgenommen sind, wie schon erwähnt, die Vorkommnisse von mechanischen Darmstörungen in Folge der abnormen Beweglichkeit der Niere,
wie z. B. bei Verwachsungen zwischen letzterer und der Dickdarmflexur, bei denen

*) In einem einen 35jährigen Otternjäger betreffenden Falle *Tidey*'s beseitigte eine passende Bandage die Beschwerden so radical, dass der Patient
wieder seinem Berufe nachgehen konnte.

(wie in den Fällen von *Israel, Kendal Franks* u. A.) die mechanische Behinderung der Darmcirculation nur durch operative Reposition der beweglichen Niere zu beheben ist. Umgekehrt sind andere Mal die von dieser ausgehenden Symptome so sehr von den Zuständen des Darmcanals abhängig, dass zwar die Beweglichkeit der Niere nicht operativ zu behandeln, die Darmkrankheit dagegen chirurgisch anzugreifen ist. *Edebohls* entfernte 12mal den Wurmfortsatz in Wandernierenfällen.

4. Bei allgemeiner Erschlaffung des Unterleibes, deren Ursache überhaupt nicht oder nicht ohne Weiteres zu beseitigen geht, so z. B. bei solchen in Folge von grossen Unterleibstumoren, bei grossen Hernien und Eventrationen, sehr weiten Diastasen der Bauchmusculatur nach wiederholter Schwangerschaft, bei Vorfällen und starken Verlagerungen der weiblichen Geschlechtsorgane.*)

Bei Aufstellung der Anzeigen der operativen Behandlung der Wanderniere ist andererseits zu berücksichtigen, dass die früher weniger direct ausgesprochene als praktisch durchgeführte Ansicht, als ob alle Wandernieren, welche einen höheren Grad von Beweglichkeit besitzen, auch wenn ihre Beschwerden an und für sich sehr wohl erträglich sind, principiell operativ zu behandeln wären, neuerdings mehr und mehr in den Hintergrund tritt. Es genügt bei den hier in Frage kommenden Fällen oft genug die orthopädische Behandlung, und es ist häufig nur das subjective Ermessen der Patienten, welche Behandlung schliesslich vorgezogen wird (*Albarran*). Der Wunsch, operirt zu werden, den manche nervöse oder hysterische Patientinnen hegen, anstatt durch eine geeignete Lebensführung und Tragen einer Bandage behandelt zu werden, sollte verständigerweise für den Arzt nie massgebend werden. Kaum jemals dürften äussere (sociale) Verhältnisse eine nicht-operative Therapie auf die Dauer völlig undurchführbar erscheinen lassen. Als Prophylakticum gegen die Gesundheit und Leben gefährdenden Folgezustände die Nephropexie auszuführen, sind wir nicht berechtigt, da die Grösse der Beschwerden der abnormen Beweglichkeit der Niere an und für sich durchaus keinen Maassstab in vielen Fällen für die Wahrscheinlichkeit der Entwickelung einer Hydronephrose oder ähnlicher desorganisirender Veränderungen einer beweglichen Niere abgiebt, und Patientinnen mit leicht beweglicher Niere existiren, ohne dass sie sich ihrer Anomalie bewusst sind.

In Uebereinstimmung mit Vorstehendem wird die Nephropexie heutzutage von vielen in der Nierenchirurgie besonders erfahrenen Aerzten (*L. Tait, Tauffer, Segond, J. Israel* u. A.) nur selten ausgeführt. Thatsächlich ist die Zahl der Operateure, welche grössere Erfahrungen in der operativen Befestigung der beweglichen Niere aufweisen, immer noch relativ gering. 268 Nephropexien, welche von *Neumann* 1894 gesammelt sind, vertheilen sich auf nicht weniger als 79 Chirurgen, nur 7 unter diesen haben die Operation häufiger als 10mal gemacht, und die sehr begrenzte Erfahrung, die die Mehrzahl der Aerzte bezüglich der Nephropexie besitzt, verhindert um so mehr die Formulirung ihrer Anzeigen, als wir sahen, dass bei der Neuheit namentlich ihrer besseren Methoden viele mit diesen Operirten nicht hinreichend lange bis jetzt beobachtet sind. Es ist nur zu naheliegend, dass die mit der Involutionsperiode beim weiblichen Geschlecht unausbleibliche Erschlaffung des Unterleibes und die durch diese herbeigeführte allgemeine

---

*) Allgemeine Erschlaffung als Ursache des Recidivs nach Nephropexie kann zuweilen Anlass der Readfixio bei Misslingen der Bandage-Behandlung bieten.

Senkung der Bauchorgane auch auf die Niere wirken muss. Es ist ausserdem nicht anzunehmen, dass die strangförmigen Befestigungen, welche in vielen günstigen Fällen das Ergebniss der gelungenen Nephropexie darstellen, länger persistiren, als die anderer Unterleibsorgane (*Rizzoli, Langenbuch* u. A.), mit denen die Nieren die Abhängigkeit von den respiratorischen Zwerchfellexcursionen theilen. Einzelne Methoden der Nephropexie (*Riedel*) bezwecken überdies eine Befestigung der Niere nur in so weit, dass sie diesen Excursionen nachfolgen kann.

Immerhin bestehen zur Zeit bereits gewisse Anzeigen zur operativen Befestigung der beweglichen Niere. und zwar:

1. sehr erhebliche Störungen, welche von der nicht-operativen Behandlung nicht beseitigt werden konnten, vorausgesetzt, dass keine Gegenanzeigen gegen die Nephropexie bestehen (starke Nervosität etc.).

2. Bei wiederholtem Auftreten von Einklemmungen mit den entsprechenden Harnveränderungen und bei Bestehen der bereits entwickelten verschiedenen Formen der Hydro- bezw. Hydropyonephrose. Hier ist häufig die operative Befestigung der Niere mit anderen Eingriffen zu combiniren.

3. In Fällen, in denen die aus ihrem normalen Lager versetzte bewegliche Niere in Folge anderweitiger Verwachsungen nicht mehr zurückzubringen war und Ursache von Störungen, namentlich seitens des Darmcanals wurde.

Bei der Indicationsstellung der Nephropexie ist hervorzuheben, dass anderweitige Erkrankungen in erhöhtem Maasse die abnorm bewegliche Niere zu befallen pflegen im Vergleich zu der Häufigkeit der Affectionen der normal fixirten Niere.*) Relativ oft ist man daher bei der Erkrankung der beweglichen Niere bereits nicht mehr in der Lage, mit der Nephropexie auszukommen, und es können je nach der Lage des Falles die mannigfachsten anderweitigen Eingriffe angezeigt erscheinen. Eine Beobachtungsreihe von *Clarke*, 30 Fälle beweglicher Nieren betreffend, erweist nicht weniger als 12mal die Existenz erheblicher Complicationen, darunter 4mal Nephrolithiasis, welche je 2mal den Nierenschnitt und die Nierenexstirpation erforderten, und 1mal Nierenabscess.

Anhang zu Capitel III.

Vorkommen der Niere in Hernien.

Sehr spärlich sind die Angaben über das Vorkommen der Niere in Hernien. Die Niere dürfte hier wohl den niedrigsten Platz unter sämmtlichen drüsigen Unterleibsorganen einnehmen. Es scheint überdies in einzelnen Fällen sich weniger um Hernien als um Diastasen der Bauchwand mit Eventration eines Theiles des Inhaltes der Unterleibshöhle gehandelt zu haben und hierbei auch die Niere nach aussen gezogen zu sein. Einige Mal hatte man es bei den Hernien mit angeborenen Zuständen zu thun. Bekannt ist ein Fall von *Al. Monroe* von Hernia lumbalis congenita mit der Niere als Inhalt. Eine wahrscheinlich traumatische, erworbene, diaphragmatische Hernie der linken

---

*) S. o. S. 877. Die Statistik der Exstirpation beweglicher Nieren nach *Brodeur*.

Niere als zufälligen Leichenbefund bei einem 35jährigen Manne beschreibt *Sick*. Hier bildeten ausser der atrophischen linken Niere die entsprechende Nebenniere und Fettklumpen den Bruchinhalt, welcher durch eine als Bruchsack functionirende Membran, wahrscheinlich die Pleura, eingehüllt wurde. Es ist im Uebrigen in diesem wie in anderen hierhergehörigen Fällen die im Bruch gefundene Niere eher als eine verlagerte (*Deipser*) und nicht, wie es meist geschieht, als eine bewegliche oder Wanderniere aufzufassen. Thatsächlich hat man Nieren, welche sehr tief nach dem Becken und der Leistengegend zu dislocirt waren, gelegentlich irrigerweise den Hernien zugerechnet (*Wendt*).

Der Vollständigkeit halber erwähnen wir hier noch den Fall *Reichel's* von hernienartigem Vorfall eines Harnleiters durch den Leistencanal. Durch vorangegangene hydronephrotische Erweiterung der betreffenden Niere wurde ihr Ureter verlagert, so dass derselbe secundär durch den Leistencanal vorfiel. In Uebereinstimmung hiermit reichte die hydronephrotisch vergrösserte Niere bis tief in die Fossa iliaca. Heilung durch Nephrektomie nach Erweiterung des Bruchschnittes.

IV. Verletzungen der Niere.

A. Allgemeines.

§ 108.

Man theilt die Verletzungen der Niere ebenso wie die anderer innerer Organe in percutane oder transparietale, d. h. solche mit äusserer Wunde, und in subcutane oder subparietale, d. h. solche ohne äussere Wunde. Zu den percutanen Verletzungen gehören ausser den durch die Hand des Arztes bei den verschiedenen Nierenoperationen hervorgerufenen Continuitätstrennungen die accidentellen Wunden durch Hieb, Stich, Schnitt und stumpfe Gewalteinwirkungen, speciell auch die Nierenschüsse. Unter die subcutanen Nierenläsionen zählt man dagegen die Quetschungen und Zerreissungen des Organes.

Verletzungen der Niere gehören wegen ihrer geschützten Lage im Körper zu den Seltenheiten; man trifft sie vielleicht noch minder häufig als die der Harnblase. Unter 9500 chirurgischen Patienten, welche 1874—1879 (excl. 1875) im St. George's Hospital zu London behandelt wurden, waren nur 9 (noch nicht ganz $1^0/_{00}$) Nierenverletzungen, und zwar handelte es sich ausschliesslich um Quetschungen oder Zerreissungen. Verfasser fand unter 925 gerichtlichen Obductionsprotokollen 36mal Nierenverletzungen aufgeführt, also in circa $3^0/_0$ der Fälle oder, wenn man nur die 326 Sectionen berücksichtigt, bei denen es sich um äussere Gewalteinwirkungen gehandelt hatte, in circa $10^0/_0$. *Morris* berechnet auf 2610 Leichenöffnungen 13 Nierenverletzungen $= {}^1{}_2{}^0/_0$.

Alle diese Statistiken sind nur in so fern von Werth, als sie die absolute und relative Seltenheit der Nierenverletzungen darthun; über ihre wirkliche Frequenz sagen sie nichts aus, denn es handelt sich entweder nur um Zählungen, welche gelegentlich von Leichenöffnungen gemacht sind, oder um die Ergebnisse von Gemischen von Beobachtungen intra vitam und post mortem bei ganz verschiedenartigem Material im Einzelfall. Nur so viel erhellt, dass die subcutanen Läsionen bei weitem überwiegen. Nicht nur alle Fälle des St. George's Hospital gehören hierher sondern auch sämmtliche der Statistik Verfassers; unter den 13 Beobachtungen von *Morris* war nur eine einzige percutane Nierenverletzung, und ebenso führt *Herzog* nur einen solchen Fall an neben 16 subcutanen Läsionen der Niere unter 1805 Sectionen des Münchener pathologischen Institutes. Nur die Kriegschirurgie gebietet über eine etwas grössere Summe von Erfahrungen an percutanen Nierenverletzungen, wie wir dieses des Weiteren zeigen werden.

Ueber die feineren Vorgänge bei der Heilung von Nierenwunden wissen wir, dass bei Eintritt einer prima intentio keine directe Verwachsung der getrennten Nierensubstanz, sondern nur bindegewebige Narbenbildung statt hat. Die Durchtrennung zahlreicher Gefässe bedingt nämlich nicht nur bei Wunden mit Substanzverlust, wie z. B. bei Quetschungen, Excisionen oder Resectionen der Niere, sondern auch bei einfachen Einschnitten in das Parenchym eine Ernährungsstörung, d. h. Nekrose der Schnittflächen. Soweit dann überhaupt eine Neuformation eintritt, äussert sie sich lediglich in Ersatzwucherung für verfettetes Epithel bis in die Narbe hinein sowie durch Neubildung von Harncanälchen in einer so dürftigen Weise, dass von einer Wiederherstellung der Glomeruli wie überhaupt von zusammenhängendem functionstüchtigen Nierenparenchym nicht die Rede ist. Mit der Narbenbildung verbindet sich vielmehr eine nachträgliche Schrumpfung, die sich zuweilen nicht nur auf die Gegend der Verletzung erstreckt, sondern mehr diffuse ist (*Barth*). Jedenfalls tritt sie um so mehr hervor, je ausgedehnter die Verletzung gewesen, je mehr Gefässe des Parachyms durchtrennt waren. Ausgedehnte Längsincisionen heilen daher ungünstiger als die einfache Halbirung der Niere durch den sogenannten Sectionsschnitt (*Tuffier, Barth* u. A.) oder die quere Abtragung eines Nierenpols, die sogenannte partielle Nephrektomie oder Nierenresection (*Barth*).

Die Einzelheiten der regenerativen Vorgänge bei Verwundungen der Niere sind immer noch Gegenstand streitiger Ansichten. Nachdem bereits *di Mattei* und *Podwyscodski* nachgewiesen, dass keine nennenswerthe Neubildung von Nierensubstanz nach experimentellen Verletzungen eintritt, hat *Barth* den gegenseitigen Anschauungen von *Pisenti, Kümmell, Tuffier* u. A. gegenüber durch Thierversuche dargethan, dass der Ersatz von Nierengewebe nach Traumen ebenso wie bei angeborenen Defecten durch eine in Grössenzunahme der einzelnen Nierenelemente bestehende vicarirende Hypertrophie vermittelt wird. Dass letztere indessen in manchen Dingen, speciell in ihrer dem Grade der Narbenschrumpfung entsprechenden Ausdehnung sich beim Menschen etwas anders zu gestalten hat. als bei den Versuchsthieren. muss um so mehr betont werden. als auch die Einwirkung von Substanzverlusten der Niere auf den Gesammthaushalt beim menschlichen Körper und bei den verschiedenen Thieren durchaus nicht identisch ist.

Auch die Wunden des Nierenbeckens vereinigen sich durch Interposition einer bindegewebigen Narbe, welche von der Nachbarschaft her mit Epithel versehen wird. In einem gewissen Stadium erscheint hier der traumatische Substanzverlust als eine Art Geschwür, das zuweilen einen fistulösen Charakter trägt. Man erkennt letzteres nachträglich daran, dass nach Ablauf des Heilungsprocesses eine Narbentasche im Nierenbecken zurückgeblieben ist. Andererseits scheint es. als ob von einer solchen Nierenbeckennarbe keine nennenswerthe Raumbeschränkung oder Verengerung auszugehen vermag (*Weller van Hook*).

Die Prognose der Nierenverletzungen ist bis jetzt immer noch eine ziemlich ernste. Dem relativ günstigen Verlaufe. welchen operative und experimentelle Nierenverletzungen vielfach nehmen, stehen. wenn wir von den jüngsten Jahren absehen, die bisherigen mittelmässigen Behandlungsergebnisse bei Nierentraumen gegenüber. *Tuffier* berechnete im Jahre 1889 die Mortalität von 237 einschlägigen Fällen auf 121 = 10·51'·%. Die fast gleichzeitige Statistik von *E. Grawitz* beziffert die Sterblichkeit unter 227 Nierenverletzungen mit tödtlichem Ausgang sogar höher. nämlich auf 126 (über 57°₀). Man muss inzwischen nicht übersehen, dass manche leichteren subcutanen Nierenverletzungen nicht zur Veröffentlichung gelangt sind (*Grawitz*, *P. Wagner*, Verfasser u. A.). Vor Allem aber beginnt das bessere chirurgische Können sich durch grössere Häufigkeit operativer Eingriffe auch bei den Nierenverletzungen geltend zu machen. Von 13 promiscue durch Verfasser aus dem Jahre 1894 gesammelten subcutanen Nierentraumen war nur ein Fall. und zwar nicht unmittelbar, tödtlich. Von anderen Einzelstatistiken sind die des St. George's Hospital (9 Fälle mit † 3) und die der Leipziger Klinik (11 Fälle mit † 3, *P. Wagner*) anzufügen.

Bereits *Simon* hat gelehrt. dass den Continuitätstrennungen der Niere besondere Gefahren in der Blutung und Eiterung anhaften.

Aus den beiden Statistiken von *Grawitz* und *Tuffier* ergiebt sich die Gefahr der Blutung für die subcutanen und percutanen Nierentorsionen in fast gleichmässiger Weise. Es kann dabei die Blutung in drei Richtungen statthaben:

a) In das die Niere umgebende, ebenfalls zerrissene oder gequetschte Fettzellgewebe: „perirenale Blutung". Dieselbe bildet bei einiger Ergiebigkeit eine nach aussen wahrnehmbare Geschwulst (Haematom) und kann bei weiterer Steigerung zu einer ihrer Ausdehnung entsprechenden Auslösung der Niere aus ihrer Fettkapsel (Decapsulirung) führen. Das Blut kann sich dann senken und der Erguss in diffuser Weise sich weiter verbreiten.

b) Bei offener äusserer Wunde ergiesst sich das Blut nicht nur in die Umgebung der Niere, sondern auch nach aussen: Nephrorrhagia externa.

c) Bei Eintritt von Blut in das Nierenbecken und den Harnleiter ist die Möglichkeit seiner Entleerung durch Vermittelung der unteren Harnwege nach aussen gleichzeitig mit dem Urin gegeben: Haematuria renalis traumatica. Eine solche setzt nicht immer grobe Continuitätstrennungen des Nierenparenchyms voraus, sondern oft nur Berstungen kleiner Gefässe am Hilus und Nierenbecken. Wird letzteres durch stagnirendes Blut mit oder ohne Urin gleichzeitig ausgedehnt, so kann der Abfluss von Blut stocken; es kommt zu einer sogenannten Haemonephrose oder Haemohydronephrose; bei Betheiligung eines Abschnittes des Ureters spricht man von einer Uretero-Haemohydronephrose.

Die durch traumatische Hämaturie von der Niere aus entleerten Blutmengen sind oft kolossal, so dass durch sie direct das Leben in Gefahr kommen kann. Eine bedrohliche Folgeerscheinung kann Anurie sein, wenn die Blase schnell mit Gerinnsel von der Niere her ausgedehnt wird, und gleichzeitig der weitere Harnabfluss durch Verstopfung der unteren Harnwege mit Gerinnseln gehemmt erscheint. Stärke und Form der traumatischen Hämaturie wechseln übrigens sehr. Die Farbe des Urins kann zwischen leicht blutiger und ganz dunkler Tinction schwanken; enthält der Urin Gerinnsel, so können solche schon entfärbt sein und stellen dann zuweilen Abgüsse von Harnleiter und Nierenbecken dar. Die Entleerung solcher grösseren Gerinnsel ist öfters von Kolikanfällen begleitet, während deren Dauer der ausschliesslich von der zweiten Niere gelieferte Harn klar sein kann. Zuweilen begünstigt die Gerinnselbildung die spontane Blutstillung, doch handelt es sich häufig nur um Remissionen, nicht um wahre Intermissionen der Hämaturie, welche oft noch relativ spät bei unerheblichen Gelegenheitsursachen sich wieder erheblich steigern kann, um dann schliesslich doch noch von selbst zum Stehen zu kommen. Ebenso vermag die circumrenale Blutung noch nach geraumer Zeit zu exacerbiren und zu grossen Blutgeschwülsten nachträglich Anlass zu sein. Oft gehen diese später allmälig zurück. Manchmal bildet sich aber nachträglich noch eine wohl umschriebene, mehr stationäre Blutgeschwulst mit zwiebelschalenähnlich angeordneten Gerinnseln als Inhalt, wie in einem traumatischen Aneurysma. Thatsächlich ist ein solches, von Aesten der Nierenarterie ausgehend, ein paar Mal beobachtet worden (*Hahn*, *v. Hochenegg*). Daneben kommen einzelne Fälle von secundärer, lebensgefährlicher circumrenaler Blutung ohne eigentliche Hämatombildung in mehr diffuser Weise vor.*)

Eiterung ist auch nach subcutanen Nierenverletzungen, nicht nur nach Nierenwunden ein ziemlich häufiges Ereigniss. Sie beschränkt

---

*) Eine scheinbare Nachblutung wird ausnahmsweise dadurch erzeugt, dass nachträglich perirenale, noch flüssig gebliebene Blutergüsse in das Nierenbecken durchbrechen können (*Tuffier* und *Leri*). Dieses Ereigniss ist immer von Schwund der äusserlich wahrnehmbaren perirenalen Blutgeschwulst begleitet.

sich nicht immer auf die Stelle des Trauma, es kommt öfters vielmehr zu progressiver Infection des ganzen Harnsystems, ferner zu
interstitiellen Abscedirungen und zu weit ausgedehnten paranephritischen Processen, für welche das ausgetretene Blut ein günstiges
Substrat bietet. Diese Processe können dann die Genesung nach dem
Trauma sehr lang hinziehen oder bei stürmischem Verlauf das Leben
bedrohen, bezw. zur secundären Todesursache werden. Unvollständige Genesung tritt in Folge der Eiterung ein durch Fistelbildung, Schwund eines secretionstüchtigen Parenchymabschnittes sowie
secundäre Steinbildung, consensuelle Entzündung der anderen, nicht
verletzten Niere etc. Die Quelle der eiterigen Infection ist nicht immer
die gleiche; bei Nierenverletzungen mit äusserer Wunde, mit complicirenden Läsionen anderer Organe ist sie meist durch diese gegeben.
Häufig ist sie aber eine urinogene, sei es ascendirend z. B. von
der durch den Katheter inficirten Blase her, sei es durch Harnzersetzung
an der Stelle der Continuitätstrennung der Niere selbst.

Gegenüber den Verletzungen der Harnröhre und Blase zeigen die der Niere
wenig Neigung zu progressiver Harninfiltration. Dieselbe ist vielleicht
noch seltener als bei Harnleiterwunden, und zwar im Wesentlichen aus den gleichen
Gründen wie bei diesen (s. o. S. 814). Immerhin hat man aber hier zwischen
Verletzungen des Nierenbeckens und der Niere selbst zu unterscheiden, wenngleich nicht in dem Sinne, dass man nach Zerreissungen des Beckens selbst bei
günstigen Wundverhältnissen (durch mangelnden Parallelismus) einigermassen
regelmässig auf grössere Harninfiltration zu rechnen hat. Häufig hindern den
Harnaustritt feste obturirende Gerinnsel, welche gleichzeitig, ähnlich wie die
Ureterenunterbindung es thut, auf die Nierenabsonderung schädigend wirken
(Thornton).

Oefters kommt es dagegen nach Nierenverletzungen zu umschriebenen
urinös-blutigen oder urinös-eiterigen Ansammlungen, welche gleich den mehr
diffusen Infiltrationen in einzelnen Fällen bei zunehmendem Wachsthum längs
dem M. psoas sich nach unten verbreiten. Zuweilen aber bleiben sie auf halbem
Wege gleichsam stehen, und man findet in der Tiefe Geschwülste, deren Verwechslung mit anderen Bauch- und Beckentumoren nahe liegt (Newman). Ein
eigenartiges Bild bilden diese Ansammlungen, wenn sie trotz erheblicher Menge
nicht über die Capsula adiposa hinausgehen. Die nicht selten deutlich fluctuirende,
eine vergrösserte Niere vortäuschende Geschwulst bezeichnet man dann ebenso
wie bei den Ureterenverletzungen (s. o. S. 815) als traumatische Pseudohydronephrose, welche nicht mit der wahren traumatischen Hydronephrose zu verwechseln ist. Eine solche kann sich gelegentlich von Abflussbehinderung durch Fremdkörper oder Gerinnsel aus einer Haemonephrose (s o.
S. 903) entwickeln, auch durch narbige Verengerung resp. Verschluss des Nierenbeckens nach Traumen oder, wenn nachträglich nach einer subcutanen Nierenverletzung eine abnorme Beweglichkeit bezw. Verlagerung der Niere zu Stande
gekommen ist (s. o. S. 874), auch nach diesen in einzelnen Fällen entstehen
(Ch. Monod, P. Wagner u. A.).

Bezüglich der Verschiedenheiten des Alters und Geschlechtes
in den einzelnen Fällen von Nierenverletzung können wir uns sehr kurz

dahin resumiren, dass sowol für die subcutane wie die percutane Form Erwachsene männlichen Geschlechtes bei weitem überwiegen. Die speciellen Angaben der Sammelstatistiken schwanken allerdings hier ziemlich erheblich. Verfasser hatte unter 36 subcutanen Nierenläsionen 6 dem weiblichen Geschlechte und ebensoviele dem kindlichen Alter angehörige.

B. Nierenverletzungen mit äusserer Continuitätstrennung.
Nierenwunden.
§ 109.
Vorkommen.

An dieser Stelle fassen wir die durch schneidende, stechende und ähnliche Instrumente gesetzten Nierenwunden, die Schnitt- und Stichwunden der Niere mit den Nierenschüssen, welche, wie wir alsbald sehen werden, fast ausschliesslich durch Handfeuerwaffen erzeugt sind, wegen der Aehnlichkeit ihrer Verhältnisse zusammen.

Ausserordentlich spärlich sind die Angaben über Stich- und Schnittwunden der Niere. Die Zahl der hierhergehörigen Fälle ist absolut und relativ eine recht geringe. *Tuffier* konnte nur 31 hier einschlägige Vorkommnisse sammeln, und seitdem hat sich deren Zahl nur um einige wenigen vermehrt. Von durch stumpfspitzige Körper veranlassten Nierenwunden wird gewöhnlich nur ein *Murphy*'scher Fall von Heugabelverletzung der rechten Niere nach *Rayer* citirt. Für die Aetiologie der übrigen Fälle spielen Säbel, Rappiere, Yatagans, Stichdegen, Stockspitzen, lange Messer und Dolche die Hauptrolle. Da eine Fernwirkung dieser Instrumente im Gegensatze zu den Gewehrkugeln fehlt, ihr traumatischer Einfluss vielmehr an ihre beschränkten und nur theilweise in Wirksamkeit tretenden Grössenverhältnisse gebunden ist, sind Complicationen mit Nebenverletzungen anderer Organe minder häufig. *Tuffier* giebt unter seinen 31 Fällen nur in 5 solche der Leber, in 4 des Bauchfelles, in 3 der Lunge und in 2 des Darmes an. Es scheint namentlich, dass die Dolch- und Messerstiche von hinten durch den Widerstand der Rippen und der Wirbelsäule von den Eingeweiden des Brustkorbes nach der Fossa lumbalis abgelenkt werden (*De Sanctis*). Sehr selten sind lediglich die vordere vom Bauchfell überzogene Nierenfläche ohne sonstige Nebenverletzung treffende Stichwunden (Fall von *Gaylord*). Jedenfalls kann man auf diese Verhältnisse die relativ bessere Prognose der Stich- und Schnittwunden der Niere zurückführen, welche bei geringer Ausdehnung verkleben und dann wie subcutane Nierenverletzungen verlaufen können. *Tuffier* hatte unter seinen 31 Fällen nur 8 mit tödtlichen Ausgängen, von denen lediglich 6 auf Rechnung der Nebenverletzungen kamen; ebenso selten, nämlich 8mal, fand er Zurückbleiben complicirender Folgezustände, darunter 4mal Pyelitis der unverletzten Seite, dann je 1mal Wiederaufbrechen der Narbe, Cystitis, Albuminurie und Pleuritis.

Etwas grössere Häufigkeit bieten die Schusswunden der Niere. Es kamen von ihnen im amerikanischen Secessionskriege 81 zur Kenntniss neben einer einzigen subcutanen Nierenverletzung und 4 anderweitigen Nierentraumen, unter denen Hieb-, Stich- und Schnittwunden jedoch ausgeschlossen sind. Es entspricht dieses einer Frequenz von 0·16⁰/₀₀, einer Ziffer, welche mit der Zahl der einschlägigen Fälle im deutsch-französischen Kriege (1870/71) übereinstimmt. Von Hieb- und Stichwunden sah *G. Simon* in diesem letzteren einen einzigen Fall. Die Summe der in den Kriegsberichten nicht erwähnten Nierenschüsse berechnete *Tuffier* vor einigen Jahren wohl etwas zu niedrig auf 32. Man hat in der letzten Zeit die hierhergehörigen Fälle, namentlich die von den neueren kleincalibrigen Gewehren herrührenden, genauer zu studiren begonnen. Die meisten Friedensschusswunden der Niere stammen allerdings meist nicht von diesen, sondern von Geschossen mit sehr geringer Durchschlagskraft (Revolver). Umgekehrt sind im Kriege Nierenverletzungen durch grobes Geschoss (Granatsplitter) ganz vereinzelt.

Unter 55 Fällen mit Angabe der Seite war in 32 die rechte, in 23 die linke Niere getroffen. Schusswunden beider Nieren sind sehr grosse Ausnahmen. Von Hiebstichwunden beider Nieren ist Verfasser ein einziger, nur forensisch wichtiger Fall aus politischen Zeitungen bekannt.

Pathologische Anatomie.

Unsere Kenntnisse über das Verhalten und die Vorgänge bei den Stich- und Schnittwunden der Niere beruhen fast ausschliesslich auf dem, was man aus Thierversuchen und aus den analogen, in zweckbewusster Weise durch die Hand des Arztes gemachten Verletzungen weiss. Der begrenzte Blutaustritt und die Einschränkung der nachfolgenden Ernährungsstörungen bei der dem Sectionsschnitt entsprechenden Incision erlauben inzwischen die Uebertragung der hier gemachten Erfahrungen auf wirkliche Verhältnisse der Stich- und Schnittwunden nur bis zu einem gewissen Grade. Thatsächlich gestalten sich diese Wunden, je mehr sie mit einem Substanzverluste der Niere verbundene perforirende Canäle bilden, desto ähnlicher den Verhältnissen der Nierenschüsse.

Im Uebrigen unterliegt unsere Beurtheilung der Nierenschüsse durch die Einführung der kleincalibrigen Handfeuerwaffen in den letzten Jahren einer gründlichen Umwandlung. Wie an anderen parenchymatösen Organen hat man an der Niere bis vor Kurzem Zermalmungen und Zertrümmerungen, wie sie ausser Granatsplittern gelegentlich auch die älteren Projectile in einem beschränkten Gebiet zu erzeugen vermochten, beschrieben; namentlich zeigte der Anfang von Schusscanälen, welche von aus der Nähe kommenden, die breite Fläche des Organes treffenden Projectilen erzeugt wurden, häufig eine Art von Sprengwirkung. Während aber diese Canäle von sehr verschiedener Tiefe sein können, und nur ein Theil von ihnen völlig

perforirend war (s. Fig. 346), kam es andere Male nur zu Rinnen-
oder Streifschüssen mit beschränkten Substanzverlusten (s. Fig. 347).
Letztere scheinen bei den mit den neueren Handfeuerwaffen
erzeugten immer mit tiefen Einrissen weit in das Nierenparenchym
hinein vergesellschaftet vorzukommen. Wie an der Leber beobachtet
man an der Niere vielleicht nur bei Schüssen aus sehr grossen Ent-
fernungen Bildung eines kleinen Schusscanales. Neben totalen und
partiellen Zerreissungen der ganzen Dicke des Organes sehen wir vielmehr, dass von den mit einem den Geschossdurchmesser weit über-
treffenden Ein- und Ausschuss versehenen Schusscanälen meist Zer-

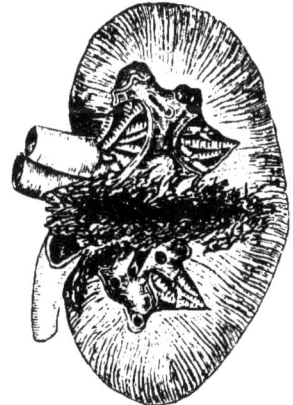

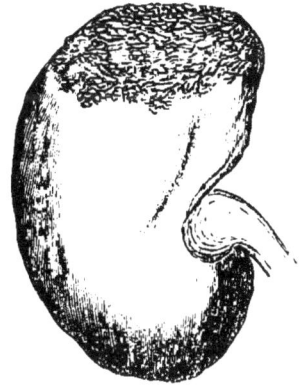

Fig. 346.

Längsschnitt der Niere, entsprechend einem von vorn
nach hinten gehenden Schusscanal durch Gewehrkugel alten
Calibers erzeugt. (Med. and Surg.
History of the War of Rebellion.
Part. II. Vol. II. Fig. 125.)

Fig. 347.

Zerquetschung des oberen
Pols der rechten Niere durch
Gewehrkugel alten Calibers.

(Med. and Surg. History of the War
of Rebellion, Part. II. Vol. II. Fig. 127.)

klüftungen und tiefe Einrisse bis in das Nierenbecken sich erstrecken;
es kommt zu totalen Durchbohrungen selbst bei aus relativ erheblicher
Entfernung abgegebenen Schüssen. Im Uebrigen kennzeichnen selbst
bei Nierenschüssen, welche durch Handfeuerwaffen von geringerer Durchschlagskraft erzeugt sind, den Schusscanal umschriebene Gewebs-
zertrümmerungen und Blutaustritte, aus welchen sich dann bei günstigem
Verlaufe später der Wundschorf bildet. Zuweilen tritt längs des Schusscanales Harninfiltration ein, wenn diese gleich, unseren früheren Ausführungen gemäss, nur selten progressiv wird. Oefters enthält der
Schusscanal Fremdkörper, ausser der Kugel indirecte Geschosse (Stücke
der Uniform oder Wäsche, Papierfetzen etc.). Solche Fremdkörper (*Socin*)
können liegen bleiben und eingekapselt werden, andere Male stossen

sie sich nachträglich per vias naturales ebenso wie die Gerinnsel unter Koliksymptomen ab. Bildung grösserer Concremente aus Fremdkörpern ist nicht häufig (s. o. S. 573). Der Heilungsprocess nach Schusswunden der Niere führt nach Abstossung des Wundschorfs zur Bildung einer grösseren bindegewebigen Narbe, gleichzeitig oft auch zu Verwachsungen mit der Nachbarschaft. Diese Narbe entwickelt sich zuweilen sehr schnell (Fälle von *Legouest, Sorin* u. A.). öfters kommt es dagegen zu ausgedehnter Eiterung und Gewebsnekrosen. so dass die Wunde jeder Tendenz zur Heilung schliesslich entbehrt. Die Eiterung ist dann nicht nur im ganzen Harnsystem. sondern auch per contiguitatem im paranephritischen Gewebe und auf Nachbarorgane (Brust- und Bauchfell) verbreitet, und es fehlt oft nicht an allgemeinseptischen Veränderungen.

Ueber die Richtung der Nierenschüsse fehlen namentlich in den älteren Beschreibungen mehrfach die näheren Einzelheiten. Im Allgemeinen lässt sich jedoch sagen. dass die meisten Kugeln von vorn und aussen eindringen. Diese Richtung bedingt, dass nur in Fällen von sogenannten Haarseilschüssen und bei Verwundungen mit Geschossen von sehr geringer Durchschlagskraft complicirende Verletzungen fehlen. oder es höchstens bei einem durch Schorfbildung schnell gedecktem Loch im Bauchfell sein Bewenden hat.

Nach *Tuffier* war in **44** Fällen von Nierenschüssen nur in **24** die Niere allein getroffen. Am häufigsten war die Leber mitbetheiligt, unter 122 Fällen 15mal; es bedingt diese Prävalenz, dass überhaupt die Nierenschüsse auf der rechten Seite ein wenig häufiger complicirt sind. als die auf der linken. Abgesehen von der Leber finden wir in absteigender Häufigkeitsscala mitbetroffen: das Bauchfell und den Verdauungscanal. die Milz. die Wirbelsäule. das Zwerchfell nebst Pleura und Lungen. Splitterungen der beiden letzten Rippen. Nicht selten ist dabei Coexistenz mehrfacher Complicationen.

Nicht zu verwechseln mit der mehr ausnahmsweisen doppelseitigen Nierenverletzung ist die nachträgliche Veränderung der ursprünglich unbetheiligten Niere. Einen eigenartigen Befund bei etwas längerem Ueberleben der Verwundeten bildet die Verwandlung der angeschossenen Niere in einen grossen. Gerinnsel und Detritus haltenden Blutsack. dessen Wandungen von der Caps. propria dargestellt werden.

Vorfall der Nieren durch die äussere Wunde ist in einigen Fällen von Hieb-. Stich- und Quetschwunden. nicht aber von Schusswunden beschrieben worden. und zwar lag die äussere Wunde hier immer in der Lendengegend. Manchmal ist der Vorfall der Niere nur ein theilweiser. so dass sich der eine ihrer Pole zwischen die Ränder der äusseren Wunde drängt. Auch ist die Niere zuweilen nur wenig oder gar nicht verletzt. In einem Falle von *Cartwright* war die vorgefallene Niere dagegen zertrümmert. Ist der Vorfall nicht mehr ganz frisch. so bemerkt man in Folge der Einklemmung zwischen die Wundränder und der Drehung resp. Zerrung des Stieles allerlei durch Verfärbung und Consistenzveränderung sich kennzeichnende Ernährungsstörungen des prolabirten Nierenabschnittes.

Symptome und Verlauf.

Symptome und Verlauf zeigen bei den einzelnen Formen von Nierenverletzungen mit äusserer Wunde keine principiellen Verschiedenheiten. Wie bei anderen wichtigen inneren Organen kommt es auch bei den Nieren nach Verwundungen, selbst wenn keine Complicationen bestehen und kein besonders reichlicher Blutverlust stattgehabt, häufig zu einem mehr oder minder erheblichen Shock. Manchmal erweisen sich die nervöse Depression und allgemeine Schwäche trotz aller Gegenmittel so hartnäckig, dass die Verwundeten noch lange nach dem Trauma an ihnen leiden. Andere Male bilden sie die hauptsächlichste Ursache des Todes nach percutanen Nierenverletzungen. In einzelnen Krankengeschichten aus dem amerikanischen Secessionskriege werden ausserdem noch besondere nervöse Symptome, nämlich Lähmungen der unteren Extremitäten, sowie der Blase und des Mastdarmes beschrieben, ohne dass für dieselben eine Mitverletzung der Wirbelsäule bezw. des Centralnervensystems verantwortlich zu machen war. Anscheinend ähnelten diese Lähmungen der sogenannten Paraplegia urinaria, wie sie z. B. bei Niereneiterungen vorkommt, und man hätte dann bei ersteren wie bei letzteren eine Neuritis ascendens anzunehmen, ohne dass es jedoch hier wie dort gelungen ist, deren anatomische Continuität mit der Nierenläsion darzuthun. Inzwischen findet eine derartige Annahme ihre Unterstützung dadurch, dass einige Male eine allgemeine Steigerung der Sensibilität die Nierenwunden begleitet haben soll. Man hat dieselbe von der Verbreitung des örtlichen Wundschmerzes nach unten, dem Verlauf der Harnleiter entsprechend, bis Blase und äussere Genitalien zu unterscheiden. Wenn auch dieser Wundschmerz zuweilen sehr heftig sein kann, so ist er doch im Ganzen ein sehr wechselndes, bei einzelnen Individuen eben nur angedeutetes Symptom.

Abgesehen vom Shock und den sonstigen nervösen Erscheinungen wird das klinische Bild der Nierenwunden durch das Auftreten von Zeichen der Blutung, wegen deren einzelnen Formen wir auf S. 902 und 903 verweisen, und durch Abfluss von Harn aus der äusseren Continuitätstrennung beherrscht. Meist sickert aus letzterer der Harn nicht rein, sondern in Verbindung mit Blut aus. Dieses Aussickern von Harn und Blut macht aber meist sehr bald einer eiterigen bezw. eiterig-urinösen Absonderung Platz, wofern nicht inzwischen Heilung durch Verschorfung erfolgt ist.

Der Eintritt der Eiterung, das zweite Stadium im Verlaufe der Nierenschüsse nach *G. Simon* — das erste Stadium ist das der Blutung —, ist gewöhnlich von Fieberbewegungen begleitet. Ist die Eiterung profus, nimmt sie den Charakter der paranephritischen Phlegmone an, so können ein oder mehrere Schüttelfröste sie einleiten. Zuweilen entwickelt sich die eiterige Absonderung ganz allmälig, wie überhaupt die beiden Stadien *G. Simon*'s nicht immer scharf getrennt sind. Zuweilen wird überdies die Eitersecretion durch Wiederholungen der Blutung unterbrochen, und zwar selbst dort, wo die Wundheilung bis dahin in befriedigender Weise fortgeschritten war. Mit dem Eiter können sich ausserdem Detritusmassen, Geschosse und indirecte Projectile, ganz oder in Stücken, entleeren. Verstopfen solche Dinge den Schusscanal, der inzwischen zum Wundcanal geworden, so kann die Eiterung durch Secretverhaltung mit allen ihren Folgen complicirt werden, und zwar tritt diese Verhaltung nicht allein bezüglich der Abscheidung des Eiters nach aussen, sondern auch gelegentlich der mit der Harnabsonderung per vias naturales ein. Die Verstopfung der Mündung des Nierenbeckens und Harnleiters macht sich, falls die Blase nicht inficirt ist, durch Ausscheidung eines klaren, spärlicheren Harnes geltend. Dehnt sich die Verstopfung durch Gerinnsel, Eiterpfröpfe, Detritusmassen auf die Blase aus, so kommt es zur Harnverhaltung bezw. Anurie.

Die Harnabsonderung aus der Wunde scheint in den älteren einschlägigen Beobachtungen nicht selten übersehen worden zu sein, denn *Tuffier* fand sie unter 31 Fällen von durch blanke Waffen verursachten Nierenwunden nur 1mal, unter 38 Nierenschüssen nur 3mal registrirt; dagegen zeigten 6 Nierenschüsse, über welche im deutschen Sanitätsbericht 1870/71 nähere Beschreibungen vorliegen, 3mal urinöse Wundabsonderung. Dass letztere im Uebrigen keineswegs nur als Zeichen einer Continuitätstrennung im Bereich des Nierenbeckens oder Ureters anzusehen, ist schon von *Simon* zurückgewiesen und wird auch dadurch widerlegt, dass das dauernde Zurückbleiben nicht mehr eiternder, vielmehr immer urinöser Fisteln in den qu. Fällen, doch ziemlich selten ist. Unter den 74 Nierenschüssen des Secessionskrieges wird dieses Zurückbleiben nur einmal aufgeführt und unter den neueren Fällen *Tuffier's* ist nur einer, in welchem die Fistel noch nach 9 Monaten fortbestand.

Frequenz, Stärke und Dauer der Blutung wechseln in den einzelnen Fällen ausserordentlich. Es ist vorauszusehen, dass die Blutung bei den mit den kleincalibrigen Geschossen erzeugten Nierenläsionen ungleich häufiger einen bedrohlichen Charakter haben wird als früher, wo sie nach *Tuffier* nur in etwas mehr als ¹⁄₂ der Nierenschüsse (40 %) und lediglich bei anderweitigen Nierenwunden in der Mehrzahl der Fälle (58 %) registrirt worden ist. Sehr verschieden ist die Intensität der Blutung nicht nur im Allgemeinen, sondern auch die ihrer einzelnen Formen. Am augenfälligsten ist dieses bei der Haematuria renalis traumatica. Neben Vorkommnissen leicht blutiger Beimengung im Harn giebt es Verwundete, welche pfundweise Blut auf natürlichem Wege entleeren (*Simon*). Lange andauernde Haematuria renalis traumatica ist selten. Rückfälle nach Wochen und selbst nach Monaten nicht ungewöhnlich Wenn nun auch die Blutung die directe Todesursache gerade nicht häufig gewesen unter den 78 Nierenverletzungen des amerikanischen Secessionskrieges in circa 6 —, so ist sie doch bei einigermassen längerer Dauer und bei Neigung zu Rückfällen ein höchst unbequemes und sehr gefährliches Symptom, das mittelbar zum tödtlichen Ausgang beiträgt. Abgesehen davon, dass circumrenale Blutergüsse ein gutes Substrat für eiterige paranephritische Infection liefern, können abgekapselte Blutergüsse, lange nachdem die Blutung gestillt ist, noch nachträglich vereitern oder verjauchen.

Ebenso wie die Verhältnisse der Blutung, wechseln die der Eiterung in den verschiedenen Fällen. Es geht dieses schon aus der Mannigfaltigkeit der Ursache der eiterigen Infection (Einwirkung des sich zersetzenen Harns, ferner der sogenannten indirecten Projectile, des Eindringens von Schmutz und Staub, dann Nähe des Darmes auch ohne complicirende Nebenverletzungen etc.) hervor. Mehrfach ist die Eiterung eine überaus geringe; sie wird neuerdings von *Tuffier* sogar als selten bezeichnet, was wohl damit zusammenhängt, dass viele seit den letzten Kriegen beobachteten „Friedensverletzungen" der Niere entweder durch scharfe Waffen oder durch Geschosse von geringer Propulsionskraft bedingt waren. Meist ist der Eintritt stärkerer Eiterung nicht vor dem 4. bis 5. Tage zu erwarten. Ausser den bereits erwähnten Allgemeinerscheinungen begleiten sie gewöhnlich Zeichen örtlicher Reaction, Röthung, Schwellung und namentlich vermehrte Schmerzen.

(Es ist nicht immer ganz leicht, die letzte Ursache der eiterigen Infection aufzudecken. So nahe deren urinogener Ursprung gewöhnlich liegt, so schwierig findet man zuweilen Zeitpunkt und Quelle der Harninfection. Sicher übertrieben wird bei normalen Entleerungsverhältnissen der Blase die Häufigkeit der Katheterinfection. Manchmal scheint mehr als diese eine alte verschleppte Urethrocystitis poster. gonorrhoica mitzuspielen.)

Besteht einmal ausgesprochene Wundeiterung, so kann es zu ihrer bereits erwähnten Weiterverbreitung per contiguitatem und zu verschiedenen durch diese bedingten Zwischenfällen, ausserdem zur Arrosion grösserer Gefässe mit heftigen Nachblutungen und zu Durchbrüchen nach Bauchfell oder Pleura kommen; fast regelmässig tritt hier Pyurie auf. Dieselbe fehlt eigentlich nur bei ausschliesslich circumrenaler Wundeiterung. Manchmal erscheint sie nur vorübergehend, andere Male dauert sie über eine sich auf viele Monate und noch länger belaufende Frist mit vielfachen Schwankungen bezüglich ihrer Intensität. Wird sie durch Fremdkörper, nekrotische Gewebsfetzen, alte Gerinnsel etc. unterhalten, so kann sie mit wiederholten Kolikanfällen einhergehen, bis dass — zuweilen erst in einem sehr späten Stadium — der betreffende Körper spontan oder mit Kunsthilfe entleert ist; selten hat sie einen deutlich intermittirenden Charakter. Bei längerem Bestehen kommt es dann auch wohl zur Pyelonephrose bezw. Pyonephrose.

Häufig stammt ein grosser Theil des Eiters nach Nierenwunden aus dem unteren Harnwege. Erkrankt dann schliesslich die andere Niere, so ist das Leben des Verletzten in grosser Gefahr; versagt dieselbe ihre Function, so kann, wie bei jeder anderen doppelseitigen Nierenentzündung, der Tod durch Urämie noch in relativ später Zeit erfolgen.

Späteiterungen der circumrenalen Gegend bilden eine besondere Classe der Folgen von Nierentraumen. Gewöhnlich handelt es sich um eine ältere Infection, welche nachträglich durch Gelegenheitsursachen zu Tage tritt. Aehnlich ist die Entwickelung von grösseren umschriebenen intrarenalen Abscessen aus

Nierenwunden aufzufassen. Je ausgedehnter im Uebrigen die Eiterung, desto grösser wird die Narbe im Nierenparenchym, welches in extremen Fällen ganz zu Grunde gehen kann. Ausnahmsweise nimmt die Bindegewebsentwickelung die Form der interstitiellen Nephritis (*Schachner*), noch seltener die der parenchymatösen (*Bright*'schen) Entzündung an, und ist hier in der Regel die andere, unverletzte Niere miterkrankt.

Die vorstehenden Verhältnisse fordern zur genauen, regelmässigen Untersuchung des 24stündigen Gesammtharns noch in einer Zeit auf, in der unmittelbare Folgen der Nierenverwundung längst abgethan sind. Während aber in der ersten Periode nach der Verletzung Schwankungen in der Harnabsonderung sowol die durch Gerinnsel, Eiterpfröpfe etc. bedingte R e t e n t i o n resp, A n u r i e, als auch die nach deren Beseitigung häufig eintretende P o l y u r i e wohl verständlich sind, wird die Deutung der spätere Anomalien der Harnabsonderung nach Schluss der Nierenwunde oft sehr schwer. Abgesehen von H y d r o- oder P y o h y d r o n e p h r o s e kommen hier Störungen der Harnsecretion vor, die nicht ohne Weiteres von der Nierenläsion, sondern z. B. von Blasenlähmung in Folge Mitverletzung der Wirbelsäule oder Nervencompression in Folge von der Niere ausgehender Eitersenkungen abhängen (*G. Simon*).

H e i l u n g s d a u e r. Trotz mannigfacher Complicationen ist zuweilen der Heilungstermin bei Wunden durch blanke Waffen wie auch bei Nierenschüssen ein nur kurzer. Bei letzteren erfolgte einige Male Heilung schon nach 3 Wochen, das Mittel beträgt 2 Monate, das Maximum 2 Jahre und mehr. Bezüglich der Schnelligkeit der Vernarbung scheint kein grosser Unterschied zwischen Ein- und Ausschuss zu bestehen, dagegen wol, je nachdem die Verletzung die vordere oder hintere Fläche betroffen. Im ersteren Falle gehen die Zerstörungen und Einschmelzungen viel weiter als im letzteren (*Tuffier*). Ebenso ist von Bedeutung, ob nur e i n e Schussöffnung besteht und gleichzeitig die Kugel oder andere Fremdkörper in der Niere bezw, in deren Nähe zurückgeblieben sind. Unter ungünstigen derartigen Verhältnissen kann sich die endliche Heilung sehr weit hinausziehen.

Ausgänge. Complicationen.

Die S t e r b l i c h k e i t n a c h W u n d e n d e r N i e r e ist eine ziemlich hohe. Unter den 78 Nierenschüssen des amerikanischen Secessionskrieges endeten 52 (66·2%), unter 16 gleichen Verletzungen des Feldzuges 1870 71 9 (54·75%) tödtlich, und für 38 neuere von *Tuffier* gesammelte Schusswunden der Niere betrug die Sterblichkeit 16 (42·1%), während auf 31 Nierenverletzungen, welche durch schneidende und ähnliche Werkzeuge hervorgerufen waren, nur 8 † (25·8%) entfallen. *Tuffier* berechnet für die Gesammtheit von 69 ihm zugänglichen neueren Fälle von percutanen Nierenverletzungen eine Sterblichkeit von 34·78%. Seitdem ist die Mortalität nach Nierenschüssen wie nach Nierenwunden, welche durch blanke Waffe entstanden sind, in steter Abnahme begriffen. Fast in jedem Jahre werden einige geheilten Fälle der einen oder anderen Kategorie veröffentlicht. Ein grosser Unterschied besteht allerdings, wie wir noch weiter unten zeigen werden, zwischen einfachen und complicirten Fällen. Durch Aufnahme von Nierenverletzungen, die nicht Objecte der Behandlung, sondern lediglich Sectionsbefunde waren, kommen jedoch hier die Statistiken zu grösseren Differenzen.

Der Zeitpunkt des tödtlichen Ausganges kann sowol bei einfachen wie bei complicirten Nierenwunden ein sehr früher sein: in den ersten drei Tagen durch Combination von Shock und Blutverlust (*Barth*). Von complicirten Fällen überlebt meist nur die Minorität die erste Woche. Mehr ausnahmsweise machen sich die Complicationen erst nach anfangs uncomplicirtem Verlauf geltend. Immerhin entwickelt sich manchmal erst nachträglich eine stärkere Eiterung, und erfolgt dann der Tod relativ spät. Speciell trat unter 19 uncomplicirten Nierenschüssen des amerikanischen Secessions- krieges bei 6 das Ende schon in den allerersten Tagen ein, dagegen in nur zwei nach 7, resp. 9 Monaten

Todesursachen. Für frische Fälle kommen Shock, Blutung (diese im Secessionskriege in 11·54 % der Fälle), Peritonitis (auch bei ursprünglicher Unversehrtheit des Bauchfelles), ferner acute Jauchung in Betracht. Mehr ausnahmsweise Todesursachen sind: Urininfiltration, Anurie, unstillbares Erbrechen. Lähmung der unteren Körperhälfte u. e. A. In Fällen mit zögerndem Verlauf ist die Eiterung mit ihren Folgezuständen (Pyämie, Erkrankung der nicht verletzten Niere, Er- schöpfung etc.) als Todesursache massgebend (s. o. S. 904).

Sehr gross ist der Einfluss der Complicationen auf den tödt- lichen Ausgang. *Tuffier* hatte unter 24 Todesfällen 17 mit Complicationen, und zwar kamen auf 16 Todesfälle nach Nierenschüssen 11 und auf 8 Todesfälle nach anderen Nierenwunden 6 Fälle mit Complicationen. *Gravitz* zählte auf 35 uncomplicirte Nierenwunden † 11, auf 15 complicirte † 12. Im amerikanischen Secessionskriege endeten die 6 mit Milzläsionen complicirten Nierenschüsse alle tödtlich, von Fällen mit Betheiligung des Darmes wurden dagegen 2, von solchen mit Betheiligung der Leber 6 gerettet. Sehr gross ist der Unterschied, je nach- dem das Bauchfell in Mitleidenschaft gezogen ist oder nicht. Im letzteren Falle berechnete *Edel* die Sterblichkeit auf 30·4 %, im ersteren auf 80 %.

Anmerkung. Die Zeichen, welche die Complicationen der Nieren- wunden bei Lebzeiten bieten, sind bei schnell tödtlichem Ausgang häufig ziemlich vage. Oft beherrscht der Shock oder innere Blutung oder die allgemeine Peritonitis die ganze Situation. Auch bei längerem Ueberleben der Verletzten lässt sich keineswegs die Betheiligung anderer Organe mit voller Sicherheit fest- stellen. Manchmal ist dieses erst nach sehr geraumer Zeit möglich, wenn z. B. die Entleerung einer Gewehrkugel mit dem Koth auf die Mitverletzung des Darmes oder die Abstossung von Knochensequestern durch den Schusscanal auf die Splitterung der Rippen hinweist. Umgekehrt überwiegen in anderen Fällen die Symptome der mitverletzten Organe vor denen der Nierenwunden. Letztere machen sich dann vielleicht nur durch etwas Dysurie oder nachträgliche blutige Bei- mengung im Harn beim Eintritt peritonitischer Reizung geltend.

Dem tödtlichen Ausgange vieler Nierenwunden gegenüber steht der in Heilung. Vollständige Genesung ist keineswegs relativ so

selten trotz Complicationen. wenn auch selbstverständlich die einfachen
Fälle die Mehrzahl der genesenen bilden. Uebereinstimmend hiermit
waren von 26 Verletzten mit geheilten Nierenschüssen aus dem
Secessionskriege keineswegs alle erwerbsunfähig und invalide; ebenso
zählte *Tuffier* auf 52 neuere geheilte Fälle nur **22** mit N a c h -
k r a n k h e i t e n. Unter letzteren wiegen die Folgen von Eiterung und
entzündlicher Nierenreizung vor. Verhältnissmässig selten ist defini-
tives Z u r ü c k b l e i b e n v o n F r e m d k ö r p e r n. für das *Tuffier* nur
2 Fälle anführt. Dasselbe gilt von der durch Fremdkörper be-
dingten F i s t e l b i l d u n g. Immerhin sind die Fremdkörper noch in
anderer Hinsicht wichtig. So lange sie vorhanden sind. können sie
perirenale oder retroperitoneale Eiterung unterhalten; ferner, falls sie
sich nicht abkapseln (*Simon*) ausnahmsweise zu wirklicher nennenswerther Steinbildung führen. Gewöhnlich kommt es nur zu leichten
Incrustationen zurückgebliebener Fremdkörper durch Sand oder Gries.

Manchmal werden schliesslich die Fremdkörper (Kleiderfetzen,
Knochensplitter etc.) noch ganz spät unter grossen Schmerzen, sei es
per vias naturales, sei es durch die Wunde entleert, wie bereits oben
erwähnt.

Diagnose.

Die Erkennung einer percutanen Nierenverletzung bietet keinerlei
Schwierigkeit, wenn eine der Lage der Niere entsprechende äussere
Wunde der Lende oder des Bauches mit einem charakteristischen
Zeichen, wie Ausfluss von Harn aus der Wunde, Hämaturie und später
Pyurie, Entleerung der von aussen eingedrungenen Projectile und
Fremdkörper mit dem Harn auf natürlichem Wege u. dgl. m., besteht.
In Uebereinstimmung mit unserer früheren Darstellung bilden aber
die Fälle mit derartig charakteristischen Zeichen nur die Minorität.
Häufig. und zwar ganz besonders, wenn bei schnell tödtlichem
Verlaufe die Verwundung der Niere nur einen Nebenbefund darstellt,
wird die Diagnose erst auf dem Leichentisch gestellt. Andere Male
bei Ueberleben der Patienten hat man sich auf Grund der Lage und
Richtung des Wundcanals sowie der Art der Ausbreitung des Blut-
ergusses in der Lende zunächst mit einer Wahrscheinlichkeitsdiagnose
zufrieden zu geben und diese erst bei fortgesetzter Beobachtung zu
einer sicheren zu gestalten. Vielfach, so namentlich in Kriegszeiten,
gelangt man nicht zu einer solchen längeren Beobachtung der betreffenden Wunden. und es bleibt unter solchen Verhältnissen nicht
selten die Diagnose hinsichtlich mancher Einzelheiten. speciell der Feststellung des Grades der dauernden Functionsstörung des angeblich
verletzten Organes. unvollständig.

V e r w e c h s e l u n g e n d e r V e r w u n d u n g e n d e r N i e r e sind mit solchen
ihrer Nachbarorgane. speciell der Leber und der Milz, möglich, wofern von diesen
keine pathognomonischen Symptome ausgehen. Auch an die Möglichkeit einer Verwechselung mit einer Läsion des Rückgrats hat man zu denken, da der sehr
dilutirte, von einer Nierenwunde abgesonderte Urin sich nur durch eine sehr
genaue chemische Untersuchung von dem Liquor spinalis (*Holmes*) unterscheidet.

Therapie.

Die grosse Mehrzahl der bis jetzt bekannten Fälle von Nieren-wunden hat bisher nicht die Vorzüge der aseptischen Wundbehand-lung noch auch die grossen Fortschritte in der modernen Unterleibs-chirurgie genossen. Die Zahl der Verletzten, welche durch Operationen bis jetzt behandelt worden, ist, trotzdem die erste Nephrektomie wegen Trauma bereits 1870/71 durch *V. v. Bruns* gemacht worden, nur eine geringe und zur Aufstellung bestimmter Anzeigen für die einzelnen chirurgischen Eingriffe bei den verschiedenen Typen der Nierenwunden nicht ganz ausreichend.

Die Behandlung der Nierenwunden ist eine allgemeine und örtliche. Erstere muss zunächst Shock und nervöse Depression durch Stimulantien bekämpfen. Gleichzeitig ist schon mit Rücksicht auf die etwaige Betheiligung des Bauchfelles auf absolute Körper-ruhe derartiger Verwundeter Bedacht zu nehmen und ihr Transport noch relativ lange nach der Verletzung contraindicirt. Diese Betheili-gung des Bauchfelles und namentlich die abnorm gesteigerte Sensi-bilität (s. o. S. 909) verlangen häufig neben und abwechselnd mit den durch den Shock indicirten Stimulation wiederholte Gaben von Opium oder Morphium. Im Uebrigen ist das ärztliche Verhalten genau das gleiche wie bei sonstigen schweren Traumen des Unterleibes. Für die Unterhaltung einer guten Diurese hat man durch Gebrauch alkali-scher diluirter Getränke und Milch zu sorgen.

Die örtliche Behandlung ist oft nur exspectativ-conser-vativ. In Fällen mit geringfügigen Symptomen, wie z. B. ein solcher von *Morer* berichteter, ist dieses selbstverständlich, aber auch sonst genügt die den Secretabfluss nicht hindernde Ausfüllung des Wundraumes mit aseptischer Gaze in Form eines Dauerverbandes, durch welchen gleich-zeitig ein gewisser Druck ausgeübt wird. Häufig empfiehlt sich dabei die Lagerung auf der verletzten Seite mit leicht erhöhtem Becken. In geeigneten Fällen hat man, um die Blutstillung wie die Heilung der Nierenwunde durch erste Vereinigung zu erleichtern, vor Naht der ver-letzten Nierensubstanz (für welche *Schachner* die Schnürnaht empfiehlt) den Wundcanal erweitert, ehe man den abschliessenden Verband macht. Diese und ähnliche Maassnahmen, wie z. B. die gleichzeitige Naht der äusseren Wunde und die Herstellung von Gegenöffnungen, die Incision und Drainage von Eitersenkungen, die Abtragung nekrotischer Gewebs-fetzen u. dgl. m. bieten keinerlei Besonderheiten. Gleiches gilt von der Vorschrift, stets auf die Urinentleerung zu achten und bei Störung der Blasenentleerung rechtzeitig den aseptischen Katheterismus anzuwenden. Sehr vorsichtig sei man mit Application antiseptischer Mittel, um durch deren Resorption nicht auch die unverletzte Niere zu beeinträchtigen. Ist die Heilung so weit gediehen, dass sich der Wundcanal vom Grunde aus angefüllt hat, so kann man den Kranken aufsitzen bezw. aufstehen lassen, doch versehe man ihn mit einer Leibbinde mit der Nierengegend entsprechender Pelotte, um der etwaigen Neigung der verletzten Niere zu Lageveränderungen vorzubeugen.

Von operativen Eingriffen kommen (abgesehen von etwaigen Erweiterungen der Wunde und Gegenöffnungen) bei Nierenwunden sowol die Nephrotomie als auch Nephrektomie in Frage. Die Bedeutung beider wechselt sehr, je nach Art ihrer Ausführung und Indicationsstellung. Wenn es sich bei der Nephrotomie nur um Entfernung eines Fremdkörpers, um Eröffnung eines Abscesses, einer Pyonephrose und Aehnliches handelt, ist sie eine ziemlich ungefährliche Encheirese, welche noch dazu den Vorzug hat, dass sie, wie ein Fall von *Villeneuve* darthut, in keiner Weise eine spätere Nephrektomie präjudicirt. Von 3 (incl. des *Villeneuve*'schen Falles) Nephrotomien bei Nierenwunden endete keine tödtlich. Viel ernster gestaltet sich die Nephrektomie. Sie hat ihre Anzeigen in anderweitig nicht stillbarer Blutung (*G. Simon*), in ausgedehnter Zerstörung des Organes, in Nekrotisirung und Verjauchung der Niere, in multipler, durch einen einfachen Einschnitt nicht zu entleerender Abscedirung (*Grawitz*). Von 6 durch *P. Wagner* zusammengestellten einschlägigen Fällen endeten 3 tödtlich. In Zukunft dürften nicht selten an die Stelle der Exstirpation der ganzen Niere die weit ungefährlichere *Kümmell-Czerny*'sche theilweise Nephrektomie oder Resection der Niere treten, welcher die primäre bezw. secundäre Nierennaht folgt.

Bei complicirten Nierenwunden, wie man sie namentlich von den neueren kleincalibrigen Geschossen zu erwarten hat, soll man, wofern eine einigermaassen sichere Diagnose derselben möglich, der Zustand des Verletzten nicht von vornherein ganz hoffnungslos ist, die Nephrotomie bezw. Nephrektomie transperitoneal, und zwar wenn möglich primär ausführen (*V. Wagner*). Man macht hier zunächst eine regelrechte Laparotomie explorativa und lässt von den concreten Verhältnissen abhängen, ob man sich mit Tamponade oder Nephrotomie begnügt oder aber das Organ ganz oder theilweise entfernt. Bis jetzt ist eine derartige transperitoneale Nephrektomie nur einmal von *Willard* verrichtet worden. Trotz seines tödtlichen Ausganges ist dieser Fall eine Art Vorbild für unser Verhalten in Zukunft bei complicirten Nierenschüssen. Nach *V. Wagner* soll man die betreffende Operation nur bei Nichtbetheiligung des Bauchfelles (?) unterlassen.

Bei vielen Nierenwunden tritt die Behandlung bestimmter Symptome in den Vordergrund. Solches findet statt bei den Erscheinungen der Eiterung, bei den Kolikanfällen durch zeitweilige Verlegung des Ureters durch Gerinnsel- oder Eiterpfropfen, bei der (hier nur seltenen) Harninfiltration, bei traumatischer Hydro- und Pyonephrose, bei Betheiligung des perirenalen Gewebes und der unteren Harnwege an der Eiterung. Diese und einige minder wichtigen Symptome sind nach den für die Nierenchirurgie giltigen, an den betreffenden Stellen dieses Werkes gegebenen Vorschriften zu behandeln. Besondere Maassnahmen erheischen:

a) die Fremdkörper, welche man, da sie der Ausgangspunkt der verschiedensten Folgezustände werden können, bei einigermaassen sicherer Diagnose einem primären, ihre Entfernung abzielenden Eingriff unterwerfen soll. Bestimmte

Regeln, ob hier die Erweiterung des Wundcanals oder directer Einschnitt auf den Fremdkörper vorzuziehen, sind nicht zu geben; man richte sich nach den Verhältnissen des Einzelfalles.

b) Die Blutung in ihren verschiedenen Formen. Bei extremer äusserer Blutung hat man nach der bereits erwähnten Vorschrift *Simon's* die Ligatur der Nierengefässe am Hilus mit Exstirpation der Niere vorzunehmen. Ohne Exstirpation der verletzten Niere sich auf die Ligatur der Nierengefässe zu beschränken (*Bobroff*), empfiehlt sich nicht; die zurückbleibende Niere ist nicht nur als Fremdkörper, sondern auch durch die von ihr ausgehende Infection schädlich. In einzelnen geeigneten Fällen kann man die Blutung nach Erweiterung der äusseren Wunde durch Naht der blutenden Stelle zu stillen suchen. Es empfiehlt sich dann, während und nach der Nahtapplication die Wundlefzen durch einen Assistenten oder durch eine Pince am Nierenstiel comprimiren zu lassen. Vorübergehende Abklemmung des Nierenstieles ist angezeigt auch dort, wo die Quelle der Blutung, ob in der Niere selbst oder im circumrenalen Gewebe, nicht sicher zu entdecken und Tamponade mit steriler Gaze und Compressionsverband nach vorheriger Ausräumung der Gerinnsel nicht ausreichend ist.

Bei Hämaturie sieht man für gewöhnlich von operativen Eingriffen ab; passende Lagerung des Patienten, Eisumschläge, subcutane Ergotin-Einspritzungen u. dgl. bevorzugend. Ausdehnung der Harnblase durch geronnenes oder halbflüssiges Blut aus der verletzten Niere und die hiervon abhängige Retention bezw. Anurie unterliegen der gleichen Therapie wie die analogen Zustände bei Blasenblutungen. Es scheint dabei etwas zu weit gegangen wegen der Infectionsgefahr (*Grawitz*), den Verweilkatheter hier völlig zu verwerfen, da man es in der Hand hat, diese Gefahr durch geeignete Antisepsis herabzusetzen. Bei weitgediehener Blasenausdehnung durch Gerinnsel bleibt dann als ultimum refugium immer noch die Eröffnung der Blase vom Bauche.

c) Vorfall der Niere durch die äussere Wunde erfordert bei geringer oder fehlender Verletzung der Nierensubstanz, namentlich wenn derselbe nur unvollständig ist, Repositionsversuche nach eventueller Erweiterung der äusseren Wunde. Um der Wiederkehr des Vorfalls durch Action der Bauchpresse oder dem nicht gerade häufigen secundären Vorfall verhindern, soll man Körperbewegungen möglichst vorbeugen und bei Unmöglichkeit der Naht der äusseren Wunde wenigstens einen starken Compressivverband anlegen. Exstirpation der vorgefallenen Niere wurde u. a. von *Brandt* nach 4 Tagen, von *Marcaud* bei Stichverletzung einmal mit Erfolg ausgeführt. Dieselbe ist angezeigt bei Unmöglichkeit der Reposition, weitgedehnter Zerstörung und voraussichtlicher Nekrose des Organes. Jedenfalls soll man hier nicht, wie in einem Falle *Cartwright's*, mit der Abtragung des Prolapsus warten, bis dass letzterer sich in eine faulige Masse verwandelt hat.

d) Nachkrankheiten nach Nierenwunden, wie Zurückbleiben chronischer Entzündungszustände, eiteriger oder urinös-eiteriger Fisteln, Neigung zur Steinbildung, Wiederaufbrechen der Narbe sind nach allgemeinen Grundsätzen zu behandeln. Für den seltenen Fall einer hartnäckigen traumatischen eiterigurinösen Fistel bei starken Beschwerden bietet die Nephrektomie die letzte Hilfe.

§ 110.
Nierenverletzungen ohne äussere Wunde. Quetschungen, Zerreissungen der Niere.

1. Statistisches.

Die subcutanen oder subparietalen Verletzungen, die Continuitätstrennungen der Niere ohne äussere Wunde, auch kurz nach ihrer häufigsten Erscheinungsweise als Quetschungen (Contusion) und Zerreissungen (Ruptur) bezeichnet, umfassen äusserst verschiedene Formen der Läsion, vom umschriebenen perirenalen Erguss beginnend bis zur völligen Zertrümmerung des Parenchyms. In Kriegszeiten mehr ausnahmsweise vorkommend, sieht man sie etwas öfter im Frieden. Immerhin gehören sie zu den selteneren Verletzungen des menschlichen Körpers. Abgesehen von den Eingangs dieses Capitels auf Seite 900 beigebrachten Zahlen, haben wir anzuführen die Statistik von *Morris* mit 2610 Leichenöffnungen und 12 subcutanen Nierentraumen, neben nur 1 Fall percutaner Verletzung, ferner die von *Herzog:* 7805 Sectionen mit 16 subcutanen und 1 offenen Nierenverletzung. *Grawitz* stellte 1889 102, *Herzog* etwas später 119, *Tuffier* 198 und *Küster* neuerdings 295 hierher zählende Beobachtungen zusammen. Die Kleinheit aller dieser Einzel- und Sammelstatistiken wird inzwischen dadurch etwas ausgeglichen, dass offenbar eine ganze Reihe von subcutanen Nierenverletzungen entweder übersehen oder wenigstens nicht besonders registrirt wird. In erster Linie hat dieses bei leichten Contusionen statt, die ohne sonstige Nebenverletzungen unter vorübergehenden Störungen schnell genesen (*Holz*). Im Gegensatz hierzu wird oft eine Nierenläsion übersehen, sei es, dass sie bei Lebzeiten hinter anderen Verletzungen zurücktrat, sei es, dass sie bei der Obduction nur einen Nebenbefund neben anderen schweren organischen Störungen darstellte. Letzteres war der Fall in der Majorität der vom Verfasser beigebrachten 36 subcutanen Nierenverletzungen, welche alle nur Leichenbefunde bildeten.

2. Pathologische Anatomie und Pathogenese.

Die mannigfachen Formen, unter denen die subcutanen Nierenverletzungen auftreten, haben zu sehr verschiedenartigen Eintheilungen derselben geführt. Im Allgemeinen lassen sich drei grosse Gruppen trennen. *a)* Peri- oder circumrenale Verletzungen. Dieselben betreffen vornehmlich die Capsula propria und die Capsula adiposa, dann die Gebilde des Hilus einschliesslich der grossen Gefässe, des Beckens und der Kelche der Nieren. Es handelt sich hier um Gewebszerreissungen, welche in der Regel mit mehr oder minder beträchtlichen Blutaustretungen verbunden sind. Letztere können so ausgedehnt sein, dass sie die Niere vollständig oder zu einem erheblichen Theil aus ihrer Umgebung herausheben und dadurch zu einer Lageveränderung des ganzen Organes führen. Es können sogar bei durchaus intactem Parenchym die grossen Gefässtämme durchreissen und

dadurch eine Verlagerung der Niere bis in die Tiefe des Beckens
bedingen (Beobachtung Verfassers). Ueberhaupt haben die vom Hilus
ausgehenden Extravasate nicht selten eine grosse Ausdehnung. Die
Blutanhäufungen im Fettzellgewebe üben da nicht selten einen Druck
auf Nierenbecken und oberes Harnleiterende aus, welche Theile ihrer-
seits gleichzeitig Einrisse und andere Zerstörungen bieten können.

*b) Risse (Rupturen) und Abreissungen von Nieren-
substanz.* Dieselben kommen in den mannigfaltigsten Graden,
Formen und Grössenverhältnissen vor und werden dem entsprechend
durch die Autoren in verschiedene Unterarten gesondert. Eine solche

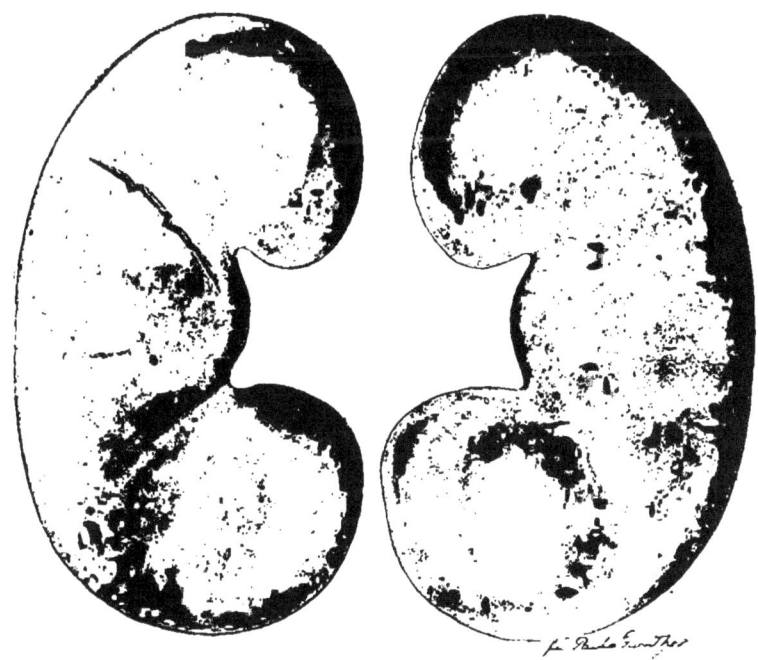

Fig. 348.

Risse auf beiden Oberflächen der rechten Niere, ein etwas schräger, grosser Riss
vorn, ein kleiner, tiefer und ein längerer, seichter Riss hinten. (Tod durch Ueber-
fahrenwerden.) $^3/_4$ Lebensgrösse.

Trennung ist aber nicht durchführbar, da selten nur ein einziger Riss
existirt. Das Häufigere ist das Bestehen mehrerer Risse gleichzeitig. Es handelt sich dann gewöhnlich um einzelne grössere Risse
neben einer erheblicheren Zahl kleiner, zum Theil sehr seichter, zuweilen ein sehr feines Netz bildender Risse, welche bei nicht sehr
sorgfältiger Untersuchung bei der operativen Freilegung des verletzten
Organes ebenso wie bei der Autopsie leicht übersehen werden können.
Manchmal betreffen sie nur die eine, vorwiegend jedoch beide Flächen, wie
der auf Fig. 348 abgebildete typische Fall darthut. In der Regel ist die

Richtung der Risse eine quere bezw. schräge (Fig. 349); Verfasser kennt inclusive einer eigenen Erfahrung nur 3 Fälle von mehr longitudinalem Verlauf des Risses. Die Lage der Risse ist ebenso wie ihre Ausdehnung verschieden; sie gehen vom Hilus aus unter Betheiligung des Nierenbeckens und können die ganze Breite und Dicke des Organes einnehmen, so dass dasselbe in ein oder mehrere nur durch schmale Brücken verbundene Theile getrennt erscheint. Andere Male beschränken sich die Risse auf den convexen Rand oder einen begrenzten Abschnitt der einen der beiden Flächen. Die Ränder der Risse sind meist gezähnt und etwas uneben, in einzelnen Fällen aber glatt und wie mit einem scharfen Messer geschnitten (Fig. 350).

In allen Fällen von Rissen, wie überhaupt in allen Formen schwerer Nierenverletzungen, finden sich mehr oder minder ausgedehnte Blutunterlaufungen, welche, die Continuitätstrennungen begleitend, zu einer über deren Gebiet hinausgehenden Gewebsnekrose führen. Neben und ausser diesen Unterlaufungen sowie unabhängig und isolirt von anderweitigen Läsionen kommen Contusionsherde vor. Zuweilen hat man es hier nur mit mehr oder minder umschriebenen Blutaustritten von verschiedenster Form und Grösse inmitten anscheinend unversehrter Nierensubstanz zu thun. Sie sind offenbar an die Gefässvertheilung gebunden, und es erscheinen die drüsigen Bestandtheile durch das ausgetretene Blut gleichsam dissecirt oder sequestrirt. Findet dieses in grösserer Ausdehnung und im Verein mit anderweitigen ausgedehnten, tiefere Zerreissungen begleitenden Blutaustritten statt, so bietet die Niere das Bild eines aus mehreren in Blut und Detritusmassen gehüllten Stücken bestehenden unförmigen Klumpens. Solche Fälle stellen bereits den Uebergang dar zu

c) den Zertrümmerungen und Zerquetschungen der Niere im engeren Wortsinn, welche entweder das ganze Organ oder einen erheblichen Theil desselben interessiren. Dieselben betreffen vorwiegend die untere Hälfte oder auch nur den unteren Pol, weil

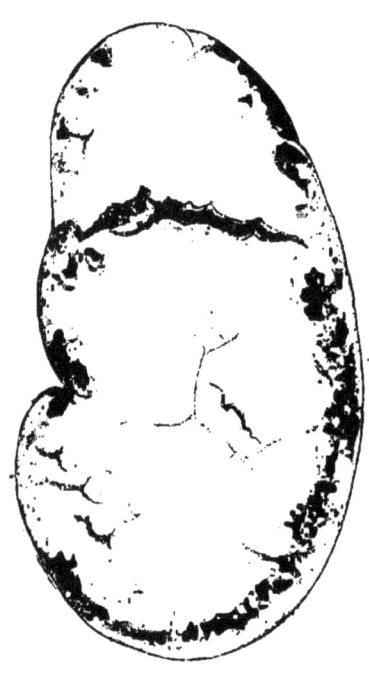

Fig. 349.

Typische Zerreissung der Niere. Ein grösserer, über dem Hilus entspringender Querriss und mehrere oberflächliche, wellenförmige, zum Theil gegabelte, kleinere schräge Risse.

($^3/_4$ Lebensgrösse.)

diese Theile nicht mehr durch das knöcherne Gerüst des Brustkorbes und die Wirbel sowie das Lig. costo-vertebrale geschützt sind. Sie sind nicht zu verwechseln mit nachträglichen Nekrotisirungen der Nierensubstanz, welche zuweilen die Folge der durch das Trauma bedingten Circulations- und Ernährungsstörungen sind, und bei denen infectiöseiterige Vorgänge eine Rolle spielen können.

Die Zahl der Varietäten und Uebergänge unter den vorstehenden Gruppen subcutaner Nierenverletzungen ist eine sehr grosse. *G. Marchant* hat deshalb die perirenalen Verletzungen noch weiter gesondert, je nachdem die Capsula

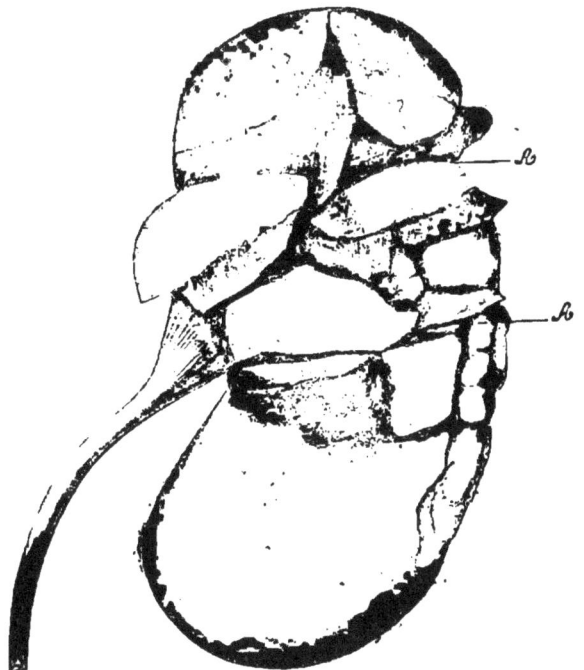

Fig. 350.

Zerreissung der linken Niere eines 18jährigen Mannes nach Sturz aus bedeutender Höhe. *A A* Messerschnittähnliche, fast völlig penetrirende Risse mit querem Verlauf. Original-Abbildung nach einem Präparat der Sammlung des königl. Institutes für Staatsarzneikunde. (⁹/₄ Lebensgrösse.)

propria mitbetheiligt ist oder nicht. Ebenso hat *Le Dentu* die eigentlichen Nierenrisse danach geschieden, ob sie das Mark oder nur die Rinde durchdringen. Thatsächlich können perirenale Blutaustritte nicht nur die Capsula propria, sondern auch die Nierenoberfläche interessiren, indem ausgedehnte subcapsuläre Ergüsse fast immer mit etwas Verlust an Nierensubstanz verbunden sind. Auch dringen Blutergüsse zuweilen vom Hilus in die Nierensubstanz zwischen die

Markkegel, deren Ernährung beeinträchtigend; es können auf diese Weise in extremen Fällen grosse Risse entstehen, welche lediglich die Rindensubstanz zerstören, das eigentliche Mark aber intact lassen.

Jedenfalls entspricht die anatomische Gruppirung der subcutanen Nierenverletzungen nicht bestimmten klinischen Formen oder Graden, zumal da die gewöhnliche klinische Eintheilung der subcutanen Nierenverletzungen in leichte, mittelschwere und ganz schwere Fälle hauptsächlich der besseren Uebersichtlichkeit wegen erfolgt. Es ist vielmehr anzunehmen, dass es sich bei allen hierhergehörigen Traumen, in denen von der Niere ausgehende Erscheinungen eine klinische Bedeutung geboten, entweder um Rupturen oder wenigstens um Contusionsherde gehandelt. Aus einer Analyse, welche Verfasser die in den letzten drei Jahren erfolgten Veröffentlichungen operativ behandelter subcutaner Nierenverletzungen unterworfen hat, erhellt, dass hier jedesmal ausschliesslich Nierenzerreissungen vorgelegen haben.

Wir sind daher bezüglich unserer Kenntnisse über die Häufigkeitsscala der verschiedenen Formen subcutaner Nierenverletzungen lediglich auf Sectionsberichte angewiesen. Aber diese müssen nothwendigerweise betreffs der leichteren Fälle hinter der Wirklichkeit zurückbleiben, wogegen das procentarische Verhältniss der schwereren Verletzungen zu hoch sich stellt. Nehmen wir hinzu, dass die einschlägigen Angaben je nach dem ihnen zu Grunde liegenden Material sehr verschieden sich gestalten, so können wir nur mit Vorbehalt die hierhergehörigen Zahlenreihen in Nachstehendem wiedergeben.

Herzog fand unter 16 Sectionen subcutaner Nierenläsionen nur in 8 die Niere selbst betheiligt, *Morris* unter 12 Obductionen dagegen nur 2 circumrenale Läsionen. Verfasser hatte unter 36 Leichenöffnungen 24 lediglich circumrenale, und zwar unter diesen 7 sehr erhebliche Verletzungen, während in den 12 übrigen Fällen nur 2mal die Niere allein, die übrigen 10mal aber gleichzeitig mit den circumrenalen Gebilden, und zwar 3mal in Form von Zertrümmerungen, 7mal in der von Zerreissungen und 2mal in der von grösseren, von aussen in das Parenchym eindringenden Blutergüssen betroffen war. Hinsichtlich der Vertheilung der subcutanen Nierenläsionen auf beide Seiten ist die Prädilection für die rechte Seite im Allgemeinen festgestellt (s. u.); doch scheinen nach persönlichen Erfahrungen Verfassers die einzelnen Formen der subcutanen Nierenläsionen einige Unterschiede zu bieten. Doppelseitige Fälle sind in vivo nur selten beobachtet; *Tuffier* zählte unter einer gemischten Statistik von 198 Nummern nur 6 hierhergehörige Vorkommnisse, Verfasser dagegen fand unter 36 Obductionen 14mal beide Nieren betheiligt, und zwar 8mal in Form der circumrenalen Verletzung und 6mal in der der Parenchymläsionen. Vorwiegen der Zerreissungen an der hinteren Seite wird von *Ledentu*, *Tuffier* u. A. behauptet, doch ist die Untersuchung hierüber noch nicht abgeschlossen.

Complicationen kommen selbst in leichten, mit Genesung endenden Fällen relativ oft, wenn auch in geringfügigem Maasse, vor (*P. Wagner*). Je stärker die ursächliche Gewalt eingewirkt, desto häufiger pflegen sie dagegen seitens lebenswichtiger Nachbarorgane aufzutreten. *Tuffier* fand am häufigsten die Mitbetheiligung der Leber, demnächst die der Milz, der Harnblase und der Lunge. Gleichzeitige Brüche der Beckenknochen notirte *Tuffier* in circa $2^0/_0$, solche der Rippen in $5^0/_0$ der Fälle, doch entziehen sich von letzteren viele der Diagnose bei Lebzeiten. Verfasser sah unter 36 Sectionsbefunden von subcutanen Nierenläsionen nicht weniger als 21mal (meist multiple) Rippenbrüche, erst dann kamen die Zerreissungen der Leber mit 20, die der Milz mit 13, die der Nebennieren mit 9, die des Darmes und Gekröses mit 3 Fällen. Leber und Milz waren gleichzeitig in 8 Fällen betroffen. Die grössere Häufigkeit der Lebercomplicationen wird dafür verantwortlich gemacht, dass unter den subcutanen Nierenläsionen überhaupt die der rechten Seite erheblich öfter Complicationen bieten als die der linken. In allen denjenigen Fällen, in denen mit der Niere andere intraperitonealen Bauchorgane mitbetroffen sind, ist fast immer das Bauchfell mit interessirt. In unmittelbarer ausschliesslicher Abhängigkeit von den subcutanen Nierenverletzungen kommen die des Bauchfelles ziemlich selten, nach *Tuffier* nur in 5 seiner Beobachtungen, unter 10 Fällen aus dem Seemanns-Krankenhause zu Hamburg (darunter 2 mit Schädelbruch, 1 mit Milzzerreissung complicirte) in keinem, unter 36 Obductionsprotokollen Verfassers höchstens 3mal vor. Bei Kindern, bei denen das Bauchfell ohne Interposition eines mehr oder minder dicken Fettzellstoffes der Niere anliegt, scheint dasselbe jedoch etwas häufiger durch deren Traumen in directe Mitleidenschaft gezogen zu werden (*Foy*).

Ebenfalls nicht als besondere Complicationen aufzuführen sind die oft sehr weitgehenden Verbreitungen der Blutergüsse in der Fascia lumbalis und im retroperitonealen Gewebe. Dieselben weisen durch ihre Extensität häufig auf eine grosse Intensität der ursächlichen Gewalteinwirkungen hin. Nur ausnahmsweise rühren sie jedoch von Continuitätstrennungen der Hauptgefässe der Niere her. Solche fanden sich unter 200 Nierenzerreissungen nach *Foy* nur in 7 Fällen, und zwar betrafen 4 die A. renalis und 3 die V. renalis. Hinzuzurechnen sind hier noch zwei Fälle von traumatischem Aneurysma der Nierenarterie von *E. Hahn* und von *Hochenegg* und die nur ein Sectionsobject bildende Durchreissung der A. und V. renalis, über die Verfasser berichtet. Im Allgemeinen spielen für die Entstehung selbst ausgedehnter Extravasate vielmehr lediglich die Gefässe des Nierenparenchyms und die der Fettkapsel sowie des Hilusfettes die Hauptrolle. Bei erheblicheren perirenalen Ergüssen ist wohl stets der Arcus perirenalis betheiligt. Die näheren Beziehungen dieses bis Daumenstärke erreichenden Gefässes (*Lejars*) zum Nierenkreislauf ergeben sich aus beifolgender Abbildung 351 auf nächster Seite.

Aus der Häufigkeit, mit der die schweren subcutanen Nierenverletzungen durch Läsionen wichtiger Unterleibsorgane begleitet sind, erhellt, dass nur selten die im Bauchfellsack gefundenen Blutmassen von den Nieren stammen, resp. von diesen vornehmlich geliefert sind. Oefters sieht man das Bauchfell wie gebläht und bis in das Becken hinab von der Unterlage abgehoben durch retroperitoneale, von der Niere stammende Blutergüsse. In weitgediehenen Fällen kann dann das Extravasat in dem Unterhautzellgewebe des Bauches oder Rückens oder in der Gegend des Poupart'schen Bandes zu Tage treten. Blutergüsse unter die Haut findet man im Uebrigen ebensowenig wie bei subcutanen Verletzungen anderer Unterleibsorgane bei denen der Nieren in irgend wie regelmässiger Weise.

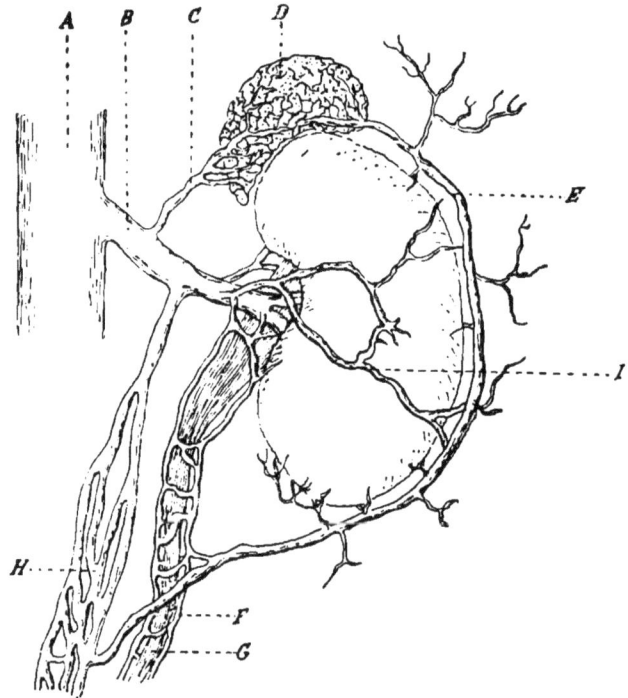

Fig. 351.

Venen der Capsula adiposa nach **Tuffier** und **Lejars** (s. Fig. 326).

A Vena cava.

B Vena renalis.

C Vena suprarenalis seu capsularis autorum.

D Nebenniere.

E Arcus venosus perirenalis.

F Venengeflecht des Ureter.

G Ureter.

H Vena spermatica.

I Vordere Capselvene.

Wenn auch kein Prolaps nach aussen, so hat doch Vorfall der Niere gelegentlich von Zwerchfellzerreissungen in die Brusthöhle gleichzeitig mit anderen Unterleibsorganen stattgefunden. Klinisches Interesse haben die wenigen hierhergehörigen Fälle nicht. (Ueber das Vorkommen der Niere in Zwerchfellbrüchen s. o. S. 891.)

3. Ursachen und Mechanismus der subcutanen Nierenverletzungen.

Die Ursachen der subcutanen Nierenverletzungen bestehen bei der sehr geschützten Lage der Niere fast ausschliesslich aus indirecten bezw. gröberen Gewalteinwirkungen. Seltener äussern sich solche in mehr directer umschriebener Weise, z. B. in Form eines Stockschlages, Auffallens mit der Lende gegen eine Treppenstufe, eines Fusstrittes u. dgl. m., vielmehr handelt es sich in den schwersten Fällen nicht nur um sehr intensive, sondern auch um sehr extensive Einwirkungen auf den menschlichen Körper. Am häufigsten spielen in grossen Städten die verschiedenen Formen des Ueberfahrenwerdens eine Rolle, 18mal unter 36 Fällen Verfassers, dagegen kommen in Bergwerk- und Maschinenbetrieben Sturz und Fall aus bedeutender Höhe, vor Allem Verschüttetwerden, maschinelle Gewalten und Aehnliches hier in Frage. Der Natur der Sache nach gehören die meisten Verletzten der arbeitenden Classe und dem männlichen Geschlecht an. *Tuffier* zählte unter 153 Fällen nur 17 Frauen. *Küster* unter 290 sogar nur 10 und unter den 36 Fällen Verfassers waren 6 weibliche Personen. In Uebereinstimmung hiermit sind jugendliches und Greisenalter nur wenig vertreten. Bei *Küster* ersteres unter 298 Fällen 42mal, unter den 36 Fällen Verfassers waren 6 unter 10 und 3 über 60 Jahre alt, wogegen 20 zwischen dem 21. und 50. Lebensjahre standen.

Die Angaben über den Mechanismus der subcutanen Nierenverletzungen sind überaus widerspruchsvoll und bis jetzt noch keineswegs erschöpfend. Verfasser kann zur Kennzeichnung der hier maassgebenden Verhältnisse nichts Besseres thun, als seine jüngst veröffentlichte Darstellung derselben zu recapituliren.

Seit *Simon* hat man die subcutanen Nierenverletzungen in directe und indirecte getheilt. Bei letzteren handelt es sich um Gewalteinwirkungen, welche entweder, z. B. wie bei Erschütterungen, den Gesammtorganismus oder, wie z. B. häufig bei Sturz oder Fall aus erheblicher Höhe, entfernt von der Niere gelegene Körpertheile getroffen haben. Diese Eintheilung wird von *Herzog* dahin modificirt, dass er unter „indirect" auf die Niere wirkenden Gewalten Stösse und Schläge gegen die Lendengegend und Aufschläge des Körpers auf das Nachbargebiet der Niere versteht, während die „directen" Quetschungen von vorn und von der Seite her stattfinden. Bei den „indirecten" Verletzungen sollen Risse am Hilus mit Blutungen in das retroperitoneale Gewebe die Regel bilden, bei den „directen" finden dagegen gewöhnlich Risse an der Vorderfläche oder unregelmässige Zerfetzungen der Nierensubstanz mit der Zerreissung des Peritonealüberzuges und Blutung in die Bauchhöhle statt. Die Eintheilung der subcutanen Nierenverletzungen von *Herzog* ist ebenso wie die an sie geknüpfte Theorie ihres Mechanismus für viele Fälle von *P. Wagner* adoptirt worden. Anders ist die causale Eintheilung der Nierenverletzungen nach *Tuffier*. Die „indirecten" Traumen *Simon's* bezeichnet er ebenso wie die Nierenverletzungen durch Muskelzug — von denen *Fenwick* die bei forcirten Rumpfbeugungen entstandenen hervorgehoben hat — als „Commotion". Im Einzelnen trennt er die von hinten her gegen die Fascia lumbalis sich richtenden Gewalteinwirkungen, bei denen die

Niere gegen den Querfortsatz der Lendenwirbel gedrückt wird, als „indirecte"
von den vorn und seitlich eindringenden mehr „directen" Traumen, welche
weit häufiger vorkommen, und bei denen die Niere gegen die 9. und 10. Rippe
gequetscht wird. In noch anderer Weise nimmt *Küster* zur Erklärung des
Mechanismus der subcutanen Nierenverletzungen „hydraulische Pressung"
an, welche durch Adduction und Stoss der unteren Rippen gegen die Niere
hervorgerufen wird, ebenso auch durch Muskelzug.

Erschöpft sind die Theorien der Ursachen subcutaner Nierenverletzungen
in Vorstehendem noch nicht. Sie alle haben das Gemeinsame, dass sie hauptsächlich oder gar nur ausschliesslich die Nierenzerreissungen berücksichtigen.
Die grosse Mannigfaltigkeit dieser wird meist ebensowenig in Betracht gezogen wie das Vorkommen lediglich perirenaler Zerreissungen auf der einen,
wie der mehr oder minder vollständigen Zertrümmerungen auf der anderen
Seite. Alle diese Formen subcutaner Nierenverletzung lassen sich durch Raumbeschränkung, welche die Niere plötzlich trifft, erklären, zumal da bei den groben
Gewalteinwirkungen, welche wir hier als maassgebende Ursachen anzuführen
hatten, die Eintheilung in „directe" oder „indirecte" zum Theil nicht durchführbar
ist. In Folge der physikalischen Beschaffenheit der Nieren, welche frei von ganz
festen wie von luftförmigen Bestandtheilen sind, tritt die plötzliche Raumbeschränkung im Sinne der hydraulischen Compression *Küster's* in Wirkung,
und zwar muss dieselbe auch dort, wo sie eine allgemein vielseitige ist, am
meisten sich gegenüber der grössten Dimension des von ihr
betroffenen Organes offenbaren. Bei den Nieren ist dieses die Längenausdehnung. Die Form, in welcher letztere beeinträchtigt wird, ist dabei keineswegs immer die gleiche. Bei überaus plötzlicher Raumbeschränkung mit gleichzeitiger Erschütterung des moleculären Zusammenhanges wird die Niere von oben
nach unten oder umgekehrt völlig zerdrückt und „zerstört, zermalmt oder
zertrümmert". Dauer und Extensität des ganzen Vorganges können die Zer-
malmung entweder auf die ganze Niere oder nur auf ihren oberen oder unteren
Abschnitt ausdehnen. Ist die Raumbeschränkung durch das Trauma minder
intensiv, bleibt der moleculare Zusammenhang einigermaassen noch bewahrt, so
müssen sich in Folge der hauptsächlich ihre Längendimension
betreffenden Beeinträchtigung ihre beiden Pole einander nähern.
Die plötzliche Biegung der Niere führt dann zu einer vorwiegend transversalen,
queren oder wenigstens schrägen Continuitätstrennung. Thatsächlich sehen
wir, dass die Nierenrisse und Sprünge wesentlich in dieser Richtung, wenngleich
selbstverständlich in nicht ganz regelmässiger Weise verlaufen. Man kann diesen
Verlauf der Nierenrisse auch an dem exenterirten Organ nach Belieben in den
verschiedensten Ausdehnungen und Graden durch plötzliche Annäherung ihrer
beiden Pole, sei es auf der vorderen, sei es auf der hinteren Fläche, erzeugen
(Fig. 352). Am Lebenden dürfte wegen der freieren Lage des unteren Poles eine
solche Annäherung häufiger seitens dieses als in umgekehrter Richtung stattfinden. Jedenfalls aber hat man, auch wenn vorstehende Theorie nicht alle
Einzelheiten hier erklärt, dieses vielmehr ferneren Untersuchungen vorbehalten
bleibt, die Rückführung der queren Richtung der Nierenrisse auf die ursprüngliche Zusammensetzung des Organes aus Renculi nach *Grawitz* u. A. zurückzuweisen. Schon wegen der Unregelmässigkeit vieler der Risse ist solches nicht
zulässig.

Sehr einfach lassen sich die ausschliesslich perirenalen Verletzungen durch Raumbeschränkung, welche die Nierengegend trifft, erklären. Ist eine Raumbeschränkung so wenig intensiv, dass sie nur die äussersten Schichten des Organes trifft, so wird es mit einer Lockerung dieser Schichten aus ihrem Zusammenhange, verbunden mit Zerreissungen der von der Niere zur Nachbarschaft verlaufenden Gefässe, sein Bewenden haben. Ohne Zweifel dürften aber diesen Vorgang häufig noch durch die Art der Trauma bedingte Nebenumstände beeinflussen, welche das perirenale Gewebe als solches mehr oder minder unmittelbar treffen.

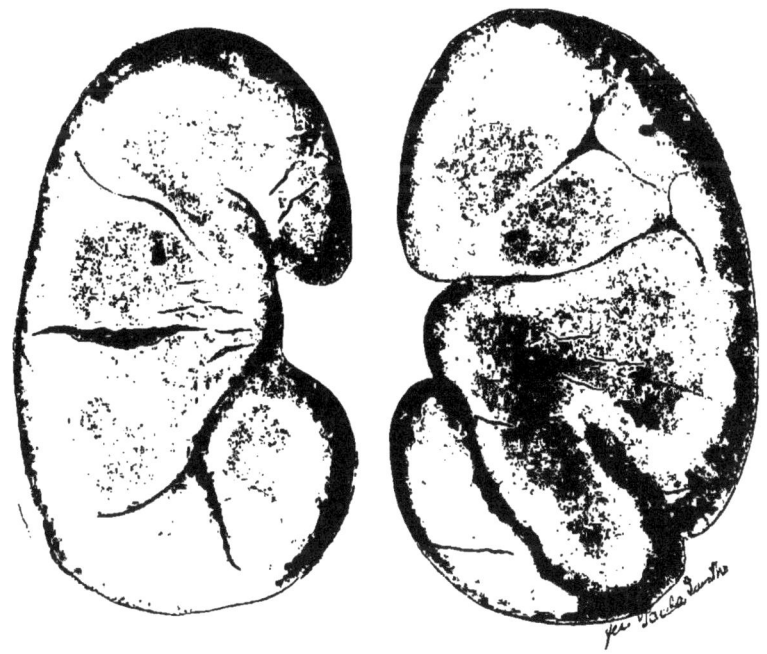

Fig. 352.

Rechte Niere einer weiblichen Leiche mit post mortem erzeugten Rissen, vorn neben einem grösseren Querriss mehrere kleinere, hinten nur seichte Risse. ($^3/_4$ Lebensgrösse.)

4. Symptome und Verlauf.

Drei Gruppen von Erscheinungen beherrschen das klinische Bild der subcutanen Nierenverletzungen: der Schmerz, die örtliche, durch Blutaustritt (selten durch Harninfiltration oder Ausdehnung des Nierenbeckens) bedingte Anschwellung und die Hämaturie. Entsprechend dem zeitlichen Auftreten und der Intensität dieser drei Erscheinungen unterscheidet man leichte, mittelschwere und ganz schwere subcutane Nierenverletzungen, doch sind Uebergangsformen häufig: anscheinend ganz leichte Fälle entwickeln sich im weiteren

Verlauf zu sehr schweren, und anfänglich fast hoffnungslos Verletzte genesen relativ schnell. Viel hängt hier von der Ausgestaltung des auch bei subcutanen Nierenläsionen meist nicht fehlenden z w e i t e n Stadiums, der „E i t e r u n g", ab.

Selbst bei vielen leichteren Nierenquetschungen besteht unmittelbar nach der Verletzung meist ein mehr oder minder deutlicher Shock. In schweren Fällen kann derselbe mit Symptomen plötzlicher Anämie und den Erscheinungen der Verletzung anderer innerer Organe vergesellschaftet sein, bezw. hinter diesen zurücktreten. Mit seinem Nachlass macht sich der S c h m e r z mehr oder minder stark geltend und mit ihm nervöse Reflexerscheinungen, wie Singultus, Uebelkeit und Erbrechen, welche von den ähnlichen, von Mitverletzung des Bauchfelles ausgehenden Symptomen wohl zu trennen sind. Steigert sich der Schmerz, so ist das Athmen erschwert, der Patient kann nicht auf der verletzten Seite liegen, häufig strahlt der Schmerz auch bis zum Hoden und Oberschenkel aus, so dass letzterer wie bei Psoitis flectirt gehalten wird. Für diese Flexionsstellung des Oberschenkels ist meist Bluterguss oder Muskelzerreissung Ursache. Das ergossene Blut kann sich dann im weiteren Verlauf dem M. ileopsoas entsprechend senken, so dass Verfärbung in der Gegend des Leistencanals, der Wurzel des Penis und namentlich unterhalb der Lig. Pouparti nebst ödematöser Anschwellung sichtbar wird. Alles dieses macht sich ebenso wie die Geschwulst an der Lende oft erst nach Tagen geltend. Namentlich letztere entwickelt sich zuweilen später in plötzlicher Weise, und zwar nach anscheinend geringen äusseren Ursachen, z. B. nach einem Hustenanfall, einem Transportversuch des Verletzten u. dgl. m. Die Geschwulst kann dann schnell grosse Ausdehnung erreichen, so dass die Lendengegend ganz unförmig aussieht und die Nachbarorgane in Bauch- und Brusthöhle verdrängt werden; doch liegt seltener dann das frisch ergossene Blut so unter der Haut, dass man bereits bei leichter Berührung ein weich-teigiges Gefühl hat. In manchen Fällen kommt ein grosser Theil der Anschwellung auf extravasirte Lymphe und Collaterelödem; es erklärt sich so ihre nicht ganz selten schnelle Rückbildung. Andere Male hat man dagegen die Extravasate in der Niere, am Hilus und speciell im perirenalen Gebiete noch lange nach dem Trauma nur wenig verändert getroffen; der Erguss war dann zuweilen von mehr fleischwasserähnlicher Beschaffenheit, oder es fand sich neben halbflüssigem Blut eine zwiebelschalenähnliche Anordnung der Gerinnsel.

Die Anschwellung ist häufig eine mehr d i f f u s e, besonders wenn sie wesentlich auf Rechnung des perirenalen Ergusses kommt. Zuweilen kann man aber, wenn der Schmerz nachlässt, bei tiefer Palpation einen nicht sehr beweglichen, Ballottement bietenden, rundlichen, helmartigen Körper wahrnehmen. Er entspricht der Niere mit dem durch Blut und Harn erweiterten Nierenbecken, H ä m o - n e p h r o s e, bezw. H ä m o h y d r o n e p h r o s e. Selten hat man es im frühen Stadium der Verletzung mit einer durch Abknickung des Harnleiters bedingten reinen t r a u m a t i s c h e n H y d r o n e p h r o s e zu thun; häufiger handelt es sich um die Verwechslung mit sogenannten Pseudohydronephrosen (s. o. S. 904).

Hämaturie nach subcutanen Nierentraumen fehlt eigentlich nur bei Aufhebung der Continuität oder Verstopfung der oberen Harnwege. Nicht immer beruht sie auf Zusammenhangstrennung des Nierenparenchyms selbst; das Blut kann vom Gewebe des Hilus oder der circumrenalen Zone in das Nierenbecken übergetreten sein. Manchmal ist die Hämaturie nur vorübergehend während der ersten Tage, manchmal erscheint sie erst nachträglich, wenn ein bis dahin den Ureter verstopfendes Gerinnsel sich gelöst hat. Die Ausstossung der Gerinnsel kann dann anfallsweise unter Kolikerscheinungen vor sich gehen, und solche wiederholen sich oft in fast typischer Weise; häufiger ist aber die Hämaturie eine gleichmässige und die Menge des per vias naturales in den ersten Tagen entleerten Blutes bisweilen geradezu enorm, ebenso wie wir es bei der Hämaturie in Folge percutaner Nierenverletzungen sahen. Andererseits ist nicht selten sehr lange Persistenz mässiger Hämaturie mit ganz allmäligem Nachlass, nachdem die übrigen Zeichen der Nierenquetschung geschwunden. Die genaue regelmässige Harnanalyse hat dann zu ergeben, ob ihr nicht anderweitige secundäre Veränderungen zu Grunde liegen, wie solche sich vornehmlich durch Albuminurie zu äussern pflegen.

Der Verlauf subcutaner Nierenverletzungen hängt ausser von den Complicationen von der Ausdehnung der Läsion, der etwaigen secundären Betheiligung der anderen Niere und der Ausgestaltung der Eiterung ab. Man beachte dabei, dass einzelne Patienten mit weitgehenden Rissen, Zertheilung der Niere in Stücke und ähnlichen groben Zerstörungen und selbst mit Complicationen der Nachbarschaft, speciell der Leber und der Milz, relativ lange, 2, 3 Tage und mehr, hinbringen können (*P. Wagner*). Ist hier der Shock überstanden, so erfolgt der Tod durch Bauchfellentzündung oder durch Anurie mit urämischen Symptomen. Letztere entstehen nur selten durch Mitverletzung der anderen Niere, öfters durch Verstopfung der Blase durch feste Gerinnsel oder reflectorisch.

Im Gegensatz zu den vorstehenden Erscheinungen schwerer Läsion steht zuweilen Bedeutung und Art der Symptome in Missverhältniss zu denen der Nierenverletzung. Bei grosser Geringfügigkeit letzterer hat man von einer „Commotion" der Niere hier gesprochen (s. o. S. 925). Thatsächlich dürfte sich die Heftigkeit der Symptome nicht selten durch frühere Erkrankung der nur leicht verletzten Niere erkennen lassen (*Tuffier*). Dass eine solche ältere Affection Nierenverletzungen relativ oft complicirt, ergibt sich aus ihrem Vorkommen in 3 unter den 36 Fällen Verfassers. Besonders erscheint die Verletzung einer hydronephrotischen Niere gefährlicher als die einer gesunden.*)

---

*) Die Reaction von früher her erkrankter Nieren auf leichte Traumen ist manchmal sehr eigenartig; so können z. B. Steine aus dem Nierenbecken nach dem Ureter dislocirt und Koliken erzeugt werden; nicht beachtete Neoplasmen führen nach leichten Erschütterungen zu starken Blutungen etc.

Bei günstigem Verlauf pflegen die anfänglichen Symptome bald zurückzugehen, zuweilen so schnell, dass der Verletzte sich nicht in ärztliche Behandlung begiebt oder erst dann kommt, wenn z. B. plötzlich die Zeichen erneuter ernsterer Nierenblutung auftreten. Diese äussert sich dann nicht nur in Form der Hämaturie, sondern auch nicht selten nach 14 und mehr Tagen, wenn der Verletzte schon seinem Beruf nachgegangen war, durch Zeichen einer schnell wachsenden Lendengeschwulst und allgemeiner Anämie. Man findet hier öfters nach längerer Zeit bei operativer Freilegung der Niere Erguss frischen Blutes im perirenalen Gewebe. Andere Male kommen die Patienten mit subcutanen Nierenläsionen erst mit deren Nachkrankheiten zum Arzt. Manchmal waren hier in der ersten Zeit nur gewisse Complicationen, wie Reizung der Pleura und des Peritoneums, Nausea auffallend, auch kommen, abgesehen von der Hämaturie, eigenartige Störungen der Harnabsonderung vor, indem ein spärlicher, hochgestellter, stark sedimentirender Harn abgeschieden wird (*Verneuil*), an dessen Stelle nach einigen Tagen eine Art compensatorischer Polyurie sich zeigt, während gleichzeitig die Schmerzen in Oberbauch und Kreuz nachlassen und etwaiges Fieber schwinden. Diesen milden Verlauf sehen wir namentlich nach Nierenquetschung durch Muskelzug bei übrigens gesunden Personen z. B. in Folge von Körpererschütterung in der Eisenbahn, von einem scharfen Gewalttritt, von Aufheben schwerer Lasten etc. Nicht immer gehen aber die Initialsymptome hier gänzlich vorüber. Ausser Fortbestand resp. Wiederkehr der Hämaturie tritt anscheinend ohne Grund Fieber auf. Manchmal ist letzteres von Schüttelfrost eingeleitet und bietet deutlich den Charakter des Harnfiebers.

Die Nierenverletzung bezw. der circumrenale Erguss kann hier in Eiterung übergegangen und dieses durch Fortbestand des Fiebers augenfällig sein, wenn auch kein Eiter im Harn nachweislich ist. So wenig subcutane Nierenläsionen an und für sich zur Eiterung neigen, so mannigfach sind bei ihnen die Infectionsgelegenheiten. Neben vielen anderen Ursachen (nicht völlig aseptischer Katheterismus, *Gravitz*) spielt hier Eindringen von Mikroorganismen von der äusseren Haut eine Rolle. Dasselbe erfolgt von kleinen Einrissen, Abschürfungen und Verschorfungen, so z. B. dort, wo directe Berührung der Haut mit einem Wagenrade, Maschinentheilen u. dgl. stattgefunden; begünstigt wird dieses, wenn die Haut durch Blutergüsse abgehoben und gespannt ist; hier und dort scheinen übrigens mehrere Infectionsquellen zu concurriren. Jedenfalls kann sich in jedem Stadium einer subcutanen Nierenverletzung eine der verschiedenen Formen der Eiterung entwickeln. Ausser foudroyanter Verjauchung (*Makinski*) und acuter Bildung kleinerer oder grösserer Abscesse und mehr chronisch-eiterigen Processen, welche, ausgehend von der Nierenwunde, bis dahin gesundes Parenchym betreffen, findet vielfach eine Verbreitung der Infection durch das Harnsystem statt. Aus einer Hämo- oder Hämohydronephrose wird eine Pyonephrose; durch Hinabsteigen der Infection betheiligt sich die Blase, von der dann durch Wiederaufsteigen des Processes die andere Niere ergriffen wird. In weit gediehenen Fällen, namentlich bei stürmischem Verlauf, fehlt es in der Regel nicht auch in ferner liegenden Organen an eiterig-septischen Veränderungen in den mannigfachsten Abstufungen. Dieser Mannigfaltigkeit des Verlaufes entspricht auch die der eiterigen Veränderungen des Urins. Selten hat es mit einer leichten Trübung des Harns sein Bewenden, häufiger ist bei inficirten, nicht tödtlichen Nierencontusionen eine lang anhaltende, von unregelmässigem Fieber begleitete, gleichmässig starke Pyurie. Meist reagirt der Urin dann sauer; bei Verhaltung, bei Beimengung von Zersetzungsproducten, abgestorbenen Gewebsfetzen und zerfallenem Gerinnsel kann er alkalisch und übelriechend werden. Selbst im günstigsten Falle kommt es dann durch eiterige Einschmelzung von Nierenparenchym zu erheblicher Herabsetzung der Function der verletzten Niere.

5. Ausgänge und Krankheitsdauer; Folgezustände.

Neben direct tödtlichen subcutanen Nierenverletzungen findet häufig mehr mittelbar der ungünstige Ausgang statt. Erst in allerletzter Zeit scheint hierin dank rechtzeitigen Operirens sich eine Wendung zum Besseren einzuleiten. Die bisherigen Sammelstatistiken ergaben bis vor Kurzem, dass etwa die Hälfte der hierhergehörigen Fälle verloren geht, und zwar kommen:

Bei *Grawitz* auf 108 subcutanen Nierenverletzungen † 50 = 46·3%
- *Tuffier* „ 168 „ „ † 97 = 57·5%
- *Obalinski* „ 120 „ „ † 67 = 55·9%

Unter den Todesursachen stehen die Complicationen und die Blutung obenan. Nach *P. Wagner* haben die nicht mit schweren Complicationen verbundenen subcutanen Nierenverletzungen 25—30%, nach *Obalinski* 35% Mortalität. Umgekehrt berechnet *Tuffier* für die complicirten Fälle † 87% und *Grawitz* weist von 50 tödtlichen subcutanen Nierentraumen 18 den Complicationen zu. Diese Ziffern sind vielleicht noch zu niedrig, indem viele hierhergehörigen Vorkommnisse, welche nur Obductionsbefunde bei schnell nach einer Verunglückung verstorbenen Personen gebildet, sicher nicht mitgezählt sind. Mögen nun auch andererseits manche leichten und schnell verlaufenden Fälle übergangen sein, so bleibt doch die Thatsache bestehen, dass an Wichtigkeit als Todesursache den Complicationen hier nur die Blutung gleich kommt. *G. Marchant* und *Adibert* rechnen ihr 17 tödtliche Ausgänge bei einer Gesammtsumme von 90 Fällen zu; darunter waren 12 (!) primäre und 5 secundäre Blutungen. Von 50 Todesfällen bei *Grawitz* kommen 22 auf Blutungen, 14 auf primäre und 7 auf secundäre. *Foy* fand 28 Todesfälle in Folge von Verblutung unter 140 Nierencontusionen, eine Ziffer, die der Wahrheit am nächsten bis wenigstens vor Kurzem gekommen zu sein scheint, denn es waren unter diesen 140 Fällen viele leichte und nur etwa 60 schwere. Nächst der Verblutung und den complicirenden Verletzungen spielen für den tödtlichen Ausgang die bedeutendste Rolle die Eiterung und die häufig mit dieser zusammenhängenden Nachkrankheiten. *Tuffier* berechnet für die Fälle mit Nachkrankheiten eine Sterblichkeit von 47°/₀ und von den 50 Todesfällen bei *Grawitz* entfallen 7 auf Vereiterung, resp. deren Folgen und 3 auf Behinderung des Harnabflusses.

Die Häufigkeit, mit der Complicationen, Blutung, Eiterung und anderweitige Nachkrankheiten ausserdem in den nicht tödtlichen Fällen sich geltend machen, erlaubt eine directe Bestimmung des mittleren Heilungstermines subcutaner Nierenverletzungen nur für eine geringe Zahl einfacher Fälle. Dieser Termin betrug in 10 derartigen Fällen (8 von *Wagner* und 2 von *Herzog*) 37·4 Tage, nachdem durchschnittlich die Hämaturie schon 21·7 Tage vorher aufgehört hatte. Für 7 genesene Fälle im Seemanns-Krankenhause in Hamburg sind die analogen Zahlen 33·7 und 26 Tage. Dem gegenüber können Folgezustände und Nachkrankheiten die Heilung über Monate und Jahre hinausziehen, und zuweilen erfolgt dieselbe auch dann nur unvollständig.

Häufig wird zunächst die Eiterung im Harnsystem durch ihre grosse Verbreitung innerhalb dieses unterhalten. Ausserhalb des Harnsystems ist für sie das Bestehen von grossen Blutergüssen, von Splitterbrüchen der Rippen und ähnlichen Nebenverletzungen von Bedeutung. Eiterung im perirenalen und retroperitonealen Gewebe ist nicht selten Ursache einer Pleuritis per contiguitatem ohne directen Durchbruch des von der Niere ausgehenden subdiaphragmatischen Abscesses. Lässt schliesslich die Eiterung nach, so kommt eine Art Heilung in Form von ausgedehnter Narben- und Schwartenbildung, von Verdickungen und Verwachsungen zu Stande, und es liegt dann in deren Mitte die atrophische Niere. Ist hier der klinische Verlauf ähnlich dem der Psoitis, und liegt das Vorangehen eines relativ unbedeutenden Traumas weit zurück, so kann die Diagnose Schwierigkeit haben. Bestehen nur Fisteln als letzter Rest des eiterigen Processes inmitten von Narbengewebe, und sind diese rein-eiterig und nicht eiterig-urinös, so kann es unentschieden bleiben, ob sie zur Niere führen oder nicht.

Neben bindegewebiger Einschmelzung und Atrophie der Niere werden nichteiterige Entzündungen parenchymatöser oder interstieller Natur (Morbus Brightii) als Folgen subcutaner Nierenverletzungen schon von *Rayer* erwähnt. Entwickelung und Verlauf sind hier meist allmälig, mehr oder minder ausgesprochen chronisch.

Auch die Entstehung einer Wanderniere nach einem subcutanen Nierentrauma ist in der Regel keine ganz acute. Dieselbe ist vielfach bestritten, aber, wie bereits angedeutet, wird man mit ihr auf Grund von Beobachtungen in vivo, von Thierversuchen und Leichenbefunden in Zukunft mehr rechnen müssen als bisher (siehe die Anmerkung oben auf S. 872).

Wie nach jeder Wanderniere kann auch aus deren traumatischen Form eine Hydronephrose sich entwickeln. Eine solche traumatische Hydronephrose ist dann ebenso als eine secundäre aufzufassen, wie die in Folge von vorübergehender Compression oder Dislocirung des Harnleiters durch Blutergüsse, welche vom Hilus ausgehen. Dem gegenüber gelten als primäre traumatische

Hydronephrosen (*Ch. Monod, Wagner*) die aus Hämonephrosen unter gleichzeitiger Bildung einer Narbenstrictur an der Harnleiterinsertion entstandenen
Nierenbeckenerweiterungen.

Steinbildung ist auf subcutane Nierentraumen einige Mal unzweideutig zurückführbar gewesen, weil Gerinnselpfröpfe den Kern des Steines
abgaben. Andere Mal hat es sich um Phosphatconcremente im stagnirenden eiterigen Urin gehandelt. Nicht zu verwechseln mit diesen Vorkommnissen sind die schon erwähnten Beobachtungen, in denen bereits präformirte
Nierensteine durch das Trauma beweglich und Ausgangspunkt directer Beschwerden,
bezw. weiteren Wachsthums wurden.

Endlich sei der Vollständigkeit halber hier noch der in manchen Fällen
von Neubildung der Niere behauptete Zusammenhang mit früheren subcutanen
Verletzungen hervorgehoben.

6. Prognose und Diagnose.

Dem Vorstehenden ist bezüglich der Prognose und Diagnose
subcutaner Nierenverletzungen nur wenig hinzuzufügen. Nachdem wir
die aus der Blutung entspringende Gefahr hinreichend betont, ist
hinsichtlich der Eiterung zu bemerken, dass, nachdem der Verletzte
Shock und Blutung überstanden, sein weiteres Geschick wesentlich
von den Verhältnissen der Eiterung abhängt. Je später und je
weniger acut dieselbe auftritt, desto günstiger ist im
Allgemeinen die Vorhersage. Allerdings muss man hierbei
mit der Möglichkeit von allerlei Zwischenfällen bei sehr
chronischem Verlauf, dem Zurückbleiben von Nachkrankheiten und der allmäligen Herabsetzung der
Leistungsfähigkeit der anderen intacten Niere rechnen. Es ist
daher nicht nur für die Blutung und deren Beherrschung, sondern
auch für den weiteren Verlauf der Verletzung behufs rechtzeitigen
operativen Einschreitens die Stellung einer möglichst genauen Diagnose von vornherein unumgänglich. Es genügt nicht, auf Grund
der bereits bekannten Cardinalsymptome der Geschwulst in der Lende
und der Blutung eine subcutane Nierenverletzung an und für sich zu
diagnosticiren, man hat vielmehr möglichst exact deren Einzelheiten[*]
festzustellen. Bei grosser Schmerzhaftigkeit benutzt man die Narkose,
um die Ausdehnung und die übrigen Besonderheiten der Lendengeschwulst beurtheilen zu können. Nöthigenfalls ist die Narkose
weiter behufs Ausführung von Explorativoperationen (Punction,
Incision etc.) zu verwerthen, denen man dann die etwaigen curativen
Eingriffe anzuschliessen vermag. Ist die Nierenverletzung nicht
mehr ganz frisch, so darf man sich nicht mit dem einfachen
Nachweis der Hämaturie bezw. Pyurie zufrieden geben; jedes Mal
bestimmt man nach Abwägung aller Umstände, wie weit dieselben auf
die verletzte Niere allein und nicht auch auf andere Theile des Harn-

---

[*] Viel zu wenig wird in solchen Fällen auf Existenz und Ausdehnung
kleiner Hautabschürfungen und oberflächlicher Blutaustritte geachtet angesichts
des Mangels grösserer Veränderungen äusserer Bedeckungen.

apparates zu beziehen sind. Endlich soll man stets die 24stündige Menge von Urin bezw. Harnstoff und das etwaige Vorkommen von anderen pathologischen Bestandtheilen neben dem Blut und Eiter im Harn aufs Sorgfältigste berücksichtigen.

7. Therapie.

Die Behandlung der subcutanen Nierenverletzungen erfolgt nach den gleichen Grundsätzen wie die der Nierenwunden. Im Ganzen ist, trotzdem der Arzt sich im einzelnen Falle einer subcutanen Nierenverletzung jeder Zeit zum chirurgischen Einschreiten bereit halten muss, das expectativ-conservative Verhalten bisher bevorzugt worden. Erst in den allerletzten Jahren sind nach dem Vorgange von *Poncet, Lucas-Championnière, Tuffier, Kehr, Briddon* u. A. operative Eingriffe innerhalb der ersten 48 Stunden in etwas grösserer Zahl verrichtet worden. So einleuchtend die Vorzüge der Frühoperation namentlich in Fällen von Blutung erscheinen, so ist doch die Mehrzahl der chirurgischen Interventionen bei den hierhergehörigen Verletzungen in einer späteren Zeit ausgeführt worden. Für einen unmittelbaren Eingriff ist die Sachlage häufig in den ersten Stunden und Tagen nicht geklärt genug. Man vergesse ferner nicht, dass nicht selten selbst ausgedehnte Blutgeschwülste einer relativ schnellen Aufsaugung fähig sind, und dass in anderen an und für sich hoffnungslosen Fällen das schliessliche ungünstige Ende oftmals sich längere Zeit hinziehen kann.

Bevor man sich zu einem Eingriff entscheidet, muss man sorgfältig das Operationsterrain vor Insulten schützen; am besten geschieht dieses durch Application eines aseptischen Compressivverbandes. Von operativen Eingriffen selbst kommen hier in Frage:

1. die Incision der die Niere bedeckenden Weichtheile mit Tamponade der Nierenzerreissung;

2. der Einschnitt in die Nierensubstanz behufs Erweiterung von Wunden, Entleerung von Eiter (Nephrotomie):

3. die gänzliche oder theilweise Exstirpation der verletzten Niere (Nephrektomie, Nierenresection).

Die Hauptanzeigen für diese Eingriffe bilden die Blutung und Eiterung, ausnahmsweise gehen specielle Anzeigen zu Operationen von besonderen Folgezuständen aus, wie Entwickelung einer traumatischen wahren Hydronephrose, resp. Pseudohydronephrose, einer traumatischen Wanderniere, von Nierensteinen etc.

Bei Blutungen ist chirurgisches Eingreifen unbedingt und ohne Zaudern nöthig, wenn allgemeine Blutarmuth, Schwinden der Kräfte und Zunahme der Lendengeschwulst sich rasch und mit grosser Intensität entwickeln. In einzelnen Fällen recurrirender Blutung kann dieses erst relativ spät nach dem Trauma — nach Tagen oder Wochen — eintreten, als Regel aber hat möglichst früh das Einschreiten gegen die Verblutungsgefahr zu erfolgen. Man soll hier zunächst von der

Lende aus die Niere freilegen und das bereits ergossene Blut sammt den Gerinnseln und etwaigem Gewebsdetritus entfernen. Die eigentliche Blutstillung gestaltet sich je nach der Lage des Falles verschieden. Immer soll man die unnöthige Opferung einer nur beschränkt verletzten, sonst aber noch gesunden, nicht durch secundär-entzündliche Processe veränderten Niere zu meiden streben und mildere Methoden der Haemostase versuchen. Dass letztere mit Erfolg möglich, zeigen die Erfahrungen der Neuzeit. *Tuffier* hat durch die Naht der blutenden Nierenstelle, *Poncet, Briddon, Kölliker, Martina* u. A. durch Tamponade und *Peyrot* durch Application von Klemmen den Verletzten gerettet. Derartige conservative Eingriffe schliessen freilich nicht aus, dass man sich erforderlichen Falles an die alte Vorschrift von *G. Simon* hält, durch die mit Nierenexstirpation verbundene Ligatur der Stämme der A. und V. renalis die Blutstillung zu bewirken. Allerdings bietet die Nierenexstirpation insofern hier zuweilen Schwierigkeiten, als die Nierensubstanz so zerfetzt und zertrümmert sein kann, dass die Auffindung der einzelnen Stücke sehr mühselig und zeitraubend wird, und der Hilus stückweise unterbunden werden muss (*Blum*). Man hat unter solchen Verhältnissen statt einer regulären Nephrektomie die Decortication der einzelnen Bruchtheile des Organes in neueren Fällen mit Erfolg ausgeführt.

Die Ergebnisse der mehr oder minder frühzeitig wegen Verblutungsgefahr verrichteten Nephrektomie sind bis jetzt keine ganz schlechten gewesen: 13 derartige Operationen hatten nur 4 tödtliche Ausgänge, und 6, die den allerletzten Jahren angehören, verliefen alle in Genesung. Unter diesen Umständen hat man keinen Grund, die von *Bobroff* auf Grund von Thierversuchen empfohlene und neuerdings auch von *Le Dentu* gelobte einfache Ligatur des Nierenstieles ohne Entfernung des Organes vorzuziehen. Die zurückbleibende zerstückelte Niere vermag nicht nur ein Hinderniss der Wundsecretentleerung abzugeben, sondern sie stellt, wenn sie der Nekrose anheimfällt, auch ein solches der schnellen Heilung dar. Selbst bei starker Zerfetzung der Niere ist es besser, den Hilus, wie in dem erwähnten Fall von *Blum*, partienweise zu unterbinden und die einzelnen Stücke der Niere der Reihe nach zu entfernen. Auch die von *Bobroff* mit Erfolg durchgeführte transperitoneale Entfernung der verletzten Niere empfiehlt sich nicht als allgemeines Verfahren, sondern nur unter besonderen Voraussetzungen, wie z. B. Mitverletzung des Bauchfelles und anderer Unterleibsorgane, Blutung in den Bauchfellsack etc.

Häufig kommt es zur chirurgischen Intervention durch die den subcutanen Nierenverletzungen folgende Eiterung, und zwar nicht nur bei frischen Processen, sondern namentlich auch bei bereits länger in Behandlung stehenden Patienten, bei denen ein umschriebener traumatischer Herd sich in einen Abscess verwandelt, oder eine Pyonephrose mit oder ohne paranephritische Eitersenkungen sich gebildet hat. Je nach dem Befunde nach Freilegung der Niere hat man hier die Nephrotomie oder Nephrektomie anzuwenden. Wie bei der Pyonephrose überhaupt, soll man erstere Operation nur dort vorziehen, wo man allen Eiter und Detritus durch den Einschnitt entleeren kann. Mehrfach ist sie nur eine temporäre, die Nierenexstirpation vorbereitende Maassnahme, welch' letztere in allen irgendwie complicirten Fällen von vornherein angezeigt erscheint. Neuerdings hat man bei mehr umschriebener traumatischer Abscedirung der Nierensubstanz die totale durch die partielle Exstirpation der Niere (Resection) mit Glück ersetzt (*Bardenheuer*, *Kümmell* u. A.) oder sich damit begnügt, der Nekrose verfallene, mehr oder weniger vollständig abgetrennte Nierenstücke zu entfernen (*Keetley*). Bei der Totalexstirpation der Niere wegen Eiterung nach subcutanen Traumen sind dem gegenüber die Erfolge bis jetzt keine sehr günstigen gewesen; sie scheint öfters hier nicht sowol spät, als vielmehr zu spät unternommen worden zu sein. Wir finden unter 7 hierhergehörigen Fällen von Nephrektomie nicht weniger als 4 tödtliche Ausgänge. Aber auch die Nephrotomie hat bis jetzt unter obwaltenden Umständen keine guten Ergebnisse geliefert: 8 derartige Operationen boten † 4; in 2 Fällen ausserdem musste nachträglich die Nephrotomie (mit † 1) gemacht werden. Die Hauptbehandlung der Eiterung nach subcutaner Nierenverletzung soll die prophylaktische sein: ausser dem bereits erwähnten Schutz der Haut gegen das Eindringen pathogener Mikroorganismen hat man sein besonderes Augenmerk auf die Verhinderung der Katheterinfection zu richten. Ohne den Katheterismus hier ganz zu verwerfen (*Grawitz*), vermeide man unnöthige instrumentelle Manipulationen in der Blase und sei nach *Guyon's* Vorgang im Speciellen zurückhaltend mit Ausspülungen des Blaseninneren zur Entfernung von Gerinnseln. Die einzelnen sonstigen symptomatischen Maassnahmen sind im Uebrigen völlig identisch bei subcutanen Nierenverletzungen mit denen bei den eigentlichen Nierenwunden.

Anmerkung. Der Vollständigkeit halber erwähnen wir hier die gelegentlich von anderen Unterleibsoperationen unbeabsichtigt gemachten Nierenverletzungen. Die betreffenden Fälle (*Spencer Wells**), *Archer*, *Bardenheuer* u. A.) sind inzwischen so sehr verschiedenartig, dass jeder für sich betrachtet werden muss, und allgemein giltige Angaben über Symptomatologie und Behandlung derartiger Vorkommnisse nicht möglich sind.

*) Am bekanntesten ist wohl der Fall von *Spencer Wells*, eine 48jährige Dame betreffend, welcher eine im Ganzen 30 Pfund (engl.) wiegende Unterleibsgeschwulst (welche jetzt wohl als fibrosarkomatös bezeichnet werden dürfte) entfernt wurde. Die Geschwulst reichte hart an die Niere, war aber nicht mit dieser verwachsen. Die Nierenkapsel war nur an einer Stelle etwas fibrös verdickt, sonst leicht abziehbar und wie das abgerissene Nierenstück gesund. Letzteres wird vom Operateur als der Hälfte der Niere entsprechend angegeben; im Katalog der Sammlung der „Roy. Coll. of Surg.", welche das Präparat enthält, ist nur von dem dritten Theil des Organes die Rede, doch war das Nierenbecken eröffnet.

V. Eiterige Entzündungen der Nieren und ihrer Umgebung.

§ 111.

Vorbemerkung.

In dieses Capitel gehören die als Nephritis suppurativa (Niereneiterung, eiterige Nephritis), ferner die als Nierenabscess, Pyelitis und Pyelonephritis suppurativa, als Pyelo- und Pyonephrose und endlich die als Peri- und Paranephritis bezeichneten Erkrankungen. Von diesen unterliegt nur ein beschränkter Theil der chirurgischen Behandlung, und man kann sie der leichteren Uebersicht halber mit *Ledentu* in drei, allerdings nicht immer scharf von einander getrennte Gruppen theilen, nämlich in:

A. Pyonephrosen. Dieselben entsprechen in der Regel einer Combination von Harn- und Eiterverhaltung, ohne aber darum, wie wir alsbald zu zeigen haben werden, immer die gleiche Pathogenese zu besitzen.

B. Abscesse des Nierenparenchyms: Nierenabscesse im engeren Wortsinne, welche in der verschiedensten Zahl und Grösse vorkommen.

C. Eiterungen in der Umgebung der Niere werden gewöhnlich als „perinephritische" bezeichnet. Thatsächlich betreffen sie nicht nur die fibröse Kapsel, sondern vielmehr das Bindegewebe der Nachbarschaft in mehr oder minder grosser Ausdehnung, so dass sie eigentlich mehr „paranephritisch" als „perinephritisch" sind.

In manchen Beobachtungen findet eine Combination von zwei oder von allen drei der vorstehend bezeichneten Erscheinungsformen der Niereneiterung statt, derartig, dass bei eiteriger Paranephritis beispielsweise eine Niereneiterung, ferner bei Pyonephrose eiterige Veränderungen in dem noch vorhandenen Rest von Nierensubstanz bestehen. Manchmal — so namentlich bei der eiterigen Paranephritis — herrscht ein causales Abhängigkeitsverhältniss zwischen dieser und der Eiterung in der Nierensubstanz, in anderen Fällen lassen sich die gleichzeitig vorhandenen verschiedenen Eiterungen auf eine gemeinsame Ursache zurückführen. In einer beschränkten Anzahl von Fällen konnten wir letztere als eine traumatische erweisen, und gehören einige Beobachtungen hierher, in denen der Zwischenraum zwischen ursächlicher Gewalteinwirkung und Eiterung ein sehr langer war. Ebenfalls nur in begrenzter Weise finden Niereneiterungen ihre Entstehung durch Uebergreifen einer Entzündung (z. B. der Leber) per contiguitatem, und auch nicht gross ist die Reihe der Fälle, in welchen Nierenabscesse im Verlauf von Infectionskrankheiten auftreten. Meist hat man es dann mit einem hämatogenen Ursprung der Eiterung zu thun, während bei den übrigen Arten eiteriger Nierenentzündung der urinogene Entwickelungsmodus vorherrscht. Das bekannteste Beispiel dieses bildet directe Infection der Nieren von der Blase her durch Anstauung cystitischen Urins bei den verschiedenen Hinder-

nissen, welche der Entleerung durch Veränderungen der unteren Harnwege bereitet werden, und es giebt für die Mannigfaltigkeit der hierdurch entstandenen Läsionen die „chirurgische Niere" (s. o. S. 32
und S. 232) ein gutes Paradigma ab. Aber auch bei Krankheiten der
Niere, welche an und für sich ohne Eiterung zu existiren vermögen,
wie z. B. die Nephrolithiasis, die Geschwülste und die Tuberculose der
Niere, die Ansiedelung von Entozoen (Echinococcus, Distomum), kommt
es häufig zur urinösen Infection und dadurch zu putriden Vorgängen.
Manchmal findet man bei deren Weiterentwickelung eine Combination mit hämatogenen eiterigen Processen in der Weise, dass
neben der Verbreitung der krankmachenden Agentien durch die Harncanälchen eine solche durch die Blut- und Lymphbahnen in der Niere
und über sie hinaus statt hat. Zuweilen handelt es sich dann um
eine neue Infection, wie sie z. B. ein operativer Eingriff oder ein
anderer Traumatismus bedingen kann. Zuweilen aber scheint es, als
ob lang bestehende eiterige Zustände in Nieren und Nierenbecken eine
Art von Immunität gegen derartige Neuinfectionen gewähren (Guyon).

Der infectiöse Charakter der eiterigen Nierenprocesse giebt sich
nur selten dadurch kund, dass in ihrem Gefolge urinöse Phlegmonen
oder Urininfiltrationen auftreten. Die Gründe hierfür sind die gleichen,
aus welchen letztere auch nach den Verletzungen der Niere meist
fehlen. Dagegen ist u. A. bereits von Klebs die grosse Neigung zu
Zersetzung und Jauchung für den Inhalt der Eiterherde der Niere
betont worden. Allgemein bekannt ist ferner die Leichtigkeit, mit der
sich Niereneiterungen in der Nachbarschaft weiter verbreiten, so dass
selten so grosse Eiteransammlungen wie bei paranephritischen Processen zu Stande kommen. Hand in Hand hiermit geht die schwere
Ausheilung der mit der Niere zusammenhängenden Fisteln und
Geschwüre.

§ 112.

A. Pyonephrose.

1. Aetiologie und Pathogenese.

Unter Pyonephrose versteht man die Existenz eines Eiter-
behälters in der Niere, welcher sich auf Kosten eines Theiles oder
der Totalität der Nierensubstanz in Folge gleichzeitiger Harn- und
Eiterretention gebildet hat und dessen Wandungen vornehmlich vom
Nierenbecken dargestellt werden. In manchen Fällen ist die Pyonephrose aus einem Abscess der Nierensubstanz im gewöhnlichen
Wortsinne hervorgegangen; derselbe ist so gross geworden, dass er
einem aus der Kapsel und den ableitenden Wegen formirten Sack
entspricht und diesem nur noch ganz spärliche Reste von Nierensubstanz anhaften (Orth). In der Mehrzahl der Pyonephrosen ist indessen die Pathogenese eine andere. Die Pyonephrose war ursprünglich eine Pyelonephrose, und es kann sich bei deren Entstehung
nur darum handeln, ob eine vom Hause aus aseptische Urinansamm-
lung im erweiterten Nierenbecken nachträglich inficirt worden ist, oder

ob von vornherein ein eiteriger Process im Nierenbecken Platz gegriffen hatte. Für die erstere Möglichkeit ist das hauptsächlichste Beispiel die Umwandlung einer Hydronephrose in eine Pyonephrose („Hydropyonephrose"). Die andere Alternative wird durch all' die zahlreichen Fälle verkörpert, in denen die Pyonephrose aus einer Pyelitis mit gleichzeitiger Behinderung des Harnabflusses hervorgegangen ist.

Welches nun auch der Entwickelungsmodus der Pyonephrose ist, ihre letzte Ursache weicht in keinem Falle von der der Eiterbildung in der Niere überhaupt ab. Ebenso wie Nierenabscesse, sehen wir nach subcutanen Nierenverletzungen Pyonephrosen entstehen; *Tuffier* konnte 11 derartige Pyonephrosen sammeln gegenüber von nur 6 Fällen von Abscedirung der Niere nach subparietalen Läsionen. Ferner bedingt die Infection bei Nephrolithiasis ebenso wie Eiterung in der Nierensubstanz aus anderen Ursachen ebenfalls Pyonephrosenbildung. *Morris* fand unter 16 Beobachtungen von Steinniere nur 5 ohne pyonephrotische Complicationen. Im Grossen und Ganzen ist der Ausgangspunkt der Pyonephrose nur in der Minorität der Fälle lediglich in Erkrankungen der Niere allein zu suchen; nach *Morris* nur in dem vierten Theil von 48 durch die Autopsie beglaubigten Pyonephrosen. Nach *Guyon* ging unter 26 Pyonephrosen bei 21 Cystitis voran, und zwar bestand diese zuweilen eine grössere Reihe von Jahren, ehe es zur Pyonephrose gekommen war. Immer aber fand man die Blasenentzündung, mag sie vor oder nach der Pyonephrose sich entwickelt haben, wenn eine nicht geschlossene Pyonephrose bereits während eines längeren Zeitraumes existirte (*Guyon*). Meist ist mit der Cystitis eine Hinderung der Harnentleerung verbunden; aber auch dort, wo letztere fehlt, liegt in der überwiegenden Mehrzahl der Fälle der Ausgangspunkt der Pyonephrose peripher. In diesen Fällen pflegen nach *J. Israel* die Wandungen des Nierenbeckens im Verlauf eines pyelitischen Processes einen Verlust des Muskeltonus und dadurch eine Ausweitung zu erfahren. Betrifft eine solche Ausweitung, wie sehr häufig, vorzugsweise die untere Hälfte des Nierenbeckens, so wird die Harnleiterinsertion eine schräge und die Verhältnisse des klappenartigen Verschlusses gestalten sich ähnlich denen, welche wir bei der Entwickelung der Hydronephrose aus der Wanderniere beschrieben haben. Thatsächlich gleicht der Zustand dann vielfach dem einer durch Infection einer Hydronephrose entstandenen Pyonephrose.

Eine besondere Form der Behinderung des Harnabflusses und der dadurch bedingten Umwandlung einer Pyelitis in eine Pyonephrose wird durch das gleichzeitige Bestehen einer Ureteritis dargestellt. Es liegt aber keineswegs hier immer eine wirkliche Harnleiterstrictur vor, sondern man hat es öfters mit Beeinträchtigung der Peristaltik des Harnleiters in der auf S. 819 erörterten Weise zu thun. Häufig bildet eine solche Ureteritis nur ein Glied in der Kette aufsteigender uroseptischer Entzündungen, wie man sie beim weiblichen Geschlechte bei Erkrankungen der Genitalien (z. B. in Folge von

Gebärmutterkrebs [s. o. S. 827]. bei Schwangerschaft [*Tauffer, Bonneau*
u. A.]), dann bei den verschiedenen Formen der Cystitis und Ureteritis,
bei Männern nach den verschiedenen Arten der Cystitis mit und ohne
Strictur, Prostatahypertrophie, Cystolithiasis) beobachtet. Warum aber
die Pyonephrose, wie *Guyon* im Gegensatz zu anderen Autoren behauptet, bei der Frau häufiger zu sein scheint als beim Manne
— unter 26 Fällen *Guyon's* kamen auf diesen nur 11 —. lässt sich mit
Sicherheit nicht erklären. Ob dieses vielleicht mit der grösseren Häufigkeit der rechtsseitigen Pyonephrose (*Guyon* zählte auf 26 Fälle
12 rechtsseitige, 10 linksseitige und 4 doppelseitige Pyonephrosen), und
ob und wie weit diese letztere Häufigkeit wiederum mit der Prädilection der Pyelitis gravidarum für die rechte Seite zusammenhängt,
bedarf weiterer Untersuchungen.

Viel seltener als die vorstehenden Arten „urinogener" Pyonephrose ist ihre hämatogene Entstehung. Es gehören hierher die
bei allgemeinen Infectionskrankheiten gemachten einschlägigen Beobachtungen, einzelne Vorkommnisse bei Nierentuberculose und Nephrolithiasis etc. Manchmal wird ein hämatogener Ursprung auch dort
angenommen, wo sich bei der Pyonephrose ebenso wie zuweilen bei
der Hydronephrose eine bestimmte Ursache nicht darthun liess. Manche
Autoren (*Rosenstein, Markoe*) haben in derartigen Fällen auch von
einer „spontanen" Pyonephrose gesprochen. Aber solche spontane
Erkrankung ist nach dem durch *Ajello, Schmidt* und *Aschoff* erfolgten
Nachweis des Bacterium coli commune im pyelonephrotischen Eiter
und dem von *Posner* behaupteten Uebergang dieser Mikrobe durch
Vermittelung des Kreislaufes vom Darmcanal auf das Harnsystem
nicht gerade wahrscheinlich. Man vergesse nicht, dass die „proximale"
Ursache der Pyonephrose weit zurückzuliegen vermag. *Guyon* beschreibt
4 Jahre langes Bestehen einer Cystitis, ehe es zur Entwickelung einer
Pyonephrose gekommen war. Manchmal ist die Ursache eine viele
Jahre lang zurückzudatirende Tripperentzündung der unteren Harnwege, die längst schon wieder in normalem Zustande sind, wenn die
allmälig sich ausgestaltende Pyonephrose klinische Bedeutung gewonnen hat.

Zahlangaben über das Vorkommen der Pyonephrose in den ver-
schiedenen Altersclassen werden von keiner Seite beigebracht.
Sicher ist, dass hierhergehörige Fälle in allen Jahrgängen beider
Geschlechter beobachtet worden sind.

2. Pathologische Anatomie.

Die vorstehend geschilderte Mannigfaltigkeit der Pathogenese
entspricht einem grossen Wechsel nicht nur des klinischen Bildes,
sondern auch der anatomischen Ausgestaltung der Pyonephrose.
In Uebereinstimmung damit, dass die Pyonephrose bald eine dauernde,
bald eine remittirende oder intermittirende ist, finden wir
geschlossene und offene Pyonephrosen Es ist dabei sehr
wohl möglich, dass eine offene Pyonephrose im Laufe der Krankheit

zu einer geschlossenen wird. Verhältnissmässig selten rechtfertigt aber die äussere Configuration der geschlossenen Pyonephrose den Namen der „Sackniere“, welchen *Küster* gemeinsam für Pyo- und Hydronephrosen angewendet wissen will, und auf den noch im Capitel Hydronephrose zurückgekommen werden muss. Häufig ist vielmehr das Aussehen der pyonephrotischen Niere ein durchaus ungleichmässiges.

Die Umwandlung der Niere in eine ungleichförmige Masse von Eiterhöhlen, welche mit dem erweiterten Nierenbecken zusammenhängen, markirt sich auf der Oberfläche durch Buckel und Knoten; die fächerartige Anordnung der Eiterbehälter, welche der normalen Zusammenfügung der Nierenkelche zum Nierenbecken entspricht, giebt durch vorspringende Leisten und mit diesen abwechselnde Einziehungen am pyonephrotischen Tumor sich kund. Manchmal, z. B. bei dichotomischer Harnleiterinsertion oder bei vorwiegender Ausdehnung der unteren Hälfte des Nierenbeckens, erscheint der noch unveränderte Theil der Niere gleich einem Anhängsel der Hauptgeschwulst, ähnlich, wie wir es bei gewissen sogenannten adrenalen und suprarenalen Neubildungen kennen lernen werden. Andere Male biegen sich die beiden ausgeweiteten Enden des Nierenbeckens um, ihrer Schwere entsprechend; es entsteht dann eine Art Hufeisen oder ein halbmondförmiger Körper, dessen Mitte von noch erhaltener Nierensubstanz, die häufig die Prädilectionsstelle für Steine darstellenden Hörner aber vom Nierenbecken gebildet werden. Schwartige Verdickungen, Verwachsungen bedingen dann oft noch weitere Abweichungen von der normalen Gestalt der Niere.

Ebenso wie die äussere Gestalt wechselt die Grösse der Pyonephrose. So häufig mässige Ausdehnung und beschränkte Eiteransammlung sind, so giebt es doch Fälle von kolossaler Anschwellung, namentlich dort, wo der Pyonephrose eine Hydronephrose vorausging. *Bureau* erwähnt nach *Péan* und *Guyon* eine Pyonephrose mit 5 Liter Inhalt. Umgekehrt ist zuweilen keine Vergrösserung der Nierenmasse augenfällig, sei es, dass die Wandungen des erweiterten Nierenbeckens nur wenig gespannt, sei es, dass Verwachsungen und Verdickungen den pyonephrotischen Sack umschlossen halten.

Die Wandungen des pyonephrotischen Eitersackes weichen mehr oder minder von denen des normalen Nierenbeckens ab. Verdickungen bis zu Knorpelhärte, geschwürige Processe, Incrustationen und eiterig-fibrinöse Auflagerungen, Granulationswucherungen sind nichts Seltenes. Hauptsache ist das Verhalten der Nierensubstanz. Dieselbe bildet im Speciellen, je nach der Natur des einzelnen Falles, eiterige, tuberculöse, parasitäre, calculöse, neoplastische Veränderungen. Speciell zeichnen sich die eiterigen Zustände durch grosse Mannigfaltigkeit aus, und man trifft oft in derselben Niere gleichzeitig die verschiedenartigsten hierhergehörigen Verhältnisse, so dass es schwer wird, nachträglich zu bestimmen, ob die Niere oder das Nierenbecken zuerst erkrankte. Man findet strichförmige, den geraden Harncanälchen entsprechende Infiltrate, zahlreiche miliare neben mehr vereinzelten grösseren Abscedirungen, grosse unförmige Eitersäcke, kurz ein so wechselndes Bild, wie wir es als „chirurgische Niere" (s. o. S. 232 u. a. O.) kennen gelernt. Nicht ganz mit Sicherheit lässt sich behaupten: je plötzlicher und directer (*Goodhart*) die Behinderung des Harnabflusses eingetreten, desto stärker ist die Atrophie. Bei verschiedenartigster Behinderung dieses Abflusses ist vielmehr die Menge des functionsfähig bleibenden Parenchyms nicht selten ziemlich beträchtlich. Allerdings ist dabei die Frage nach einer etwaigen compensatorischen Hypertrophie von Nierensubstanz noch eine offene, und jedenfalls beruht die häufig beobachtete Volumszunahme der pyonephrotischen Niere ausser auf der Nierenbeckenerweiterung auf Abscess- und Cystenbildung oder auf Einlagerung von Steinen und ähnlichen Veränderungen im Parenchym. Ist diese Steinentwickelung „primär", so besteht dieselbe meist aus Harnsäure- oder Oxalat-Niederschlägen; ist sie im stagnirenden Harn des erweiterten, eiternden Nierenbeckens entstanden, so handelt es sich um „secundäre" Phosphatconcretionen. Combinationen zwischen beiden Arten von Steinen sind aber auch bei Pyonephrose nicht selten.

Den Abschluss der geschlossenen Pyonephrose bildet eine Abknickung, zuweilen auch eine förmliche Narbenstrictur des Ureter, andere Male ein in diesen eingeklemmter Stein. Manchmal besteht dann bei tieferer Lage des Steines die Pyonephrose in Form einer „Ureterohydropyonephrose". Der Ureter kann im Uebrigen unterhalb des Hindernisses normal sein, öfters jedoch bietet er die verschiedensten ulcerös-entzündlichen Zustände.

Der Inhalt der Pyonephrose zeigt ausser Eiter und Harnbestandtheilen häufig Beimengungen von Derivaten von Blut, Faserstoff, tuberculösem Material, Geschwulstzellen, Parasiten und mannigfachen Mikroorganismen. Seltener ist der Eiter ein „pus bonum et laudabile" ohne urinöse oder sonstige fremde Beimengungen als Fibrinfetzen, welche auch den Wandungen des Sackes anhaften und wie eine Pseudomembran dieselben auskleiden können. Entgegengesetzten Falles findet man eine fötide, alkalisch reagirende, urinöse Jauche mit relativ wenig wohlerhaltenen Eiterelementen, dagegen reich an Detritus und Mikroorganismen.

Alte, geschlossene Pyonephrosen, deren schwartig verdickte Wandungen nicht mehr die früheren Structuren der Niere, speciell auch des Nierenbeckens erkennen lassen, bieten zuweilen eine Beschaffenheit des Inhaltes, welche als Zeichen einer Art von Rückbildung aufzufassen ist. Die wenigen Eiterkörperchen zeigen Zerfall und körnige Metamorphose und bedingen eine geringe gleichmässige Trübung der im Ganzen hellen, von Fibrinfetzen und Pseudomembranen freien, zuweilen etwas fadenziehenden Flüssigkeit.

Sehr wechselnd ist der Zustand der zweiten Niere. Abgesehen davon, dass auch sie pyonephritisch verändert ist, trifft man sie namentlich in Fällen ascendirender Infection als Sitz einer einfachen Pyelitis. Die Gründe eines solchen ungleichartigen Verhaltens sind verschieden: oft sind sie ebenso wenig klar wie überhaupt die der ungleichmässigen Verbreitung vieler aufsteigender Entzündungen im Harnsystem. Als ausgemacht muss gelten, dass nur in der Minderheit der einseitigen Pyonephrosen die andere Niere völlig intact ist. Allerdings handelt es sich oft auch nur um Zustände compensatorischer Hyperplasie, stärkerer Congestion und vorübergehender Reizung; ebenso aber bilden sich regressive Veränderungen mit Functionsbeeinträchtigung aus.

Pyonephrose einer beweglichen Niere, der einen Hälfte einer Hufeisenniere oder anderweitig anomaler Organe bietet bezüglich des Befundes des Krankheitsvorganges nichts Besonderes, wol aber kann sich durch die äusseren Verhältnisse der Form, Lage etc. der Geschwulst das klinische Bild mehr oder minder eigenartig gestalten.

3. Symptome. Verlauf. Ausgänge.

So charakteristisch die Erscheinungsweise der Pyonephrose bei klarer Aetiologie sich zu gestalten vermag, so giebt es doch Fälle, in denen die Krankheit mehr oder minder lange sich der Beachtung entzieht. Es sind das zum Theil nicht gerade sehr weit gediehene Fälle, und man trifft dann die Pyonephrose entweder als zufälligen Befund post mortem oder entdeckt sie bei Lebzeiten gelegentlich einer aus anderen Gründen unternommenen Untersuchung (*Guyon*). Manche der hierhergehörigen Patienten bieten lange, sich über Jahre erstreckende Zeit hindurch nur eine „symptomlose" Pyurie, welche, besonders wenn sie durch Remissionen oder Intermissionen unterbrochen wird, erst spät zur Kenntniss des Arztes gelangt.

Die allgemeinen Erscheinungen der Pyonephrose decken sich vielfach mit denen anderweitiger innerer Eiterungen. Herabsetzung des Allgemeinbefindens, verbunden mit Abmagerung, Verdauungsstörungen und Fieberbewegungen machen sich häufig schon vor dem Eintritt charakteristischer örtlicher Zeichen geltend. Das Fieber ist zuweilen continuirlich und erreicht in acuten Fällen eine beträchtliche Höhe (über $39 \cdot 5°$) mit nur leichten morgendlichen Remissionen. Andere Male verläuft es mehr nach Art des hektischen Fiebers und in einer dritten Reihe von Fällen bietet es die Charaktere des spontanen Harnfiebers in seinen verschiedenen Formen. Nur ausnahmsweise tritt während der ganzen Dauer des Verlaufes überhaupt kein Fieber auf. Bei tiefem Darniederliegen der Nierenthätigkeit kann das Fieber von profusen, sehr übelriechenden Schweissen begleitet sein und hierdurch der Verfall der Kräfte wesentlich gefördert werden.

Von den örtlichen Symptomen fehlt Schmerz nur in wenigen Fällen völlig. Manchmal beschränkt er sich auf grössere Druckempfindlichkeit in der Fossa lumbalis oder ein spannendes Gefühl, welches längs des Rippenbogens zu den Wirbeln sich erstreckt. Oft strahlt er aber in sehr charakteristischer Weise, dem Harnleiterverlauf entsprechend, aus nach Blase und Harnröhre bis zur Penisspitze oder bis zum Scrotum auf der erkrankten Seite, in einzelnen Fällen sogar bis in den Oberschenkel. Etwaige Lähmungserscheinungen sind hier weniger auf Rechnung der Pyonephrose zu setzen, als auf den von gleichzeitigen paranephritischen Eiteransammlungen ausgehenden Druck zu beziehen. Tritt der Schmerz mehr anfallsweise auf, so kann er deutlich kolikartig, nicht selten mit Fieberfrost verbunden sein. Von den Patienten wird er oft als Magenkrampf bezeichnet, durch Störungen der Darmentleerung und Leberthätigkeit begründet, namentlich wenn gleichzeitig Uebelkeit und Erbrechen bestehen, und ein grösserer Theil des Bauches gespannt und empfindlich ist. Thatsächlich sind aber diese kolikartigen Anfälle Zeichen der acuten renalen Harnverhaltung, welche, wenn sie als totale sich auf beide Nieren erstreckt, mit Anurie vergesellschaftet ist; handelt es sich dagegen nur um eine einseitige intermittirende Pyonephrose, so ist die Quantität des Urins vermindert, gleichzeitig entspricht seine Qualität dem Secret der nicht-pyonephritischen Niere. Er ist daher während des Kolikanfalles oft relativ klar, ohne Eitergehalt, um mit dem Nachlassen des Anfalles wieder trübe und reichlicher zu werden. Manchmal wird dieses Nachlassen durch die Entleerung von Eiter- oder Faserstoffpfröpfen, Steinbröckel, Detritus u. dgl. eingeleitet. Zuweilen concentriren sich die krampfhaften Erscheinungen behindernd auf die Blase und erzeugen vornehmlich bei weiblichen Patienten als das am meisten hervortretende Symptom die bereits oben (auf S. 476) beschriebenen Erscheinungen des Tenesmus vesicae renalis.

Schmerzanfälle bilden nicht selten das erste Zeichen, dass sich in der von *Israel* dargethanen Weise (s. o. S. 939) aus einer Pyelonephritis eine Pyonephrose entwickelt. Dieselben fehlen aber hauptsächlich in Fällen, in denen eine völlig geschlossene Pyonephrose besteht, oder vielmehr sie beziehen sich dann eventuell auf die zweite Niere, welche ebenfalls an einer Pyelitis bezw. einer Pyonephrose zu erkranken beginnt. Manchmal ist jedoch dieses überaus schwer bei Lebzeiten zu erkennen, wenn nämlich die Function der zweiten Niere gleichzeitig nur wenig bezw. nur in mehr vorübergehender Weise gestört ist und die Schmerzanfälle wenig ausgeprägt und nur von kurzer Dauer sind.

Der Harn bei Pyonephrose ist in Bezug auf Menge und Beschaffenheit in der Regel erheblich verändert. Es gilt das auch für die einseitige geschlossene Pyonephrose; der Harn ist hier, abgesehen von Beeinträchtigung seines Quantums und des Harnstoffgehaltes, meist nicht frei von krankhaften Producten. Wir werden noch näher sehen, wie selten die „zweite" Niere hier völlig gesund ist. Bei den meisten Pyonephrosen besteht daher ausgemachte Pyurie. Wir finden hier häufig ausser dem Eiter noch Beimengungen aus dem sonstigen Inhalt der Pyonephrose (Harnsalze, Detritus, Geschwulstbröckel, Derivate von Parasiten etc., vor Allem Mikroorganismen). Sehr selten sind dagegen grössere blutige Beimischungen. Bei ausgesprochener Pyonephrose ist Hämaturie von maassgebender Seite (*Guyon*) überhaupt nicht beobachtet. Dagegen ist die Menge des Eiters im Urin manchmal eine so grosse, dass schon sie allein den Verdacht der längeren Existenz einer Pyonephrose erweckt. Andere Male ist (bei doppelseitiger „offener" Pyonephrose) der Eiter in dem reichlichen, hellen und dünnen Urin nur geringfügig. Der Urin selbst ist dann nicht selten sehr fadenziehend, bacterienreich, bei einer zwischen schwach sauer und leicht alkalisch schwankenden Reaction. Die sogenannte intermittirende Pyonephrose bedingt in bereits geschilderter Art Schwankungen in dem Verhalten des Harnes. Uebersteigt das Eiweiss im Urin den Gehalt an Eiterkörperchen, so liegt Complication mit entzündlichen Zuständen der Nierensubstanz vor, und man hat zu untersuchen, wie weit sich diese auf die pyonephrotische oder auch auf die „zweite" Niere bezieht. Zuweilen tritt solche Nephritis in den Vordergrund des klinischen Bildes, ebenso wie dieses häufiger auch von Seiten der begleitenden Affectionen der unteren Harnwege geschieht.

Die von der pyonephrotischen Niere gebildete Geschwulst ist als solche oft durch ihre Hufeisenform, durch ihre der Nierengegend entsprechende Lage, ferner durch Fluctuation, durch deutliches Ballottement und durch ihre sonstigen physikalischen Eigenschaften zu erkennen. Andere Male ist dagegen die Anschwellung mehr diffus; sie kann sehr erheblich werden, einen grossen Theil des Bauches einnehmen und nicht immer ohne Weiteres auf die Niere bezogen werden. Schwarten und Verwachsungen, Complication mit Abscedirung oder anderweitige Erkrankung der Nierensubstanz vermögen in bereits erwähnter Weise die Oberfläche der Geschwulst unregelmässig zu machen In solchen Fällen, namentlich wenn die Pyonephrose einen dünnwandigen, keine umschriebene Geschwulst darstellenden Sack bildet, lässt sich nur eine grössere Fülle unterhalb der Rippen darthun. Ebenso fehlt eine deutliche Geschwulst bei geringer Entwickelung der Pyonephrose; erst der Nachweis einer empfindlichen, immer schärfer zu Tage tretenden Resistenz kann bei sorgfältiger wiederholter Untersuchung den Verdacht auf Pyonephrose lenken, namentlich wenn Pyurie besteht.

Immerhin bleiben einzelne Fälle von Pyonephrose bei Lebzeiten „symptomlos" (s. o. S. 943). Im Uebrigen wechselt ihr klinischer Verlauf zwischen ganz acuten, binnen wenigen Wochen einen Abschluss erreichenden Fällen (z. B. nach Trauma, nach Infectionskrankheiten) und mehr chronischer, schleichender Entwickelung. Sehr eigenartig und schwer erklärlich ist bei intermittirender Pyonephrose zuweilen die wechselnde Intensität der einzelnen Anfälle, bezw. die verschiedene Länge der anfallsfreien Zwischenzeiten. Manchmal beherrschen Complicationen die Situation, z. B. Cystitis, Cysto- und Nephrolithiasis, paranephritische Processe etc. Die Pyonephrose kann hier hochgradig geworden sein, wenn sie als solche erkannt wird, wie z. B. in Fällen von Pyonephrosis gravidarum, ferner wenn es sich um Pyonephrose bei bösartigen Geschwülsten der weiblichen Genitalien handelt. Zuweilen sind es dann ganz bestimmte Symptome, wie z. B. die Anurie, der Durchbruch eines circumrenalen Abscesses, die stärkere Pyurie, welche plötzlich auf das Vorhandensein einer ausgemachten Pyonephrose hinweisen.

Der Ausgang der verschiedenen Formen der Pyonephrose hängt vorwiegend von der Grundkrankheit ab. Gelingt es z. B., die Erkrankung der Harnleiterinsertion, die entzündlichen Vorgänge und Hindernisse der Harnentleerung in den unteren Harnwegen zu beseitigen, so ist spontane Heilung oder wenigstens erhebliche Besserung zu erwarten. Unter entgegengesetzten Verhältnissen ist bei doppelseitiger Pyonephrose durch die völlige Aufhebung der Nierenfunction der tödtliche Ausgang schliesslich unvermeidlich, und wir sehen, dass auf diese Weise die doppelseitige Pyonephrose für einige der sie verursachenden Leiden, wie z. B. für den Krebs der weiblichen Genitalien, eine Hauptrolle als unmittelbare Ursache des tödtlichen Endes spielt. Aber auch eine einseitige, einigermaassen weitgehende Pyonephrose, mag sie offen oder geschlossen sein, kann bei längerem Bestehen das Leben bedrohen. Abgesehen, dass sie alle Gefahren einer grösseren inneren Eiterung in sich trägt, ist durch sie stets Gesundheit wie Leistungsfähigkeit der „anderen", nicht-pyonephrotischen Niere in Gefahr, so dass die Nierenthätigkeit der betreffenden Patienten sich immer nur in einem gleichsam „labilen" Gleichgewichte befindet. Die andere Niere ist hier wie bei den Eiterungen nach einseitiger Nierenverletzung stets der Möglichkeit einer urinös-eiterigen Infection ausgesetzt, ausserdem wirken häufig die die Pyonephrose bedingenden Factoren auf sie ebenfalls ein, und endlich ist sie durch ihre compensatorische Thätigkeit ganz besonders zu accidentellen Erkrankungen disponirt. Ausgang und Vorhersage einer Pyonephrose hängen daher in praxi oft fast ausschliesslich von dem Zustand der „anderen" Niere ab, von deren Functionstüchtigkeit man sich in jedem Einzelfalle nicht allein im diagnostischen, sondern auch im prognostischen Interesse jedesmal genau zu überzeugen hat. (Näheres s. u. unter Diagnose, S. 948.)

Neben diesem allgemeinen Einfluss des Verhaltens der „anderen" Niere auf den Ausgang der Pyonephrose bietet selbstverständlich jeder Fall seine prognostischen Besonderheiten. Es ist bekannt, wie Personen, welche sich allmälig an den labilen Zustand der Function ihres Harnsystemes gewöhnt haben, selbst mit doppelseitiger, weitgediehener Pyonephrose relativ lange ihr Leben fristen. In anderen Fällen deuten dagegen einzelne Symptome auf die Wahrscheinlichkeit eines schnellen, ungünstigen Verlaufes. Schwere, sich oft wiederholende Kolikanfälle mit oder ohne Anurie sind stets ein schlechtes Zeichen, da während ihrer Dauer regelmässig die „andere" Niere wesentlich beeinträchtigt wird. Dasselbe ungünstige Prognosticum haben Schübe intercurrenter parenchymatöser Nierenentzündung und andere ähnlichen, den noch functionstüchtigen Theil des Harnapparates treffenden Schädigungen. Ueber die Einflüsse von Alter und Geschlecht auf Verlauf und Ausgang der Pyonephrose fehlen inzwischen bis jetzt ziffermässige Daten, ebenso wie überhaupt eine grössere Mortalitätsstatistik der Pyonephrose.

In verschiedenen Fällen ist der Ausgang der Pyonephrose der einer unvollständigen Heilung, und zwar durch Fistelbildung entweder nach spontanem Durchbruch oder Zurückbleiben von Fremdkörpern nach Verletzungen, die zur Pyonephrose geführt, oder aber nach operativen Eingriffen. Ebenfalls gehören hierher die Vorkommnisse von vollständiger Behebung oder Besserung der Rückstauung im Nierenbecken, dessen Wandungen aber von Entzündung und Reizung trotzdem nicht völlig befreit werden. Selten scheint der Inhalt geschlossener Pyonephrosen eine gewisse, als Besserung zu deutende

Rückbildung zu bieten (s. o. S. 942). Durch Resorption der zerfallenen Eiterelemente klärt sich dieser Inhalt, so dass er mehr dem einer Hydronephrose ähnlich wird.

Directe Todesursache bei Pyonephrose bildet sehr häufig die Verbindung der zunehmenden Functionseinstellung beider Nieren mit der Resorption jauchig-eiteriger Producte. Hinter dieser „Urosepsis" treten die sonstigen Todesursachen mehr zurück, öfters sind es Complicationen, wie Durchbruch des pyonephrotischen Eiters in die Nachbarschaft. Zwischenfälle, bedingt durch operative Eingriffe oder durch intercurrente Erkrankungen, endlich auch allgemeine Schwäche und Kachexie, welche hier tödtlich werden.

4. Diagnose.

Wie wir bereits gesehen, verläuft eine grosse Reihe von Pyonephrosen ohne bestimmte Erscheinungen. Es sind dieses die der inneren Klinik zugehörigen Fälle, bei welchen die Leichenöffnung dann eine gewöhnlich nicht sehr beträchtliche Ausweitung des entzündeten Nierenbeckens mit entsprechender Harnstanung ergiebt. Diesen stets offenen Pyonephrosen schliessen sich einzelne Vorkommnisse an, in denen man als Nebenbefund die eine Niere in einen geschlossenen Eitersack verwandelt trifft, während die andere Niere noch frei von dieser Veränderung sich zeigt.

Allen solchen der Erkenntniss bei Lebzeiten entzogenen Pyonephrosen gegenüber stehen diejenigen, bei denen entweder eine wahrscheinliche oder eine sichere Diagnose möglich ist. Wenn sich im Laufe einer Pyelonephritis ohne andere Ursache Fieberbewegungen, wenn sich charakteristische, auf eine renale Harnverhaltung zu beziehende Schmerzanfälle zeigen, ist eine Ausweitung im Nierenbecken mindestens sehr wahrscheinlich. An Sicherheit gewinnt eine derartige Annahme, wenn gleichzeitig der Thatbestand einer bestimmten Ursache der Rückstanungserscheinungen im Harnsystem, wie z. B. Harnröhrenstrictur, Prostatahypertrophie, Blasenlähmung, Steinerkrankung etc., vorliegt. Nicht unwichtig ist hierbei der allmälige Uebergang einer mehr spärlichen Abscheidung eines sauren, eiterigen Harnes in namentlich Nachts deutliche Polyurie. Der Harn ist dann meist etwas heller; seine Reaction nähert sich der neutralen. Nicht immer gelingt der gleichzeitige Nachweis einer der Nierengegend entsprechenden Anschwellung; die Pyonephrose ist meist eine offene, und es dauert bis zur Entwickelung einer etwas grösseren derartigen Anschwellung eine gewisse Zeit. Desto charakteristischer aber ist der Befund einer fluctuirenden Geschwulst, namentlich wenn derselbe von bestimmten anamnestischen Angaben über früheres Trauma, vorangegangener Entleerung von Nierensteinen, Ueberstehen eiterigentzündlicher Processe im Harnsystem gestützt wird. Mit etwas Vorsicht ist der Befund einer nicht-fluctuirenden Nierengeschwulst für die Diagnose Pyonephrose zu verwerthen. Hier muss man die von uns bereits erwähnten Verhältnisse berücksichtigen, welche das Zurücktreten der Fluctuation und gleichzeitig eine mehr unregelmässige Form der pyonephrotischen Geschwulst bedingen (s. o. S. 941 und 945).

Besondere Beachtung verdient hier, dass relativ viele unter den hierhergehörigen Fällen, in denen kein directes Hinderniss der Harnverhaltung besteht, auf Tuberculose und auf Nephrolithiasis beruhen. Man hat daher die Aufmerksamkeit auf die Zeichen dieser zur Unterstützung der Diagnose bei Nierenanschwellungen von zweifelhaft pyonephrotischem Charakter zu lenken.

Eine andere Art von Schwierigkeit erwächst der Diagnose, wenn die Pyonephrose von der einen Hälfte einer Wanderniere oder einer beweglichen, bezw. dislocirten Niere ausgeht, oder wenn sie eine so grosse Geschwulst bildet, dass die übrigen Unterleibsorgane verdrängt und der Ausgangspunkt des Tumors von der Nierengegend her unsicher wird. Hier muss die Anamnese aushelfen: das frühere Verhalten der noch kleinen Geschwulst zur Fossa lumbalis, die Art ihrer Genese, ob mit oder ohne Fieber, sind von Wichtigkeit.

Speciell hat man die Pyonephrose zu trennen von der Hydronephrose und anderen nicht eiterigen Flüssigkeitsansammlungen der Niere (Cysten, Echinokokken). In einzelnen Fällen bildet die Probepunction hier das ultimum refugium, unter der Voraussetzung, dass man ihr in nicht zu langer Frist einen curativen Eingriff folgen lassen kann. Ausserdem hat man die schon von *G. Simon* hervorgehobene Erfahrung zu berücksichtigen, dass es bei der Pyonephrose viel häufiger als bei den nicht eiterigen Ansammlungen zu Verwachsungen kommt, und zwar betreffen diese Verwachsungen mehr die eigentlichen Unterleibsorgane und nur ausnahmsweise die zum Becken gehörigen Theile. Durch letzteres kann man die Pyonephrose von den von den unteren Harnwegen und den weiblichen Geschlechtsorganen ausgehenden Eiterungen unterscheiden, wobei man indessen die allgemeine Regel nicht vergessen darf, dass zahlreiche und grössere Verwachsungen die Beurtheilung des Ursprunges einer Unterleibsgeschwulst wesentlich behindern können.

Keine Diagnose einer Pyonephrose ist als eine vollständige zu betrachten, wenn man sich nicht über Existenz und Verhalten der „anderen" Niere bezw. deren Leistungsfähigkeit vergewissert hat. Im Besonderen hat man festzustellen, falls beide Nieren pyonephrotisch erkrankt sind, welche von ihnen die stärker betroffene ist. Aus *Tuffier's* Zusammenstellung von 61 Fällen von Pyelitis mit Erweiterung des Nierenbeckens, welche von Autopsien beglaubigt sind, erhellt, dass in nicht weniger als 34 (56·4%) unter ihnen die „andere" Seite in irgend einer Weise erkrankt war. Unter diesen 34 Fällen handelte es sich in 14 um Pyelitis, in 20 um sonstige Formen von Nierenentzündungen, so dass daher in etwa $1/_3$ der Pyonephrosen von der „anderen" Seite, auch ohne dass sie pyonephrotisch erkrankt war, ebenfalls ein Entzündungsproducte haltender Urin abgesondert wurde. So wichtig daher für die Diagnose der Leistungsfähigkeit bezw. der Erkrankung der „zweiten" Niere die verschiedenen Methoden des getrennten Auffangens des Urins jeder Seite sind (s. o. § 37, S. 325, § 91, S. 807), so sehr kann die ausschliessliche Berücksichtigung des Ergebnisses dieser Methode Quelle von Irrthümern werden. Auch bei der

Pyonephrose sollte man erforderlichen Falles von vornherein stets sich daran gewöhnen, während einer Reihe von Tagen nicht nur gesondert den jedes Mal gelassenen Harn zu prüfen, sondern auch den 24stündigen Gesammtharn qualitativ
und quantitativ, namentlich hinsichtlich seines Harnstoffgehaltes zu untersuchen,
nachdem man vorher die Existenz anderweitiger Unterleibstumoren, bei denen
ebenfalls die 24stündige Harnstoffmenge zuweilen erheblich (nach *Thiriar* bis
auf 12 g) sinken kann, sorgfältig ausgeschlossen hat. Es wird dann wenigstens
fast stets auf die eine oder andere Weise gelingen, im entsprechenden Falle die
Mitbetheiligung der „zweiten" Niere entweder zurückzuweisen oder hinreichend
sicher darzuthun. Allerdings ist es mit unseren jetzigen Kenntnissen nicht immer
möglich, genau abzuschätzen, wie weit eine solche Mitbetheiligung geht, ob sie
die Exstirpation der einen Niere und die mit dieser häufig verbundene Opferung
noch functionsfähigen Parenchyms gestattet (*J. Israel*) oder ob sie bereits so weit
gediehen ist, dass sie allenfalls nur noch unter Mitwirkung der noch weniger
leistungsfähigen pyonephrotischen Niere ausreicht.

5. Therapie.

a) Nicht-operative Behandlung.

Nur die Minorität der Pyonephrosen, welche man bei Lebzeiten
einigermaassen sicher erkannt hat, ist einer directen chirurgischen
Behandlung zugänglich. Alle doppelseitigen und viele einseitigen Fälle
werden daher theils mit inneren Mitteln, theils mit nicht gegen die
Niere selbst gerichteten Eingriffen behandelt. Gelingt es, die „proximale"
Ursache der Harnstauung zu beheben, für Desinfection und regelmässigen Abfluss des Harns bei Stricturkranken und Prostatikern zu
sorgen, der krankhaften Zustände in der Blase Herr zu werden, so
ist oft der Erfolg ein überraschender Die von der Niere gebildete
Geschwulst schwindet, der Harn klärt sich, das Allgemeinbefinden
hebt sich pari passu mit Nachlass der Reizungssymptome seitens der
Blase. Zur dauernden Beseitigung etwaigen Residualurins scheue man
daher nicht durchgreifendere Maassnahmen, wie z. B. die längere
Offenhaltung eines Einschnittes in die Pars perinealis
urethrae beim Manne (*Harrison*) und die anhaltende Ableitung des
Harns durch die Colpocystostomie (*Bozeman*) bei der Frau. Bei
weiblichen Patienten bessert sich öfters auch die Pyonephrose durch
Beseitigung der ursächlichen Krankheitszustände der Geschlechtsorgane, mehr ausnahmsweise kann die provocatio abortus in Frage
stehen.

In einzelnen Fällen hat man das Nierenbecken auf natürlichem Wege von
einer Dammincision oder von einer Colpocystostomie auszuspülen und
zu desinficiren gesucht. Aehnliches erstrebt das auf S. 809 erwähnte Verfahren
Fenwick's der Ansaugung des Harnleiters, und endlich gehört hierher die neuerdings von *Casper* empfohlene Nierenbecken-Drainage mit Hilfe eines Harnleiter-
Katheters à demeure. Alle diese und ähnlichen Behandlungsweisen haben ihre
Grenzen in der Existenz nicht nur von direct stricturirenden, sondern auch von
entzündlichen Harnleiterveränderungen und ferner dadurch, dass der in das

Nierenbecken geschobene Katheter den Harn nicht völlig ableitet, dieser vielmehr zum Theil daneben abtropft (s. o. S. 862). Die betreffenden Methoden finden daher trotz einiger sehr günstigen Resultate bis jetzt noch keine allgemeine Verwerthung. Ganz ausnahmsweise dagegen, und zwar nur in anders nicht zu behandelnden Fällen von unheilbarem Krebs; z. B. bei unlösbarer Compression beider Harnleiter durch den Uterus ist die Anlage einer Harnleiter- oder Nierenfistel zulässig.

b) Operative Behandlung.

Eine solche erfährt die Pyonephrose durch die Nephrektomie und Nephrotomie. Die Anzeigen für die eine oder die andere dieser beiden Operationen stehen zur Zeit noch nicht gänzlich fest, und einzelne Autoren stellen sogar die Nephrotomie der Nephrektomie bei Pyonephrose, bezw. dieser jene bei Pyonephrose schroff gegenüber (s. u. A. bei *Tuffier* und bei *P. Wagner*).

Im Allgemeinen ist eine Intervention bei Pyonephrose dort angezeigt, wo schwere Allgemeinerscheinungen und weitgediehene örtliche Störungen eine mehr oder minder nahe Lebensgefahr bedingen (*Guyon*), und zwar ist die Nephrotomie bis jetzt viel häufiger als die Nephrektomie bei Pyonephrose ausgeführt worden. Erst ganz neuerdings beginnt hier durch die Arbeiten von *J. Israel, Tauffer,* sowie durch die anglo-amerikanische Casuistik der letzten Jahre ein gewisser Umschwung einzutreten, und es entwickeln sich für die Nephrotomie wie für die Nephrektomie gesonderte, nebeneinander bestehende Anzeigen bei der Pyonephrose.

Als wichtigste dieser Anzeigen können zur Zeit nachstehende gelten:

A. Für die Nephrotomie.

1. Die Nephrotomie ist bei Pyonephrose zu machen, wenn voraussichtlich ein einziger Einschnitt ausreicht, um der Eiteransammlung Auslass zu gewähren und den pathologischen Process zum Stillstand resp. zur Ausheilung zu bringen.

2. Die Nephrotomie ist bei doppelseitiger Erkrankung oder wenigstens zweifelhafter genügender Functionstüchtigkeit der „anderen" Niere angezeigt. Man soll hier, wenn letztere sich erholt und das Allgemeinbefinden sich gebessert hat, die völlige Heilung baldmöglichst durch „secundäre" Nephrektomie erstreben (*J. Israel*).

3. Die Nephrotomie ist vorzugsweise die „Opération d'urgence" bei Pyonephrose in Fällen von Anurie, ferner von sehr weitgediehenen, durch paranephritische Senkungen complicirten Eiterungen bei sehr herabgesetztem Allgemeinbefinden und in einzelnen mehr ausnahmsweisen Vorkommnissen unsicherer Diagnose. Auch hier kann eine „secundäre" Nephrektomie später nothwendig werden.

B. Für die Nephrektomie.

1. Die Nephrektomie ist von vornherein „primär" in allen Fällen einseitiger Erkrankung zu machen, in welchen die Pyonephrose nicht eine einzige leicht zu entleerende Eiterhöhle, sondern ein System nur unvollkommen mit einander communicirender Herde darstellt.

2. Die „primäre" Nephrektomie ist ferner in allen complicirten Fällen von Pyonephrose mit gleichzeitiger Erkrankung der Nierensubstanz angezeigt, wofern letztere nicht von einem einfachen nephrotomischen Schnitt aus zu beseitigen geht.

3. „Secundär" ist die Nephrektomie unter den A 2 und 3 gegebenen Voraussetzungen indicirt.

Eine besondere Anzeige für die secundäre Nephrektomie ist die nach der Nephrotomie zurückbleibende Fistelbildung. Nephrotomische Fisteln sind bei Pyonephrose überaus häufig. Nach neueren Statistiken belaufen sie sich immer noch nicht viel unter 50% (*Tuffier*, *Bureau* u. A.). Es ist aber etwas zu weit gegangen, wollte man aus der Möglichkeit einer nachträglichen Fistelbildung eine allgemeine Indication für die primäre Nephrektomie an Stelle der Nephrotomie ohne Weiteres ableiten; es sind vielmehr nur bestimmte Fälle, in denen man diese Möglichkeit von vornherein zu berücksichtigen hat. Jedenfalls muss man danach streben, die Anzeigen der secundären Nierenexstirpation auf Grund des Zurückbleibens von Fisteln nach der Nephrotomie einzuschränken.

Die Ausführung der Nephrotomie selbst ist bei Pyonephrose vorwiegend eine extraperitoneale. Nur dort, wo die pyonephrotische Geschwulst den Eindruck eines geschlossenen Eitersackes im Bauche gewährt, ist seine transperitoneale Eröffnung durch Laparotomie zu bevorzugen. In den übrigen Fällen gleicht die Operation der Incision eines tiefliegenden Lendenabscesses, bei dessen Eröffnung dafür zu sorgen ist, dass der eigentliche Schnitt in den Abscess möglichst congruent dem in die bedeckenden Weichtheile sich gestaltet. Man kann dann erforderlichen Falles die Schnitt-ränder der Niere in die der äusseren Wunde einnähen, damit der Abfluss gesichert bleibt (*v. Bergmann*). Im Uebrigen erfolgen Tamponade und Drainage in gewöhnlicher Weise.

In der grossen Mehrzahl der Fälle besteht aber neben der pyonephrotischen Ausweitung des Nierenbeckens immer noch secretionsfähige, wenngleich häufig krankhaft veränderte Nierensubstanz. Hier hat man letztere lege artis von der Convexität her durch Sectionsschnitt zu halbiren und auf diese Weise das Nierenbecken zu eröffnen, um nöthigenfalls die Nephrotomie in eine „Nephrolithotomie" zu verwandeln. Selten hat man nach *Le Dentu* u. A. auf ein prominentes Steinstück im Nierenbecken einzuschneiden, wie das Nähere hierüber aus dem die Steinkrankheit der Niere betreffenden Capitel erhellt. Jedenfalls erhöht die einfache Pyelotomie bezw. die Pyelolithotomie die Gefahr, dass ein Stein im Nierenparenchym übersehen wird; nach *Tuffier* soll dieses in 16% der Fälle geschehen sein. Man soll aber bei Pyonephrosenoperationen das Nierenparenchym

hinreichend offen legen, nicht nur, um etwaige Concremente zu
erkennen, sondern um Nebenhöhlen des Nierenbeckens, welche durch
unvollständige Scheidewände getrennt sind, durch Débridement frei
zu machen. Gleichzeitig hiermit sind Pseudomembranen, Granulationen, Infiltrate der Wandungen zu entfernen und die Durchgängigkeit des Harnleiters durch eine elastische, mit Metallknopf versehene Bougie, welche man von der Wunde aus einführt, zu prüfen.
Oefters kann ein Theil der Nierenwunde in der bei den Nierenverletzungen (S. 917) angegebenen Weise durch die Naht wieder
geschlossen werden: nur eine Stelle bleibt zur Einlegung eines
Tampons offen. Entweder sofort oder 24—48 Stunden später, nach
dessen Entfernung, führt man ein Drainagerohr ein, das pari passu
mit der Ausfüllung der Wundhöhle durch Granulationen gekürzt und
schliesslich vollständig entfernt wird. Als besondere Vorsichtsmassregel
gegen Infection und Infiltration des perirenalen Gewebes dient die schon
erwähnte Vernähung des Nierenparenchyms sammt Capsula propria
mit der äusseren Wunde. Etwaige subcapsuläre Abscesse im Nierenparenchym und paranephritische Eitersenkungen sind so zu spalten,
dass man, wenn irgend möglich, nur einen einzigen Wundraum behält.

Von Complicationen der Nephrotomie bei Pyonephrose sind in erster Reihe Blutungen zu nennen, welche
auch ohne Verletzung eines grösseren Stammes ziemlich häufig sind.
Man suche diese Blutungen durch thunlichst stumpfes Vorgehen beim
Débridement zu beschränken. Zur definitiven Stillung reichen meist
Naht der Nierensubstanz und Tamponade aus, selten sind Thermokauter und ähnliche Blutstillungsmittel nöthig. Sehr erschwert kann
die genügende Eröffnung des Nierenbeckens durch Verwachsungen
und Schwartenbildung werden: in extremen Fällen hat man
behufs Entfernung der Schwarten zur Nephrektomie in derselben Sitzung
überzugehen.

Unter günstigen Verhältnissen lässt nach ausreichender
nephrotomischer Incision die pyonephrotische Eiterung schnell nach.
Einfache Eitersäcke heilen rasch nach Art gewöhnlicher Abscess-
höhlen aus: war noch etwas Nierenparenchym vorhanden, so erholt
sich dieses bald unter Besserung des Allgemeinbefindens, und mit der
Aufklärung des Urins wird die Wundsecretion spärlicher und dünn-
flüssiger. Der Schluss der äusseren Wunde kann dann so beschleunigt
eintreten, dass auch nicht einmal vorübergehend die Wunde den
Charakter einer Harnfistel angenommen hat. Leider mussten wir aber
bereits hervorheben, wie häufig die Heilung hier nur unvollständig
wegen Fistelbildung ist, und zwar sind diese Fisteln im Gegensatze zu
den Nephrektomie-Fisteln bei Pyonephrosis häufig keine temporären.
Man soll ihnen daher möglichst schon bei der Operation entgegentreten (*Küster*) und namentlich dort, wo die gemeinsame Eröffnung
aller paranephritischen Senkungen nicht durch eine Incision vor-
schriftsmässig möglich ist, isolirte Einschnitte und gesonderte Drainirung
vornehmen (*J. Israel*). Ist einmal eine Fistel da und widerstrebt hartnäckig dem Schlusse, so kann man sich expectativ verhalten, ein-

gedenk des Umstandes, dass viele pyonephrotischen Fisteln noch nach längerer Zeit spontan heilen (*Küster, Guyon, Tauffer*), bezw. den Kranken wenig stören. Directe Behandlung durch t r i c h t e r f ö r m i g e A n - f r i s c h u n g m i t S e c u n d ä r n a h t der Nierenwunde und Etagen- naht der bedeckenden Weichtheile empfiehlt sich für einzelne Fälle (*Tauffier*). Auch Heilung von nephrotomischen Fisteln bei Pyonephrose durch Extraction zurückgebliebener Steinstücke ist nicht so häufig, wie man a priori glaubt. schon weil die „S t e i n f i s t e l n" an und für sich viel seltener sind, als die in anderen Pyonephrose-Fällen von der Nephro- tomie herrührenden Fisteln; nach *Bureau* fanden sie sich nur in 34·2%, letztere dagegen in 57·1% der Fälle. Am ungünstigsten ist es, wenn der Fortbestand der Fisteln auf nicht ohne Weiteres zu beseitigenden Erkrankungen der ableitenden Harnwege beruht. Undurchgängigkeit, Abknickung des durch alte Verwachsungen verdickten oder verlagerten Ureters können sehr complicirte Nachoperationen erheischen. über die das Capitel Hydronephrose einzusehen ist. Häufig ist die Heilung dieser wie die der nach der transperitonealen Nephrotomie zurückbleibenden Fisteln nur unter Opferung gesunder resp. functionstüchtiger Nieren- substanz, d. h. durch s e c u n d ä r e N e p h r e k t o m i e möglich.

Im Grossen und Ganzen ist indessen die Zahl secundärer Nephrekto- mien, welche aus den soeben erörterten Gründen bei Fisteln noth- wendig werden. gleich wie die Summe der in (wie bereits oben erwähnt) (S. 951) zielbewusster Weise in Pyonephrosen-Fällen ausgeführten nach- träglichen Nierenexstirpationen eine relativ geringe gegenüber den- jenigen Fällen, in denen wegen ungenügenden Erfolges der Nephrotomie der radicalere Eingriff später nothwendig wird. Thatsächlich führt am häufigsten Fortdauer resp. Steigerung der Zustände, welche die Nephro- tomie ihrer Zeit erfordert hatten, schliesslich zur Exstirpation des pyonephrotisch erkrankten Organes. Der Erfolg letzterer ist daher oft ein sehr unsicherer. zumal da er durch das Verhalten der zweiten Niere von Fall zu Fall in wechselnder Weise beeinflusst wird. Häufig- keit und Ergebniss der secundären Nephrektomie bei Pyonephrose finden wir in den verschiedenen Statistiken in Uebereinstimmung hiermit sehr verschieden angegeben. Nach *Tauffier* bedurften unter 106 von ihm gesammelten hierhergehörigen Nephrotomien 24 (dar- unter 8 bei Pyonephrosis calculosa) der secundären Nierenexstirpation. Diese 24 Operationen hatten † 2 (5·9%) und es erhöhte sich dadurch die Sterblichkeit der Nephrotomien nur von 23·3 auf 29·2%. *J. Israel* dagegen zählte auf 13 von ihm verrichtete Nephrotomien nur † 2, auf 5 secundäre Nephrektomien jedoch † 3. die Erhöhung der Gesammt- mortalität der Nephrotomie war also = über 41%. Die hohe Sterb- lichkeit der secundären Exstirpationen dieses Chirurgen kommt aber erst in die richtige Beleuchtung durch die geringe Sterblichkeit von 1 (7%) unter 17 von ihm bei Pyonephrose und verwandten Erkrankungen gemachten primären Nephrektomien.

Die Frage nach der B e r e c h t i g u n g der s e c u n d ä r e n N i e r e n e x s t i r p a t i o n ist mithin noch keine abgeschlossene. Nur so viel erhellt für jetzt, dass, entgegen der Meinung Vieler, die Nephro-

tomie weder die ausschliessliche noch die stets zu bevor-
zugende Operation bei Pyonephrose sein kann. Weitere
Erfahrungen über ihren Einfluss auf die zweite Niere dürften ihr
Gebiet vielleicht noch mehr einschränken, zumal ihre directe
Sterblichkeit bis vor Kurzem wenigstens noch recht hoch, nach
Tuffier und *Bureau* circa ¹/₂ aller tödtlichen Ausgänge betragend, war.
Unter den Todesursachen spielten früher accidentelle Wund-
krankheiten eine Rolle. Häufig scheint auch die Nephrotomie zu
spät gemacht worden zu sein, denn von 36 Todesfällen bei *Bureau*
kamen 10 auf Shock und Collaps; die Autopsie der bereits nach
wenigen Tagen dem Eingriff Erlegenen ergab keine direct für den Tod
verantwortlichen Veränderungen (*v. Bergmann*, Beobachtung *Verfassers*).
Seltener fand *Bureau*, nämlich nur 7mal, das Verhalten der zweiten
Niere allein ausschlaggebend; thatsächlich ist es nur ein Bruchtheil der
Fälle, in welchen der Tod ganz ausser Zusammenhang mit dem Eingriff
stand, und beispielsweise das Grundleiden, u. A. Tuberculose, erst nach
Wochen oder Monaten das ungünstige Ende veranlasste.

Der Einfluss der Operationsmethode, ob lumbal, ob transperitoneal, auf den tödtlichen Ausgang ist zur Zeit noch nicht ganz entschieden. Zu einem directen Vergleich ist die Zahl der transperitonealen Nephrotomien noch relativ zu klein; ausserdem wurde ein Theil dieser lediglich aus
Mangel einer sicheren Diagnose verrichtet (*Trélat*), so dass man gerathen hat,
einen Bauchschnitt zunächst nur zur Exploration zu machen und sich bereit zu
halten, die eigentliche Operation von der Lende her auszuführen (*Tuffier*). Eine
anderweitige Einwirkung auf den Erfolg der Nephrotomie bei Pyonephrose, nämlich den Einfluss der Complication mit Nephrolithiasis, zeigt folgende Tabelle:

Uebersicht der Nephrotomien bei Pyonephrose
(nach *Bureau*).

Art der Fälle	Nephrotomia lumbalis	davon †	Nephrotomia transperit.	davon †	Sa.	davon †
Fälle von einfacher Pyonephrose . . .	74	11 (14·8%)	5	2 (40·0%)	79	13 (16·46%)
Fälle von Pyo-nephrose u. Nephro-lithiasis	68	20 (29·0%)	3	3 (46·0%)	71	23 (32·39%)
Summe . .	142	31 (21·83%)	8	5 (62·5%)	150	36 (24·0%)

Anmerkung. Wegen der Behandlung der nicht zur Niere oder zum
Nierenbecken selbst führenden Fisteln des circumrenalen Gewebes
(„fistules périrénales"), welche zuweilen ebenfalls nach der Nephrotomie bei Pyonephrose zurückbleiben, vergleiche man den betreffenden Abschnitt weiter unten.
— In diesen, noch mehr aber in den Fällen urinös-eiteriger Nephrotomie-Fisteln
sei man unter Rücksichtnahme auf die Integrität des noch functionsfähigen Nierenparenchyms sehr vorsichtig in der Application differenter antiseptischer Mittel

Nephrektomie bei Pyonephrose.

Die Nephrektomie bei Pyonephrose schafft relativ schnelle und im Gegensatz zur Nephrotomie meist radicale Heilung da, wo es gelingt, das Organ einigermassen als Ganzes auszuschalten. Durch Schwartenbildungen, Verwachsungen, fistulöse Gänge kann aber die Operation höchst schwierig werden und gleichzeitig Nebenverletzungen, z. B. Anreissen grosser Gefässe, sowie des Bauchfelles, bedingen. Man hat bei diesen Bauchfellverletzungen mit Erfolg transperitoneale Drainage und Anlegung einer Gegenöffnung in der Mittellinie angewendet (*Page*). Ferner hat man zur Vermeidung von Nebenverletzungen statt der Nephrektomie die subcapsuläre Decortication gemacht (*Ollier, v. Bergmann*); derselben haftet aber zuweilen der Nachtheil an, dass zu fest mit der Kapsel verwachsene Substanz zurückbleiben muss (*Tuffier*). Um daher der Decortication (*Bureau*) sowie überhaupt mühevoller Spätoperationen nicht zu bedürfen, soll man nicht nur die Nephrotomie, sondern auch die Nephrektomie im Allgemeinen bei Pyonephrose (*Schede, Israel* u. A.) früher, als bisher meist der Fall, verrichten. Hierdurch wird auch die ungünstige Einwirkung etwaiger Erkrankung der zweiten Niere möglichst verringert. Denn ausser den erwähnten Nebenverletzungen sowie Shock und Collaps, bedingt diese Erkrankung hier die meisten Todesfälle, nach *Tuffier* 40 % der tödtlichen Ausgänge, und zwar handelt es sich seltener um ebenfalls pyonephrotische als um anderweitige Veränderungen der „zweiten" Niere, deren Werthschätzung zuweilen vor der Operation recht schwer ist. Einige Male gelingt es, die Fortschritte dieser Veränderungen der „anderen" Seite durch rechtzeitige Exstirpation der pyonephrotischen Niere zu hemmen und dadurch völlige Genesung zu erzielen, andere Male steigert der durch die Nephrektomie gesetzte grössere Eingriff die schon vorhandene Functionsstörung der anderen Niere erheblich.

Begünstigt wird letzteres durch einige den Eingriff begleitende Nebenumstände, wie z. B. durch die Einwirkung der Narkose, etwaiger während der Operation und zum ersten Verband gebrauchter Antiseptica u. dgl. m. Im Grossen und Ganzen soll man jedoch die Steigerung der unmittelbaren Lebensgefahr, welche die Nephrektomie gegenüber der Nephrotomie bei Pyonephrose hervorruft, nicht überschätzen. Allerdings ist eine directe Parallele zwischen beiden Operationen hier schon deshalb nicht zu ziehen, weil die Zahl der Nephrektomien immer noch eine relativ geringe bleibt und auf die bisherigen schwankenden Angaben über ihre Sterblichkeit wenig Verlass ist. Denn während unter Ausschluss der günstigeren neueren Erfahrungen von *Schede, Israel* und einigen anglo-amerikanischen Chirurgen die betreffenden Mortalitätsziffern zwischen 29—41 % variirt haben, sehen wir, wie die Sammelstatistiken für die Nephrotomie bei Pyonephrose nur wenig geringere Sterblichkeit bieten: *Bureau* † 24·0 %, *Tuffier* † 23·3 %, aber durch Hinzurechnen der secundären Nephrektomien steigt letztere Zahl auf 29·2 %. Die wirkliche Differenz zwischen den Ergebnissen beider Eingriffe dürfte daher augenblicklich keine sehr erhebliche mehr sein. Dieselbe wird sich demnächst noch weiter verringern, wenn es ferner gelingt, die secundären Nierenexstirpationen, sowie die Spätoperationen überhaupt noch mehr einzuschränken als bisher.

Der Einfluss der Complication mit Lithiasis ist für die Sterblichkeit der Nephrektomie bei Pyonephrose nicht so gross, wie der auf die Ergebnisse der Nephrotomie. Sehr erheblich waren indessen bis vor Kurzem die Unterschiede, je nachdem die Operation von der Lende oder vom Bauche aus gemacht worden war. Die betreffenden Zahlen lauteten bei *Newman* 27 : 60%, bei *Tuffier* 34·4 : 47·3%.

Für eine völlige Verwerfung der Bauchoperation ist die Zahl der mit ihr behandelten Fälle viel zu gering, selbst wenn man ihr einzelne Pyonephrosen zurechnet, in denen wegen Complicationen mit paranephritischer Eiterung eine Gegenöffnung in der Lende angelegt worden ist. Man kann schon jetzt vielmehr sagen, dass der Bauchschnitt zur Nephrektomie bei Pyonephrose seine Anzeigen unter bestimmten Bedingungen hat: Lage der Geschwulst weit nach vorn, Ausgang derselben von einem dislocirten oder abnorm adhärenten Organ, ferner ausser-gewöhnlicher Umfang der Geschwulst. Man hat hier den Einschnitt entweder in der Mittellinie oder aussen vom Rande des geraden Bauchmuskels gewählt (*Terrier*). Zu empfehlen ist nach Trennung des hinteren Bauchfellblattes möglichst stumpfes Vorgehen bezw. Verkleinerung der Geschwulst durch Punction vor ihrer Auslösung. Der am besten isolirt zu unterbindende Harnleiter wird im unteren Wundwinkel eingenäht.

Unvollständige Heilung tritt bei der Nierenexstirpation wegen Pyo-nephrose ebenso wie bei der Nephrotomie in Folge Zurückbleibens von Fisteln ein. Aber diese Fisteln sind hier seltener, hauptsächlich nur bei Tuberculose der Niere als Grundkrankheit der Pyonephrose beobachtet. *Rousseau,* der 14 derartige Fälle gesammelt, fand als Hauptgrund für dieses Fortbestehen von Fisteln hartnäckige, eiterige Harnleiterentzündung. Man soll daher diesen Fisteln vorbeugen, indem man gleichzeitig mit der Niere so viel wie möglich vom Harnleiter entfernt. Um eine Wundinfection durch den zurückgelassenen Harnleiterstumpf zu verhindern, hat man diesen nach sorgfältiger Unterbindung in dem unteren Wundwinkel einzunähen, wie wir es soeben bei der trans-peritonealen Operation bereits empfohlen haben (*Page*). In extremen Fällen ist der zurückgelassene Ureter nach dem Vorgang von *Reynier, Israel* u. A. im Zu-sammenhang zu exstirpiren (s. o. S. 821).

B. Nierenabscess.

§ 113.

1. Definition.

Unter Nierenabscess in chirurgischem Sinne versteht man ge-wöhnlich diejenige Form eiteriger Nierenentzündung, welche innerhalb der Nierensubstanz selbst zur Bildung eines oder einiger Eiterherde von mehr oder minder beträchtlichem Umfang führt (*Morris*). Die grössere Mehrzahl der eiterigen Nierenentzündungen bieten aber nur kleine, dafür aber multiple Abscedirungen; sie entbehren deshalb chirurgischen Interesses, es sei denn, sie haben zu einer erheblichen Vergrösserung des Organes geführt oder sind mit Pyonephrose oder paranephritischer Eiterung complicirt. Im Uebrigen besitzen die vielfachen kleinen umschriebenen Eiterungen eine gewisse Wichtigkeit dadurch, dass es gelegentlich durch Zusammenfliessen mehrerer derselben zur Bildung einer grösseren Eiterhöhle kommt, ein Vorgang, der sich am häufigsten bei schnellem Krankheitsverlauf abspielt. Seltener ist umgekehrt bei langsamer Entwickelung die Vergrösserung einzelner ursprünglich kleiner Eiterherde zu einem grösseren Abscess (*Orth*).

2. Pathogenese und Aetiologie.

Für Entstehung von Nierenabscessen bilden eine Hauptursache Nierenverletzungen. Nicht nur um Fremdkörper und abgestorbenes Gewebe, sondern auch nach subcutanen Quetschungen können sich, und zwar noch relativ spät umschriebene Eiterherde in grösserem Umfange entwickeln. Die Länge der Zeit, welche manche Nierenabscesse zu ihrer Ausbildung gebrauchen, bedingt vielleicht, dass man bei ihnen minder häufig, als bei der Pyonephrose geneigt ist, einen traumatischen Ursprung anzunehmen (*Tuffier*). Manchmal giebt ein älterer subcapsulärer Bluterguss das Substrat für eine nachträgliche Abscedirung ab, wie z. B. dieses *Bright* beschreibt, und in einzelnen weiteren Fällen ist diese Abscedirung mehr indirect aus einer traumatischen Paranephritis hervorgegangen (*Morris*).

Die überwiegende Mehrzahl der traumatischen Nierenabscesse kommt nicht durch Confluenz miliarer Herde zu Stande. Dieser Modus hat vielmehr hauptsächlich für die aus sogenannten inneren Ursachen entwickelten Nierenabscesse Bedeutung, und wie bei allen Eiterungen im Harnsystem, hat man hier die urinogene von der hämatogenen Entstehung zu trennen. Dieser gehören die durch Infectionsträger auf dem Wege des Blutstromes bei schweren Allgemeinerkrankungen (Pyämie, Typhus, bösartiger Endocarditis) herbeigeführten, meist lediglich einen Leichenbefund bildenden Niereneiterungen an. Praktisch wichtiger sind die „urinogenen" Nierenabscesse, welche in ätiologischem Zusammenhang mit anderweitigen eiterig-infectiösen Erkrankungen, sei es der Harnwege, sei es der Niere selbst, sich befinden, so z. B. bei Lithiasis, bei Neoplasmen, bei Tuberculose, bei gonorrhoischen Entzündungen etc. Gewöhnlich kommt es dann zu Abscessbildung auf dem Wege der Pyelitis bezw. Pyelonephritis (s. o. S. 941). Eine Verbindung von hämatogener und urinogener Infection ist nicht selten, und viele Fälle sogenannter „chirurgischer Niere" (s. o. S. 232) zählen hierher.

Gleichwie für die Pyonephrose bleibt für die Niereneiterung öfters die Ursache der Entstehung unaufgeklärt. Mindestens fraglich muss dieselbe bleiben bei Vergiftungen mit reizenden Substanzen. Eine solche Entstehung findet sich namentlich von älteren Autoren vertreten. In einem derartigen von *Morris* citirten Fall wurde die Eiterung auf Cantharidenvergiftung zurückgeführt; ungenügend erklärt bleibt aber hier der gleichzeitige Leichenbefund einer Prostatahypertrophie.

Ungelöst im Princip ist für die Niere eine Frage, warum es bei ihr so viel häufiger zu multiplen kleineren Herden und nicht zu einer einzigen grösseren Eiteransammlung kommt. Wohl sieht man im Gegensatz zur Mehrzahl der einschlägigen Beobachtungen der traumatischen Fälle in einigen wenigen dieser die fortwährende Confluenz kleinerer Herde und Einschmelzung von Nierensubstanz, so dass schliesslich Nierenbecken und Nierenparenchym zu einem Eitersack werden (*Orth*). Im Allgemeinen aber herrscht eine besondere Disposition der Niere zu mehrfachen miliaren Abscedirungen (*Goodhart*). Thatsächlich besitzt die Niere nur geringe Neigung zu phlegmonösen Processen. Die „diffuse eiterige" Nephritis französischer Autoren, welche nicht nur die ganze Niere, sondern zuweilen nur eine Pyramide ergreifen kann, zeigt zwar diffuse Leukocyteninfiltrate, daneben aber umschriebene Eiterpunkte (*Cornil*, *Le Dentu*). Vielleicht ist für diese Verhältnisse die Anordnung des nur spärlichen Bindegewebes massgebend; jede Niereneiterung beginnt als interstitieller Process (*Rindfleisch*).

Grössere Zusammenstellungen von Nierenabscessfällen, in denen ihre Vertheilung auf die verschiedenen Altersclassen und die beiden Geschlechter berücksichtigt ist, fehlen ebenso wie Angaben über die Häufigkeit des Vorkommens dieser Abscesse auf der einen oder der anderen oder auf beiden Seiten. Wir müssen annehmen, dass, je localisirter die Vorgänge sind, welche zur Abscedirung der Niere Anlass geben, desto häufiger nur eine einzige Niere oder nur ein Theil einer Niere befallen wird. Es gilt dieses hauptsächlich für die Vorkommnisse von Niereneiterung bei Traumen und Lithiasis. Umgekehrt finden sich bei den eiterigen Nierenerkrankungen aus allgemeinen inneren Ursachen und dort, wo sie nur einen Theil eines Leidens des ganzen Harnsystems bilden, meist beide Nieren afficirt, wenn auch nicht immer in gleichmässiger Weise. In Uebereinstimmung hiermit waren unter 130 Fällen von Niereneiterung bei *Goodhart*, von denen die meisten der als „chirurgische Niere" bekannten Form angehörten, nur $14\frac{1}{2}$ % einseitige Erkrankungen. Ferner berechnete *Weir* auf 71 anderweitige Fälle von chirurgischer Niere lediglich 12 einseitige Affectionen, d. h. noch nicht 20 % der Gesammtsumme. Seitdem sind einzelne weitere einseitige Fälle dieser Art beobachtet worden.

Pathologische Anatomie.

Die Nierenabscesse sind nicht selten völlig umschriebene Höhlen mit einer pyogenen Membran. Bei längerem Bestande ist diese verdickt, schiefrig gefärbt, mit Kalk incrustirt. Nur ausnahmsweise erscheint das Parenchym, abgesehen von den Erscheinungen des Druckes und der Atrophie, in nächster Nähe des Abscesses normal. Häufig ist es in der Umgebung der Abscesse schwefelgelb in Folge der fettigen Entartung des eiterig infiltrirten Bindegewebes, häufiger sind bei langsamer Entstehung des Abscesses ausgedehnte interstitielle Processe, die zum Schwund des secretionsfähigen Parenchyms führen („Phthisis renalis") und weit bis in das circumrenale Gewebe sich erstrecken können. War die Entwickelung der Eiterung eine mehr acute, so ist sie von erheblichen Kreislaufstörungen begleitet; man trifft Thrombophlebitis und bereits Gewebsnekrose dort, wo noch keine eiterige Einschmelzung stattgehabt. In manchen Eiterhöhlen sind daher Sequester abgestorbener Nierensubstanz. und man hat einige Male deren Abstossung bei Lebzeiten per vias naturales gesehen (*Stilling, Beale, Taylor* u. A.). Jedenfalls erleichtert die nie fehlende Kreislaufstörung die eiterige Einschmelzung erheblich; Niere und Nierenbecken können zuletzt in bereits erwähnter Weise e i n e n Eitersack darstellen, über dessen Genese sich nachträglich nichts mehr sagen lässt.

Die G r ö s s e d e r N i e r e n a b s c e s s e schwankt ausserordentlich zwischen der einer Nadelspitze und der einer Faust, und mehrfach zeigen sie Ausbuchtungen oder Nebenhöhlen. Die W a n d u n g e n sind nicht immer glatt, sondern mit Fibrinfetzen, Detritus, Sand oder Gries belegt und bieten. wenn sie Steine enthalten. zuweilen Druckgeschwüre. Als Complicationen bestehen oft anderweitige Entzündungen von Niere und Nierenbecken; die Nierenpapillen können diphtheritisch belegt oder mit Harnsalzen incrustirt sein. Sehr mannigfaltig gestaltet sich das Bild, wenn mehr als e i n Abscess, namentlich wenn neben mehreren grösseren viele kleine Abscesse existiren. In Folge von Durchbrüchen eines Abscesses nach dem anderen. ferner nach dem Nierenbecken und dem perirenalen Gewebe gewinnt die ursprünglich beschränkte Eiterung oft grosse Ausdehnung. Sie kann benachbarte Organe, wie z. B. Darm. Lunge (*Lenepveu*), ergreifen und durch Verwachsungen die Entzündung, auch ohne dass es zur Perforation kommt, verbreiten. Seltener nimmt die Eiterung den umgekehrten Weg, so dass sie von Nachbarorganen ausgeht. und die Niere erst secundär betheiligt ist.

Der Durchbruch der Nierenabscesse kann deren Heilung einleiten. Nicht nur die Entleerung nach aussen. sondern auch die in das Nierenbecken und in den Darm kann zur Verödung der Eiterhöhle und innerer Schrumpfung führen. welche letztere sich zuweilen über die Oertlichkeit des Abscesses hinaus erstrecken und eine weitere Einbusse an secretionsfähiger Nierensubstanz nach sich ziehen kann. Eine andere Form der Heilung zeigt sich in chronischen Fällen durch Eindickung des Eiters zu einer lehmig-weichen Verkäsung und durch ähnliche Veränderungen des Inhaltes; auch kann derselbe, wie wir es in einzelnen Pyonephrosen gesehen, sich zu einer mehr visciden Flüssigkeit aufklären.

Im Uebrigen ist der E i t e r der Nierenabscesse häufig kein pus bonum et laudabile. bei Communication mit dem pyonephrotisch erweiterten Nierenbecken wird er leicht zu einer übelriechenden urinösen Jauche und bei acuter traumatischer Entstehung ist er mit Blut. bezw. dessen Derivaten. sowie Gewebsdetritus untermischt und bildet eine röthliche, etwas eingedickte Masse. Specifische Bestandtheile hält dieser Eiter in Fällen von Nephrolithiasis, von Vereiterung von Nierenechinokokken u. dgl. m.. immer aber, je nach der Acuität. mehr oder minder reichlich Mikroorganismen der verschiedensten Art entsprechend der Pathogenese des concreten Falles.

Symptome und Verlauf.

Die Nierenabscesse werden in acute und chronische ein-getheilt. Je chronischer ihr Verlauf, desto mehr entbehren sie im Allgemeinen bestimmter klinischer Symptome. Eine Reihe hierher-gehöriger Fälle selbst recht grosser Abscesse bildet daher nur einen mehr zufälligen Nebenbefund bei Leichenöffnungen (*Morris*). Andere Male, bei mehr acutem Verlauf, treten die Erscheinungen der Nieren-abscesse hinter denen gleichzeitiger pyonephrotischer oder paranephri-tischer Eiterung zurück. Nur die Minorität der Nierenabscesse bietet ein einigermassen selbständiges Krankheitsbild.

In vielen acuten Nierenabscessen ist das erste auffällige Sym-ptom hohes Fieber, eingeleitet und begleitet von Schüttelfrösten. Dasselbe tritt im Anschluss an Traumen oder bei bis dahin völlig indolent verlaufenen Krankheiten der Nieren selbst wie des übrigen Harnsystems oft ziemlich plötzlich auf und nimmt unter erheblichen Störungen des Allgemeinbefindens (Nausea, Erbrechen. Singultus, trockene Zunge, Benommenheit) in schweren Fällen zuweilen auch einen typhösen Charakter an. Einige Male war die Entwickelung von Eiter in der Niere durch die als Paraplegia urinaria bezeichneten Erscheinungen complicirt. Gleichzeitig mit Fieber zeigt sich oft hef-tiger örtlicher. bezw. nach Hodensack und Schenkel ausstrahlender Schmerz. der namentlich beim Fehlen äusserer Verletzungen sehr charakteristisch ist. und welcher so stark werden kann. dass selbst Kranke mit benommenem Sensorium über Druckempfindlichkeit der Nierengegend nicht selten klagen. Dagegen fehlt besonders im Beginne der Erkrankung — von den traumatischen Fällen abgesehen — eine äusserlich wahrnehmbare. der Gegend der Niere entsprechende Anschwellung der Lende. welche erst im Laufe der Krankheit sich deutlicher darthun lässt. Sie hängt häufig weniger von Volumszunahme der Niere selbst. als von Complicationen, z. B. mit Pyonephrose oder mit perirenalen Infiltrationen, ab.

Von den Veränderungen des Harnes bei Nierenabscessen bietet die Hämaturie. wenn sie im ersten Stadium traumatischer Fälle sich zeigt, nichts Charakteristisches. Anders ist dieses dort, wo sie plötzlich in Verbindung mit hohem Fieber in Fällen alter Ver-änderungen des Harnsystems und namentlich schwerer Allgemein-erkrankungen erscheint. Hier muss sie häufig begründeten Verdacht erwecken. dass eine acute Nierenvereiterung im Anzuge ist (*Ledentu*). Pyurie ist an und für sich kein Zeichen eines Nierenabscesses. Die-selbe setzt immer voraus. dass eine Verbindung der Abscesshöhle mit dem Nierenbecken oder wenigstens dem Harnleiter sich hergestellt hat. oder Complication mit offener Pyonephrose besteht. Im ersteren Falle kann im Laufe einer Erkrankung des Harnsystems plötzlich reichlich Eiter dem Harn zugemischt sich finden. Manchmal geben solche Ent-leerungen von Nierenabscessen. welche in gewissen Intervallen durch vorgebildete Durchbruchstellen. z. B. durch Schusscanäle erfolgen, Grund für intermittirende Pyurie oder wenigstens für Schwankungen im Eitergehalt des Harnes. So wichtig dieses Symptom ist, so sehr muss man in complicirten Fällen vorsichtig mit seiner Deutung sein und es auf wechselnde Füllungsgrade von Nierenabscessen nur dort beziehen, wo andere Ursachen für dasselbe ausgeschlossen sind, oder aber die Beimengung von Partikeln von Fremdkörpern, von Steinen, von abgestorbenem Parenchym für die Provenienz des Eiters aus der Niere sprechen.

Je chronischer der Nierenabscess verläuft, je weitgediehener die sonstigen Veränderungen des Harnsystems sind, desto weniger prägnant sind die vorstehenden Symptome. Einzelne derselben, wie das Fieber, verlieren vollständig ihre Besonderheiten. Dasselbe hat hier relativ oft den Charakter des subacuten oder chronischen Harnfiebers, und man kann hier — wie es namentlich bei der sogenannten „chirurgischen Niere" der Fall ist — die Betheiligung der Niere an der Eiterung auf Grund analoger früherer Beobachtungen mehr vermuthen, als mit voller Sicherheit erkennen.

Verlauf und Ausgänge.

Die Entwickelung selbst umfangreicher Eiterherde in der Niere erfolgt zuweilen sehr acut. *Schachner* fand in einem Falle von subcutaner Nierenverletzung bereits am 17. Tage einen grossen Theil des Organes völlig in einen Abscess verwandelt. Noch schneller ist der Verlauf bei embolischen Processen und acuten Infectionskrankheiten, in denen in relativ wenigen Tagen die eiterige Einschmelzung weit über die Pyramiden sich verbreiten kann. Manchmal macht der Process so schnelle Fortschritte, dass, ehe es zu ausgemachter Eiterung gekommen, bereits Nekrose eingetreten ist, ja, es kann dann die ganze Niere brandig werden. In einzelnen dieser, wie in manchen traumatischen Fällen vermögen die Abstossung des brandigen Gewebes und dessen Entleerung durch den Harnstrom zur Heilung zu führen. Letztere kann ausserdem in bereits erörterter Weise in Folge Durchbruchs des Abscesses vor sich gehen. Andererseits sind Perforationen von Nierenabscessen in wichtige Nachbarorgane und in Körperhöhlen Ursache lebensgefährlicher Complicationen. Als unvollständige Heilung finden wir hier ebenso wie bei der Pyonephrose die Entwickelung einer Fistel in ihren verschiedenen Formen.

Bei chronischer Abscedirung und Vorhandensein einer dicken Abscessmembran ist ein Durchbruch weniger zu erwarten. Es bestehen hier aber ausserdem nicht selten weitgediehene Veränderungen, zum Theil ebenfalls eiteriger Natur, im übrigen Harnsystem, und namentlich ist die ursprünglich nicht vereiterte Niere Sitz mehr oder minder vorgeschrittener Erkrankung. Die Verhältnisse gestalten sich hier sehr ähnlich wie bei der Pyonephrose: es combiniren sich die Rückwirkungen längerer innerer Eiterung auf den Gesammtorganismus mit den Störungen der Harnbereitung, und der endliche tödtliche Ausgang erfolgt auch hier unter dem Bilde der „Urosepsis". In manchen Fällen scheint

indessen den chronischen Nierenabscessen auch ein mittelbarer Einfluss auf das Gesammtbefinden gänzlich zu fehlen: man trifft dann
dieselben als einen zufälligen Nebenbefund bei Sectionen. Meist sind
es Residuen älterer, grossentheils abgelaufener Processe, welchen, wie
die ebenfalls schon erwähnten Veränderungen ihres ursprünglich rein
eiterigen Inhaltes beweisen, eine gewisse Tendenz zur Heilung nicht
abgeht.

Diagnose.

Eine sichere Diagnose selbst umfangreicher Abscedirungen der
Niere ist eigentlich nur in traumatischen Fällen und vorzugsweise
dort möglich, wo mit dem eiterig-blutigen Urin nekrotische Fetzen
von Nierensubstanz ausgeschieden werden.

In anderen Fällen wird man unter Berücksichtigung der Anamnese
und besonders der schon früher festgesetzten Grundkrankheit: Lithiasis,
Tuberculose etc. der richtigen Diagnose mehr oder weniger nahe-
kommen. Kann man die Coexistenz einer Pyonephrose und anderer
eiteriger Entzündungen der Harnorgane ausschliessen, so ist manchmal
das bereits geschilderte eigenartige Verhalten des Urins bei Aufbruch
von Nierenabscessen in das Nierenbecken von pathognostischem Werth.
In der Majorität der Fälle von Nierenabscess muss man sich indessen
mit einer Wahrscheinlichkeitsdiagnose begnügen, so z. B. speciell bei
Bestehen einer Pyonephrose oder einer paranephritischen Eiterung.
Man soll daher keinen operativen Eingriff bei Pyonephrose oder Paranephritis suppurativa abschliessen, ehe man sich von dem Freisein
der Nierensubstanz von grösseren Eiteransammlungen durch Probepunction oder besser noch durch Probeincision überzeugt hat. Bei
Paranephritis ist dieses zuweilen sehr erschwert; denn hat man auch
allen ausserhalb der Niere vorhandenen Eiter sorgfältig entfernt, so
können die hier so häufigen Verwachsungen und schwartenartigen
Verdickungen des Capsula propria in Verbindung mit den indurativen
Veränderungen der Nierensubstanz in der Nähe des Abscesses es
zweifelhaft lassen, ob dieser wirklich intrarenal und nicht bereits der
äusseren Kapsel angehörig, d. h. perinephritisch ist. In frischen traumatischen Fällen, in denen die Abscesse subcapsular in der Niere
liegen, wird die Entscheidung hierüber minder schwer sein als in
anderweitigen Fällen, obschon auch wie in diesen die periphere Lage
der Eiterherde in der Niere nichts Seltenes ist (*Bardenheuer*). (Wegen
des Nachweises der Functionstüchtigkeit der „anderen"
Niere (s. o. unter Pyonephrose).

Therapie.

Die Behandlung der Nierenabscesse ist angesichts der vorwalten-
den Unsicherheit ihrer Diagnose nur in einzelnen Fällen eine ziel-
bewusste gewesen. Meist waren die gegen sie ergriffenen Massnahmen
ursprünglich gegen die sie complicirenden Paranephritiden und Pyonephrosen gerichtet.

Wie bei diesen kommen Nephrotomie und Nephrektomie hier in Frage, doch dürfte erstere noch seltener als bei Pyonephrose genügen, da häufig nicht nur ein einfacher Abscess besteht. Die einfache Incision begünstigt daher Eiterverhaltung in der Niere, ganz besonders aber häufig im perirenalen Gewebe (*Bardenheuer*). Die technischen Schwierigkeiten der Nephrektomie sind hier im Uebrigen die gleichen wie bei der Pyonephrose und wie bei dieser ihr Erfolg vielfach von der Leistungsfähigkeit der zweiten Niere abhängig. Wenn möglich, sollte man daher, wie in einzelnen Fällen umschriebener Nierenabscesse nach Trauma geschehen, mit der partiellen Exstirpation (Resection) der Niere auszukommen suchen (*Czerny, Tillmanns* u. A.).

Bis jetzt sind die operativen Fälle uncomplicirter Nierenabscesse nicht zahlreich genug für eine statistische Verwerthung. Postoperativer Verlauf und Todesursachen sind völlig gleich, wie die bei den Pyonephrose-Operationen. Ganz wie bei diesen können operative, rein eiterige oder auch eiterig-urinöse Fisteln zurückbleiben.

§ 114.

Eiterige Entzündungen in Umgebung der Niere (Perinephritis und Paranephritis).

1. Definition und Eintheilung.

Die eiterigen Entzündungen in Umgebung der Niere (die „circumrenalen" bezw. „extrarenalen" Eiterungen) betreffen nicht nur die fibröse Kapsel und die sogenannte Fettkapsel der Niere, sondern auch deren auf S. 816 beschriebene Fortsetzungen und die mit letzteren zusammenhängenden Bindegewebsschichten des Beckens, der Subserosa und des subdiaphragmatischen Raumes. Von *Rayer* und nach ihm von vielen Anderen wurden diese Affectionen unter dem Namen der „Perinephritis" oder „Paranephritis" zusammengefasst. Streng genommen, sollte sich erstere Bezeichnung auf die Entzündungen der fibrösen Capsula propria beschränken. Aber nur ausnahmsweise sieht man unter dieser Kapsel kleine Eiterherde, welche anscheinend von der Kapsel ausgehen (*Rosenstein*) und wohl nie haben dieselben, sei es den Affectionen der Niere gegenüber, sei es auch im Verhältnisse zu den Abscedirungen der Fettkapsel und des mit dieser zusammenhängenden Bindegewebes der Nachbarschaft, der „Paranephritis", selbständige klinische Bedeutung. In vielen Arbeiten werden daher die Ausdrücke Peri- und Paranephritis promiscue sowol für die Entzündungen der Capsula fibrosa, als auch für die der Capsula adiposa und des sie begleitenden Bindegewebes gebraucht. Wir werden nach dem Vorgange von *Langenbuch* u. A dem Worte „Paranephritis" als der weitgehendsten Bezeichnung den Vorzug geben.

Ausser und neben den eiterigen circumrenalen Entzündungen kommen häufig auch nicht-eiterige entzündliche Processe hier vor, welche zu Bindegewebsneubildungen an Stelle des Fettzellstoffes, zur

Entwickelung von Schwarten, Narben, Verwachsungen u. dgl. m. Anlass geben. In neueren französischen Arbeiten unterscheidet man nach
Albarran eine sclerosirende und eine fibrolipomatöse Perinephritis;
die letztere soll ausser in einzelnen Nierensteinfällen namentlich bei
Nierentuberculose eine Rolle spielen. Einem bestimmten klinischen
Bilde entspricht weder die eine noch die andere der nicht-eiterigen
circumrenalen Entzündungen, und ist keine unter ihnen Gegenstand
eines direct gegen sie gerichteten chirurgischen Eingreifens.

Die gewöhnliche Eintheilung der Paranephritis ist die
ätiologische. Man unterscheidet die primitive Form der Erkrankung von der secundären, welche vom Harnsystem, speciell
von der Niere selbst und ihrer nächsten Nachbarschaft, in einzelnen
Fällen von Fistelbildung ausgeht. Wir werden weiter unten zeigen,
dass man häufig ausserdem auch Processe hierher gezählt hat, welche
mit der Niere und deren nächster Umgebung von Hause aus in keinem
Zusammenhange standen.

Man hat die Paranephritis eingetheilt nach der Oertlichkeit, welche die
eiterige Entzündung in den verschiedenen Fällen in Bezug auf die Niere ein-
nimmt, ob sie vorn oder hinten, oben oder unten von der Niere ihren Sitz hat.
Diese wie ähnliche Eintheilungen haben das Missliche, dass sie nicht berücksichtigen, dass die Fettkapsel der Niere an den verschiedenen Stellen und in den
verschiedenen Lebensaltern und ebenso bei den einzelnen Personen nicht gleichmässig entwickelt ist. Wir erinnern nur, dass bei Kindern bis zum 8. Jahre die
Entwickelung des Fettes noch nicht stattgefunden, und dass diese auf der vorderen
Fläche überhaupt geringer ist, als hinten. Hierzu kommt noch, dass die Fettkapsel durch ihre Fortsetzungen, wie wir bereits angedeutet, mit den Bindegewebs-
lagern der Nachbarschaft im weitesten Wortsinn in directer Verbindung steht.
Die paranephritischen Eiterungen nehmen daher oft eine solche Ausdehnung an,
dass man nur mit Mühe eine bestimmte Stelle als ihren ersten Sitz zu bezeichnen
vermag. Es hängt u. A. die Fettkapsel mit den sogenannten drei Schichten der
Fascia transv. und den Fascien der übrigen Bauchmuskeln, sowie dem den M. quadr.
lumbor. begleitenden Fettzellgewebe zusammen. *Tuffier* und *Lejars* haben darauf
hingewiesen, dass die perirenalen Gefässe in einem unmittelbaren Zusammenhang
mit den Gefässen der weichen Bedeckungen durch besondere Aeste stehen. Letztere
werden von reichlichem Fettzellgewebe begleitet, so dass die entzündlichen Zustände des Nierenfettes leicht Verbreitung nach der Körperoberfläche finden. Ferner
bildet das sogenannte Petit'sche Dreieck einen Locus minoris resistentiae für circumrenale Entzündungsprodukte, und das Gleiche gilt von muskelschwachen Stellen
des Zwerchfelles sowie von dessen zwischen dem Ansatz seiner Schenkel an die
XII Rippe und an den Bogen des M. psoas bestehenden Hiatus costo-lumbalis.

2 Pathogenese und Aetiologie, pathologische Anatomie.

Die eiterige Paranephritis ist im Ganzen eine ziemlich seltene
Krankheit. *Samuel Fenwick* vermochte während 46 Jahren aus den
Obductionsprotokollen des London Hospital nur 17 hierhergehörige
Leichenbefunde zu entnehmen. Ueberdies hatte dabei öfters die Er-
krankung zunächst nichts mit der Niere und dem sie umgebenden Fett-
zellgewebe zu thun.

Für gewöhnlich deutet der Befund des Bacterium coli auf Zusammenhang der Eiterung mit Pyelitis (*Aschoff* und *Schmidt*). in einzelnen Fällen aber auf den mit dem Darm (*Chauvenel*). Andere Male weist die Existenz des Pneumococcus auf entzündliche Lungenprocesse hin. Der Befund dieser und anderer Mikroorganismen ist aber nicht ohne Weiteres ein Beweis, dass sich die Paranephritis in Folge eines wirklichen Durchbruches von denjenigen Organen her entwickelt hat, welche für gewöhnlich eben diese Mikroorganismen beherbergen. Die Gegenwart dieser Mikroorganismen im Eiter ist vielmehr ebenso wie der Kothgeruch und der Gehalt an Gasen oft, wenn gleich nicht immer. nur ein Zeichen, dass sich eben viele paranephritische Abscesse als solche nicht entwickelt haben; die Eiterung hat sich von anderen Stellen in den paranephritischen Raum fortgepflanzt, ohne dass die Krankheit sie ursprünglich in diesem Raum entstehen liess. Thatsächlich sind viele Paranephritiden fortgeleitet. z. B. von einer ursprünglichen Perityphlitis. Solche fortgeleitete Entzündungen finden sich hier meist rechts. zumal da auf dieser Seite der paranephritische Raum durch eiterige Entzündungen. ausgehend von der Leber und Gallenblase, ebenfalls beansprucht wird. Der Befund von Parasiten (Echinococcus, Strongylus gigas etc.) ist theilweise gleichfalls auf eine Fortleitung von Entzündungen. sei es von diesen Organen, sei es vom Darm. zu beziehen und können die betreffenden Perforationen schon lange geheilt sein. Ueberhaupt schliesst sich die Paranephritis oft genug an abgelaufene Vorgänge an, so in einem Fall von *Lancéraux*, in welchem ein Stück nekrotischer Bauchspeicheldrüse im paranephritischen Eiter gefunden wurde. Nächst den eigentlichen Unterleibsorganen sind die Beckenorgane (nach *Fenwick* in 10°/₀ der Fälle) Ausgangspunkt der Paranephritis; dann folgen mit abnehmender Häufigkeit Brustfell und Lunge. zuletzt die Wirbelsäule als hier massgebende Ursachen. Ein von letzterer ausgehender Psoas-Abscess kann zuerst unter dem Bilde der Paranephritis auftreten. Ueberaus selten wird die Nebenniere (*Lancéraux, Klob* und *Rosenstein*) als Ausgangspunkt der Paranephritis genannt.

Wenn wir von diesen fortgeleiteten Paranephritiden absehen, so kann die Paranephritis entweder eine primäre sein oder sie wird durch Erkrankungen der Niere bedingt und dann als secundäre bezeichnet. In ersterem Falle spricht man auch von einer sogenannten „spontanen" Paranephritis. Man sollte besser sagen, dass es sich um eine Entstehung aus unbekannter Ursache handelt (*Rosenberger*). Die Häufigkeit, mit der die Paranephritis von Erkrankungen des Harnsystems als solchem ausgeht, giebt sich z. B. durch die zahlreichen Fälle kund. in denen bei ihr die für jene massgebenden Mikroorganismen (speciell Bacterium coli commune) gefunden werden (*Albarran*). Sicher wird daher die Continuität mit den Entzündungen des Harnsystems oft übersehen und zu Unrecht eine Spontaneität der Entzündung angenommen. In anderen Fällen ist die Paranephritis zwar primär. aber keineswegs spontan. Als ihre Ursache sind Verletzungen in erster Reihe zu nennen. und zwar sowol mit wie ohne äussere Wunde; wir haben es hier jedoch keineswegs immer mit schweren, sondern auch oft genug mit leichten Verletzungen (Muskelzug) zu thun. Die Rolle, welche hier dann nicht selten unbedeutende Läsionen der äusseren Bedeckungen spielen, haben wir oben auf S. 930 schon betont. Ist aber die Zeit zwischen Trauma und dem Einsetzen der paranephritischen Symptome, wie nicht selten (*Monti*), eine längere, so wird ersteres unschwer übersehen, so dass man auch hier „Erkältung" als Hilfsursache angeführt hat (*Hallé*). Ferner als primär tritt die Paranephritis bei verschiedenen Allgemeinerkrankungen auf, so bei den verschiedenen Typhusformen (*Rosenstein*), bei Milzbrand (*Prior*), Pocken, Scharlach, Influenza etc. Pyämische Paranephritis sah *Fenwick* unter 17 Fällen zweimal: man findet sie bisweilen nach nur unbedeutenden äusseren Eiterungen. Wohl mit am häufigsten ist die Entstehung der Paranephritis im Puerperium, doch ist dieselbe oft wohl eine secundäre, von Eiterungen in den Beckenorganen ausgehend.

Secundär entwickelt sich die Paranephritis inzwischen bei weitem am häufigsten bei Nierenerkrankungen, welche *Fenwick* unter seinen 17 Fällen in 8, unter 107 fremden Beobachtungen in 32 anführt. Unter 20 derartigen Vorkommnissen handelte es sich 10mal um Complication mit Pyonephrose und unter diesen 5mal um solche mit Nephrolithiasis sowie 7mal um Nierentuberculose. Paranephritis complicirt die rechtseitige Pyonephrose häufiger als die linkseitige, nach *Fenwick* im Verhältniss von 8 zu 5. Ausnahmsweise können auch andere Nierenaffectionen Ursache der Paranephritis sein, so der Nierenkrebs (*Cornil*), ferner auch Echinokokken. Wie weit hier Distomum eine Rolle spielt, darüber fehlen bis jetzt nähere Angaben.

Das Alter der Patienten mit Paranephritis wird übereinstimmend dahin festgestellt, dass Personen jeder Altersclasse an ihr erkranken können. Das Hauptcontingent stellt das Alter vom 20. bis 50. Jahre: von 76 Fällen *Fenwick's* gehören ihm 53 an. Ausnahmsweise ist die Paranephritis schon bei einem 20 Monate alten Knaben gefunden, ebenso auch nur in einer Minderzahl bei Leuten über 50 Jahre. Dem Geschlechte nach überwiegen die Männer, bei *Nieden* mit $58,43°_0$, bei *Fenwick* mit $61°_0$ sämmtlicher Erkrankten. Ebenfalls erkranken Männer häufiger auf der überhaupt von der Paranephritis bevorzugten rechten Seite; nach *Fenwick* mit $70°_0$ gegenüber von $55°_0$ weiblicher Patienten bei einer mittleren Betheiligung der rechten Seite mit $70°_0$, der linken mit $30°_0$.

Bei den durch die Paranephritis bedingten anatomischen Veränderungen hat man die der Capsula fibrosa von denen des eigentlichen paranephritischen Gewebes zu trennen.

Die fibröse Kapsel ist meist verdickt, der Niere, die entweder nur mit Substanzverlust oder gar nicht auslösbar ist, fest anhaftend. Gehen von ihr Schwielen in das eigentliche paranephritische Gewebe aus, so können diese ein Gewirr von Eiterhöhlen umschliessen, in welchem die Niere nur schwer zu finden ist. Dieselbe ist dann immer mehr oder minder atrophisch, ja es kann zu Compression der A. renalis mit Nekrose des ganzen Organes kommen (*Orth*). Gleichzeitig trifft man zuweilen einzelne Eiterherde unterhalb der fibrösen Kapsel, andere Male eine mehr zusammenhängende Eiterschicht, welche indessen von der eigentlichen paranephritischen Eiterung völlig getrennt sein kann (*Lancéreaux*).

Die paranephritische Eiterung hat in allen acuten und subacuten Fällen stets immer mehr oder minder ausgesprochenen phlegmonösen Charakter. Wir hatten bereits darauf hingewiesen, wie die hierhergehörigen Processe oft eine sehr grosse Ausdehnung annehmen. Thatsächlich zählen zu ihnen die umfangreichsten Eiteransammlungen im menschlichen Körper, und zwar ist in Uebereinstimmung mit dem bereits hervorgehobenen Zusammenhange des perirenalen Gefässgebietes mit den Venen der äusseren Bedeckungen die Hauptrichtung der Verbreitung der Eiterung die nach der Körperoberfläche zu, und zwar den Lenden entsprechend, nach *Carbon* in $^{10}/_{11}$ der Beobachtungen. Hier erfolgt auch, unseren früheren Auseinandersetzungen gemäss, am häufigsten der Durchbruch. Das Fortschreiten der diffusen eiterigen Infiltration ist dabei manchmal so rapid, dass dieselbe dem Erysipelas phlegmonosum gleicht. Auch hält der Eiter in solchen Fällen nekrotische Gewebsfetzen, Blutgerinnsel und Detritus, ja sogar Gase und Luft (*Trousseau, Morris* u A.). Der Geruch des Eiters ist häufig urinös bezw. deutlich ammoniakalisch, in einzelnen Fällen kothig, ohne dass, wie schon betont, eine directe Darmperforation vorzuliegen braucht.

Die Verbreitung der paranephritischen Eiterung nach anderen Richtungen tritt hinter der nach der Körperoberfläche an Häufigkeit (nicht selten in Folge der Entwickelung von Verwachsungen) zurück. Es kommen hier am meisten die Richtung nach oben und die nach unten in Betracht. Thatsächlich hat man Verbreitung des Eiters längs des Bindegewebes der tiefen Rückenmusculatur gesehen. Die Eitersenkung nimmt dann völlig den Charakter des Psoas-Abscesses mit Durchbruch nach aussen am Poupartischen Bande an. Viel seltener scheint die Verbreitung des Eiters nach dem subphrenischen Raum zu sein. Denn wenn auch *Fischer* unter 94 Fällen von Paranephritis in 24 eine Perforation in die Pleura und in 20 in die Lungen registrirt, so ist doch die Zahl der wirklich hierhergehörigen Fälle eine ziemlich bescheidene. In der grossen Mehrzahl der Beobachtungen handelt es sich nur um „fortgeleitete" Paranephritis. Wie selten Eiterungen wirklich renalen Ursprunges hier vorliegen, ergiebt sich daraus, dass *Maydl* nur 11 zu diesen zu rechnende Beobachtungen zu sammeln vermochte. Der Befund ist hier nicht immer der gleiche. Nur in einem Bruchtheile der Fälle findet man directe Perforation des Brustfelles, in den übrigen Fällen besteht eiterige Brustfellentzündung ohne Durchbruch. Verhältnissmässig noch seltener ist die ausschliessliche Existenz von entzündlichen Verwachsungen an diesen Stellen.

Das Substrat der Fortleitung der Eiterung bilden hier und anderwärts Blutergüsse. Ueberhaupt zeigt die Beschaffenheit des Eiters in vielen acuten Fällen von Paranephritis, dass Blutungen der eiterigen Entzündung vorangegangen sind.

Anmerkung. Durchbrüche paranephritischer Abscesse ausser nach Lunge und Brustfell finden nur ausnahmsweise statt. Der Vollständigkeit halber registriren wir solche nach dem Darm und den Beckenorganen (Blase, Scheide). In einzelnen Fällen ist in Folge Klappenmechanismus Eiter in den Darm. aber nichts von dessen Inhalt nach aussen gelangt (*Féron*).

In mehr chronischen Fällen kommt es zur Bildung einer abgegrenzten Abscesshöhle mit einer förmlichen Abscess-membran. Zuweilen existirt ein zusammenhängendes System von grösseren und kleineren derartigen Höhlen: auch kann der Process an einzelnen Stellen einen mehr acuten, phlegmonösen Charakter haben. Diese zum Theile ziemlich complicirten Zustände hängen vorwiegend mit chronischen eiterig-destructiven Veränderungen in Niere und Nierenbecken zusammen. Der Eiter hat meist dieselben Besonderheiten wie der in diesen Theilen, auch kann die paranephri-tische Abscessmembran in ihren wesentlichen Eigenschaften der Membran der eigentlichen Nierenabscesse (s. S. 950) gleichen. Sie kann wie diese eine schiefrige Farbe, Verdickungen und Incrustationen mit Kalksalzen zeigen und sich von der schwieligen Umgebung nur schwer trennen lassen. Auch der paranephritische Eiter kann dann Niederschläge von Harnsalzen, Beimengungen von Gewebsdetritus ent-halten. Spontane Durchbrüche nach aussen und oft mehr-fache Fistelbildung sind in solchen Fällen nichts Seltenes, und es ist dann das Krankheitsbild nicht nur in klinischer. sondern auch in pathologisch-anatomischer Beziehung nur sehr schwer übersichtlich, so dass es nicht leicht wird. mit Sicherheit zu sagen. welcher Theil der Niere den ersten Ausgangspunkt der Eiterung abgegeben hat.

3. Symptomatologie, Verlauf und Ausgänge.

Von vereinzelten. ganz chronisch entwickelten Fällen abgesehen, in denen die nur beschränkte paranephritische Eiterung bei Lebzeiten symptomlos und lediglich Object der Leichenuntersuchung blieb, tritt das Krankheitsbild der Paranephritis mehr oder minder scharf hervor, und zwar in den acuten primären Fällen deutlicher als in den secun-dären (*Prior*).

Vielfach hängt die Erscheinungsweise der Krankheit von ihrer Ursache ab. immer sind es jedoch gewisse Symptome. nämlich Schmerz, Fieber, Geschwulstbildung, in bestimmten Fällen auch Störungen der Nierenthätigkeit und Harnentleerung, welche fast nie fehlen, wenn sie auch in sehr wechselnder Weise von Fall zu Fall sich zeigen.

Der Schmerz ist entweder örtlich begrenzt oder diffus aus-strahlend und verbreitet sich dann über Rücken und Lende hinten, über den Bauch bis zur Leiste vorn. Er ist ein bei Complication älterer Nierenleiden mit Paranephritis fast nie fehlendes Initialsymptom; als solches fand ihn *Fenwick* unter 22 derartigen Fällen in 20 er-wähnt, während er unter 77 Paranephritiden überhaupt in 50 als erstes Krankheitszeichen registrirt ist. Sehr intensiv kann der Schmerz in traumatischen, acuten Fällen sein. Berührung und Körperbewegung sind hier gleich empfindlich: der Patient, der mit angezogenen Beinen auf der kranken Seite liegt, meidet beides ängstlich. Nicht immer liegt dieser anomalen Haltung der Beine eine Verbreitung der Entzündung längs des Psoas zu Grunde (*Prior*).

Fieber ist seltener als Schmerz erstes Krankheitszeichen; *Fenwick* führt es als solches unter 77 Fällen nur in 24 an, und zwar seltener bei Complication mit Nierenleiden, als in primären traumatischen Fällen, in denen es häufiger auch zu Schüttelfrösten kommt. Sehr wechselnd ist der Gang des Fiebers. Wenn wir von einzelnen Fällen absehen, in denen es dem „Harnfieber" gleicht, und einige Vorkommnisse kürzerer Remissionen übergehen, so findet man öfters, dass das Fieber mit dem Fortschreiten der Entzündung und dem Auftreten der Eiterung an der Körperoberfläche in Form der „Lendenphlegmone" einen neuen Aufschwung nimmt. Man spricht dann von einem Eiterungsfieber im Gegensatze zum Initialfieber der Paranephritis. Je chronischer der Fall, desto mehr tritt das Fieber zurück; doch fehlen selbst dann sehr häufig nicht Störungen des Allgemeinbefindens und speciell des Verdauungsapparates, bestehend in Appetitlosigkeit, Nausea und Stuhlverstopfung. Letztere charakterisirt namentlich auch schwere primäre Fälle, in denen zuweilen eine directe Compression des Dickdarmes stattzufinden scheint. Der Obstipation kann hier schleimigeiteriger Durchfall folgen; selten ein Zeichen des Durchbruches des Eiters, häufiger ein solches septischer Infection und dann stets von übeler Vorbedeutung.

Störungen der Harnabsonderung sind in den nicht von Nierenleiden abhängigen Paranephritiden ziemlich selten; *Fenwick* berechnet die Frequenz der Pyurie hier auf circa 10%. Allerdings kann das Fieber die herabgesetzte Leistungsfähigkeit, in welcher die Nieren in solchen Fällen sich befinden, erheblich weiter beeinträchtigen, es ist daher die Combination von Pyurie und Fieber nur ausnahmsweise nicht als ein ungünstiges Zeichen zu betrachten. Es handelt sich hierbei um die vereinzelten Vorkommnisse, in denen das plötzliche Auftreten von Eiter im Harn dem Durchbruch des Abscesses in das Nierenbecken oder in einen anderen Abschnitt des Harnsystems entspricht, und welche von *Rosenstein* und einigen anderen Autoren gelegentlich erwälnt werden. — Hämaturie kommt in traumatischen Fällen in der ersten Zeit vor; sie ist nicht ein Zeichen der Paranephritis, sondern ein solches des diese verursachenden Trauma.

Die äusserlich wahrnehmbare Anschwellung ist unter den wesentlichen Zeichen der Paranephritis dasjenige, welches am seltensten fehlt (nach *Fenwick* unter 74 Fällen nur in 9). Gleichzeitig ist sie auch dasjenige Symptom, welches am spätesten auftritt. Nur einige traumatische, von grossen perirenalen Blutergüssen begleitete Fälle und einzelne ganz chronische Paranephritiden bilden hier eine Ausnahme. Manchmal wird die Anschwellung jedoch im Anfange sehr acuter Fälle übersehen, weil hier die grosse Empfindlichkeit keine genaue palpatorische Untersuchung zulässt — es sei denn in Narkose. Man muss sich hier mit dem Nachweis einer vermehrten Resistenz begnügen; erst mit Herabsetzung der Empfindlichkeit findet man statt dieser Resistenz — zumal bei Exploration in Seitenlage

(*Ledentu*) — eine rundliche, festteigige, meist diffuse, in die Umgebung übergehende Geschwulst mit deutlich gedämpftem Percussionsschall. In peracuten Fällen füllt die Geschwulst sehr schnell die ganze
Gegend vom Rippenbogen bis weit hinab zum Darmbein aus, und es
erscheint schon bei oberflächlicher Betrachtung die mehr oder minder
erhebliche Ausweitung der Lende in toto auffällig. Relativ selten
zeigen selbst erhebliche Anschwellungen ausgesprochene Fluctuation:
je mehr sie wachsen, desto deutlicher bietet die Haut ein teigiges
Oedem, welches namentlich bei aufrechter Stellung des Patienten sich
geltend macht (*Rosenstein*). Eine geübte Hand vermag jetzt vielleicht
die Lagerung des Colon vor resp. aussen von der Anschwellung und
sogenannte tiefe Fluctuation darzuthun. Ist endlich der Durchbruch
nach aussen nahe, so geht diesem in bereits erwähnter Weise eine
weithin sich erstreckende pseudoerysipelatöse Röthung voran. Die
fluctuirende Durchbruchsstelle und den Durchbruch selbst findet man
aber nicht selten fern von der Nierengegend im engeren Sinne. Zuweilen kann der Durchbruch an mehreren Stellen erfolgen.

Abweichungen von dem vorstehenden Verhalten der paranephritischen Anschwellung bieten diejenigen Fälle, welche sehr bald den Charakter des subphrenischen Abscesses annehmen oder die dem Psoas entsprechend eine
Eitersenkung zur Leistengegend resp. zum Lig. Poupart. erkennen lassen. Während
aber hier thatsächlich die Verhältnisse denen bei der Psoitis mehr oder minder
gleichen können, gestaltet sich das Schicksal der subphrenischen paranephritischen
Abscesse sehr verschieden. Wir sahen, dass es nur in einem Bruchtheile derselben zur Perforation bezw. Weiterverbreitung im Brustraume (Pyopneumothorax
subphrenicus) und zum directen Durchbruch in die Luftwege zu kommen pflegt.

In einzelnen mehr subacuten und in den meisten mehr chronischen Paranephritiden werden die äusseren Bedeckungen nicht in Mitleidenschaft gezogen.
Unter der nicht gerötheten, leicht verschieblichen Haut sitzt zuweilen ein von
der Brust- und Lendenwirbelsäule nach vorn und unten reichender Tumor fest
auf. Er ist prall elastisch, bald von grösserer Resistenz, bald etwas nachgiebiger,
von kugeliger oder eiförmiger Gestalt, seltener sanduhrförmig. Statt Fluctuation
bietet der Tumor eine eigenartige, dem Gelenkknacken vergleichbare Empfindung
(*Chauvenel*). Derartige paranephritische Anschwellungen bleiben nicht selten lange
stationär; ebenso können sie aber auch plötzlich ohne nachweisbare gröbere
äussere Ursache wachsen, wobei sich ihre eigenartigen physikalischen Verhältnisse
nur wenig ändern. Dem Unerfahrenen bieten sich dann oft ernste diagnostische
Schwierigkeiten.

Der klinische Verlauf der Paranephritis ist je nach
der Ausgestaltung ihrer wesentlichen Symptome und je nach ihrer
Ursache bald ein mehr acuter, bald ein mehr chronischer. Zunächst haben wir aber gewisse Paranephritiden mit einem ausser-
gewöhnlichen Verlaufe anzuführen.

Wir beginnen mit einigen zum Theile ziemlich acuten Fällen, in denen,
ehe es zu einer eigentlichen Abscedirung gekommen, eine Art „Resolution"
stattzufinden scheint (Beobachtungen von *Trousseau*, *Hallé* u. A.). Andere Male
muss man, entsprechend den klinischen Symptomen, annehmen, dass es zwar

zu einer umschriebenen Eiterung gekommen, diese aber doch wohl später resorbirt worden ist. Hieran schliessen sich Paranephritiden von sehr stürmischem, mehr oder minder bösartigem, durch die Grösse der ursächlichen Gewalteinwirkung, vor Allem aber durch die Intensität der Infection bedingten Verlauf, in denen entweder keine eigentliche Eiterung oder solche nur in beschränktem Maasse stattgehabt, sich aber eine erhebliche Gewebsnekrose entwickelt, so dass den Inhalt des Eiterherdes neben oder statt dem Eiter abgestorbene Gewebs-fetzen in bereits angedeuteter Weise bilden.

Gegenüber diesen mehr ausnahmsweisen Formen des Verlaufes ist die häufigste Ausgestaltung der Paranephritis dort, wo sie nicht behandelt wird, der Durchbruch des Eiters, sei es nach aussen, sei es nach innen. Acute Fälle sind solche mit einem mehr oder minder frühzeitigen Durchbruch. Chronisch wird aber die Paranephritis überall dort zu nennen sein, wo dieser Durchbruch mehr oder minder lange auf sich warten lässt. Es liegt nun in der Natur der Sache, dass ebenso wie bei vielen anderen Krankheiten auch bei der Paranephritis eine scharfe Grenze zwischen acut und chronisch nicht zu ziehen ist; es scheint aber, dass gerade bei der Paranephritis die Zahl der hierdurch bedingten Uebergangs-formen eine relativ recht grosse ist. Verhältnissmässig häufig ist ein acuter Beginn der Erkrankung sowol in primären wie in secundären und fortgeleiteten Fällen. Aber nicht selten, und zwar auch in Beobachtungen von primärer traumatischer Paranephritis, sieht man statt eines beschleunigten Durchbruches nach dem acuten Anfang ein Monate und mehr betragendes Stadium der Latenz, so dass es den Anschein einer völligen Remission der Entzündung hat, ehe es zum Durchbruch kommt. Es kann schwer werden, letzteren mit dem acuten Initialstadium in Zusammenhang zu bringen; man glaubt, einen kalten Abscess vor sich zu haben, und man ist so weit gegangen, die primäre Bildung eines solchen kalten paranephritischen Abscesses in einzelnen Fällen als einen Beweis für die primäre Tuber-culose des perirenalen Gewebes zu betrachten (*Thomas*). Jedenfalls aber ist die mittlere Zeit des Bestehens der eiterigen Paranephritis bis zum Eintritt des Durchbruches eine recht lange. *Lancéreaux* berechnet sie auf 3—5 Monate, und hierzu kommen nach erfolgtem Durchbruch noch weitere 6—7 Wochen bis zur eventuellen Heilung. Extreme bieten dabei Fälle mit so langem Latenzstadium, dass der Anfang der Krankheit sich gar nicht feststellen lässt (*König*) und dieselbe erst „manifest" wird im Augenblicke des Durchbruches (*Fenwick*).

Die verschiedenen Richtungen des paranephritischen Durchbruches haben wir schon gelegentlich der pathologischen Anatomie der Para-nephritis erörtert. Unsere Kenntnisse über den Zusammenhang der Form und des Verlaufes der Erkrankung und der Art und Richtung des Durchbruches sind aber zur Zeit so gering, dass sich hierüber nichts allgemein Giltiges sagen lässt. Es ist lediglich zu wiederholen, dass die Durchbrüche nach der Oberfläche die Regel, diejenigen nach den Brustorganen und dann die nach der Unterleibshöhle sowie den Becken-

eingeweiden die Ausnahme bilden, und dass endlich die Senkungen
längs des Psoas ziemlich selten sind, so dass *Fenwick* für sie nur
eine Häufigkeit von 10°/₀ berechnet. Wie wenig man bis jetzt berechtigt ist, bestimmte Formen zum Durchbruch disponirend zu erachten, ergiebt sich daraus, dass von den von *Maydl* gesammelten
11 Fällen von subphrenischen perinephritischen Abscessen 6 auf die
verschiedensten eiterig-entzündlichen Krankheiten der Niere, 1 auf
Trauma und der Rest auf die mannigfachsten anderen Affectionen
kam. Der Verlauf des Durchbruches ist hier wie an anderen Stellen
ein ausserordentlich verschiedener. Während z. B. angegeben wird,
dass in Folge der Perforation in die Luftröhren zwei Liter Eiter aus-
gehustet worden sind, erfolgte in einem Falle die Perforation in den
Bauchfellsack so schleichend, dass sie lediglich einen Leichenbefund
bildete (*Lemoine*). Bestimmte bevorzugte Durchbruchsstellen lassen
sich ebenfalls nicht überall mit voller Sicherheit feststellen. Individuelle Besonderheit des Bauchfells, des Diaphragmas, der Lendenmusculatur etc. sind hier von Bedeutung, und Angaben der Autoren
über sogenannte Prädilectionsstellen des Durchbruches an den weichen
Bedeckungen, sei es das *Petit*'sche Dreieck, sei es eine andere Oertlichkeit, an der sich eine geringe Muskelentwickelung findet (*Lesshaft*),
sind mit grosser Vorsicht aufzunehmen. Ebensowenig wie die Lumbalhernien und die diesen vorangegangenen Eiterungen (*Jul. Wolff*)
können auch die paranephritischen Abscesse an den verschiedensten
Stellen der Lende ihren Weg nach aussen wählen. Ebenso gestalten
sich höchst mannigfach die Eitersenkungen längs des Psoas. Wir
hatten schon gelegentlich der subcutanen Nierenverletzungen erwähnt,
wie solche Senkungen von Blut, Urin etc. auf halbem Wege stehen
bleiben und die verschiedensten Tumoren vortäuschen können, und
Gleiches gilt auch von den aus diesen Senkungen entstandenen paranephritischen Eiterungen. Andere Male sind letztere über das Gebiet
des den M. psoas begleitenden Bindegewebes hinaus bis in das Hüft-
gelenk vorgedrungen.

Sehr augenfällig ist sowol bei sich selbst überlassenem Verlauf der
Paranephritis als auch bei operativem Einschreiten die Erleichterung
der Patienten durch Entleerung des Eiters. Man kann wohl sagen,
der Unterschied in ihrem Befinden ist der von Tag und Nacht. Thatsächlich wird die überwiegende Mehrzahl der hierhergehörigen Fälle
durch die Entleerung des Abscesses ihrer Genesung zugeführt, und
wenn die Sammelstatistiken bis vor Kurzem die Sterblichkeit der
Paranephritis — Operirte und Nicht-Operirte zusammengenommen —
auf etwas mehr als 33¹/₃°/₀ berechnet haben, so liegt dieses daran,
dass die Summe der complicirten einschlägigen Fälle eine relativ hohe
ist. Namentlich aber ist zu berücksichtigen, dass naturgemäss die
Genesungen nach inneren Durchbrüchen der Eiterung minder häufig
sind als nach äusseren, obschon in manchen Beobachtungen von inneren
Durchbrüchen die eiterigen Paranephritiden schnell und ohne Complicationen zur Heilung zu gelangen scheinen. Auch hier fehlen, wie
überhaupt über die Mortalität der Paranephritis, bis jetzt ausreichende

Angaben. Wir wissen nur, dass von den von *Fenwick* angeführten 5 Fällen mit Eitersenkungen 3 tödtlich endeten. Unter den 26 Perforationsfällen *Rosenberger's* endeten 14 tödtlich, nämlich von 6 in den Darm 2, von 10 in die Lunge 5, von 3 in die Pleura 3, von 3 in das Bauchfell 3 und von 2 in die Vagina 1. Von den sonstigen Todesfällen ausser den den Perforationen nach innen folgenden nach Paranephritis wissen wir nur, dass ein erheblicher Theil den sie verursachenden Affectionen namentlich der Beckenorgane zur Last fällt, während mehr vereinzelt die Intensität der Entzündung und die dadurch bedingte septisch-eiterige Infection des Gesammtorganismus sowie das alsbald zu erörternde Zurückbleiben von Nachkrankheiten als Todesursachen aufgeführt werden.

Sowol die Durchbrüche nach aussen wie die nach innen zeigen sehr häufig besondere, noch nicht erwähnte Eigenthümlichkeiten. Zunächst kann es an verschiedenen Stellen und zu verschiedenen Zeiten sowol nach aussen wie nach innen zu wiederholten Durchbrüchen kommen. Manchmal bricht der paranephritische Abscess nach aussen durch, ohne sich ganz zu entleeren. Schliesst sich dann die spontane Oeffnung, so kann sich der paranephritische Entzündungsprocess, wie dieses schon *Fabricius von Hilden* gesehen, von Neuem abspielen (recidivirende Paranephritis). Theilweise ist dieser Name jedoch auch dort am Platze, wo trotz völliger Entleerung des paranephritischen Herdes die Entzündung sich nicht zurückbildet. Neue Schübe führen hier zuweilen zu weiteren eiterigen Einschmelzungen und mit diesen zu ausgedehnten bindegewebigen Indurationen. In den betreffenden Fällen sind nämlich die Ursachen des paranephritischen Processes vorwiegend, wenn schon nicht ausschliesslich, ältere Nierenleiden, speciell Steine des Nierenbeckens resp. des Nierenparenchyms, ohne deren Beseitigung dieser Process daher nicht zum Stillstande gebracht werden kann.

Nachkrankheiten der Paranephritis werden häufig durch Zurückbleiben ausgedehnter Bindegewebsindurationen und durch die diese nicht selten begleitende Fistelbildung dargestellt. Letztere gestaltet sich hier oft unregelmässig durch Entwickelung von Nebengängen, Taschen und Ausweitungen. Hierdurch wird die Ausheilung der Fisteln sehr erschwert, auch wenn dieselben, wie in der Mehrzahl der Fälle, lediglich eiterige und nicht in Folge von Communicationen mit Niere und Nierenbecken urinös-eiterige sind. Selten findet durch die paranephritischen Fisteln eine mittelbare Verbindung zwischen der Haut und einem anderen inneren Organe statt; die Voraussetzung hierzu bildet stets die Existenz einer dauernden Perforationsöffnung zwischen einem inneren Organe und dem paranephritischen Herde, doch ist eine solche durchaus nicht häufig, wenn auch bestimmte Zahlenangaben hier fehlen.

Andere Nachkrankheiten, wie Atrophie der Niere in Folge Zusammenziehung des neugebildeten Bindegewebes, wie die durch Perforation der Eitersenkung entstandene Coxitis, wie ferner die aus der subphrenischen Form der Paranephritis, sei es per contiguitatem, sei es nach Durchbruch hervorgegangene eiterige Pleuritis, sind schon im Vorstehenden erwähnt worden. Nicht überflüssig ist ausserdem die Erinnerung, dass die selbst unter günstigen Verhältnissen

nach so ausgedehnten Eiterungen verbleibenden narbigen Zustände eine dauernde
Schädigung der Gesundheit durch Behinderung der freien Beweglichkeit des
Rumpfes, speciell der respiratorischen Ausdehnung der Lungen bedingen können.

4. Diagnose.

So wolumschrieben das Krankheitsbild der Paranephritis namentlich in den mehr acut verlaufenden traumatischen Fällen sich gestaltet, so häufig sind doch Verwechslungen mit den verschiedenartigsten Anschwellungen der Niere und der dieser benachbarten
Organe vorgekommen. Wir wollen hier nur anführen die mannigfachen
Ansammlungen von Flüssigkeit und die Neoplasmen im engeren Wortsinne von Niere, Leber, Milz, Pankreas, den Retroperitonealdrüsen,
der Wirbelsäule, dann aber kommen hier in Frage auch einfache Kothanhäufungen des Darmes — ganz abgesehen von seltenen Krankheitszuständen, wie Aortenaneurysmen, abgesackten tuberculösen und nicht-
tuberculösen Bauchfellexsudaten, Lumbalhernien u. a. m. Selbst die
unrichtige Annahme einer typhösen Allgemeinerkrankung an Stelle der
Paranephritis wird unter Einfluss des hohen Fiebers und der erheblichen Störung des Allgemeinbefindens in ihrem Initialstadium ermöglicht.

Eine weitere Schwierigkeit bietet sich in diagnostischer Hinsicht
bei der Paranephritis bezüglich der Feststellung ihrer Ursache. Die Entscheidung, ob die Erkrankung eine „primäre" oder
„secundäre" oder aber eine „fortgeleitete" ist, muss häufig
genug, sei es bis zur operativen Freilegung des Eiterherdes oder bis
es zur Autopsie kommt, eine unsichere bleiben. Am leichtesten ist
noch die Beurtheilung der Ursache der primären und der secundären
Paranephritis. Betreffs ersterer erinnere man sich, dass ausserordentlich leichte und zeitlich weit zurückliegende Traumen in Frage kommen
können; für die secundäre Paranephritis muss massgebend sein, dass
es eigentlich keine Krankheit der Niere bezw. des Harnsystems giebt,
die nicht zu einer eiterigen Infection des die Niere umgebenden Fettzellgewebes gelegentlich zu führen vermag. Die wirklichen Verlegen-
heiten bereiten die Fälle der fortgeleiteten Entzündung. Wir sehen,
dass für ihre Aetiologie die ungewöhnlichsten, ja zum Theil die grösste
Ausnahme bildenden Vorkommnisse eine Rolle spielen. Es würde sehr
weit über die Zwecke und Ziele des vor uns liegenden Werkes führen,
sollten die verschiedenen, von Fall zu Fall wechselnden Möglichkeiten, auf welche wir bereits oben hinzuweisen hatten, hier der Reihe
nach durchgenommen werden. Wir müssen uns vielmehr begnügen,
die für diagnostisch zweifelhafte Vorkommnisse wesentlichsten Gesichtspunkte nachstehend aufzuführen:

a) Trotz sehr acuten Verlaufes der Paranephritis und trotz des
ausserordentlichen Umfanges, den die von ihr ausgehenden Eiteransammlungen nicht selten erreichen, ist es häufig nicht vor der
zweiten Woche, dass eine äusserlich augenfällige Anschwellung wahrzunehmen ist. Grosse Zweifel können zuweilen über die Deutung des

im Initialstadium der Paranephritis (wie bereits früher dargelegt) hauptsächlich die Sachlage beherrschenden Symptoms des Schmerzes
bestehen. Gegen die Verwechslung mit Neuralgien im Bereich des
Plexus lumbalis resp. ischiadicus können nur wiederholte Untersuchungen
schützen, welche zur Auffindung der in der ersten Zeit noch kleinen
und umschriebenen Eiterherde beitragen.

b) Untersuchung nicht scharf begrenzter, in der Tiefe liegender
Anschwellungen soll nicht nur durch eine einzige Methode, namentlich nicht ausschliesslich durch Palpation bei Seitenlage erfolgen. Man
hat, wenn irgend möglich, das Ballottement, und zwar nach Entleerung der Därme anzuwenden. Durch genügende Sorge für letztere
schliesst man von vornherein eine Reihe von Quellen des Irrthums
aus, namentlich wenn man berücksichtigt, dass paranephritische
Eiterungen in der ersten Zeit wenigstens sich hauptsächlich nach der
Lende und nicht nach dem Bauche zu entwickeln.

c) Kommt der Kranke nicht in der allerersten Zeit, sondern
bereits mit einer allgemeinen Ausweitung der Gegend des Rippenbogens
und speciell der am Uebergang der Brust in die Lendenwirbelsäule
zur Beobachtung, so kann die der Niere entsprechende besondere
Druckempfindlichkeit (s. o. S. 857) von diagnostischem Werth
sein. Man beachte, dass $33\frac{1}{3}\,^0/_0$ aller Paranephritiden mit älteren
Nierenleiden zusammenhängen, auch wenn gerade zur Zeit der Untersuchung keine pathologischen Harnveränderungen erweislich sind.

d) Besteht schon Oedem oder teigige Infiltration der Haut, so
genügt unter Berücksichtigung der Anamnese und der sub *c)* namhaft
gemachten Punkte eine kurze Beobachtungsfrist, um eine lediglich
auf die Haut beschränkte pseudoerysipelatöse Entzündung auszu-
schliessen.

e) Indessen ist bei der Dicke der weichen Bedeckungen gerade
in der Lendengegend verhältnissmässig oft die Probepunction angezeigt,
doch muss man dieselbe namentlich bei grösserem Umfange der Anschwellung an verschiedenen Stellen wiederholen, ehe man über ihr
Ergebniss aburtheilt. Selbstverständlich darf sie nur gemacht werden,
wenn man ihr einen entsprechenden curativen Eingriff
folgen zu lassen im Stande ist. Letzteres gilt in noch höherem
Grade hier von etwaigen Probe-Incisionen. Dieselben sind stets
so anzulegen, dass von ihnen aus die Niere selbst leicht
erreichbar ist. Etwa entleerte Flüssigkeiten und feste Theile sind
nicht nur mikroskopisch, sondern auch bacteriologisch zu prüfen.

5. Therapie.

Bei einigermassen sicherer Diagnose der Paranephritis ist die
einzig rationelle Therapie die möglichst frühzeitige Entleerung
des Eiters. Die sogenannte resolvirende, früher sehr beliebte Behandlung, bestehend in Umschlägen und Ableitungen, ist ebenso wie
die symptomatische Behandlung nur dort allenfalls zulässig, wo man

Zeit zur Sicherung der Diagnose oder zur Vorbereitung des Kranken für einen operativen Eingriff gewinnen will.

Statt der bis vor Kurzem empfohlenen aspiratorischen Function ist heute mehr und mehr die Eröffnung der paranephritischen Eiteransammlungen mit dem Messer in Gebrauch. Der Schnitt gewährt hier allein die Möglichkeit, kleinerer und mehr diffuser eiteriger Infiltrationen Herr zu werden. Der Schnitt darf dann aber nicht zu klein angelegt werden, nach *Fischer* soll er nach Art des *Simon*'schen Schnittes am Ort der Wahl zwei Querfinger unterhalb der XII. Rippe längs des Randes des M. sacrolumbalis verlaufen. Jedenfalls muss man im Stande sein, von der Wunde aus nach deren eventueller Vergrösserung ohne Schwierigkeit die Niere zu erreichen, so dass man sie nöthigenfalls, auch wenn diese vergrössert ist und Verwachsungen bietet, exstirpiren kann. Auch in sogenannten fortgeleiteten Paranephritiden kann es nothwendig werden, sie zu entfernen. Es sind dieses entweder Fälle, in denen sie miterkrankt per contiguitatem ist, oder solche, in denen sie atrophisch und functionsunfähig geworden, ein Hinderniss des regelmässigen Eiterabflusses bezw. der Wundheilung darstellt. Ebenso wie hier und in den anderen Fällen von Paranephritis, in denen die Nephrektomie in Frage kommt, ist, wie überhaupt in der Nierenchirurgie, an die Ausführung dieser Operation nur dann zu denken, wenn die „zweite" Niere noch genügend leistungsfähig und zur Erhaltung des Lebens ausreichend ist.

Abgesehen von Zuhilfenahme der Nierenexstirpation hat es auch sonst bei der Operation paranephritischer Abscesse sehr häufig mit der einfachen Incision nicht sein Bewenden. Es genügt recht oft nicht, den Schnitt bis in die Niere hinein zu vertiefen, um etwaige eiterige Herde oder Steine aus dieser zu entfernen, vielfach ist vielmehr auch die Anlegung von Gegenöffnungen, die Trennung von Scheidewänden zwischen etwaigen mehrfachen oder mehrkammerigen Abscessen und die Zerstörung von sogenannten Abscessklappen erforderlich. Bei alten, weitgediehenen paranephritischen Processen reicht dieses alles nicht aus, und zur Beseitigung von Durchbrüchen und Eiterungen wird man noch andere Incisionen anzulegen haben. Aber auch hier wird man trotz sehr ausgiebigen Eingreifens, z. B. Rippenresectionen bei Pyothorax subphrenicus paranephriticus immer wieder auf die Nephrektomie zurückzukommen haben. Wenigstens ist dieses die Ansicht von *Maydl*, der alle bisherigen, ohne Nierenexstirpation in derartigen Fällen gemachten Eingriffe tödtlich enden sah.

Ebenso wie auch sonst in der Nierenchirurgie wird bei der paranephritischen Incision neuerdings mehrfach (*Duplay*, *Ledentu*) vor dem sacrolumbalen ein mehr transversaler Schnitt bevorzugt. Ob letzterer eher als ersterer zu Hernien disponirt, muss unentschieden bleiben. In einem Falle von *Ledentu*, in welchem eine Lumbalhernie einer Paranephritis-Operation folgte, ist über die Schnittrichtung nichts ausgesagt. Das Richtigste dürfte sein, diese Richtung dem Bedürfnisse des Einzelfalles anzupassen und gleichzeitig die ätiologischen Verhältnisse nicht blos, soweit es sich um Nierenkrankheiten, sondern auch um solche der unteren Harnwege handelt, thunlichst zu berücksichtigen.

Die Blutung bei Eröffnung circumrenaler Abscesse ist zuweilen eine sehr erhebliche, namentlich dort. wo eine stärkere Spannung der Abscesswandungen bestanden, wo directe Gewalteinwirkung die Ursache der Eiterung war und wo missbräuchliche Anwendung feuchter Wärme dem operativen Einschreiten vorangegangen. Die Therapie ist hier Tamponade nach hinreichender Entleerung des Abscesses und nach Entfernung alter und frischer Gerinnsel sowie narkotischer Gewebsfetzen; doch darf man die Tamponade nicht so steigern. dass die Darmthätigkeit durch sie leidet (*J. Israel*).

Die Ergebnisse der rechtzeitigen Eröffnung primärer paranephritischer Abscesse werden allseitig als sehr befriedigende bezeichnet. Die einige Jahre bereits zurückliegende Statistik *Fenwick's* bietet unter 35 derartigen Operationen nur 5 tödtliche Ausgänge. und zwar entfallen diese ausschliesslich auf 22 männliche hierhergehörige Operirte. während 13 Frauen ohne Todesfall blieben. Minder günstig sind die Resultate bei der sogenannten secundären Paranephritis; von 20 Fällen *Fenwick's* starben 10; es genasen von ihnen nur solche, deren Krankheitsursache in den unteren Harnwegen lag; alle Patienten mit Pyonephrose und Nierentuberculose starben. Auch von 4 Paranephritis-Fällen, in denen die Krankheit vom Becken oder dem Darme her ihren Ursprung genommen hat, starben 2. Dagegen verlor *J. Israel* unter 8 verschiedenartigen. operativ behandelten paranephritischen Abscessen keinen einzigen. Es erscheint im Uebrigen die Seite der Erkrankung ohne Einfluss auf den Operationserfolg bei *Fenwick* gewesen zu sein. Unter 28 verschiedenen Fällen kamen 18 mit † 3 auf die rechte und 10 mit † 2 auf die linke Seite.

§ 115.

Anhang.

Fisteln der Niere und ihrer Umgebung.

1. Aetiologie und Pathogenese.

Die hierhergehörigen Fisteln sondern sich von denen des übrigen Harnsystemes. dass sie gleich wie die Fisteln der Harnleiter nur ausnahmsweise durch Harninfiltration bedingt sind. Ebenso wie diese Fisteln und in Uebereinstimmung mit unseren bei den Nierenwunden gemachten Angaben hängen sie von accidentellen oder von operativen Verletzungen ab, wie letzteres namentlich die zahlreichen Nephrotomie-Fisteln bei Pyo- und Hydronephrose darthun. Von specieller Bedeutung für die Pathogenese von Fisteln sind die geschwürigeiterigen Processe. welche. von Concrementen und anderen Ursachen veranlasst. zu Abscedirungen in der Niere selbst und in deren Umgebung führen. Für den Fortbestand solcher Fisteln spielen dabei die Behinderungen des Harnabflusses zunächst in dem Nierenbecken und dem Harnleiter. dann aber auch in den unteren Harnwege oft eine wesentliche Rolle.

Ueber etwaige mit congenitalen Zuständen verbundene hierhergehörige Fistelbildung ist nur zu bemerken, dass solche für die Nierenchirurgie bis jetzt keine Bedeutung erlangt hat.

Von den eigentlichen Nierenfisteln, welche man in Nieren- beckenfisteln und Nierenfisteln im engeren Wortsinn scheidet, hat man die der Umgebung der Niere, die sogenannten paranephritischen bezw. extra- oder perirenalen Fisteln, zu sondern. Eine weitere Eintheilung macht *Ledentu* insofern, als er die directen, unmittelbar auf die Niere führenden Fisteln von den durch Vermittelung einer Eiterhöhle mit ihr zusammenhängenden „Fistules indirectes" scheidet. Nur zum Theil deckt sich diese Unterscheidung mit der Classificirung, je nachdem das Secret vorwiegend urinös oder mehr rein eiterig ist. Ueberdies können bei mehrfacher Fistel- bildung renale und extrarenale einerseits, directe und indirecte bezw. urinöse und eiterige Fisteln andererseits gleichzeitig existiren, wobei von Wichtigkeit das Organ ist, mit welchem eine abnorme Verbindung besteht. In letzterer Hinsicht unterscheidet man nach innen führende Fisteln, die Nierendarmfisteln, die Nierenmagenfisteln, die Nieren- gallenfisteln und Nierenlungenfisteln und Fistelbildung nach der Körperoberfläche. Den häufigeren Nierenlendenfisteln hat man die Nierenbauch- und Nierenleistenfisteln gegenüber gestellt.

Anmerkung. Wie auch sonst, hat man von allen vorstehend aufgeführten Arten der Fistelbildung solche pathologischen Verbindungen mit ander- weitigen Organen und Hohlräumen zu trennen, bei denen es sich nicht um ein mehr dauerndes Canalisationsverhältniss dieser mit der Niere oder ihrer Um- gebung handelt. Stellen des vorübergehenden Durchbruches des nephritischen resp. paranephritischen Eiters sind ebensowenig Fisteln wie Nierenwunden, aus denen auf kurze Zeit eine urinös-blutige Absonderung statt hat. Der nachfolgenden Betrachtung können vielmehr lediglich mehr stabile derartige Zustände zu Grunde gelegt werden.

Die an Fisteln der Niere und ihrer Umgebung leidenden Kranken richten sich mit Bezug auf deren Häufigkeit bezüglich des Alters und Geschlechtes nach der ihrer Ursachen. Besondere Prädilectionen einer der beiden Körperseiten für die Nierenfisteln sind ebenfalls nur insoweit vorhanden, als dieses hinsichtlich der ursächlichen Traumen und entzündlich-eiterigen Processe der Fall ist.

2. Pathologische Anatomie.

Die Nierenfisteln entsprechen in der Regel dem röhrenförmigen Typus *Roser's*. Meist besteht zwischen Ursprung und Mündung der Fisteln ein längerer, von narbigem Bindegewebe umgebener Gang: und auch dort, wo dessen Verlauf durch keine grössere Eitersenkung oder Nebenhöhlen unterbrochen wird, wie in den „Fistules directes" von *Ledentu*, bestehen häufig Sinuositäten, kleine Absackungen und andere Unregelmässigkeiten des Verlaufes. In einzelnen Fällen scheint eine Art Klappenmechanismus am Ausgangspunkte der Fistel im Nierenbecken oder an der Harnleiterinsertion zu bestehen; dieser erklärt dann die zuweilen abwechselnd rein eiterige und urinös-eiterige Absonderung der Fisteln.

Die Zahl der Nierenfisteln ist in den verschiedenen Fällen nicht immer die gleiche, doch überwiegen bei weitem diejenigen Fälle, in denen nur eine oder nur einige wenige fistulöse Verbindungen zwischen der Niere und den äusseren Bedeckungen existiren. Eine so grosse Vielzahl fistulöser Gänge oder Ausmündungen, wie man sie im Zusammenhange mit Continuitätsstörungen der unteren Harnwege antrifft, wird an der Niere nicht gesehen wegen der Seltenheit der von der Niere ausgehenden Harninfiltrationen. In einzelnen Fällen wird die Lichtung der Fistel durch Concremente oder Fremdkörper unterbrochen; bisweilen gelangt man von der Fistel aus direct auf einen in der Nierensubstanz oder im Nierenbecken gelegenen Stein. Verschieden hiervon ist die Incrustation mit Harnsalzen sowol bei äusserer wie bei innerer Nierenfistel. Dieselbe haftet hier und da den den Fistelgang auskleidenden Granulationen fest an, genau so wie die Phosphatniederschläge bei der chronischen Cystitis (s. o. S. 335). Die Wandungen der Nierenfisteln haben in solchen Fällen zuweilen ein sehr unregelmässiges Gefüge; an Stellen, an denen sich die Incrustationen gelöst, findet man leicht blutende Defecte.

3. Symptomatologie und Verlauf.

Die Erscheinungsweise der Nierenfisteln wird im Wesentlichen durch die Art ihrer Entstehung bestimmt. Je nach dieser wechseln Beschaffenheit und Menge ihrer Absonderung. In Fällen, in denen, sei es das Nierenbecken, sei es der Ureter, dauernd undurchgängig sind, liefert die Fistel das ganze Product der Thätigkeit der betreffenden Niere.

Allerdings ist dieses auch dort, wo entzündlich-eiterige Vorgänge in den Hintergrund treten, kaum jemals völlig unveränderter Harn, häufiger eine diluirte, an festen Bestandtheilen, speciell an Harnstoff arme, wenig Eiweiss haltende, meist nicht stärker saure Flüssigkeit. Dieselbe erinnert an die Hydronephrose-Flüssigkeit; ihre Beschaffenheit beruht wie die dieser auf der Veränderung der Kreislaufverhältnisse und der Herabsetzung der Grösse des noch leistungsfähigen Theiles der Niere. Durch entzündliche Schübe kann ein derartiger diluirter Urin reicher an Leukocyten werden, zuweilen auch decomponirte Blutelemente bieten. Durch regelmässige Untersuchung des 24stündigen auf natürlichem Wege gelassenen Urins hat man hier festzustellen, inwieweit die zweite Niere für den Organismus in Betracht kommt, bezw. dessen Bedürfnissen allein genügt (*Neumann*).

Am häufigsten haben indessen die Nierenfisteln eine urinöseiterige oder rein eiterige Absonderung. Aus einzelnen Haarfisteln erfolgt nur eine sehr geringe, zuweilen nur wenige Tropfen betragende Abscheidung dünnen Eiters, welche den Träger der Fistel kaum belästigt Im Uebrigen aber ist das Verhalten der Fisteln ein nicht nur von Fall zu Fall, sondern vielfach auch im Einzelfalle sehr wechselndes bezüglich Menge und Beschaffenheit des von ihnen gelieferten Secretes. Manche Fisteln geben für gewöhnlich ein beschränktes Quantum guten Eiters, gleichsam anfallsweise jedoch eine grössere Menge mehr oder minder urinöser Flüssigkeit während einer relativ kurzen Zeit. Wir hatten bereits auf die Annahme eines Klappenmechanismus in derartigen Fällen hingewiesen; thatsächlich erinnert die ganze, auch vom Verfasser in einem Falle sehr deutlich wahrgenommene Erscheinung an die Verhältnisse der intermittirenden Hydro- und Pyonephrose.

Sind nun auch die Beschwerden einzelner wenig secernirender Nierenfisteln sehr gering, so dass die betreffenden Patienten unter Beobachtung der gewöhnlichen Vorschriften körperlicher Reinlichkeit nicht besonders belästigt werden, so ist dieses doch vielfach anders. Die andauernde Abscheidung einer erheblichen Menge urinös-eiteriger Flüssigkeit wird zu einer schlimmen Plage, denn selbst bei grösster Sauberkeit und häufigem Wechsel eines aus dem besten resorptionsfähigen Material bestehenden Schutzverbandes kommt es zu ausgedehnten ekzematösen und geschwürigen Zuständen in Umgebung der äusseren Fistelmündung. Wenn das Secret, wie nicht selten, sauer reagirt, gleichen die durch dasselbe geschaffenen ekelerregenden Verhältnisse schliesslich den auf S. 533 bei der Blasenektopie beschriebenen. Andere Male bedingt der Gehalt des Fistelsecretes an festeren Massen, welche aus Phosphatniederschlägen und verfilztem Eiter bestehen, Schwierigkeiten in der Entleerung, welche mit grossen Schmerzen und in stockender Weise statt hat. Es können dann als Folge secundäre Durchbrüche und weitgehende Unterminirungen auftreten. Aber selbst in Fällen, in denen es nicht zu derartigen Störungen kommt, bedeutet das Fortbestehen der Fisteln eine schwere Schädigung. Es entwickelt sich zuweilen hier eine Art Wechselwirkung zwischen den Fisteln und den sie ursprünglich verursachenden entzündlichen Processen in Nieren und Nierenbecken, und letztere nehmen dann leicht die Tendenz zur Weiterverbreitung in absteigender Richtung an. Thatsächlich finden sich selten ältere Nierenfisteln ohne Complication mit Ureteritis; ebenso nimmt bei längerem Bestande des Leidens die Betheiligung des perirenalen Gewebes der Nachbarschaft, auch ohne dass es zu acuten Schüben kommt, in Form entzündlicher Bindegewebsinduration in steter Weise zu.

Ganz besonders intensiv sind die von einer Nierenfistel ausgehenden Störungen, wenn sie auf einer nicht ohne Weiteres zu beseitigenden Grundkrankheit, z. B. Tuberculose, bösartige Neubildungen der Niere u. dgl., beruht. Die Mündung der Fistel, welche sonst sehr häufig sich als eine trichterförmige Einziehung inmitten eines schwieligen Narbengewebes darstellt, hat dann deutlich den Charakter eines tuberculösen resp. krebsigen Geschwüres.

Der zeitliche Verlauf der Nierenfisteln ist in der Regel überaus chronisch. Bei mangelnder ärztlicher Beeinflussung kann er sich nicht nur über viele Monate, sondern auch über Jahre hinaus erstrecken. Oft findet in dieser langen Zeit keine wesentliche Aenderung des Zustandes der betreffenden Patienten statt. Dieselben leiden öfters wol unter den örtlichen Erscheinungen der Benetzung der Umgebung der Fistel durch deren urinös-eiterige Absonderung und unter der Nothwendigkeit, einen lästigen Verband zu tragen, das Allgemeinbefinden erscheint aber nicht immer wesentlich weiter gestört. In manchen Fällen kann dann, wie wir es bereits von einzelnen Operationsfisteln betont haben, noch nach jahrelanger und noch grösserer Frist spontaner Schluss der Fistel und damit volle Genesung erfolgen. Im Gegensatz hierzu sind jedoch die meisten Nierenfisteln der Anlass, dass sich ihre Träger nur eines labilen Gleichgewichtes ihrer Gesundheit erfreuen. Selbst bei lange Zeit hindurch ununterbrochenem indolenten Verhalten der Fistel kann diese anscheinend ohne äusseren Anlass Ausgangspunkt von Anfällen heftiger eiteriger Entzündung werden. Besonders bei Gegenwart von Fremdkörpern oder Steinen bezw. nekrotischen Gewebsfetzen kann die urinös-jauchige Absonderung so stark werden, dass die relativ enge Fistel nicht Alles herauslässt. In bereits erwähnter Weise pflanzt sich dann die eiterige Infection nicht nur in Form der Paranephritis fort, sondern ergreift auch das übrige Harnsystem, entweder durch acute Urosepsis oder durch Verschärfung älterer Leiden zum tödtlichen Ausgang beitragend.

4. Prognose und Diagnose.

Die Prognose ergiebt sich aus Vorstehendem von selbst. Die gelegentlichen Beobachtungen spontaner Heilung der Fistel nach längerem, über Jahresfrist sich erstreckendem Bestehen und die Toleranz mancher der hierhergehörigen Patienten gegen die örtlichen Beschwerden dürfen nicht dazu verleiten, in jeder Fistelbildung etwas Anderes als eine sehr ernste Complication einer chirurgischen Nierenkrankheit zu erblicken. Selbst bei ganz indolentem Verhalten der Fistel ist die betreffende Niere gefährdet. Die allmälige Zunahme des perirenalen Narbengewebes kann zur Compression und Atrophie der Niere, zu narbigen Einziehungen und strangförmigen Abknickungen der Harnleiterinsertion und dadurch zur „renalen" Harnverhaltung führen. Man verlasse sich namentlich auch nicht auf die länger anhaltende, rein eiterige, nicht-urinöse Absonderung mancher Fisteln, um auf deren Grund ihre Harmlosigkeit zu erklären. Wesentlicher für die Vorhersage ist die Ursache der Fistelbildung im Einzelfalle: am günstigsten sind in dieser Beziehung die traumatischen Fälle, am ungünstigsten die alte Eiterungszustände und ohne Nierenexstirpation nicht zu beseitigende Krankheiten complicirenden Fisteln zu beurtheilen.

Die Diagnose der Zugehörigkeit einer Fistel zur Niere kann eine leichte sein, wenn man die volle Vorgeschichte des betreffenden Falles kennt. Die der Nierengegend entsprechende Oertlichkeit der Fistel und die deutliche urinöse Beschaffenheit des Secretes vermögen dann die Diagnose vollends zu sichern. Niemals darf man sich aber hier auf ein einzelnes Symptom verlassen. Das gleichmässige Aussickern einer rein urinösen Flüssigkeit ist. wie ein vielfach citirter Fall von Blasenfistel *Désault's* darthut. an und für sich noch kein voller Beweis für die Betheiligung der Niere. Ebensowenig spricht das Fehlen charakteristischer Harnbestandtheile im Fistelsecret dagegen, dass die Fistel nicht mit der Niere oder dem Nierenbecken zusammenhängt. sondern eine „extrarenale" ist. Es kann die Absonderung der Niere, zu der die betreffende Fistel gehört, so wesentliche Veränderungen erlitten haben. dass in der spärlichen Secretion der Fistel die Harnbestandtheile sich nicht mit genügender Sicherheit mehr erweisen lassen. Auch besteht zuweilen ebenso wie bei Nierendarmfisteln bei den cutanen Fisteln der Niere eine Art Klappenverhältniss (s. o. S. 978), durch welches der Zutritt von Nierensecret zur Fistelabsonderung erschwert bezw. behindert wird. Entsprechend unserer früheren Darstellung lässt sich hier erst im Laufe längerer Beobachtung zweifelsfrei beurtheilen. ob eine Nierenfistel auf die Dauer als eine rein eiterige zu betrachten ist.

Für die Diagnose des „renalen" Charakters der Fistel kann man ebenso wie für die der Durchgängigkeit des betreffenden Harnleiters die Injection von Milch oder gefärbten Flüssigkeiten in die Fistel und deren etwaiges Wiedererscheinen im Blasenurin verwerthen. Andere Male ist vorsichtiges Sondiren mittelst einer nicht zu starken. elastischen. mit Metallknopf versehenen Bougie oder eines biegsamen Metalldrahtes von Nutzen. Immerhin ist bei sogenannter „indirecter" Fistel (*Ledentu*) nicht selten durch Interposition grösserer Eiterhöhlen, Abscessklappen. Abknickungen. Nebengänge und ähnlicher Zustände zwischen Niere und äusserer Fistelmündung alles Sondiren fruchtlos. *Tuffier* hat die Durchschnittslänge der äusseren Fisteln auf 3—7, höchstens 8 cm. angegeben. Diese Zahlen werden natürlich in Fällen „indirecter" Fisteln öfters überschritten, ebenso auch dort, wo die äussere Mündung fern von der Lende und deren Umgebung. z. B. in der Leistengegend. liegt. Unter sorgfältiger Berücksichtigung aller hier möglichen Verwechslungen mit den Folgezuständen von Eiterungen nicht-„renalen" Ursprunges, wegen deren wir auf unsere Darstellung der Paranephritis verweisen, bleibt in besonders schwierigen Fällen nichts Anderes übrig. als durch Probeincision den Fistelgang ausgiebig zu spalten und die Niere möglichst frei zu legen. Selbstverständlich hat sich hieran in mehr oder minder unmittelbarer Weise die Radicalcur der Fistel anzuschliessen.

In keinem Falle von Nierenfistel ist inzwischen die Diagnose vollständig. wenn es nicht (wie es überhaupt die Vorschrift bei einseitigen Nierenerkrankungen ist) gelingt. sich ein Urtheil über die Leistungsfähigkeit auch der „zweiten" Niere zu bilden. Neben den verschiedenen Massnahmen. das Secret von jeder der beiden Seiten gesondert aufzufangen. kommt es gerade in den hierhergehörigen Beobachtungen darauf an. unter Ausschluss der Fistelabscheidung die Menge des 24stündigen Blasenurins. bezw. seines Harnstoffgehaltes während eines nicht allzu kurzen Zeitraumes zu bestimmen.

Behandlung.

Die Behandlung der Fisteln der Niere und des Nierenorganes muss in erster Reihe prophylaktisch sein. Die Erfüllung dieser wie der weiteren sich an sie knüpfenden causalen Anzeige ist in dem vorangegangenen Capitel über die verschiedenen Formen der Niereneiterung ausgiebig erörtert worden. Immerhin mag hier daran erinnert werden mit dem Bemerken, dass etwa noch fehlende hierhergehörige Einzelheiten im weiteren Verlaufe dieses Werkes noch zur Sprache kommen werden. An dieser Stelle haben wir inzwischen ausdrücklich zu betonen, dass keine Nierenfistel endgiltig zu beseitigen geht, bevor nicht der normale Harnabfluss wieder hergestellt oder aber die Secretionsthätigkeit der betreffenden Niere versiegt ist. Namentlich sind aber nicht nur die Behinderungen des Harnabflusses innerhalb der Niere selbst und in dem zu ihr gehörigen Harnleiter zu entfernen, sondern das Gleiche muss auch für die unteren Harnwege erfolgen. Nicht nur grobe Hemmungen, sondern auch z. B.: nicht ad maximum erweiterte Harnröhrenstricturen, mit Blaseninsufficienz verbundene Cystitiden und ähnliche Zustände sind hier zu berücksichtigen.

Gegenüber der ausgemachten Fistelbildung inmitten eines straffen Narbengewebes kommen die abwartende, nicht-operative und die operative Behandlung in Frage. Abwartende Behandlung ist in vielen Fällen zeitweilig einzuschlagen, in denen man später zu operiren beabsichtigt. Man will hier eine Frist gewinnen, bis zu deren Ablauf etwaige acute und entzündliche Erscheinungen nachgelassen haben, und man sich ein Urtheil über die Leistungsfähigkeit nicht nur der Niere auf der kranken Seite, sondern auch über die der zweiten gesunden Niere gebildet hat. Eine zweite Hauptanzeige hat die „Expectation" dort, wo man die Fistel wegen Unheilbarkeit ihrer Ursache nicht endgiltig beseitigen, speciell wegen Insufficienz der „zweiten" Niere die anderen Falles indicirte Nephrektomie nicht ausführen kann.

Allerdings darf das „Nichtoperiren" sich nicht zu einem „laisser aller, laisser faire" gestalten. Ausser auf scrupulöse Reinlichkeit hat man auf sorgfältige Regulirung des Abflusses aus der Fistel zu achten. In vielen Fällen muss der Patient dauernd ein mit einem Recipienten verbundenes Drainagerohr in der Fistel tragen. Grösse und Form dieses, das Material, ob Gummi, Metall oder Glas, ist den individuellen Verhältnissen anzupassen, ebenso die Art seiner Befestigung. Oft muss man mit diesen Dingen während des langen Verlaufes der Krankheit mehrfach wechseln. Zeigt die Fistel schliesslich wider Erwarten Tendenz zur Heilung oder wenigstens Verkleinerung, so muss man entsprechend das Drainrohr verkürzen, ehe man es ganz fortlässt. Muss dagegen die Fistel wegen nicht zu beseitigender Verlegung des natürlichen Harnauslasses offen bleiben, so kommt Alles darauf an, dass das Drainrohr von einer Stärke und einem Material ist, dass es der natürlichen Narbenzusammenziehung in der Umgebung der Fistel Widerstand leistet. In einzelnen Fällen ist diese Zusammenziehung so stark, dass man von Zeit zu Zeit die Fistel stumpf oder auf blutigem Wege erweitern muss. Anderweitige Massnahmen bestehen in Säuberung der Fistel und ihrer Umgebung von störender Granulationswucherung und von Niederschlägen von Harnsalzen. Die Neigung zu solchen Niederschlägen, speciell von phosphorsauren Salzen, ist manchmal sehr gross; man soll dann die Zusammensetzung und Reaction des Harnes durch ein passendes Regime zu beeinflussen suchen (s. o. S. 621).

Bei der operativen Therapie hat man zu unterscheiden, ob die Fistel eine rein-eiterige oder eine eiterig-urinöse ist. Im ersteren Falle ist das Vorgehen im Princip das gleiche mit dem sonst bei eiternden Fisteln üblichen. Allerdings haben wegen der Massenhaftigkeit des neugebildeten fibrösen Gewebes in Umgebung der Fistel, durch welche der Fettzellstoff in sclerotische Bindesubstanz umgewandelt ist, das stumpfe Débridement ebenso wie die Exstirpation der Fistel hier bestimmte Grenzen. Mehrfach muss man diesen Eingriffen eine erweichende Behandlung durch Umschläge, z. B. von essigsaurer Thonerde, durch Bäder, sei es von gewöhnlichem Wasser, sei es von Soole, voranschicken. Andere Male muss man den Zustand der Fistel durch Einspritzungen mit Jodpräparaten, durch Elektrolyse und ähnliche Massnahmen vor ihrer Exstirpation zu beeinflussen suchen.

Auch bei eiterig-urinösen Fisteln ist sowol das stumpfe Débridement als die blutige Erweiterung, sei es als palliative Behandlung, sei es als Vorbereitung zu radicaleren Eingriffen, am Platze. Von letzteren soll man geeigneten Falles in vorderster Reihe als am wenigsten verletzend das *Guyon*'sche Verfahren der Freilegung und Anfrischung des ganzen Verlaufes der Fistel, also auch innerhalb des Nierenparenchyms und dann die Naht dieses versuchen (*Tuffier*). Diesem Vorgehen kommt zunächst die ausgiebige Freilegung oder Eröffnung der Nierensubstanz bezw. des Nierenbeckens: Nephrotomie, Nephropyelotomie. Zuweilen gelingt es hierdurch, die eiterigen Processe in Niere und Nierenbecken zu „coupiren". Manchmal sind freilich diese Operationen zu wiederholen, weil es sich herausstellt, dass Absackungen und Taschen, sei es des erweiterten Nierenbeckens, sei es der in der Nierensubstanz gebildeten Eiterhöhlen, durch die frühere Incision nicht genügenden Auslass erhalten haben. Andere Male hat man Hilfsoperationen hinzuzufügen, durch welche man das Nierenbecken aus seine Füllung behindernden Verwachsungen löst, vor Allem aber Abflusshindernisse an der Harnleiterinsertion beseitigt. Das Nähere über die hierhergehörigen Eingriffe wird, soweit es noch nicht geschehen, im Capitel „Hydronephrose" mitgetheilt werden. Endlich ist auch bei pyonephrotischer Fistelbildung wie bei der Pyonephrose überhaupt die Nephrotomie bezw. Pyelotomie mehrfach eine Voroperation für die Nephrektomie, deren Ausführung man so lange verschieben will, bis der Organismus sich daran gewöhnt hat, mit den Leistungen der „zweiten" Niere auszukommen. Die Technik und sonstigen operativen Einzelheiten richten sich im Wesentlichen nach denen der Nephrektomie in Pyonephrosefällen. Wie in diesen, muss auch hier zuweilen die regelrechte Nierenexstirpation durch die „Decortication" ersetzt werden. Vor Allem muss man bei irgend welchem Verdacht, dass die eiterige Infection bereits auf den Ureter sich ausgedehnt hat, gleichzeitig mit der Niere so viel wie möglich von diesem mitentfernen.

VI. Hydronephrose.

§ 116.

1. Vorbemerkung.

Unter „Hydronephrose" (früher als „Hydrops renis" bezeichnet)
versteht man seit *Rayer* die in der Regel mehr oder minder langsame
Ansammlung von wässeriger Flüssigkeit im Bereiche der abführenden
Harnwege, zunächst der Nierenkelche und des Nierenbeckens. Durch
diese Ansammlung wird ein Druck zunächst und am stärksten auf
die Marksubstanz der Niere ausgeübt, so dass sie zur Atrophie kommt;
aber auch die Rinde bleibt nicht frei, und in den ausgemachten, vornehmlich chirurgisches Interesse bietenden Fällen kann vom Nierenparenchym nichts, sondern nur die Kapsel mit etwas Bindegewebe
erhalten sein (*Orth*).

Da die Ansammlung von wässeriger Flüssigkeit im Bereich der
Harnwege immer ein Hinderniss des normalen Abflusses aus diesen
zur Voraussetzung haben muss, ist streng genommen jede Hydronephrose nur eine Folgeerscheinung oder ein Symptom, aber keine
selbständige Krankheit (*Lancéreaux*). In vielen hierhergehörigen Fällen
wird aber die ganze Sachlage so sehr durch die Ansammlung der
Flüssigkeit an Stelle normalen Nierengewebes beherrscht, dass das
ursächliche Moment völlig in den Hintergrund tritt. Vom klinischen
Standpunkte wird daher die Hydronephrose vielfach als eine Krankheit sui generis behandelt.

Man hat die Hydronephrose mit anderweitigen Flüssigkeitsansammlungen
der Niere zusammenzufassen versucht, so mit den in Cysten und namentlich mit
den Pyonephrosen. Aber die Besonderheiten der Nierencysten sind in der Regel
charakteristisch genug; einzelne Uebergangsformen bestätigen dieses nur. Vielfach
haben wir auch ihnen gegenüber, was allerdings gegenüber den Pyonephrosen
in noch viel höherem Grade der Fall, den ursprünglich völlig dem Harnwasser
ähnlichen und durchaus aseptischen Charakter des Inhaltes der Hydronephrose
zu betonen. Wohl kann gelegentlich eine Umwandlung dieses Inhaltes eintreten,
aber dadurch wird die Hydronephrose weder zu einer Nierencyste, noch auch zu
einer eigentlichen Pyonephrose. Sicher ist es daher nicht correct, weil einige
Hydronephrosen nachträglich septisch inficirt werden, sämmtliche Hydro- und
Pyonephrosen als Cystonephrosen oder Sacknieren zusammenzuwerfen,
wie solches von mehreren Seiten (*Küster*, *H. Schmid* u. A.) geschehen. Für die
Pathogenese und den klinischen Verlauf beider Erscheinungen wird hierdurch
eine Gemeinsamkeit vorausgesetzt, die thatsächlich nicht existirt und nur zu
irrigen Vorstellungen über das Wesentliche der Vorgänge führen kann (*Fürbringer*).
Eine Hydronephrose ist immer im Beginne eine „Uronephrose"; erweitert sie,
so ist es folgerichtiger, von einer Hydronephrosis suppurata als von einer Hydro-
pyonephrosis oder schlechtweg von einer Pyonephrose zu reden. Sind schon in
einzelnen Fällen die groben Aeusserlichkeiten solcher Hydropyonephrosen denen

64*

der eigentlichen Pyonephrosen sehr ähnlich, so finden wir doch als Regel den Ausgangspunkt letzterer in einer einfachen Pyelitis. Erst in deren weiterem Verlauf sehen wir, wie in Folge der Veränderungen der Wände des Nierenbeckens eine Pyelonephrose und dann eine Pyonephrose entstand. Der Schwund der Nierensubstanz ist dabei nur selten ausschliesslich das Ergebniss mechanischen Druckes wie bei der Hydronephrose, sondern eiterige Einschmelzung und geschwürige Processe spielen daneben eine wesentliche Rolle.

Anmerkung. Missverständlich ist ebenfalls das Beiwort „acut", das einzelnen Vorkommnissen von Hydronephrose ertheilt wird, zumal da eine jähe Behinderung des Abflusses der Nierensubstanz stets nur eine mässige Ausweitung des Nierenbeckens bedingt (*Cohnheim*). Ganz besonders zu verwerfen ist aber der Name „acute Hydronephrose" für die Anfälle intermittirender Hydronephrose bei Wanderniere (s. S. 883) und für die der Anuria calculosa. Letztere kann überdies ebensowol nicht hydronephrotisch veränderte Nieren betreffen.

2. Pathogenese und Aetiologie.

Nur in einzelnen Fällen bereits weitgediehener Hydronephrose gelingt es nicht, eine bestimmte mechanische Ursache zweifelsfrei zu erweisen. Man muss für solche Fälle annehmen, dass ursprünglich auch bei ihnen die gleichen Hindernisse für den Abfluss aus dem Nierenbecken vorgewaltet haben, welche man in Hydronephrosen mit bekannter Pathogenese regelmässig findet.

Im Speciellen handelt es sich hier entweder um Hemmung des Harnabflusses von aussen her durch Compression oder Verlegung der Lichtung der Harnwege, oder aber die Hindernisse sind intracanaliculäre, „directe" in Form von Verstopfungen, Verengerungen und ähnlichen Zuständen. In beiden Fällen können entweder die oberen oder die unteren Harnwege, bezw. sowol die oberen wie die unteren gleichzeitig betroffen sein. Bei Beeinträchtigung der oberen Harnwege pflegt man von „primärer", bei der der unteren von „secundärer" Hydronephrose zu reden (*Englisch*). Andere verstehen dagegen unter „primär" die angeborenen Fälle, als „secundär" bezeichnen sie dagegen die die Majorität bildenden erworbenen Hydronephrosen.

a) Die zu Hydronephrose führenden Hemmungen des Harnabflusses von aussen her finden sich vornehmlich im Bereiche der Harnleiter. Es gehören hierher die Hydronephrosen in Folge Compression des Harnleiters durch die retroflectirte schwangere Gebärmutter, ferner durch Neubildungen der weiblichen Geschlechtsorgane, durch parametritische Processe, durch peritoneale Narbenstränge etc. Seltener sind es von den Därmen und anderen Nachbartheilen ausgehende Veränderungen, welche durch Mitbetheiligung des Ureters zu Hydronephrose führen.

b) Directe Canalisationsstörungen werden in den mannigfaltigsten Formen im Bereich der unteren Harnwege als Ursache der Hydronephrose getroffen. Namentlich gehören hierher Stricturen und Klappen der Harnröhre, Prostatenhypertrophie. die verschiedensten Vorkommnisse von Lithiasis und Fremdkörpern und die vielfachen Formen von Blaseninsufficienz bei Innervationsstörungen und Allgemeinerkrankungen. Ueberall ist hier für die Entwickelung der Hydronephrose die Voraussetzung, dass keine septische Infection bereits stattgefunden. und dass man es lediglich mit der mechanischen Rückstauung und deren Druck auf die Nierensubstanz zu thun hat.

Die zu den Kategorien *a*) und *b*) gehörigen Hydronephrosen sind häufig doppelseitig. wenn auch oft auf beiden Seiten ungleichmässig entwickelt.

c) Die zu Hydronephrose führenden Canalisationsstörungen im Bereich der oberen Harnwege bestehen in den selteneren Fällen in wirklichen organischen Stricturen des Harnleiters; ebenso kommen minder häufig entzündliche. die Fortleitung des Harnes erschwerende Veränderungen der Harnleiterwandungen. Verstopfungen durch Gerinnsel oder Steine und ähnliche Verhältnisse hier in Frage. da mit ihnen in der Regel septische Processe verknüpft sind. Oefter spielen dagegen angeborene Zustände, sowie Klappen- und Winkelbildung bezw. Verlagerung des Ureters, speciell seiner Nierenbeckeninsertion. eine massgebende Rolle.

Die auf angeborenen Harnleiteranomalien beruhenden Hydronephrosen sind ebenso zahlreich wie mannigfaltig. *Roberts*, welcher auf 52 Hydronephrosen 20 angeborene Fälle zählt. fand unter letzteren 11 auf Harnleiteranomalien beruhend. Unter diesen handelte es sich 3mal um winkelige Harnleiterinsertion. 4mal um schiefe Harnleiterinsertion und 3mal um Harnleitercompression durch anomalen Verlauf der A. renalis oder eines ihrer Hauptäste. Eine derartige Compression ist gelegentlich auch in Folge anomalen Verlaufes der V. renalis (*Decressac*). sowie durch einen cystisch entarteten Rest des *Müller*schen Ganges (*Réliquet*) bedingt gesehen worden. Ferner führt der mit manchen Bildungsfehlern. z. B. mit Blasenektopie (*Champneys*) verbundene abnorme gewundene Verlauf der Ureteren zu Hydronephrose. Endlich ist nicht selten blinde Endigung oder Verlagerung der vesicalen Harnleitermündung. sei es an anderen Stellen der Blase. sei es fern von dieser. z. B. nach der Scheide neben der Harnröhrenöffnung hin von ursächlicher Bedeutung. In einem erheblichen Theil aller dieser Fälle bestehen neben den genannten Anomalien noch andere Verbildungen. Es ist ferner die Hydronephrose bereits bei der Geburt auf beiden Seiten so hochgradig entwickelt. dass die betreffenden Kinder nicht lebensfähig sind. Manchmal bedingen solche Hydronephrosen dann eine so starke Auftreibung des Leibes. dass hierdurch ein Geburtshinderniss gegeben wird. In anderen Fällen dagegen haben die angeborenen Hydronephrosen nur eine sehr geringe Ausdehnung bei der Geburt; etwaige sonstige Verbildungen beschränken sich auf das Urogenitalsystem und sind der Art. dass sie nicht nur das Weiterleben der betreffenden Individuen gestatten. sondern öfters die Folgen der Ureterenanomalien beschränken. Es handelt sich im Speciellen hier um Vorkommnisse von doppeltem Ureter. von denen nur der eine verlegt oder blind endigend ist. ferner um dichotomische Insertion im Nierenbecken. von der nur der eine Ast normal functionirt. Die Folge von diesen und anderen ähnlichen angeborenen Anlagen ist häufig nur eine „partielle" Hydronephrose bezw. die Andeutung einer solchen, welche allerdings im späteren Leben unter ungünstigen Verhältnissen verhängnissvoll werden kann.

Ueberhaupt gewinnen oftmals ganz leichte angeborene Abweichungen im späteren Leben eine sehr wesentliche Bedeutung für das Zustandekommen einer Hydronephrose. Unerheblich höhere oder schiefe Insertion des Harnleiters in das Nierenbecken, leicht gewundener Verlauf und analoge, häufig übersehene Zustände erhalten grosse Wichtigkeit in Fällen, in denen aus anderen Gründen eine intrarenale Harnstauung oder eine Erschlaffung der Wandungen des Nierenbeckens erfolgte. Wohl tritt eine solche Harnstauung häufig nur in vorübergehender Weise auf, wie dieses schon gelegentlich der Folgezustände der beweglichen Niere (S. 882) gezeigt ist, und wie es auch z. B. bei erschwertem Uriniren auf nervöser Basis, ferner unter Einfluss von einem längeren Krankenlager sowie von sogenannten Steinkoliken etc. beobachtet wird. In den meisten dieser Fälle pflegt die Harnstauung eine wiederholte zu sein, und es bleibt die Erschlaffung der Wandungen des Nierenbeckens als ein mehr oder weniger dauernder Zustand zurück. Eine solche Erschlaffung bezw. Ausweitung des Nierenbeckens in Verbindung mit der Stagnation des Urins, von welchem nur der Ueberschuss abläuft — „offene Hydronephrose" —, vermag dann unter Mitwirkung nur unbedeutender Canalisations-Anomalien eine weitere Steigerung zu erfahren, bevor die Zunahme des intrarenalen Druckes in Verbindung mit anderen günstigen Nebenumständen zur Entlastung des Nierenbeckens führt. Da hierdurch der hydronephrotische Zustand unterbrochen wird, so spricht man, je nachdem dieses ganz oder nur theilweise der Fall, von einer „intermittirenden" oder „remittirenden" Hydronephrose. Abgesehen von manchen auf angeborener Anlage beruhenden Fällen (*Israel*) bildet das bekannteste Beispiel einer solchen intermittirenden Hydronephrose diejenige, welche aus der Wanderniere sich entwickelt. Wir haben den für diese Entwicklung massgebenden, in allen Einzelheiten übrigens noch nicht völlig aufgeklärten Mechanismus bereits auf S. 884 erörtert. Es erübrigt noch die Besprechung der Verhältnisse, unter denen sich die vorübergehenden hydronephrotischen Zustände in mehr dauernde Formen umgestalten. Wohl sahen wir, dass die Erschlaffung des Nierenbeckens so weit gehen kann, dass selbst bei Reposition der Niere in die normale Lage eine vollständige Entleerung des Nierenbeckens nicht erfolgt (*J. Israel*). Durch fernere Vergrösserung des von der unteren Hälfte des Nierenbeckens gebildeten „cul de sac" kann dann die Harnleitermündung abnorm nach oben gerückt werden. Zur Fixirung des Harnleiters in dieser fehlerhaften Insertion wie zur Erzeugung noch weiterer Abweichungen des Verlaufes seines oberen Endes, wie durch doppelte Abknickung, S-förmige Schlängelung, so dass der Harnleiter zunächst nach oben und dann erst nach unten in die Richtung zur Blase und zu den unteren Harnwegen umbiegt, bedarf es noch besonderer Begünstigungen. Einzelnes Hierhergehörige wurde schon auf S. 884 angedeutet. Die Hauptsache bleibt aber, dass, wie noch weiter unten im Zusammenhange gezeigt werden wird, die Wandungen eines jeden Nierenbeckens, welches einer hydronephrotischen Ausdehnung unter-

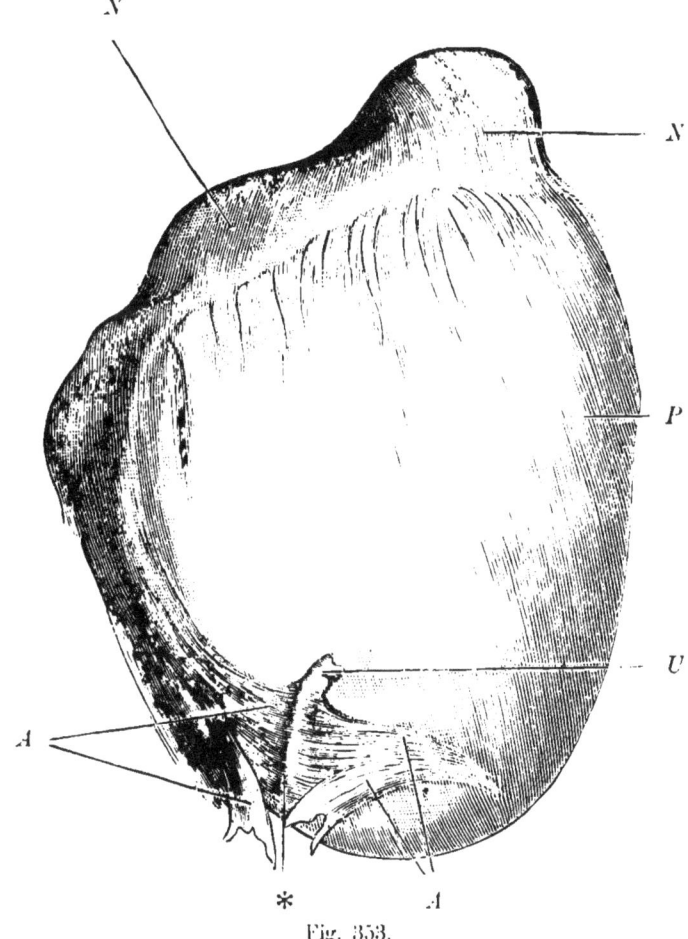

Fig. 353.

(Nach James Israel.) Hinteransicht einer linkseitigen Hydronephrose.

N Nierensubstanz.
P Hintere Wand des dilatirten Nierenbeckens.
U Ureter an der hinteren Wand des Nierenbeckens, verlaufend nach oben.
A Brückenförmige, den Ureter überspannende, an der hinteren Nierenbeckenwand fixirende Stränge, zum Theil durchschnitten.
✻ Ursprung des Ureter.

liegt, anatomische Veränderungen erleiden. Solche bestehen zunächst in Ernährungsstörungen der Musculatur, welche sich in der Herabsetzung der Spannung und Elasticitätsverlust äussern. Bei längerer

Dauer des Zustandes kommt es nicht nur zu Circulationsstörungen, sondern auch zu bindegewebigen Verdickungen mit Auflagerungen und Bindegewebsneubildungen. *Terrier* und *Baudouin* haben diese Vorgänge unter dem Namen der „aseptischen chronischen Peripyelitis" beschrieben. Die umstehende Abbildung (Fig. 353) auf S. 989 zeigt, wie die auf solche Weise entstandenen Leisten und Stränge den Harnleiter in seinem abnormen Verlauf wie auch in seinen Abknickungen und Winkelbildungen zu fixiren vermögen.

Diese im Sinne von *Simon* „secundären" Veränderungen gestalten sich übrigens in allen Fällen von Hydronephrose durchaus nicht gleichmässig. Es erhellt dieses schon daraus, dass für manche intermittirenden Hydronephrosen noch andere mechanische Verhältnisse von Bedeutung sind. Es wird dieses am deutlichsten in denjenigen Vorkommnissen von intermittirender Hydronephrose, in denen nicht eine abnorme Beweglichkeit der Niere voranging, oder dieselbe nur eine Nebenrolle spielte. Mag man die Zahl der einschlägigen zweifelsfreien Beobachtungen vielleicht etwas zu hoch angeben, so ist doch die Möglichkeit einer sich wiederholenden vorübergehenden Verstopfung der Harnleitermündung durch Steine, Gerinnsel, Schleimpfröpfe und Geschwulstbröckeln ausreichend erwiesen (*Terrier* und *Baudouin*). Ebenso ist dieses der Fall mit der zeitweiligen Verlegung des vesicalen Harnleiterendes, welche, als durch später zurückgehende Geschwulstinfiltration der Blasenwand bedingt, von *Morris* beschrieben wird. Selbstverständlich sind das nur Ausnahmen, sie haben aber ebenso wie die nicht ganz seltenen angeborenen Fälle intermittirender Hydronephrose für deren Pathogenese principielle Bedeutung.

Ueber das Vorkommen der Hydronephrose bei beiden Geschlechtern liegen bei *Roberts* wenige Zahlen vor. Von 48 verwerthbaren Fällen betrafen 25 männliche und 23 weibliche Patienten. Dagegen fanden *Terrier* und *Baudouin*, dass von 56 verwerthbaren Fällen unter einer Gesammtsumme von 70 intermittirenden Hydronephrosen nur 12 auf das männliche, 44 dagegen auf das weibliche Geschlecht kamen. Es stimmt dieses mit den statistischen Erhebungen über das Vorkommen der beweglichen Niere überein, ebenso wie die weitere Angabe (*Senator*), dass, während einseitige Hydronephrosen im Allgemeinen rechts etwas häufiger als links sind, von 49 intermittirenden Hydronephrosen nur 19 linkseitige, dagegen 30 rechtseitige gezählt wurden. Dagegen waren unter sämmtlichen intermittirenden Hydronephrosen nur 3 angeborene, wogegen *Roberts* auf 48 Fälle 20 angeborene anführt (*Terrier* und *Baudouin*).

Ueber das Alter der Kranken mit Hydronephrose lässt sich in aller Kürze sagen, dass zwar keine Lebensperiode frei ist, das kindliche Alter und namentlich ganz junge Kinder, wofern man die angeborenen Fälle ausscheidet, jedoch selten betheiligt erscheinen. Die überwiegende Summe der Hydronephrosen betrifft Erwachsene, und es ist mit Rücksicht auf die ätiologischen Verhältnisse das weibliche Geschlecht, bei dem Krankheiten der Geschlechtsorgane und die bewegliche Niere eine Hauptrolle spielen, mehr in den etwas jüngeren und mittleren Lebensjahren betroffen. Dagegen kommen für die Hydronephrosen des männlichen Geschlechtes mehr die späteren Lebensdecennien, das Greisenalter, (*Senator*) in Frage.

Häufigkeit der einseitigen und der doppelseitigen Hydronephrose. Dieselbe gestaltet sich sehr verschieden, je nachdem die betreffenden Beobachtungen bei Lebzeiten oder auf dem Leichentisch gemacht sind, bezw. nur angeborene Fälle oder solche aus den späteren Lebensjahren berücksichtigt werden. *Morris*, der unter 2610 Autopsien während eines 10jährigen Zeitraumes im Middlesex Hospital zu London 142 Hydronephrosen (noch nicht $5\frac{1}{2}$%) fand, führt unter ihnen 106 doppelseitige und nur 36 (ca. 3·2%) einseitige (darunter 26 rechtseitige) Fälle an. *Newman's* Statistik, die Beobachtungen bei Lebzeiten und Obductionen promiscue berücksichtigt, zählt auf 665 Fälle 446 doppelseitige und 217 (34%) einseitige. Von 20 angeborenen Fällen bei *Roberts* waren 13 doppelseitig, dagegen boten von 25 im späteren Leben beobachteten Patienten nur 6 eine doppelseitige, 19 dagegen eine einseitige hydronephrotische Anschwellung.

Einen wesentlichen Grund für das Ueberwiegen von doppelseitigen Erkrankungen unter den lediglich post mortem untersuchten Hydronephrosen bildet die Häufigkeit der tödtlichen krebsigen Neubildungen der weiblichen Geschlechtsorgane unter den Ursachen der Hydronephrosis duplex. *Morris* zählte auf 116 hierhergehörige Fälle nur 23, *Newman* unter gleichzeitiger Rücksichtnahme auf klinische Fälle dagegen auf 195 39 einseitige Hydronephrosen. Die noch grössere Frequenz letzterer aus anderen Ursachen thut ebenfalls *Newman's* Statistik dar: von 108 von ihm gesammelten derartigen Beobachtungen (darunter allerdings manche bereits inficirte Hydronephrosen) waren 77 einseitige.

Wenig befriedigend sind die ziffermässigen Angaben der Autoren, je nachdem man offene, intermittirende, remittirende und geschlossene Hydronephrosen unterscheiden will. *Roberts'* Statistik, der zufolge von 25 in vivo diagnosticirten Hydronephrosen 9 der intermittirenden Form zuzurechnen sind, dürfte viel zu beschränkt sein, um irgendwie Ausschlag zu geben. Sicher ist die Häufigkeit der intermittirenden Hydronephrose verhältnissmässig viel grösser, als aus diesem kleinen Zahlenmaterial erhellt. Es werden nicht nur hierhergehörige, aber wenig ausgesprochene Fälle relativ oft übersehen, sondern man hat den Zustand bei nicht genügendem Vertrautsein mit der Natur der einzelnen Anfälle gelegentlich auch verkannt, bezw. die Diagnose irrigerweise auf Steinkolik, umschriebene Peritonitis, Neuralgie etc. gestellt.

3. Pathologische Anatomie.

Entsprechend den wechselnden Entwickelungsvorgängen gestaltet sich die hydronephrotische Niere in verschiedenster Weise. Zwar charakterisirt sie sich meist schon äusserlich durch Volumzunahme, welche im Wesentlichen durch Ausdehnung des Nierenbeckens auf Kosten des functionsfähigen Nierenparenchyms und weit über die Norm hinaus bedingt wird. Diese Volumzunahme variirt jedoch innerhalb weiter Grenzen. Vielfach spielt hier das längere und kürzere Bestehen der Hydronephrose eine Rolle, mehr jedoch der Umstand, dass, je vollständiger, je schneller, je plötzlicher die Abflussbehinderung eintritt, und je früher das functionsfähige Nierengewebe zu Grunde geht, desto geringer die Menge des angestauten Nierensecretes wird. Thatsächlich findet man unter umgekehrten Verhältnissen sowol beim Thierversuch wie bei der Beobachtung am Menschen, dass entsprechend der längeren Persistenz leistungsfähigen Parenchyms, der Häufigkeit und Länge der Zeiten freien Harnabflusses zwischen den Anfällen der Behinderung des Harnaustrittes aus dem Nierenbecken dessen Ausdehnung zunimmt (*Cohnheim*). Aber mit dem zuweilen überraschenden Wachsthum der Menge der angestauten Flüssigkeit verliert dieselbe mehr und mehr den Charakter normalen Harns: sie nimmt die Beschaffenheit einfachen Bluttranssudats, d. h. des gewöhnlichen Hydrops an und gleicht einem schwach eiweisshaltigen, an Harnbestandtheilen, speciell an Harnsalzen armen Wasser.

Der Uebergang des ursprünglichen, mehr urinösen Inhaltes der Hydronephrose in eine solche mehr hydropischer Flüssigkeit beruht auf Parenchymveränderungen, welche die Niere bei länger bestehender Harnstauung überall dort erleidet, wo ihre Structur aus anderen Gründen nicht völlig vernichtet wird. Da jede Harnverhaltung Polyurie bedingt (*Guyon*), wie sich dieses unter Anderem durch die Absonderung eines reichlichen, specifisch leichten und hellen Urins nach Aufhören des Anfalles von Retention kund giebt, so erscheint während der Stagnation eines solchen Urins im Nierenbecken seine schnelle Aufsaugung durch die Lymphgefässe, namentlich in den ersten Zeiten der Verhaltung, selbstverständlich. Wir finden in Uebereinstimmung hiermit anfangs bei Verschluss des Ureters Lymphödem der Niere, der Nierenkapsel, des perirenalen Gewebes. Dauert die Stauung in Nierenbecken an, so mischt sich zu dessen Inhalt die fortdauernde Absonderung der Schleimhaut des Nierenbeckens. Der Inhalt etwas grösserer Hydronephrosen ist, abgesehen von der gelegentlichen Beimengung einzelner Concremente, völlig klar, vielleicht etwas gelblich, seltener gallertig oder blutig tingirt. Von geformten Theilen bietet er einige Nierenepithelien und Schleimkörperchen, ferner Cholestearintäfelchen, Fett- und Detrituskörner, decomponirte Blutelemente und etwas Blutfarbstoff. Selten ist hier eine c o l l o i d e Umwandlung; Ausnahme bildet die Entwickelung von G a s (K o h l e n s ä u r e), dessen Herkunft in den wenigen genauer untersuchten Fällen (*Kehrer*, *Ledentu*, *Lannelongue*) sich nicht näher ermitteln liess. Bei n a c h - t r ä g l i c h e r I n f e c t i o n d e s S a c k e s und Uebergang in Pyonephrose bietet dagegen der Inhalt stärkeren Gehalt an Blutbestandtheilen, untermischt mit Eiterelementen.

Hydronephrosen vermögen die umfangreichsten Unterleibsgeschwülste zu bilden. Fälle mit einem Inhalt von bis zu 20 Litern (30 Gallonen) werden registrirt (*Glass*, *Zielewicz*, *Kosinski* u. A.). Im Uebrigen wechselt die Inhaltsmenge von Fall zu Fall und mit ihr Gestalt wie Form der Geschwulst. Anfangs lässt sich noch das ausgedehnte Nierenbecken von der Nierensubstanz unterscheiden. Es bildet eine eigrosse Anschwellung (*Lancéreaux*), der die abgeplattete und verlängerte Parenchymmasse nach Art eines Helmes aufsitzt. Nur langsam ändert sich dieses. Die Ausdehnung des Nierenbeckens geht auf die Kelche über und der sehr reducirte Drüsenkörper ist schliesslich weiter nichts als eine Verstärkung der Sackwand. Die Veränderungen, welche die Nierensubstanz durch den Druck der an-

gestauten Flüssigkeit erleidet, geben sich ausser durch Lymphödem
durch Abplattung der Papillen kund, welche später durch Vertiefungen
ersetzt werden. Es kann zur Usur und nekrosirenden Vorgängen
kommen. Etwa in der 3. bis 4. Woche bei experimenteller Absperrung
des Ureters beginnt ein interstitieller entzündlicher, sclerosirender
Process (*Griffith, Aufrecht* u. A.), und während zuweilen die glatte
Musculatur der Nierenkapsel hypertrophirt, kommt es schliesslich zum
Schwund des gesammten secretorischen Gewebes. Nicht selten bleiben
immerhin die Glomeruli noch recht lange durchgängig, und selbst
unscheinbare Reste von Drüsensubstanz vermögen nach Aufhebung
des durch die Harnstauung bedingten Druckes sich wieder zu erholen
und in unerwarteter Weise auf's Neue leistungsfähig zu werden
(*Landau*). Bleibt der vom angesammelten Harn ausgeübte Druck dagegen unverändert, so vergrössern sich mit der Zeit die den Nierenpapillen entsprechenden Vertiefungen; mehr und mehr bildet sich ein
vielkammeriger Cystensack aus, dessen Eintheilung in eine Reihe von
Logen oder Nischen sich nicht selten bereits von aussen durch buckelige
Erhabenheiten auf seiner Oberfläche erkennen lässt. Mit der späteren
Entwickelung können aber diese Erhebungen schwinden; man hat
einen gleichmässigen Sack vor sich, auf welchen sehr wohl der
Name ren cysticus ("Sackniere", *Küster*) passt. Aber auch dann
lassen zuweilen noch einzelne Leisten und Vorsprünge oder Falten
die Grenzen der früheren Pyramiden erkennen. Die bindegewebige
Sackwand ist manchmal nur dünn und leicht zerreissbar; mikroskopisch
zeigt sie öfters noch Structurreste des Nierenbeckens und Parenchym-
überbleibsel. Andere Male bietet sie derbe, gefässreiche Verdickungen
durch perirenale Schwarten, seltener durch peritonitische Verwachsungen.

Partielle Hydronephrose entsteht bei dichotomischer Harnleitermündung bezw. Zweitheilung des Nierenbeckens, wenn nur aus einer seiner
beiden Hälften der Harnabfluss behindert ist. Meist, doch durchaus nicht immer,
ist es dann die untere Hälfte, welche von der Hydronephrose betroffen wird.
Eine anderweitige Unregelmässigkeit der hydronephrotischen Ausdehnung beruht
darauf, dass die Ausweitung der einzelnen Nierenkelche nicht gleichmässig erfolgt.
Die Ursache hierfür ist, dass neben der allgemeinen Behinderung des Harnabflusses die Entleerung des einen oder des anderen Kelches durch die An-
wesenheit von Concrementen, Gerinnseln u. dgl. noch besonders erschwert wird.
Diese Verhältnisse, besonders aber auch Verdickungen und Verwachsungen der
Wandungen, bedingen bei vielen Hydronephrosen keinen gleichmässigen Sack.
Zur Orientirung in solchen Fällen empfiehlt es sich, den Verlauf des Ureters
zu verfolgen, dessen Mündung in der Regel weit nach oben gerückt ist. Man
beachte aber, dass an älteren Hydronephrosen der Harnleiter als strangartige
Verdickung, als bandförmige Leiste der Sackwandung fest anhaftet, und die
Fortsetzung dieser Gebilde in den noch besser erhaltenen unteren Harnleiterabschnitt sich um so schwerer darthun lässt, als die Untersuchung häufig an
dem entleerten Sack vor sich geht, und etwaige Winkel und Falten, welche den
Uebergang des Harnleiters in die Hydronephrose kennzeichnen, nur bei einer
gewissen Füllung, bezw. Spannung ihrer Wandungen hervortreten.

Die Complicationen. welche die „zweite" Niere bei einseitiger Hydronephrose bietet. beruhen — abgesehen von ihrer nachträglichen gleichartigen Erkrankung — im Wesentlichen auf der Herabsetzung ihrer Widerstandsfähigkeit. Diese meist allmählige Herabsetzung ist ebenso wie bei der Pyonephrose die Folge ihrer Functionssteigerung. welche sich nicht allein in Hypertrophie. sondern auch in grösserer Blutzufuhr und Congestion äussert. Grosse Hydronephrose bieten ausserdem gleich anderen umfangreichen Unterleibsgeschwülsten Complicationen rein mechanischer Natur durch Druck und Stauungserscheinungen in der Nachbarschaft. auf welche in der Symptomatologie noch zurückzukommen sein wird.

4. Symptome.

Gleich wie eine Anzahl von Pyonephrosen verlaufen verschiedene Hydronephrosen bei Lebzeiten symptomlos. Es sind dieses hauptsächlich Fälle. bei denen es zu keiner äusserlich wahrnehmbaren Geschwulstbildung kommt. also zunächst Hydronephrosen von nur geringem Umfang. Dann aber gehören hierher auch manche grössere Ausweitungen des Nierenbeckens. bei denen aber die Spannung der Wandungen wegen ihrer Dünnheit und Erschlaffung nicht erheblich genug ist. um eine deutlich palpable fluctuirende Anschwellung hervorzurufen. Verhältnissmässig häufig sind solche Hydronephrosen doppelseitig und dann meist Folgen einer von den unteren Harnwegen ausgehenden Rückstauung. und man kann auch ohne eigentliche Geschwulstbildung eine Ausweitung des Nierenbeckens, z. B. bei Prostatahypertrophie. bei seniler Blaseninsufficienz. bei Störungen der Blasenentleerung durch Nervenerkrankungen und anderen solchen Zuständen vermuthen. wenn, namentlich Nachts, eine im Uebrigen symptomlose Polyurie (S. 228) besteht.

Abgesehen von solchen Fällen. die erst einen mehr oder minder ausgesprochenen Leichenbefund bilden. ist für die Hydronephrose das Auftreten einer dem Arzte oder dem Patienten auffälligen Geschwulst unterhalb des Rippenbogens eines der wesentlichsten klinischen Zeichen. Dasselbe ist unter 32 Fällen. die *Roberts* gesammelt. nur in 10 nicht erwähnt Bevor indessen eine solche Geschwulst sich unzweideutig kund giebt. bestehen sehr häufig vage Beschwerden. die sich mehr auf die Verdauungsorgane beziehen und ausser durch Stuhlverstopfung. Appetitmangel und Brechneigung sich durch Gefühl der Kälte und allgemeines Schmerzgefühl im Unterleibe mit Ausstrahlen der Empfindlichkeit nach den Geschlechtstheilen und den Schenkeln bemerklich machen. Dauerndes Aufstossen. Durstgefühl. ein gewisser Kräfteverfall mit Neigung zu leichter Benommenheit pflegen dann schliesslich den Verdacht unzureichender Nierenthätigkeit zu erregen, bezw. zu genauer Untersuchung des Urins und der Unterleibsorgane zu führen. Die Hydronephrose kann jetzt schon einen ziemlichen Umfang erreicht haben. ohne dass sie durch lebhaftere örtliche Schmerzen (*Morris*) oder anders als durch eine gewisse Behinderung bei gesteigerter Thätigkeit der Bauchpresse und stärkeren Körper-

bewegungen die Aufmerksamkeit des Patienten erregt hätte. In einzelnen Fällen haben die Schmerzen einen mehr kolikartigen Charakter.

Die bei der objectiven Untersuchung sich darstellende, der Hydronephrose entsprechende Geschwulst ist meist deutlich ab-
grenzbar, ovoid, der Fossa lumbalis fest aufliegend und
sich hauptsächlich in die Bauchhöhle ausdehnend. Mit
zunehmendem Umfang und bei Erreichung einer zuweilen sehr beträchtlichen Grösse interessirt die Geschwulst beide Seiten der Bauchhöhle, sie steigt bis in das Becken hinab und drängt das Zwerchfell

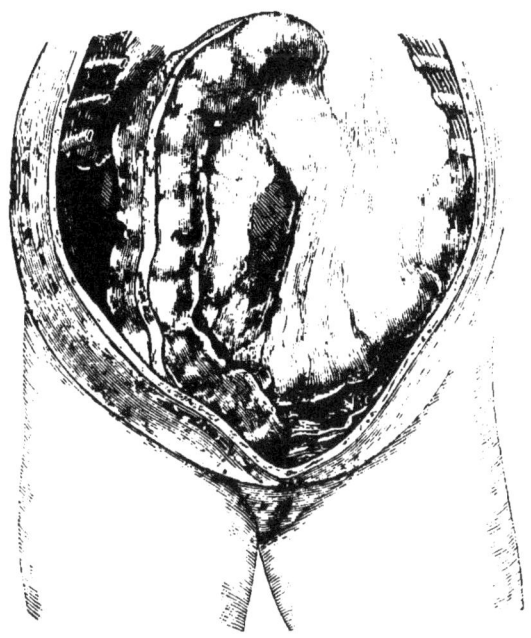

Fig. 354.

Rechtseitige Hydronephrose (nach Péan).
(Der aufsteigende Dickdarm liegt vor dem Sack.)

in die Höhe. Hydronephrosen von mittlerer, mässiger Grösse lassen
sich percutorisch wie palpatorisch oft ziemlich leicht vom Rippenbogen und der Leber abgrenzen. Je nach der Seite der hydronephrotischen
Geschwulst wird dieselbe durch den aufsteigenden resp. absteigenden,
am tympanitischen Percussionsschall erkennbaren Dickdarm, sei es
schräg, sei es vertical gekreuzt (Fig. 354). Man kann sich hier die
Erkennung der Beziehungen des Dickdarms zur Niere erleichtern,
wenn man ihn künstlich vom Rectum her aufbläht. Bei weiterem
Wachsthum der hydronephrotischen Geschwulst wird aber der Darm
comprimirt und nach innen gedrängt: die eine Flexura colica kann dann

der anderen so genähert werden. dass das Colon transversum zwischen
ihnen nach Art einer Schleife herabhängt. (Fig. 355.) Es ist dann
zuweilen ebenso unmöglich. die Lage des Dickdarms zur Hydronephrose genau zu ermitteln. wie in manchen Fällen mit abweichender
Anordnung des Mesocolon. Durch letztere vermag nicht nur bei Hydro-

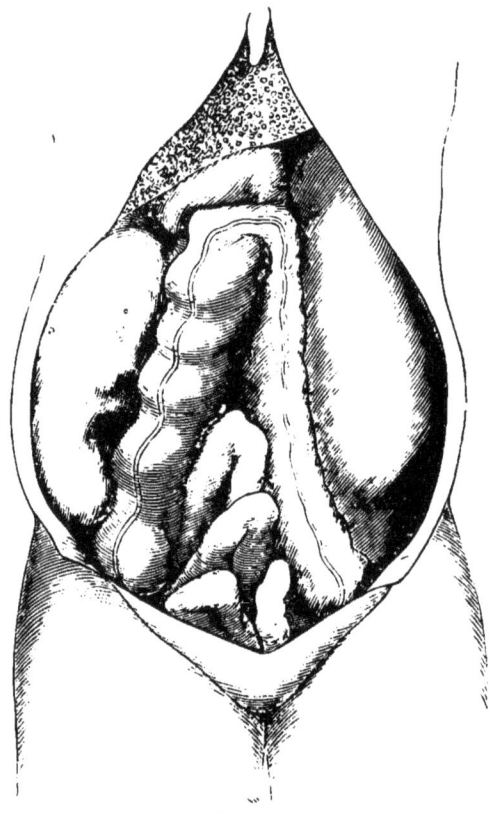

Fig. 355.

Rechtseitige Hydronephrose nur noch zur Hälfte gefüllt. Der Dickdarm stark
aufgetrieben. Das aufsteigende Colon vor der Geschwulst steigt bis zur Flexura
colica dextra nach oben; von dieser geht das quere Colon schräg herunter und
wendet sich um das untere Ende des in die linke Bauchseite gedrängten. vertical
gestellten Magens. (Nach G. Simon)

nephrose. sondern auch bei anderen Nierengeschwülsten das Colon
ausnahmsweise nach innen oder auch unterhalb der Anschwellung,
zuweilen sogar ganz ausser deren Bereich zu liegen kommen.

Mehrfach zeichnet sich die Hydronephrose von anderen Nieren-
und sonstigen Unterleibsgeschwülsten durch ihre deutliche Fluc-

tuation aus. Wiederholt wird indessen diese vermisst, denn der von der Hydronephrose gebildete Tumor kann bisweilen von einer festen, sehr ausgesprochenen Resistenz sein (*Landau*). Andere Male, wenn die Wandung des hydronephrotischen Sackes nicht gleichmässig gespannt ist, kann man die den einzelnen Nierenkelchen entsprechenden Vertiefungen durchfühlen und bei schlaffen, mageren Bauchdecken sowie weit nach vorn verlagerten Nieren den noch erhaltenen Theil der Nierensubstanz abtasten. Sehr augenfällig ist öfters, namentlich rechts (in Folge der Nachbarschaft der Leber), die Verschieblichkeit bezw. die respiratorische Mitbewegung der hydronephrotischen Niere. Je grösser aber der Umfang der Geschwulst, desto schwerer ist naturgemäss ihre Beweglichkeit zu erweisen.

So wesentlich die vorstehend geschilderten physikalischen Eigenschaften der von der Hydronephrose gebildeten Geschwulst sind, so sehr unterliegen sie dem Einfluss zufälliger Nebenumstände. Wir nennen hier in erster Reihe Verwachsungen der Sackwand, dann Erkrankungen anderer Unterleibsorgane, welche zu deren Volumzunahme führen, und von denen wir hier nur die der zweiten nicht-hydronephrotischen Niere hervorheben, ferner Veränderungen der weiblichen Geschlechtsorgane und endlich die eigenartigen Verhältnisse, die sich bei Hydronephrose einer verlagerten und bei Erkrankung der einen Hälfte einer Hufeisenniere entwickeln. Ebenso wie unter diesen besonderen Bedingungen Anlass zu irrigen Diagnosen gegeben ist, wird die Beurtheilung der Sachlage zuweilen erschwert durch die Verlagerungen, welche wichtige Nachbarorgane grosser Hydronephrosen erleiden. Es gehören hierher die Verschiebungen der Milz und der Lunge nach oben, die des Herzens nach oben innen, des Magens und Querdarms nach rechts bei linksseitiger Hydronephrose; bei rechtsseitiger kann die Leber nach links oben, der Querdarm nach unten verdrängt werden, während der Magen sich der Verticalen nähert (s. Fig. 355 auf voriger Seite nach G. *Simon*).

Harnveränderungen bei Hydronephrose. Dieselben fehlen eigentlich nur in einzelnen Fällen geschlossener einseitiger Hydronephrose, wenn die „zweite" Niere völlig die Leistungen der erkrankten Niere zu übernehmen vermag. Auch bei einseitiger offener Hydronephrose treten, da der Harn sich mit dem der gesunden Seite mischt, seine Veränderungen öfters in den Hintergrund. Manche derartigen Fälle bilden bereits den Uebergang zu der bei doppelseitiger offener Hydronephrose nicht seltenen symptomlosen Polyurie. Wir erwähnten bereits, wie häufig letztere übersehen wird; thatsächlich wird sie oft genug erst dann richtig gewürdigt, wenn durch eiterige Infection des Nierenbeckens Trübung des Harns sich kund giebt. Mit weiterem Fortschreiten der eiterigen Infection leidet ebenso wie beim ferneren Wachsthum der Ausdehnung des Nierenbeckens natürlich die Leistungsfähigkeit der Nieren. Statt der Polyurie kommt es zur Oligurie, in extremen Fällen zur Anurie. Einige Male hat man auch Albuminurie gesehen. Wie bei anderen doppelseitigen Nierenerkrankungen kann man hier leichtere und schwerere urämische Erscheinungen beobachten, ebenso Kreislaufstörungen (Ascites, allgemeine Wassersucht), welche nicht auf mechanischem Wege durch die Grösse der hydronephrotischen Geschwulst zu erklären sind. Hypertrophie des linken Herzens scheint, namentlich bei normalen Ernährungsverhältnissen (*Fürbringer*) häufiger vorzukommen, als aus den meisten Beschreibungen hervorgeht.

Sehr charakteristische Erscheinungen, speciell auch eigenartige Harnveränderungen bieten ausgemachte Fälle intermittirender Hydronephrose. Wir haben die sogenannten Einklemmungen der beweglichen Niere, welche im Grossen und Ganzen in der Art ihres Auftretens und in der der Harnveränderungen der Erscheinungsweise der intermittirenden Hydronephrose gleichen, auf S. 882 bereits eingehend geschildert. Das Wesentlichste für diejenigen Fälle, in denen es bereits zur Ausweitung des Nierenbeckens gekommen, ist der Nachweis einer entsprechenden, der vergrösserten Niere angehörigen Geschwulst. Genau dasselbe Verhalten zeigen diejenigen Fälle intermittirender Hydronephrose, deren Voraussetzung eine anderweitige Erkrankung und nicht abnorme Beweglichkeit der Niere bildet (*Guyon*). Die Schwierigkeit, welche hier und auch sonst die Beurtheilung der intermittirenden Hydronephrose öfters bietet, liegt, abgesehen von der nicht genügenden Vertrautheit mancher Aerzte mit ihrem Symptomencomplex, wesentlich darin, dass Fälle mit nicht deutlich ausgesprochenen und nicht völlig typischen Erscheinungen relativ oft vorkommen (*Ledentu*). Anderweitige Erkrankung, sei es der hydronephrotischen, sei es der „zweiten" Niere, hindert nicht selten, dass die Beschaffenheit des Harns nach Aufhören des Anfalles und nachdem zunächst eine kleine Menge hochgestellten, Blut, Nierenelemente und Cylinder haltenden Harns abgesondert ist, allmählig wieder normal wird. Hier und in anderen Fällen ist die Rückbildung, die „Intermission" keine vollständige. Je öfter sich überhaupt der Anfall wiederholt, desto häufiger ist diese unvollständige Rückbildung, desto weniger aber auch der Anfall als solcher markirt. Manche intermittirenden Hydronephrosen sind, streng genommen, von vornherein „remittirende" oder werden dieses sehr bald. Schliesslich bleibt entsprechend einer dauernden Hydronephrose eine selbst bei längerer Beobachtung in ihrer Empfindlichkeit und sonstigen physikalischen Eigenschaften nur geringe bezw. keine Schwankungen bietende Nierenanschwellung zurück. Je nach der Ursache gestalten sich dann die weiteren Eigenschaften dieser dauernden Hydronephrose-Geschwulst.

In einigen Fällen hat man den atypischen, wenig ausgesprochenen Charakter der einzelnen Anfälle als eine Art von Einleitung einer Spontauheilung der intermittirenden Hydronephrose betrachtet. Zu berücksichtigen ist, dass Fälle ausgemachter intermittirender Hydronephrose mit vieljährigen freien Intervallen wiederholt beobachtet sind (*J. Israel*).

5. Verlauf, Complicationen und Folgezustände. Ausgänge.

Mit Ausnahme vereinzelter traumatischer Fälle und einiger Beobachtungen, welche die intermittirende Form betreffen, stellt die Hydronephrose ein mehr oder minder chronisches Leiden dar. Eine einseitige Hydronephrose kann Jahr und Tag bestehen, ohne eine wesentliche Zunahme erkennen zu lassen; dem entsprechend sind die in solchen Fällen von ihr ausgehenden Beschwerden häufig nur sehr geringe. Das Wachsthum selbst ist häufig ebenfalls nur ein verhältnissmässig langsames; daher bedingt die sehr allmählige Vergrösserung der hydronephrotischen Geschwulst, dass, wenn diese sich bemerklich macht, oft ein recht langes „Latenzstadium" des Leidens vorangegangen ist. Mehrfach muss eine längere Entwickelung ebenso in den schon erwähnten Fällen vorausgesetzt werden, in denen die Hydronephrose lediglich bei der Obduction eine Rolle spielt. Dass aber auch sonst das Tempo bis zur Bildung einer nennenswerthen Geschwulst ein recht langsames ist, beweisen unter Anderem manche ursprünglich angeborenen Fälle, welche zu ihrer vollen Entwickelung erst im späteren Alter, ausnahmsweise sogar erst nach dem 30. Jahre gelangen. Ebenso sprechen für die grosse Chronicität des Leidens die älteren Beobachtungen, in welchen die Hydronephrose durch keinerlei chirurgische Intervention in ihrem Verlauf beeinflusst wurde. Hier dauerte es mehrere Jahre meistens bis zum tödtlichen Ausgange; dabei ist zu berücksichtigen, dass letzterer häufig nicht durch die Hydronephrose als solche, sondern durch intercurrente Erkrankungen — nach *Roberts* unter 40 tödtlichen Fällen 16mal — bedingt wird. Mehr ausnahmsweise kann ein derartig langsamer Decursus morbi durch Perioden schnelleren Wachsthums unterbrochen werden, wenn nämlich unter Einfluss innerer Krankheiten und namentlich der Schwangerschaft stärkere Behinderung der Entleerung des Nierensecretes erfolgt. Allerdings kann dann nach Ablauf der Schwangerschaft die Hydronephrose wieder abnehmen (*Wagner*).

Völliges spontanes Verschwinden der hydronephrotischen Geschwulst wird für die verschiedenen Formen der Krankheit von vielen Autoren beschrieben. *Morris* fand dasselbe unter 47 von ihm gesammelten Fällen 7mal aufgeführt, darunter in einem Falle intermittirender Hydronephrose. Nach *Terrier* und *Baudouin* ist die spontane Heilung bei intermittirender Hydronephrose nicht ganz selten, sie betrifft aber nach ihnen nur Fälle, welche nicht durch abnorme Beweglichkeit der Niere bedingt sind. Es scheint sich hier mehrfach um zeitweilige Verlegung des Harnleiters durch Steine gehandelt zu haben; nach deren Elimination war der Abfluss aus dem Nierenbecken wieder frei. Ob dann die Heilung definitiv war, muss in einzelnen Fällen zweifelhaft bleiben. Die Wiederkehr der Steinbildung dürfte hier vielleicht aufs Neue Schwierigkeit des Harnabflusses, bezw. eine „recidivirende" Hydronephrose veranlassen.

Den Vorgang bei Spontanheilung „geschlossener" Hydronephrose stellt man sich so vor, dass ihr Inhalt erst resorbirt wird, und dann der Sack schrumpft (*Roberts*). Angaben über Heilung durch spontane Zerreissung des Sackes sind mit grosser Vorsicht aufzunehmen; die traumatische Zerreissung hat wohl in den wenigen bekannten Fällen fast immer zum Tode geführt, in einem Falle *Thompson's* durch septische Peritonitis, nachdem der

Inhalt der Hydronephrose vorher inficirt worden war. Gerettet wurde eine 15jährige Patientin *Taylor's* durch rechtzeitige Laparotomie, doch blieb hier eine Nierenbeckenfistel zurück.

Auf Grund von Befunden bei gerichtlichen Leichenöffnungen glaubt Verfasser annehmen zu müssen, dass hydronephrotische Nieren leichter als normale wegen ihres grösseren Umfanges und ihrer nicht seltenen Verlagerung nach vorn äusseren Einwirkungen ausgesetzt sind. Es kommt dann aber nicht immer zu Zerreissungen, sondern zuweilen nur zu ganz unscheinbaren perirenalen oder subcapsulären Blutergüssen. Dieselben bilden dann einen Nebenbefund neben ernsteren Läsionen anderer Organe.

Anmerkung. Bei der Unklarheit, welche die Vorgänge bei Spontanheilung der Hydronephrose noch mehrfach bieten, hat man zu beachten, dass in Fällen, die mit Leiden der weiblichen Geschlechtsorgane zusammenhängen, deren Heilung öfters auch die Rückbildung der Hydronephrose bedingt. So gehen z. B. Hydronephrosen nach Beseitigung von Verlagerungen der Gebärmutter zurück (*Newman*). Ob gewisse ausnahmsweisen Umwandlungen des Inhaltes z. B in breiige, fetthaltige, atheromatöse oder colloide Massen (*Ebstein*) oder in fadenziehende Flüssigkeit (*Dickinson*) als Heilungsvorgänge aufzufassen sind, muss offene Frage bleiben.

Gegenüber den nicht seltenen Beobachtungen von Hydronephrosen, welche während eines recht langen Zeitraumes verhältnissmässig gut tolerirt werden, und den mehr ausnahmsweisen spontanen Heilungen steht die grosse Gruppe von Fällen, in denen die Hydronephrose unter mehr oder minder bedenklichen Erscheinungen auftritt, bezw. in directer oder in mehr mittelbarer Weise Todesursache werden kann. In erster Linie entscheidet sich das Schicksal der hierhergehörigen Patienten, je nachdem die Hydronephrose einseitig oder doppelseitig vorkommt. In letzterem Falle ist für die Harnstauung auf beiden Seiten meist die gleiche gemeinsame Ursache vorhanden. Wenn dann diese, wie z. B. bei bösartigen Erkrankungen der weiblichen Geschlechtsorgane, häufig auch die Todesursache abgiebt, so ist nicht selten die doppelseitige Hydronephrose von verhältnissmässig nur geringer Bedeutung für den Gesammtverlauf der Krankheit und deren in der Regel ungünstigen Ausgang. Andere Male ist dieselbe dagegen in Folge verstärkter Abflussbehinderung und gesteigerter Functionsstörung beider Nieren und deren Erscheinungen der Anurie und Urämie direct für das tödtliche Ende verantwortlich. Die Gefahr der tödtlichen Urämie ist überhaupt bei Patienten mit einigermassen entwickelter doppelseitiger Hydronephrose eine recht grosse; nur in denjenigen mehr ausnahmsweisen Fällen, in denen die Ursache der Erkrankung auf jeder Seite eine andere ist, also rechts z. B. eine angeborene Hydronephrose besteht, links dieselbe aber durch Steineinklemmung veranlasst wird (*Wagner*), ist die Prognose etwas günstiger, da hier ebenso wie bei den nur einseitigen Hydronephrosen ein Erfolg eines chirurgischen Eingriffes an einem noch hinreichend functionsfähigen Organe, auf der einen Seite wenigstens, im Bereich des Möglichen liegt.

Bei weitgediehener einseitiger Hydronephrose ist inzwischen der Zustand des betreffenden Patienten ebenfalls im Allgemeinen kein gleichgiltiger. Abgesehen von den subjectiven Beschwerden und den Erscheinungen des Druckes und der Raumbeschränkung, welche umfangreiche hydronephrotische Geschwülste in der Regel bedingen, und welche zuweilen durch an und für sich unbedeutende äussere Schädlichkeiten (leichte Körpererschütterungen, Indigestionen etc.) erheblich sich steigern können, besteht dauernd die Gefahr einer Erkrankung der zweiten Niere. Es ist zwar nicht so selten, dass die Ursache, welche zur Hydronephrose der einen Seite geführt, später zur gleichen Veränderung der anderen Niere Anlass giebt, wie dieses bei schnell wachsenden Geschwülsten und Exsudaten im Becken vorzukommen pflegt. Die Hauptsache ist aber, dass die zweite in ihren Leistungen überbürdete und häufig compensatorisch hypertrophirte Niere überaus leicht den verschiedensten Erkrankungen ausgesetzt ist, wie dieses bei allen Nierenaffectionen, welche die Thätigkeit des einen Organes aufheben, eine unabweisliche Folge für das andere Organ ist.

Die Aeusserungen des Druckes und der Raumbeschränkung, welche von umfangreichen Hydronephrosen ausgehen, sind überaus verschieden in den einzelnen Fällen. Dass solche grosse Geschwülste bei Neugeborenen häufig lediglich die Bedeutung eines Geburtshindernisses haben, war schon erwähnt. In späterem Alter werden die Erscheinungen oft modificirt durch die Entwickelung von Verwachsungen des hydronephrotischen Sackes mit seiner Nachbarschaft. Nicht nur durch den Druck des Sackes, sondern auch in Folge der Zerrung der von ihm ausgehenden Adhäsionen kann es zu Störungen der Darmbewegung kommen. Die betreffenden Patienten leiden sehr unter hartnäckiger Stuhlverstopfung und Auftreibung der geblähten dicken Därme. Es ist gar nicht selten, dass diese Complicationen und nicht die Hydronephrose als solche den Kranken zur Aufsuchung des Arztes veranlassen. Die Exploration des Unterleibes ist dann durch die ausgedehnten Därme oft erschwert, und es ergiebt sich manchmal erst recht spät die richtige Diagnose.

Eine fernere Complication, welcher viele Hydronephrosen anheimfallen, ist die eiterige Infection. Nicht selten erfolgt eine acute Vereiterung des Sackes. In früheren Zeiten war eine heute mehr oder minder beseitigte Ursache solcher acuten Vereiterung die in nicht-aseptischer Weise unternommene Punction der Geschwulst. *Roberts* führt allein vier derartige tödtliche Fälle an. Aehnlich kann eine acute Infection einer „offenen" Hydronephrose in ascendirender Weise erfolgen, sei es in Folge eines nicht aseptischen Katheterismus, sei es bedingt durch eine acute, eiterige Entzündung der unteren Harnwege. Beispielsweise hat *Israel* in zwei Fällen schon länger bestehender Hydronephrose die schnelle Umwandlung in Pyonephrose durch einen Harnröhrentripper mit cystitischer Reizung gesehen. Häufiger ist indessen der allmälige Uebergang einer Hydronephrose in eine Pyonephrose, wenn gleich hier einzelne diagnostische Irrthümer stattfinden mögen, indem geringe, von Anfang an vorhandene eiterige

Beimengungen des Inhaltes eine Zeit lang übersehen worden sind. Besonders in manchen Fällen mässiger Ausdehnung beider Nieren-becken und älterer Infection der unteren Harnwege ist das Vorangehen eines hydronephrotischen Stadiums vor der Pyonephrose nicht gerade wahrscheinlich. Vielmehr ist die Verbindung dieser beiden Zustände eine solche, dass man trotz ihrer principiellen Verschiedenheit ihrer Entwickelung diese hier nachträglich unter gleichem klinischen Gesichtspunkte betrachten muss. Unterstützt wird diese Anschauung durch die Langsamkeit des Ueberganges der Hydronephrose in die Pyonephrose. Meist sind die Ursachen an und für sich unbedeutende infectiöse Vorgänge in den unteren Harnwegen. z. B. ist häufiger als für die acute Entstehung der Pyonephrose für deren allmählige Entwickelung ein chronischer Tripper mit schnell vorübergehender Blasenreizung verantwortlich (*Tauffer*). Seltener spielen auch Eiterungen an anderen Körperstellen. gewöhnlich ebenfalls nicht erheblicher Natur, eine Rolle.

Der Vollständigkeit halber ist hinzuzufügen. dass für einzelne Hydronephrosen sich sehr schwer bezw. gar nicht die Quelle der eiterigen Infection erweisen lässt. Man kann hier an die Verbreitung von umschriebenen Bauchfellentzündungen denken. welche bei grossen Hydronephrosen hinter den Erscheinungen des Druckes. des Zuges und der Raumbeschränkung zurückgetreten sind.

Die Prognose der Hydronephrose wurde trotz der mannigfaltigen secundären Störungen der Nierenthätigkeit. trotz des häufigen Hinzutretens eiteriger Processe und trotz der sonstigen mehr gelegentlichen Zwischenfälle. wie z. B. Platzen des Sackes, schon in älteren Werken über Nierenkrankheiten als keine ganz schlechte hingestellt. Ziffermässige Angaben über die Sterblichkeit. so weit es sich nicht um Ergebnisse bestimmter Operationen handelt. fehlen hier aber aus älterer wie aus neuerer Zeit so gut wie gänzlich. Im Einzelnen hängt die Vorhersage der Hydronephrose wesentlich von ihren Ursachen und der Möglichkeit der Beseitigung dieser ab.

6. Diagnose.

Die Diagnose der Hydronephrose stützt sich in erster Reihe auf den Nachweis einer deutlich fluctuirenden Geschwulst. welche ihren Ausgangspunkt von der Niere nimmt. Auf die subjectiven Angaben der Patienten hat man hierbei in so fern zu achten. als sie mit Sicherheit sich auf früher und auf noch bestehende Erkrankungen der Nieren. sowie des Harnsystems überhaupt beziehen. Die Existenz des hydronephrotischen Sackes selbst ist häufig nur Anlass ganz vager Klagen: derselbe kann eine ziemliche Grösse erreicht haben. ehe er dem Patienten selber auffällig wird. wie wir in der Symptomatologie bereits erwähnt haben. Auf letztere müssen wir ebenfalls wegen der directen physikalischen Zeichen der Hydronephrose verweisen. wenn gleich das Fehlen eines oder des anderen dieser Zeichen oftmals nichts gegen die Existenz einer Hydronephrose beweist. Thatsächlich sind Verwechselungen gerade hier mit den verschiedensten Unterleibsgeschwülsten flüssigen Inhalts, speciell mit Eierstockcysten, vorgekommen und kommen gelegentlich wohl auch heut noch vor. Verwachsungen, Lage der statt Hydronephrose angenommenen Geschwulst hinter den Därmen, Unmöglichkeit, ihre ursprüngliche Wachsthumsrichtung von oben und hinten her festzustellen, sehr erheblicher, einen grossen Theil des Bauchraumes und des Beckens beanspruchender Umfang der fluctuirenden Anschwellung bilden die Factoren, welche die Diagnose sehr erschweren bezw. gänzlich behindern. Man hat dann zunächst alle diejenigen diagnostischen Hilfsmittel anzuwenden, welche überhaupt für den Nachweis des Ausganges einer Unterleibsgeschwulst von der Niere empfohlen sind. Allerdings sind diese Hilfsmittel durchaus nicht gleichwerthig. So geeignet die vorsichtige Percussion an und für sich für die Abgrenzung von Unterleibstumoren gegen die lufthaltigen Därme sein kann, so irreführend ist sie namentlich für den minder erfahrenen Untersucher bei manchen Hydronephrosen. Während de norma auf der linken Seite die Gegend vor der Niere unterhalb des Rippenbogens lauten tympanitischen Ton bietet, tritt an dessen Stelle bei einigermassen umfangreicher Hydronephrose gedämpfter Percussionston mit vermehrter Resistenz. Das Colon wird immer mehr nach der Mittellinie gedrängt, und wenn auf der rechten Seite bei etwaigem Tiefstand einer verlagerten Niere ein Zwischenraum lauten tympanitischen Schalles zwischen dieser und der Leber existirt hat, so schwindet dieser ebenfalls entsprechend der Entwickelung der Hydronephrose. Man vergesse dabei nicht, dass ein gewisser Bruchtheil der Hydronephrosen der abnormen Beweglichkeit und der von dieser herrührenden Verlagerung der Niere den Ursprung verdankt; aber die Beweglichkeit der Niere braucht nicht mehr zu bestehen, nachdem bereits eine nennenswerthe Ausweitung des Nierenbeckens eingetreten. Auch kann es sich um Verwechselungen mit einem anderweitig vergrösserten Organ handeln, wenn dieses, wie z. B. bei Neoplasien, nicht selten ebenfalls das Gefühl der Fluctuation bietet. Dass letztere ausserdem bei manchen Hydronephrosen fehlt, haben wir bereits gesehen, und die Unterscheidung der Hydronephrose von Neubildungen der Niere wird noch dadurch erschwert, dass bei diesen eine Lageveränderung bezw. abnorme Beweglichkeit der Niere, sei es thatsächlich, sei es dem Anscheine nach, existiren kann. Selbstverständlich kommen ausser der Complication von Nierentumoren mit Hydronephrose auch anderweitige Vergrösserungen der Niere, die Pyonephrose, die Cystenbildung in ihren verschiedenen Formen und Anderes für die Differentialdiagnose der Hydronephrose in Frage, und wir verweisen bezüglich der hier massgebenden auf die am betreffenden Orte von uns in diesem Bande hervorgehobenen pathognostischen Merkmale der einzelnen chirurgischen Nierenerkrankungen.

Ausserordentlich irreführend können die Angaben der Patienten über frühere Anfälle intermittirender Hydronephrose oder bezüglich anderer Erscheinungen

angeblicher Wanderniere sein. Von der Misdeutung dieser Dinge abgesehen,
handelt es sich hier oft genug um Zustände, die lediglich irrigerweise mit der
Hydronephrose in Verbindung gebracht werden, in Wahrheit aber mit ihr nichts
zu thun haben. Die vorangegangenen Anfälle können neuralgische gewesen sein,
die Intermission einer Hämaturie andere Ursachen gehabt haben u. dgl. m. Umgekehrt konnten wir zeigen, dass die Nichterwähnung von Zeichen intermittirender
Hydronephrose in der Anamnese der Patienten völlig bedeutungslos ist. Die Kranken
kommen hier erst in einem Stadium zum Arzt, in welchem sie sich geheilt
glauben, weil die Schmerzanfälle vorüber sind, und sie höchstens noch Völle und
Schwere im Unterleib verspüren. Die Krankheit ist hier nur weiter vorgerückt, aus
der vorübergehenden Retention ist, wie in der Regel die Existenz einer gleichmässig, aber langsam zunehmenden Unterleibsgeschwulst beweist, eine dauernde
geworden. Indessen ist auch hier, wie *A. Braun* überzeugend erwiesen, die Hydronephrose, trotz der manchmal beträchtlichen Ausdehnung des Sackes, oftmals
keine geschlossene, sondern es erfolgt noch ein gewisser Abfluss nach der Blase.
Aufmerksame Prüfung des Urins wird daher selten eine wesentliche Minderung
der 24stündigen Gesammtmenge, wohl aber öfters eine solche des Procentsatzes
an festen Bestandtheilen ergeben.

Es würde im Uebrigen zu weit führen, sollte man alle diejenigen
Geschwulstbildungen des Unterleibes aufzählen, welche mit Hydronephrose verwechselt worden sind. Für viele hierhergehörigen Fälle ist
das Ballottement, durch welches man den Zusammenhang der
fraglichen Geschwulst mit der Lendengegend darthun kann, von
allerhöchster Bedeutung. Dass aber auch diese schöne Untersuchungsmethode hier ihre Grenzen besitzt, darüber dürfte man nach ihrer
Besprechung auf S. 857 völlig im Klaren sein.

Von anderen hier zu verwerthenden Untersuchungsmethoden hat *Simon*
seine Exploratio recti mittels der ganzen Hand sehr empfohlen. Man
sollte die Art der Ausfüllung des Beckens durch die Geschwulst auf diese Weise
beurtheilen und darauf hin deren Ausgangspunkt, ob von oben von der eigentlichen
Bauchhöhle her oder von unten vom Becken aus, bestimmen. Berichte über die
Ergebnisse dieser Exploratio per rectum in zweifelhaften Hydronephrosefällen fehlen
aber namentlich aus neuerer Zeit. — Auch ein anderes an und für sich sehr
werthvolles Verfahren, die künstliche Ausdehnung des dicken Darmes
vom After aus, durch welche seine Lage zu einer etwaigen Unterleibsgeschwulst
hervortritt, hat bei Hydronephrose nur beschränkten Nutzen. Abgesehen von der
nicht seltenen Verlagerung des Colon, erscheint seine Ausdehnungsfähigkeit
gerade in zweifelhaften Fällen umfangreicher Hydronephrosen behindert; es ist
plattgedrückt, oft auch durch Adhäsionen fixirt. Jedenfalls kann man hier nicht
Luft, sondern nur Wasser (*Simon*) zu seiner Ausdehnung benutzen; es fehlt dann
aber allerdings das Unterscheidungsmerkmal, das der tympanitische Darmton vom
leeren Percussionston des Flüssigkeit enthaltenden Bauchtumors bietet.

So wenig man im Allgemeinen vom heutigen chirurgischen
Standpunkte die Probepunction zu begünstigen geneigt ist, so
sind es doch gerade Hydronephrosefälle, bei denen sie auch noch
jetzt relativ häufig für diagnostische Zwecke angewendet wird. Allerdings ist auch hier ihr Nutzen ein nach verschiedenen Richtungen

hin eingeschränkter, zunächst durch die allgemeine Vorschrift, dass sie nur dort gemacht werden soll, wo man ihr in absehbarer Zeit einen curativen Eingriff anzuschliessen vermag. Letzteres ist aber bei sehr umfangreichen Unterleibsgeschwülsten, wie sie hier vielfach zur Entscheidung vorliegen, zur Zeit der Ausführung der Punction nicht immer möglich. Fast noch wichtiger dürfte indessen sein, dass die von der Punction gelieferte Flüssigkeit nicht selten so wenig charakteristisch ist, dass sie nach keiner Richtung hin den Ausschlag zu geben geeignet erscheint. Streng genommen ist dieses nur dann der Fall, wenn die betreffende Flüssigkeit deutlich nachweisbare Mengen von Harnbestandtheilen, speciell von Harnstoff und Harnsäure enthält. Wir sahen aber, wie sehr die Flüssigkeit, welche grosse Hydronephrosen erfüllt, vom normalen Harn abweicht. Stellt sich das Ergebniss der Punction als helles, wasserreiches, dagegen eiweiss- und salzarmes Fluidum mit vereinzelten Rundzellen, Cholestearin-Plättchen, Detritus- und Fettkörnchen dar, so ist nichts für dessen Abhängigkeit von der Nierensecretion gewonnen, es sei denn allenfalls unter Beihilfe besonders günstiger Nebenumstände.

Es ist im Uebrigen beiläufig zu erwähnen, dass in einigen wenigen Fällen die Punctionsflüssigkeit Harnbestandtheile enthält, man es aber doch nicht mit einer Hydronephrose zu thun hat. Es sind dieses Vorkommnisse grosser intrarenaler Harncysten, die hier und da auch mit Hydronephrose complicirt sind, und ferner solcher sogenannter Pseudohydronephrosen (s. S. 903).

Viel werthvoller für die differentielle Diagnose ist dagegen, wenn beim Fehlen specifischer Harnbestandtheile in der Punctionsflüssigkeit der gleichzeitige Nachweis anderer charakteristischer Elemente, wie z. B. der von Gallenbestandtheilen oder deren Derivaten, saccharificirender Körper, Haken und Membranfetzen von Echinokokken, Bernsteinsäure, Sarkom- oder Krebszellen ohne Weiteres die Annahme einer Hydronephrose im engeren Sinne ausschliesst. Das Gleiche ist der Fall, wenn, wie bei einzelnen Neoplasmen, durch den Trokar nur Blut entleert wird; allerdings muss man die Vorsicht gebrauchen, bei sehr umfangreichen Anschwellungen die Punction an verschiedenen Stellen mit hinreichend starkem Trokar zu wiederholen. Man hat deshalb gerathen, in diesen und anderen, z. B. durch Verwachsungen complicirten Fällen die fragliche Geschwulst durch Probeincision freizulegen und es dann von den Verhältnissen abhängen zu lassen, ob man, sei es durch Punction, sei es durch Incision, in ihr Inneres dringt oder sich mit der Untersuchung ihrer freigelegten Aussenfläche begnügt. Die Incision hat jedenfalls den Vortheil, dass man dort, wo man es mit einer Hydronephrose zu thun hat, nach Eröffnung des Sackes mit dem Finger die Nierenkelche sammt den abgeplatteten Papillen oder die den Kelchen entsprechenden, von leistenartigen Vorsprüngen begrenzten Vertiefungen der Wandungen des Sackes abzutasten im Stande ist. Gleichzeitig kann man sich von der Existenz von Nierensteinen und anderem fremden Inhalt der Hydronephrose vergewissern.

So wünschenswerth es ist und so principiell richtig es erscheinen muss, etwaige Explorativoperationen, welcher Art sie auch sind, hier extraperitoneal, d. h. von der Lende her vorzunehmen, so verfehlt ist es, wenn von manchen Seiten dieser Weg in mehr oder minder ausschliesslicher Weise vorgeschrieben wird. Man wird vielmehr in vielen Fällen gar nicht die Wahl haben, anders als transperitoneal vorzugehen und es wohl verstehen, wenn nicht nur in der Nierenchirurgie, sondern überhaupt in der Unterleibschirurgie erfahrene Aerzte, wie z. B. *Thornton*, dieses in der Regel vorziehen. Grosse, umfangreiche Hydronephrosen — und solche sind es, welche hauptsächlich Schwierigkeiten betreffs der Unterscheidung von anderweitigen Unterleibsgeschwülsten mit flüssigem Inhalte bieten — haben nämlich ihre Hauptausdehnung weniger nach der Lende, als nach dem Bauche und nach dem Becken zu. *Tauffer* hat daher gerathen, nach Erkenntniss des Vorliegens einer Hydronephrose die Probeincision und die Wunde der Bauchdecken zu schliessen, um erforderlichen Falles den eigentlichen curativen Operationsact — wenn möglich in gleicher Sitzung — von der Lende her extraperitoneal auszuführen. Wir werden später sehen, dass *Thornton* ein gleiches Verfahren für die Entfernung von Nierensteinen einschlägt.

Einen ganz besonderen Werth besitzt die Probeincision bei Hydronephrosen von Kindern in den ersten Lebensjahren. Diese Hydronephrosen, welche zuweilen schnell wachsen, können mit angeborenen cystischen Geschwülsten und weichen Neubildungen der Niere verwechselt werden. Bei der grossen Ausdehnung, welche die Hydronephrose hier erreichen kann, lassen die gewöhnlichen physikalischen Untersuchungsmethoden meist im Stich, auch ist eine regelmässige Beobachtung nicht immer durchführbar. Man muss sich hier relativ oft zu einer Probeincision von vornherein verstehen und diese unter dem Zwange der Raumbeschränkung, welche umfangreiche Tumoren ausüben, transperitoneal verrichten. Letzteres ist um so eher hier gestattet, als die Infectionsgefahr für das Peritoneum seitens des Inhaltes der Cystensäcke jugendlicher Individuen eine sehr geringe ist.

In keinem Hydronephrosefall darf man die Prüfung der 24stündigen Mengen des Gesammtharnes und seines Gehaltes an festen Bestandtheilen, speciell an Harnstoff während einer nicht allzu kurzen Frist unter möglichst gleichbleibenden Bedingungen unterlassen. Die betreffenden Zahlen sind gerade bei sehr ausgedehnten Cystensäcken von massgebender Bedeutung für die Functionstüchtigkeit der „anderen" Niere. Auch hat hier wie sonst die Prüfung des Gesammtharnes vor der Cystoskopie der vesicalen Harnleitermündungen und dem Harnleiterkatheterismus den Vortheil, dass sie überall und nicht wie diese beiden Massnahmen nur in einer bestimmten Zahl von Fällen ausführbar ist. Die Cystoskopie und der Harnleiterkatheterismus sind überhaupt in Hydronephrosefällen mehr durch ihre negativen als durch ihre positiven Ergebnisse zu verwerthen. Hat man es nämlich mit einem anderweitigen Unterleibstumor zu thun, so wird in der Regel die Passage frei und der Harnleiter dem Katheter zugänglich sein, ebenso wie man umgekehrt bei einseitigen Hydronephrosen aus der Blasenmündung des Harnleiters auf der erkrankten Seite keinen oder nur wenig Urin heraustropfen sieht. Der Harnleiterkatheter ist dann entweder gar nicht bis in das Nierenbecken vorschiebbar oder nur mit Hindernissen. In besonderen Fällen dürfte sich die Untersuchung in Narkose empfehlen, doch ist dieselbe bei den hierhergehörigen Patienten, deren Nierenthätigkeit meist in labilem Gleichgewicht ist, stets mit Vorsicht und nur im Nothfall zu verwenden.

7. Therapie.

Ebenso wie die Pyonephrosen sind die Hydronephrosen nur zu einem Theil Gegenstand directer chirurgischer Behandlung (s. o. S. 949). Zunächst sind manche intermittirenden Hydronephrosen der Rückbildung fähig. Die ihnen zu Grunde liegende abnorme Beweglichkeit der Niere kann entweder spontan sich zurückbilden oder auf nicht-operativem Wege beschränkt werden, so dass es ebenso wenig wie zu Einklemmungen zu Anfällen intermittirender Hydronephrose mehr kommt. In anderen Fällen beruht die Hydronephrose auf Hindernissen in den unteren Harnwegen und schwindet nach deren Beseitigung. Derartige, meist doppelseitige Fälle machen zuweilen nur geringe subjective Beschwerden. Gleiches gilt aber auch von einzelnen Vorkommnissen einseitiger Hydronephrose, und solche Patienten bleiben selbst bei nicht zu geringer Ausdehnung der Geschwulst Zeit ihres Lebens unoperirt. Andere einseitige Hydronephrosen hat man bei nicht dringlichen Erscheinungen mit Vortheil eine gewisse Zeit lang exspectativ behandelt. Man ist dann im Stande, ein Bild von dem täglichen Gange ihrer Nierenfunction zu gewinnen und erleichtert dadurch, falls sie später doch zur Operation kommen, deren Ausführung. Die Behandlung ist endlich häufig nicht-operativ in denjenigen Fällen von Hydronephrose, in denen es nicht gelingt, deren Ursache zu beseitigen, so z. B. bei unheilbaren Leiden der Beckenorgane. Vermag man hier nicht, wie besonders bei drohender Anurie, exspectativ sich zu verhalten, so kann man in einzelnen Fällen palliative Eingriffe, wie Anlegung einer Ureterfistel (*Ledentu*), einer Nierenbeckenfistel (*Bardenheuer*) die Nephrotomie mit oder ohne Excision eines Stückes von Nierensubstanz (*Picqué*) machen. Weiteres hierüber ist weiter unten bei Besprechung der Anuria calculosa zu ersehen.

Die speciellen nicht-operativen Massnahmen ähneln bei der Hydronephrose denen bei der Wanderniere, auch wenn aus ihr jene nicht entstanden ist. Massage, gymnastische Uebungen, Abführmittel oder diesen entsprechende Brunnencuren und Tragen besonders gearbeiteter Bauchbinden werden empfohlen. Die directe Wirkung einer solchen Therapie auf die Niere und deren Function ist meist geringer als die auf die Verdauungsorgane und den Unterleib im Allgemeinen, nur zuweilen dürfte es gelingen, die mechanischen Vorgänge nachzuahmen, welche bei intermittirender Hydronephrose die Wiederherstellung normalen Harnabflusses zu begleiten pflegen. Während der Retentionsanfälle der intermittirenden Hydronephrose selbst hat man sich aus naheliegenden Gründen wegen Schmerzhaftigkeit jeder mechanischen Behandlung zu enthalten; der oft heftige Schmerz der Kranken wird vielmehr absolute Körperruhe, verbunden mit Darreichung von Narkoticis, schmerzstillenden Umschlägen und Bädern und blander, der nur geringen Toleranz des Verdauungsapparates angepassten Diät, meist sehr dringend indiciren.

Die operativen Eingriffe bei Hydronephrose theilt man danach ein, ob sie nur Entleerung des Sackes oder eine Radicalcur erstreben. Zur ersten Gruppe gehören die Punction und Incision, welch letztere entweder als Pyelotomie nur in den Sack oder unter Halbirung des Restes von Nierensubstanz in das erweiterte Nierenbecken dringt. Direct curativ gestaltet sich die Incision, wenn man mit ihr die Beseitigung des Ausflusshindernisses aus dem Nierenbecken verbindet, ferner gehören hierher die Nephrektomie und die operative Fixirung der von abnormer Beweglichkeit der Niere abhängigen Hydronephrosen durch Nephropexie. Mittelbar können im Uebrigen alle die einfache Entleerung des hydronephrotischen Sackes bezweckenden Massnahmen curativ wirken, wenn der Sack sich nicht wieder füllt. Dieses gilt auch von der Punction, von der *Tuffier* 2 Fälle mit einer während einer Reihe von Jahren verfolgten Heilung anführt: nur in einem derselben wurde 11 Jahre später die Nephrotomie erforderlich. Curativ kann ferner die Punction sein bei ganz vorübergehender Abflussbehinderung (durch Gerinnsel, Steine etc.), sowie zur Entleerung von geschlossenen, kein secretionsfähiges Parenchym mehr enthaltenden Säcken (*J. Israel*). *Tuffier* hält daher die Punction bei sehr grossen umfangreichen Hydronephrosen überhaupt für angezeigt. Palliativ ist dagegen die Punction namentlich bei doppelseitigen Hydronephrosen mit Anurie, ferner bei grosser Raumbeschränkung in Folge von Complication mit anderen Unterleibsgeschwülsten, bezw. Gravidität, dann in hoffnungslosen Fällen schwerer Allgemeinzustände und Herzleiden gerechtfertigt.

Trotz der Häufigkeit, mit der auf Grund der vorstehenden Anzeigen die Punction ausgeführt ist, haftet ihr (vielleicht jetzt weniger als früher) ebenso wie der Probepunction die Gefahr der Infection an. Ein neuerer durch Peritonitis tödtlicher Fall ist der *Rosenberger's*. Sehr ungünstig sind die älteren Statistiken der Punctionsergebnisse bei Hydronephrose; überdies scheint es sich hier nicht immer um wirkliche Hydronephrosen gehandelt zu haben (*Tuffier*). Bei *Morris* kamen auf 18 Punctionen 10 Genesungen, 3 Misserfolge und † 5, bei *Newman* auf 29 Fälle sogar nur 7 Genesungen neben 4 Besserungen und † 18.

Zur Ausführung der Punction wird aus gleichen Gründen wie bei der Explorativpunction der lumbale Weg und nicht der transperitoneale empfohlen; ebenso ist man aber auch hier häufig in der Lage, den letzteren wählen zu müssen. *Tuffier* empfiehlt die Punction von der Seite her, nach *Israel* soll man sie in der Mitte derjenigen Linie machen, welche von der Spitze der XII. Rippe bis zum Darmbeinkamm 6 cm hinter der Spina ant. sup. il. geht. Durch eine leichte

Neigung der Troicart-Spitze nach vorn soll dann nicht nur die Substanz der Niere, sondern auch die der benachbarten Leber und Milz vermieden werden. Nach *Newman* soll man die Punctionsstelle bei Hydronephrose links, wofern keine starke Milzschwellung besteht, etwas höher legen als rechts.

In neuerer Zeit ist an die Stelle der Punction fast ausschliesslich die **Incision des hydronephrotischen Sackes** getreten. Diese vielfach auch als Nephrotomie bezeichnete Operation soll ebenfalls vorzugsweise extraperitoneal, d. h. lumbal gemacht werden. Immerhin kommt die Laparotomie hier, und zwar ausser bei unsicherer Diagnose, unter folgenden Umständen in Frage: 1. wenn man einen Einblick in den Zustand der anderen Niere zu erhalten trachtet; 2. bei grosser Raumbeschränkung in Hydronephrosefällen ganz junger Kinder, bei starker Scoliose etc. und 3. bei Entwickelung der Hydronephrose von einer sehr verlagerten beweglichen Niere oder von einer Hufeisenniere aus.

Sehr misslich ist das Zurückbleiben von Fisteln nach der Incision der Hydronephrose vom Bauche her. Dieselben führen hier meist von vorn nach oben und hinten, während beim Lendenschnitt das Nierenbecken mehr direct einen Auslass hat. Auch können Bauchnierenbecken-Fisteln Schwierigkeiten für die Ausführung einer secundären Nephrektomie bilden (*Adler*).

Die lumbale Incision der Hydronephrose verläuft nach Bedürfniss quer (*Küster*) oder mehr schräg (*Morris*). Bei Seitenlage der Patienten wird die vom Bauche her entgegengedrängte Geschwulst freigelegt und bei starker praller Spannung durch Punction entlastet. Wie bei der Pyonephrose müssen auch hier die Schnittränder des Sackes denen in den äusseren Bedeckungen entsprechen, damit sie sich mit diesen ohne Spannung vereinigen lassen. Nach Entleerung und Reinigung des Sackes orientirt man sich mit dem Finger oder mit einer elastischen Sonde über etwa zurückgelassene Fremdkörper, das Verhalten der Harnleiterinsertion, über den Zustand des Restes von Nierensubstanz und den der Sackwandungen. Nach Befestigung letzterer führt man nach Bedürfniss ein nicht zu tief reichendes Drainrohr oder einen Gazetampon ein; umfangreiche, mehrkammerige Höhlen können die Einlegung mehrfacher mit Gaze umwickelter Drainröhren erfordern. Besondere Cautelen verlangt die Entleerung sehr grosser Hydronephrosen. Dieselbe hat allmählig zu erfolgen, um nicht jähe Verlagerungen der bis dahin verdrängten Eingeweide und dadurch Störungen der Athmung und des Kreislaufes zu erzeugen.

Das vorstehend beschriebene Vorgehen erleidet je nach der Eigenart des Falles mehr oder minder wesentliche Abänderungen. Bei sehr günstiger Sachlage, wenn es sich z. B um die Extraction eines Steines aus dem nur mässig erweiterten, nicht inficirten Inhalt zeigenden Nierenbecken handelt, wird die Operation zur Pyelolithotomie, nach welcher man nach dem Vorgange von *Ledentu* u. A. die Naht der Nierenbeckenwunde folgen lassen kann. Umgekehrt muss man von dem sehr verdünnten oder anderweitig durch Schwarten oder Verwachsungen veränderten Hydronephrosensack zuweilen Theile entfernen, um ihn in sicherer, guten Abfluss Gewähr leistender Weise in der äusseren Wunde befestigen zu

können. Am radicalsten ist in dieser Hinsicht *Hochenegg* vorgegangen. Nach Frei-
präparirung des Sackes bis in die Gegend des noch erhaltenen Theiles der Niere
bildet man aus den Sackwandungen eine Art Stiel, den man nach Abbindung durch
elastische Ligatur resecirt und dann ausserhalb der Wunde mit einer Nadel befestigt,
ähnlich wie bei der extraperitonealen Stielbehandlung nach Ovariotomie. Es bleibt
dann nach Abstossung des Stielrestes nur eine von aussen her direct zur Niere
führende Harnfistel, wodurch die gesammte Heilungsdauer erheblich herabgesetzt
wird. Der Nachtheil des *Hochenegg*'schen Verfahrens ist in seiner Complicirtheit
und schwierigeren Ausführung namentlich beim Bestehen von Verwachsungen zu
suchen, und dasselbe daher nur unter besonderen Verhältnissen, nach *P. Wagner*
bei transperitonealer Nephrotomie, vor der Incision des Sackes zu bevorzugen.

In einer Reihe von Fällen ist nach Eröffnung der Hydronephrose
auch das Abflusshinderniss beseitigt, sei es, dass die Entlastung des
Sackes die Harnleitermündung frei macht, sei es, dass es gelingt,
in diese eine Sonde zu schieben. Thatsächlich heilt nach *P. Wagner*
etwa ein Drittel sämmtlicher durch Incision behandelter Hydronephrosen
ohne Fistel. Die feineren Vorgänge des Heilungsvorganges hierbei sind
nicht näher bekannt. Einzelne Autoren (*Perthes, Enderlen* u. A.) glauben
nicht an eine wirkliche Regeneration von Nierengewebe nach Hydro-
nephrose-Operationen. Thatsächlich muss sich der Beginn der Heilung
dadurch geltend machen, dass sich der Urin aus der hydronephrotischen
Niere dem Blasenurin beimischt. Der Operirte liegt weniger nass, und
der Blasenurin enthält deutlichen, von der Wunde herrührenden Eitergehalt. Die eiterige Entzündung der Wunde ist wohl in der
Mehrzahl der Fälle unausbleiblich, ebenso auch ihre Fortsetzung auf
das erweiterte Nierenbecken. Aber bei hinreichender Reinlichkeit, vorsichtigen Spülungen des Sackes, häufigem Verbandwechsel ist sie in
Schranken zu halten, namentlich wenn man durch rechtzeitige Entfernung der Drainage bezw. der Tampons den Schluss der Operationswunde fördert. Jedenfalls giebt der Uebertritt nennenswerther Mengen
von Harn der operirten Seite zum Blasenurin das Zeichen, dass man
die Operationswunde nicht länger offen halten soll.

Manchmal unter günstigen Verhältnissen erfolgt dann die definitive Heilung überraschend schnell. Andere Male wird durch die Existenz
von relativ viel secretorischem Nierenparenchym und den Hinzutritt
stärkerer Eiterung bei Unmöglichkeit, das Abflusshinderniss aus dem
Nierenbecken ohne Weiteres zu beseitigen, trotz aller Vorsicht die
Bildung einer urinös-eiterigen Fistel unausbleiblich. Allerdings ist
auch dann eine nachträgliche Heilung nicht völlig ausgeschlossen.
Von der Fistel und dem Nierenbecken aus kann es durch aufsteigende
Entzündung der Harncanälchen zur völligen Verödung und Zerstörung
des Restes von Nierensubstanz kommen Diese Umwandlung geht oft
ganz allmählig ohne Störung des Wohlbefindens des Operirten vor sich;
aus der urinös-eiterigen wird eine rein-eiterige Fistel. Noch
nach mehr als Jahr und Tag kann diese zuweilen sich schliessen, oder
der zurückbleibende dürftig secernirende Gang belästigt den Patienten
nur wenig.

Aber nicht immer ist der vorstehende Verlauf ein glatter; er kann von stärkeren Entzündungsschüben, Betheiligung des perirenalen Gewebes und ferner durch allerlei Zufälle, die von der zweiten nicht-hydronephrotischen Niere ausgehen, beeinträchtigt sein. Manchmal gelingt es noch, durch rechtzeitige secundäre Nephrektomie das Leben des Kranken zu retten. Jedenfalls geben die Länge der Zeit der Wund-heilung und die sich hieran knüpfenden Zwischenfälle den dringend-sten Anlass, mit der Eröffnung des hydronephrotischen Sackes die Herstellung normaler Abflussverhältnisse aus dem Nierenbecken zu verbinden. Die hierhergehörigen Versuche, bis vor Kurzem nur ver-einzelt und vielfach vergeblich, haben in den allerletzten Jahren erhebliche Fortschritte gemacht. Häufiger als sonst entfernt man jetzt obturirende Steine, dabei berücksichtigend, dass Concremente nicht in der Harnleitermündung allein, sondern auch weiter unten im Ureter stecken geblieben sein können. Das Nähere hierüber ist auf S. 834 und 835 sowie in dem die Steinkrankheit betreffenden Capitel weiter unten einzusehen.

Die directe Beseitigung der vom Harnleiter an seiner Mündung und in seinem Verlauf der Nierenbeckenentleerung gebotenen Be-hinderung stösst in vielen Fällen von vornherein auf Schwierig-keiten, da man öfters nicht ohne Weiteres das obere Ende und die Mündung des Harnleiters in den verdickten Wandungen des hydro-nephrotischen Sackes zu erkennen vermag. Die Vorschrift ist hier, den Sack so viel wie möglich von Verwachsungen zu lösen, um den Harnleiter in seinem unterhalb der Hydronephrose sich zum Becken und zur Blase hinziehenden Verlauf isoliren zu können. Man vermag ihn dann nicht selten als eine strangförmige, durch Bänder und binde-gewebige Brücken stellenweise verstärkte Leiste in den Sackwandungen zu verfolgen und durch deren vorsichtige Entfaltung die meist enge Mündung zu entdecken. Diese vom Nierenbecken aus zu erweitern, ist wiederholt gelungen (Fälle von *Schede* u. A.). Je weiter entfernt von der Niere aber die Harnleiterverengerung liegt, desto mühseliger ist dieses, und es bleibt abzuwarten, wie viel der cystoskopische Harn-leiterkatheterismus zur Beseitigung der Stricturen des von oben her nur schwer zugänglichen Beckenabschnittes des Ureters zu leisten vermag.

In einzelnen Fällen hat man die Verengerung direct angegriffen. *Küster* und nach ihm *Well van Hook* haben das der Insertion entsprechende stricturirte Stück des Harnleiters resecirt und dann das untere Harnleiterende in das Nierenbecken implantirt. Aehnlich hat *Cramer* einmal operirt. *Trendelenburg* hat in einem Falle, in dem der Ureter 5 cm weit in der Sackwand verlief, diesen gespalten und dessen Wandung mit der des Sackes vernäht. *Cramer* begnügte sich in einem ähn-lichen Falle mit Spaltung des Ureters und der Sackwand. In anderen Fällen hat man nach Analogie der Pyloroplastik bei Pylorusstricturen die klappenförmig sich vorlegende untere Lefze der Harnleitermündung in der Mitte durchtrennt und die Schnittränder in entgegengesetzter Richtung vereinigt (*Fenger*, *Israel*). In einem der Fälle, in welchen die Nierenbeckenentleerung dadurch behindert ist, dass die

Harnleitermündung von ihrer normalen Stelle in Folge von Ausbuchtung des Nierenbeckens nach oben verschoben ist, hat *Israel* die Verlegung der Mündung nach unten dadurch erzielt, dass er den am meisten ausgedehnten Theil der Wandung verkürzt hat. Es geschah dieses mittels Faltung dieser Wandung durch geeignete Nähte, wodurch gleichzeitig der abnorm grosse, vom Nierenbecken gebildete Hohlraum verkleinert wurde. *Israel* vergleicht diese Operation mit der bei Magenerweiterung geübten Gastroplicatio und bezeichnet sie demgemäss als „Pyeloplicatio".

So glänzend sich in den angeführten Fällen die operative Beseitigung des Hindernisses der Nierenbeckenentleerung bewährt hat, so sehr ist zu bedauern, dass ihrer bis jetzt nur wenige sind. Von allgemeinen Regeln der operativen Behandlung der hierhergehörigen Fälle lässt sich ihnen zur Zeit nur die eine entnehmen, dass solche wohl kaum je gegeben werden können. Man wird von Fall zu Fall den concreten Verhältnissen entsprechend anders verfahren müssen, und es bleibt den Fortschritten der Nierenchirurgie vorbehalten, den Kreis der betreffenden Erfahrungen zu erweitern. Es ist dieses um so wünschenswerther, als die Einlegung einer Verweilbougie in den Harnleiter von der Wunde aus behufs Beseitigung von Verengerungen, obschon dieselbe von *Cabot* und Anderen mit sehr gutem Erfolg geübt ist, nicht selten schlecht vertragen wird.

Bei der vorstehend geschilderten Sachlage, der zu Folge die wirkliche radicale Beseitigung der Ursache der Hydronephrose auf operativem Wege nur in beschränktem Masse bis jetzt geübt ist, muss man sich in manchen Fällen von vornherein mit Herstellung einer Nierenbeckenfistel begnügen. Wenn auch eine solche bei geringer Eiterung nur wenig belästigt, so wird sie doch störend bei etwas stärkerer urinöser Absonderung, mehr noch in einzelnen Fällen, in denen gleichzeitig Polyurie besteht. Die Träger solcher urinöser Nierenbeckenfisteln sind allen üblen Folgen der Harnbenetzung (s. o. S. 533) ausgesetzt, wofern es nicht gelingt, das Secret durch einen geeigneten Urinbehälter aufzufangen. Sehr erleichtert wird dieses dort, wo der Fistelgang die Aufnahme eines Drainagerohres verträgt. Um eine Art klappenförmigen Verschluss zu schaffen, hat *Witzel* ebenso wie bei der Gastrostomie eine Schrägfistel durch Uebernähen von zwei 2—3 cm langen Parallelfalten über einen in eine Punctionsöffnung eingeführten Nélaton-Katheter gebildet, und es erwies sich die Dichtigkeit des Fistelverschlusses während einer dreimonatlichen Beobachtung als ausreichend. Leider liegen in Folge der besonderen Beschaffenheit der Wunde des Hydronephrosensackes und des Bestehens von Verwachsungen die Verhältnisse für eine solche Schrägfistel nicht immer günstig und die durch die Nierenbeckenfistel hervorgerufenen Uebelstände können Anzeige zu secundärer Nephrektomie werden.

Anmerkung. In einzelnen Fällen hat man statt der directen Incision des hydronephrotischen Sackes (der Pyelotomie) die Nephrotomie im eigentlichen Sinne des Wortes ausgeführt. Es geschah dieses vorwiegend dort, wo die Hydronephrose eine Complication der Nephrolithiasis bildete. Wir werden bei Besprechung letzterer die besonderen Gründe erörtern, aus denen man hier und in anderen Fällen von Nierenstein den Einschnitt in die Nierensubstanz dem in das erweiterte Nierenbecken vorgezogen hat.

Nephrektomie bei Hydronephrose.

Dieselbe ist, ähnlich wie bei der Pyonephrose, 1. nach Art ihrer Ausführung, ob diese extraperitoneal von der Lende her oder als Laparotomie transperitoneal gemacht wird, und 2. nach dem Zeitpunkt des Vorgehens, ob primär oder secundär, in gesonderter Weise zu betrachten. Allerdings hängt beides, Art und Zeitpunkt der Operation, in manchen Fällen mehr oder minder eng mit einander zusammen.

Wohl bei keiner Nierenaffection kommt man so oft wie bei der Hydronephrose in die Lage, statt des im Allgemeinen für ungefährlicher erachteten lumbalen Schnittes die Laparotomie zu wählen. Abgesehen von mehrfachen hierhergehörigen Fällen unsicherer Diagnose, hat man häufig des übergrossen Umfanges der hydronephrotischen Geschwulst wegen ihre Entfernung vom Bauche her vorgenommen. In letzter Zeit ist dieses in zielbewusster Weise auch bei nicht gerade übertrieben voluminösen Hydronephrosen geschehen (*Trendelenburg* u. A.), insofern sie wohl umschriebene, unter dem Rippenbogen deutlich hervortretende und von vorn leicht zugängliche Anschwellungen bildeten.

Die Technik der transperitonealen Nephrektomie bietet bei Hydronephrose einige wenige Besonderheiten, welche sie übrigens theilweise hier mit dem Lendenschnitte theilt. Richtung und Ausdehnung der Incision richten sich nach den Dimensionen, mit welchen die hydronephrotische Anschwellung sich vorwölbt, und nach den sonstigen Verhältnissen des Falles. Man wird daher zuweilen die Eröffnung des Bauches in der Medianlinie, zuweilen den *Langenbuch*'schen Schnitt längs des Aussenrandes des geraden Bauchmuskels, manchmal aber auch einen Schrägschnitt vorzuziehen haben. In jedem Fall muss man entsprechend weit den Sack zwischen zwei Pincetten durch vorsichtige Dissection frei zu legen streben. Ist dieses geschehen, so kann man ihn zur leichteren Exärese durch Punction verkleinern und dann eventuell die Punctionsstelle durch eine Klemme oder einige Nahtstiche während der weiteren Manipulationen geschlossen halten. Letztere bestehen im Wesentlichen darin, dass man, während man den Sack mit der einen Hand leicht spannt, ihn mit zwei Fingern der anderen Hand vorwiegend stumpf vorsichtig lockert. Gröbere Verwachsungsstränge und Brücken werden präparirend zwischen zwei Klemmen durchschnitten; solche Verwachsungen betreffen mehr die eigentliche perirenale Zone, als dass sie peritonealer Natur sind, doch sind auch solche in einzelnen Fällen sehr störend. Mit Recht mahnt *Israel* bei allen diesen Manoeuvern zur grössten Vorsicht. Stärkerer Zug ist hier ebenso bedenklich wie Bohren und Graben mit dem gekrümmten Zeigefinger, namentlich, wenn man in die Gegend des noch erhaltenen Nierenparenchyms und des früheren Hilus kommt. Die 4—5 grossen Hauptäste, in die sich die Stämme der Art. und Ven. renalis jeder theilen, liegen hier nicht mehr wie de norma zusammen, sondern durch die Sackwandungen, in denen sie verlaufen, auseinander gezerrt. Eine ähnliche Auseinanderrollung der Gefässe sieht man am

Samenstrang bei manchen grossen Hernien und Hydrocelen. Ganz wie bei diesen muss hier jeder einzelne Ast doppelt unterbunden und dann erst durchtrennt werden, und zwar im Bereich der äusseren Incision. Besonders bei angeborenen Hydronephrosen und solchen, deren erste Entstehung in die früheste Jugend zurückliegt, hat man ausserdem die Möglichkeit von Gefässanomalien in Betracht zu ziehen.

Die Behandlung des Bauchfelles nach beendeter Exstirpation richtet sich nach den bei Laparotomien giltigen Grundsätzen. Handelt es sich um einen einfachen Schlitz oder Schnitt in dem die Niere bedeckenden Theil des Bauchfells, so kann man diesen sich selbst überlassen. Bei grösseren Defecten wird man eine Verkleinerung versuchen. Hat man sehr viel im eigentlichen perirenalen Theil des Operationsterrains manipuliren müssen, so kann man nach dem Vorgange von *Thornton* eine Gegenöffnung in der Lende anlegen, bevor man den Bauchschnitt schliesst. Die specielle Versorgung dieses bietet nichts Besonderes. War die Operation glatt verlaufen, so erfolgt meist schnell und ohne Zwischenfälle vollständige Heilung, genau so wie wie nach anderen aseptischen Laparotomien.

Bezüglich der Nephrektomie von der Lende her ist der bisherigen Beschreibung der gleichen Operation vom Bauche her nur wenig hinzuzufügen. Die Schnittrichtung wird sich auch hier wesentlich nach den Dimensionen der nach aussen hervortretenden Anschwellung zu richten haben; selten wird der einfache Schnitt längs der grossen Rückenstrecker nach *Simon* ausreichen. Man wird einen Schräg- oder Querschnitt wählen und darauf gefasst sein müssen, denselben als „extra-intraperitonealen" durchzuführen. Für die Auslösung des Sackes befolgt man auf's Strengste die vorher gegebenen Regeln. Versorgung der Wunde und Nachbehandlung entsprechen den allgemeinen Grundsätzen.

Die secundäre Nephrektomie kommt bei der Hydronephrose theilweise aus ähnlichen Gründen in Frage, wie bei der Pyonephrose. Ihre Hauptanzeige wird durch hartnäckige Fisteleiterung und Infection des nach der Nephrotomie zurückgelassenen Sackes, bezw. des zu diesem gehörigen Nierenparenchymrestes gegeben. Die Ausführung der secundären Nephrektomie, ob vom Bauche her, ob von der Lende aus, ist selten hier Gegenstand der Wahl. Vielfach muss man sich nach der Oertlichkeit des früheren Einschnittes bezw. der von diesem zurückgelassenen Fistel richten. In einzelnen Fällen muss man aber, um das Vordringen durch Narbengewebe in die Tiefe zu meiden, die Exstirpation von entgegengesetzter Seite machen, als diejenige war, welche man für die primäre einfache Nephrotomie bevorzugt hatte. Die transperitoneale secundäre Nephrektomie kann in Folge nachträglicher peritonealer Verwachsungen und wegen der hier viel mehr als bei primären Operationen bestehenden Infectionsgefahr des Bauchfellsackes zuweilen eigenartige, schwer zu überwindende Schwierigkeiten bieten. Im Uebrigen sind die Einzelheiten der secundären Nephrektomie bei Hydronephrose nicht wesentlich verschieden von denen der Operation bei Pyonephrose. Wie bei dieser hat man auch hier mit vielen Verwachsungen des Sackes und starken Veränderungen des noch vorhandenen Restes von Nierenparenchym zu rechnen, wodurch reinliches Operiren oft erschwert ist. Ausser der *Ollier*'schen Decortication kann hier das von *Tuffier* einmal mit Erfolg geübte „Morcellement" von *Péan* in Frage kommen. Besteht die Complication mit grösseren Retentionscysten, so sind diese vorsichtig nach aussen vor völliger Exärese des Sackes zu entleeren.

Ergebnisse und Würdigung der Nephrotomie und Nephrektomie bei Hydronephrose. Grössere hierhergehörige Sammelstatistiken aus neuester Zeit liegen nicht vor. Wir können hier nur die Zusammenstellungen *Newman's* von in den Jahren 1878—1888 ausgeführten Operationen und die etwas später veröffentlichten Zahlen *Tuffier's* beibringen. Beide Statistiken ermangeln ausgiebiger Einzelheiten, namentlich aber der Angaben, wie oft secundäre Nephrektomien gemacht worden sind. Wir geben sie nur der Vollständigkeit halber wieder.

Operationen bei nicht vereiterter Hydronephrose nach *Newman*.

Art der Operation		Zahl der Operirten			Gene- sungen	Todesfälle
		Männer	Weiber	Summa		
Nephrotomien	lumbale	5	7	12	12	0
	abdominale	—	3	3	3	0
	Summa	5	10	15	15	0
Nephrektomien	lumbale	7	4	11	8	3 (22⁰/₀)
	abdominale	1	17	18	9	9 (50⁰/₀)
	combinirte	—	1	1	1	
	Summa	8	22	30	18	12 (40⁰/₀)

Tuffier's Statistik betrifft 58 Hydronephrosen-Operationen. Dieselbe berechnet für die Nephrotomie 18⁰/₀ an Mortalität und 60⁰/₀ Zurückbleiben von Fisteln. Die Nephrektomie hatte nach ihm nur 13·1⁰/₀ Sterblichkeit, von dieser kamen aber 25·8⁰/₀ auf die transperitonealen und nur 6·4⁰/₀ auf die lumbalen Operationen. Die secundären Nephrektomien, deren Zahl nicht weiter angegeben wird, waren immer von günstigem Erfolg begleitet. Von Specialstatistiken bietet die 9 Operationen umfassende *Israel's* nur günstige Ergebnisse: 5 primäre Nephrektomien gelangten zu glatter Heilung; von 4 Nephrotomirten heilte je 1 vollständig resp. mit wenig belästigender Fistel, 2 erforderten die secundäre Exstirpation, die glücklich verlief. Lediglich Nephrektomien berücksichtigt *Arnould*, der unter 26 derartigen Fällen, welche seit Einführung der Antisepsis operirt sind, nur † 2 zählte. *Martin* Genf) hatte unter 10 bei angeborenen Hydronephrosen junger Kinder (darunter

2 Laparotomien) keinen operativen Todesfall, sondern nur einen solchen in Folge Erkrankung der anderen Niere. Unter 9 von *Terrier* und *Baudouin* gesammelten neueren Nephrektomien endete nur 1 tödtlich, und zwar unabhängig von dem Eingriff.

So beschränkt daher das uns bis jetzt zur Verfügung stehende Material ist, immer erhellt, dass nicht nur Nephrotomie, sondern auch Nephrektomie bei Hydronephrose gegenwärtig nicht mehr einen besonders schweren Eingriff darstellt. Nur scheinbar spricht hiergegen die hohe Sterblichkeit der Nephrektomie bei *Newman*. Wie die Tabelle auf voriger Seite zeigt, kommt dieselbe wesentlich auf Rechnung des Ueberwiegens der transperitonealen Operationen. Nach *Martin* erscheint aber deren Sterblichkeit in Hydronephrosefällen keine grössere heutzutage wie die nach den lumbalen Exstirpationen, so dass offenbar unter den von *Newman* gesammelten einschlägigen Fällen wiederholt die jetzt üblichen Cautelen ausser Acht gesetzt worden sind. Denn von den betreffenden 9 Todesfällen kamen bei diesem Autor 2 auf Peritonitis, 1 auf Pyämie und 3 auf Shock und Collaps.

Wenn daher gegenwärtig in der Mortalitätsziffer keine Gegenanzeige gegen die Nephrektomie erblickt werden kann, so ist eine solche desto mehr in der nicht seltenen Opferung von Nierensubstanz bei dieser Operation zu suchen. Selbstverständlich ist dieselbe nur ausführbar dort, wo man von der genügenden Leistungsfähigkeit der zweiten Niere überzeugt ist. Andererseits ist es aber zu weit gegangen, wenn noch heute vielfach die Nephrotomie, speciell die lumbale, als die principiell hier in Frage kommende Operation bezeichnet wird (*Tillaux*, *Wagner* u. A.). Man stützt sich in dieser Ansicht gern auf *Billroth*. Thatsächlich hat dieser etwa gleich oft die Nephrektomie und Nephrotomie bei Hydronephrose ausgeführt (*Lotheisen*). Man hat zu Gunsten der Nephrotomie ferner auch den gutartigen Charakter der nach dieser zurückbleibenden Fisteln betont. Wir haben uns bemüht, eine derartige Anschauung auf das richtige Maass zurückzuführen. Vielfach ist der Zustand der Patienten schliesslich kein besserer als der nach Nephrotomie bei Pyonephrose, und die sich als nothwendig herausstellende secundäre Nephrektomie findet unter den gleichen Bedingungen wie bei letzterer statt.

Für die Nephrotomie wird in Anspruch genommen, dass sie die „Erholung" selbst geringer Reste functionsfähigen Drüsenparenchyms in manchen Fällen gestattet. Immerhin hat dieses seine Grenzen (s. o. S. 1010). Man kann aber solchen Fällen eine vielleicht noch grössere Zahl von Beobachtungen gegenüberstellen, in denen es vielmehr schon vor der Operation, sicher aber während derselben klar wird, dass eine Erholung und Wiederherstellung von Nierensubstanz ausser Frage steht. Es sind dieses alle länger bestehenden Hydronephrosen älterer Leute mit vorgeschrittener bindegewebiger Degeneration der Wandungen und zahlreiche Verwachsungen des Sackes, sowie auch manche sehr umfangreiche Hydronephrosen jüngerer Personen. Ueberall bedingt hier der glatte rasche Wundverlauf nach der Exstirpation einen Vorzug vor dem einfachen Einschnitt. Es hängt dabei von den Verhältnissen ab, ob man die transperitoneale oder lumbale Operation bevorzugt. Unsere hierhergehörigen früheren Ausführungen ergänzen wir dahin, dass bei der Wahl des Verfahrens hier viel von der Vorliebe und Erfahrung des betreffenden Operateurs abhängt. *Thornton* hatte bei fast ausschliesslicher Anwendung des Bauchschnittes sehr gute Resultate. *Martin* (Genf) hatte unter 10 Fällen nur 2 transperitoneale Operationen, im Ganzen nur einen Todesfall, und zwar unabhängig von dem Eingriff.

Die Behandlung der doppelseitigen Hydronephrose ist im Grunde genommen identisch mit der der Anurie. Es kommt Alles darauf an, zu wissen, welches die noch am meisten leistungsfähige Niere ist, um durch Beseitigung des Abflusshindernisses oder Herstellung eines Auslasses für den Harn das Leben des Kranken zu retten. Die hierhergehörigen Operationen werden sich dementsprechend verschieden gestalten. In einzelnen Fällen wird man sich mit der Anlage einer Harnleiter- oder Nierenbeckenfistel begnügen müssen. In anderen wird man das Hinderniss, welches meist in einem eingeklemmten Stein besteht, durch Pyelolithotomie beseitigen können. In einer weiteren Classe von Fällen hat man die Niere selbst durch Sectionsschnitt zu incidiren oder ein Stück Niere excidiren (*Picqué*) und weitere Eingriffe zu vertagen. Wir verweisen bezüglich näherer Einzelheiten noch einmal auf das Capitel von der Steinkrankheit der Niere, in welchem auch die günstige Einwirkung der Herstellung eines freien Harnabflusses auf der einen Seite auf die andere nichtoperirte Niere erörtert werden wird. Als Palliativum bei grossen doppelseitigen Hydronephrosen hat man die Punction vorgeschlagen, doch dürften deren Leistungen in den hierhergehörigen meist sehr ungünstigen Fällen wenig befriedigend sein.

In einem sehr eigenartigen Falle doppelseitiger angeborener Hydronephrose machte *Morris* am Tage nach der Geburt ausser der Laparotomie rechts die Ureterotomie und links die Nephrotomie. Der Knabe lebte noch 94 Tage; die Harnentleerung geschah theils am Nabel durch den erweiterten Urachus, theils durch die Lendenfisteln, theils auch durch die Harnröhre. Der Tod erfolgte an Entkräftung. Ausser Abknickung des linken Ureters am Nierenbecken war Hauptursache der Harnstauung eine leistenförmige Verengerung 2" hinter der äusseren Harnröhrenmündung.

Behandlung der intermittirenden Hydronephrose (Nephropexie). Die Behandlung der intermittirenden Hydronephrose hat in den Fällen, welche nicht auf abnormer Beweglichkeit der Niere beruhen, in Entfernung der Ursache zu bestehen. Ueberall dagegen, wo eine bewegliche Niere den Grund der Ausweitung des Nierenbeckens und der Stauung des Harnes abgiebt, hat man auf Beseitigung dieser Beweglichkeit Bedacht zu nehmen. In leichteren Fällen, in denen die Erscheinungen sich nicht allzu sehr von denen der Einklemmung einer beweglichen Niere unterscheiden, kann man es versuchen, wie weit man ohne Operation mit der mechanischen Befestigung der Niere kommt. Ausgesprochene Fälle mit intermittirender Hydronephrose hat man dagegen operativ zu behandeln, nach dem Vorgange von *Guyon* u. A., der mit Erfolg hier die Nephropexie ausgeführt. Bei seiner Patientin konnte nach sieben Monaten noch die Heilung dargethan werden. Leider ist die Zahl derartig behandelter und länger beobachteter Kranken keine so grosse, um allgemeine Schlussfolgerungen zu gestatten. Es ist die Möglichkeit zugegeben, dass die operativ befestigte Niere sich wieder lockert und die Wiederkehr der Stauungserscheinungen zur Wiederholung der Operation nöthigt. In weit gediehenen Fällen dürfte die vorgeschrittene Erweiterung des Nierenbeckens ebenso wie die Erschlaffung von dessen Wandungen von der operativen Befestigung des Organes unbeeinflusst bleiben (*James Israel*). Die Behandlung unterscheidet sich dann nicht wesentlich von der der gewöhnlichen Hydronephrose.

VII. Cystengeschwülste der Niere.

§ 117.

Vorbemerkung.

Von den Cystengeschwülsten der Niere bietet nur ein bestimmter Theil unmittelbares chirurgisches Interesse. Einige der hierhergehörigen Fälle betreffen keine selbständigen Gebilde, sondern es handelt sich um cystische Entartungen oder hämorrhagische Erweichungsherde in Neubildungen der Niere, wie wir solche in dem diese betreffenden Capitel näher kennen lernen werden. Andere Male handelt es sich um sogenannte Colloidcysten, welche, auf cystöser Atrophie beruhend, vielfach nur mikroskopisch erkennbar sind. Ebenfalls bleiben häufig nur klein und erreichen lediglich die Grösse einer Erbse die aus einer sclerosirenden, mit Atrophie verbundenen Entzündung hervorgegangenen Retentionscysten. Nur ausnahmsweise werden letztere grösser und veranlassen dann einen chirurgischen Eingriff (*Depage*). Derartige Vorkommnisse bilden bereits den Uebergang zu denjenigen Fällen, welche schlechtweg als Cystenniere bezw. als polycystische Nierenentartung bezeichnet werden. Diese sind es, welche neuerdings die Aufmerksamkeit der Chirurgen mehr und mehr beanspruchen. Ihnen gegenüber stehen die meist grössere Dimensionen bietenden isolirten Nierencysten. Es sind aber die grossen Cysten häufig nicht in der Niere selbst gelegen, sondern mehr „adrenal", hervorgegangen aus Blutergüssen. Daneben hat man als paranephritische Cysten sehr verschiedenartige Gebilde bezeichnet, unfähig einer einheitlichen Beschreibung.

Während wir ferner in einem besonderen Paragraphen (§ 120) die Echinokokkensäcke der Niere anzuführen haben werden, müssen wir uns begnügen, hier gewissermassen als Rarität die wenigen Beobachtungen von Atheromen der

Niere (*Paget*, *Madelung*) kurz zu citiren. Sie sind immer verkannt worden; in einem der einschlägigen Fälle (*Madelung*) ist vor der Operation ein Nierenechinococcus angenommen worden.

§ 118.

Die polycystische Nierenentartung.*)

1. Pathogenese und pathologische Anatomie.

Die sehr verschiedenartigen Bezeichnungen, welche man der polycystischen Nierenentartung gegeben und von denen wir nur die des „Hydrops renum cysticus", der cystösen Nierendegeneration (*Rayer*), der kleincystischen oder polycystischen Niere, des „gros rein polycystique" (*Lejars*), der conglomerirten Cystenbildung der Niere hier anführen, weisen darauf hin, dass man es hier mit einem bis jetzt noch nicht völlig abgeschlossenen, wohl umschriebenen, einheitlichen Krankheitsbilde zu thun hat. In Wahrheit hat man die bei Neugeborenen und im jugendlichen Alter vom 1. bis 10. Jahre an beobachteten Fälle von denen älterer, in vorgerückten Jahren stehenden Personen zu trennen, und *Virchow* hat vor nicht zu langer Zeit auf's Neue hervorgehoben, dass zwischen den einschlägigen Vorkommnissen bei letzteren und denen bei Kindern bis zum 15. Lebensjahre eine noch heut unausgefüllte Lücke besteht. Die jüngsten Erwachsenen mit polycystischer Niere sind zwei Patienten von *Lareran*, beide 23 Jahre alt, und ein 20jähriges Mädchen, dessen Geschichte *Höhne* jüngst veröffentlicht hat. Alle übrigen Fälle betrafen in der Regel Personen von nicht unter 40 Jahren. Man hat angesichts dieser grossen Verschiedenheit des Alters der beiden Kategorien der mit polycystischen Nieren Behafteten für die neugeborenen und ganz jugendlichen Fälle Bildungsfehler angenommen. Thatsächlich hat man hier mehrfach in diesen Fällen einen die Harnentleerung hemmenden Verschluss nachgewiesen. Ein solcher Verschluss existirte dabei keineswegs immer in der Nähe der oberen Harnleitermündung, sondern weiter unten, ja zuweilen in der Harnröhre. Nicht immer war er vollständig, es handelte sich oft nur um eine gewisse Enge oder Klappenbildung; auch bedingten die Harnleiter durch Ueberzähligkeit mit gleichzeitig theilweise blinder bezw. verkümmerter Entwickelung, dass gelegentlich nur eine Niere sei es ganz, sei es theilweise polycystisch entartet befunden wurde. Die zweite Niere konnte dann normal oder aber klein und unentwickelt (*Hughlings Jackson*) geblieben sein. In einzelnen Fällen von tief sitzendem Hinderniss (*Morris*) bestand auch Ureterohydrose. Die Erklärung dieser und ähnlicher Beobachtungen durch Bildungshemmung und Harnverhaltung wird als ausreichend vielfach angesehen, zumal (wie nicht selten) Bildungsfehler und Defecte an anderen Organen

---

*) Dieser Abschnitt hat während des Druckes eine theilweise Umarbeitung erfahren.

derselben Individuen dargethan worden konnten. Auch spricht für eine derartige Anschauung, dass eine gewisse Heredität hier zuweilen existirt, weniger von Mutter auf Kind (*Höhne*) als in dem Sinne, dass wiederholt von der gleichen Mutter Kinder mit solchen cystischen Entartungen der Nieren geboren werden (*Singer*). Zur Deutung des Vorkommens letzterer bei Erwachsenen vorgerückten Alters hätte man dann nur die langsame weitere Entwickelung der nur theilweise oder einseitig bei der Geburt vorhandenen Cystenbildung anzunehmen in analoger Weise, wie dieses in einzelnen Hydronephrosefällen geschieht.

Inzwischen passen aber die vorstehenden Erklärungen keineswegs für alle Fälle Neugeborener. Die cystische Entartung ist ein hier oft völlig auf die Nieren isolirter Befund, genau so wie bei vielen Erwachsenen. Man hat daher für alle diese Vorkommnisse gleichmässig identische Vorgänge angenommen. ohne über die Natur dieser Vorgänge völlig einig und im Klaren zu sein. Es ist zunächst bis jetzt nur eine Vermuthung. dass es sich bei den Erwachsenen um ein Hineinschleppen von fötalen Zuständen handelt (*Virchow*). Andererseits ist die Auffassung, dass es sich um einen neoplastischen Process handelt, welchen man als eine Art epitheliomatöser Neubildung beschreibt (*Mallassez*) oder die Anschauung (*Nauwerk* und *Hufschmid*) des Vorliegens eines den Verhältnissen beim Adenocystom analogen Zustandes für Kinder nicht ohne Weiteres annehmbar. Das Bestehen eines specifischen neoplastischen Processes bei Erwachsenen wird allenfalls nur bestätigt durch die gelegentliche Existenz des gleichen Befundes in einer Anzahl von anderen Organen. am häufigsten in der Leber, welche *Lejars* unter 62 Fällen von Cystenniere bei Erwachsenen als in 17 betheiligt anführt. Demnächst kommt mit absteigender Frequenz die Betheiligung von Milz und Eierstock (*Höhne*). Bei der grossen Umwälzung. welcher unsere Kenntniss der Anatomie der Nierenneubildungen zur Zeit unterliegt. müssen wir aber auch dieses Argument als fraglich geworden hinstellen. Sicher dagegen spielen für viele polycystischen Nieren interstitielle entzündliche Veränderungen eine Rolle. Wir haben bereits darauf hingewiesen. dass es Uebergänge der gewöhnlichen interstitiellen Nephritis mit Bildung kleiner, mehr isolirter Cysten zur eigentlichen polycystischen Niere giebt. Diesen Fällen von mässiger Volumszunahme der Niere und mehr gallertigem Inhalt der Cysten hat man einen gesonderten Platz anzuweisen. Sie bieten weniger chirurgisches Interesse. als die „grosse polycystische Niere" im engeren Wortsinne. Dass aber auch hier ein interstitieller entzündlicher Vorgang vorliegt, ist mit *Virchow* insofern anzunehmen. als viele Fälle von polycystischer Niere Neugeborener bezw. ganz junger Kinder auf einer derartigen. hauptsächlich die Papillen betreffenden Entzündung beruhen. Ebenso kann man der weiteren Voraussetzung von *Virchow* beipflichten. dass die grossen Nieren, welche vielfache multiloculäre Cysten bieten. Reste von fötalen Zuständen seien. neben welchen sich noch Stellen relativ wenig veränderter Nierensubstanz erhalten und so ein längeres

Fortleben ihrer Träger ermöglicht haben. Ob bei diesen grossen polycystischen Nieren der interstitielle Vorgang ein primärer ist oder secundär von Verlegung der Harncanälchen durch Harnniederschläge (Harnsäureinfarct Neugeborener oder Harnsteine [*Ewald*]) abhängt, ist hier von minderer Bedeutung. Für die Zwecke des vorliegenden Werkes haben wir vielmehr anzufügen, dass es fast ausschliesslich die polycystischen Nieren Erwachsener sind, welche eine Rolle für den Chirurgen spielen; die der Neugeborenen gehen weniger diesen als den Geburtshelfer an, da sie wiederholt Geburtshindernisse abgegeben haben.

So weit die bisherigen Fälle einen Schluss gestatten, ist die Cystenniere bei Männern etwas häufiger als bei Frauen (*Tuffier*) bis jetzt beobachtet worden. Eine geringe Vermehrung der Casuistik könnte indessen leicht dieses Verhältniss umkehren.

Aeusserlich stellen sich die polycystischen Nieren Erwachsener in ausgemachten Fällen in so charakteristischer Weise dar, dass eine Verwechselung mit anderen Zuständen schwer ist. Das oft enorm vergrösserte Organ — man hat Cystennieren von 26 cm Länge mit entsprechender Dicke und Breite beobachtet (*Orth*) erscheint in Folge des buckelartigen Hervortretens der Cysten wie mit Beeren oder Trauben besetzt (s. umstehend Fig. 356). Die einzelnen Cysten bieten dabei ein bald helleres, bald dunkleres, glänzendes Aussehen, und man hat wohl die Niere mit einer Brombeere verglichen. Der Durchschnitt zeigt sich häufig nach Art eines Fächers; man erkennt deutlich, wie kleinere Cysten zu grösseren zusammengeflossen sind, und dass eigentlich kein Theil der Nierensubstanz an der Cystenbildung uninteressirt ist. Allerdings finden sich nicht selten Inseln anscheinend wohl erhaltenen Parenchyms, ja in manchen Fällen können relativ grosse Stellen frei von Cysten sein, und die Erkrankung von Rinde und Mark ist nicht nur von Fall zu Fall wechselnd, sondern auch nicht immer in einem und demselben Falle gleichmässig. Der Inhalt der Cysten ist bald mehr hell, sich deutlich als urinöse Flüssigkeit charakterisirend, reich an Harnstoff sowie anderen Extractivstoffen, ferner zuweilen auch Kalkoxalat, Hippursäure, Cystin, Blut, Eiter und Eiweiss, aber kein Pepton haltend. Andere Male ist er mehr dunkel, chocoladen- oder sogar kaffeebraun, mit zahlreichen geschrumpften und abgeblassten rothen Blutkörperchen, Pigmentzellen und eigenartigen dunkelgefärbten, kugelartigen, mit concentrischer Streifung um einen structurlosen, mit radiärer Strahlung versehenen Kern und verhältnissmässig grossen rosettenartigen Gebilden. Dieselben, schon von *Förster* und *Beckmann* beschrieben, sind neuerdings mehrfach näher untersucht worden, so von *Ewald*, *Höhne* u. A. Wir geben statt weiterer Beschreibung die *Höhne*'sche Abbildung des Inhaltes der polycystischen Niere (auf S. 1023, Fig. 357) wieder mit der Bemerkung, dass die soeben erwähnten, von *Ewald* als erster Ansatz der Concrementbildung*) gedeuteten

---

*) In einem von *Peipers* beschriebenen Falle doppelseitiger polycystischer Niere fand sich ausser amorphen Concrementen in einigen Cysten im linken Nierenbecken ein grosser Stein mit Uratkern und einer von Albuminaten gebildeten Hülle.

„Rosetten" sich keineswegs in allen Cysten regelmässig darthun lassen. Einzelne mehr bläulichgelb gefärbte Blasen haben als Inhalt verfettete Epithelien. Thatsächlich finden sich an den kleineren Cysten noch platte Epithelien in einschichtiger Lage einer Tunica propria aufsitzend. Die grösseren Cysten entbehren der Epithellage ebenso wie einer besonderen Wandung: sie machen den Eindruck von Lücken im interstitiellen Nierengewebe (*Orth*).

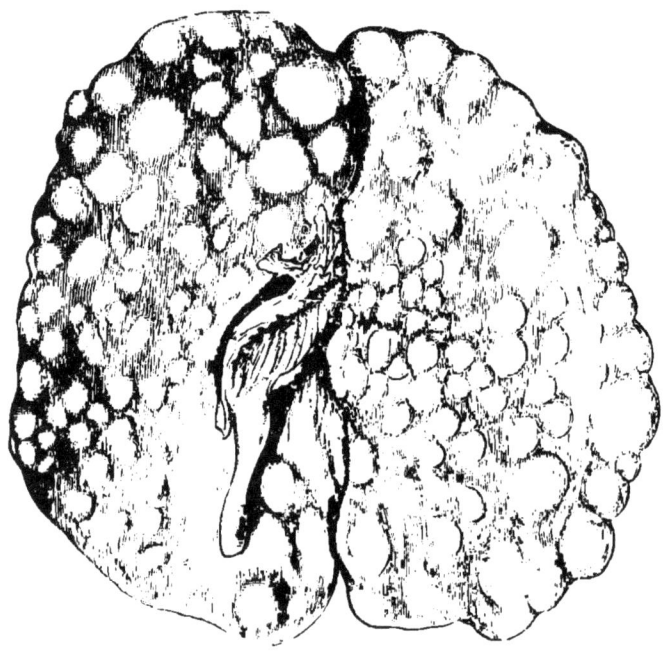

Fig. 356.

Polycystische Niere von aussen.

(Etwas schematisch gehaltene, auf weniger als halbe Lebensgrösse reducirte Abbildung eines Präparates der Sammlung des k. Instituts für Staatsarzneikunde in Berlin. Die Niere ist durch Sectionsschnitt getrennt, die Schnittflächen aufgeklappt, so dass man beide Aussenflächen übersehen kann. Nach der Originalzeichnung von P. Günther.)

Die Veränderungen des interstitiellen Nierengewebes selbst charakterisiren sich als eine von den Papillen fortschreitende wahre Obliteration der Harncanälchen. Dieselbe hat an und für sich nichts direct mit einer Verstopfung dieser Canälchen durch Infarcte oder Concremente zu thun. Man kann sie mit *Leichtenstern* als eine „Pyelo-Papillitis fibrosa" auffassen. Sie bewirkt eine organische Obliteration der Harncanälchen, doch bedarf die nicht immer identische Art ihres Uebergreifens auf die verschiedenen Theile des Harnsystems innerhalb der Nieren noch weiterer Untersuchung. Ebenso gilt dieses von der Möglichkeit eines bestimmten Nachweises des Zeitpunktes ihrer Entstehung bezw. ihres Alters zur Zeit des Ablebens des von ihr betroffenen Individuums. Es lässt sich im Sinne der bereits citirten Anschauung *Virchow's* annehmen, dass bei doppelseitiger Erkrankung zum Weiterleben ausreichende Reste von Parenchym relativ lange, unterstützt durch **compensatorisch hypertrophische Veränderungen**, persistirt haben, bis auch diese schliesslich einem mehr acuten Process unterliegen. Ist nur die **eine** Niere cystisch entartet, die zweite

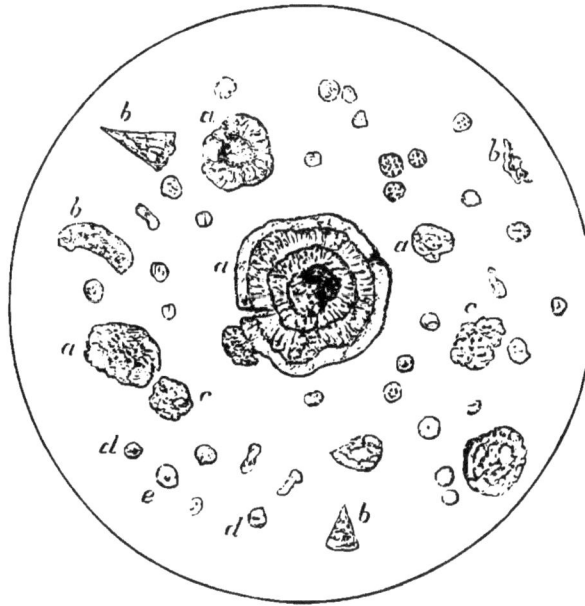

Fig. 357.

Sediment aus der Punctionsflüssigkeit einer polycystischen Niere nach Höhne (mit Erlaubniss der Redaction der „Deutsch. med. Wochenschr. aus Nr. 47. 1896. dieser Zeitschrift entnommen).

a Rosetten.

b Bruchstücke der Rosetten.

c pigmenthaltige Zellen.

d rothe Blutkörper,

e Leukocyten.

(Vergrösserung: Leitz, Ocul. 1, System 7; 325mal vergrössert.

aber in Folge der Arbeitssteigerung (O. *Israel, Sacerdotti*) compensatorisch hypertropisch, so liegen die Verhältnisse zur Erklärung eines Bestandes der Anfänge der cystischen Entartung der allein erkrankten Niere seit der Geburt vielleicht noch einfacher. Immerhin sind auch hier von Fall zu Fall zu wiederholende genaue Studien erforderlich, die namentlich die grosse multiloculäre Cystenniere in scharfer Trennung von den übrigen Formen der Nierencysten von vornherein gesondert zu halten haben (s. o. S. 1018).

2. Symptome und Verlauf.

Ein bestimmter Symptomencomplex ist in der weit überwiegenden Mehrzahl der Fälle der grossen multiloculären Cystenniere bis jetzt nicht erwiesen. Die Krankheit verlief vielfach überaus schleichend und heimtückisch, so dass erst die Section die aufklärende Diagnose ergab (*Stiller*). Das in Fig. 356 auf S. 1022 wiedergegebene Präparat, das einen zufälligen Befund bei einer gerichtlichen Leichenöffnung wiedergiebt, mag ein Beispiel eines solchen latent sich über Jahre hinziehenden Krankheitszustandes gewähren. In einem Theile der hierhergehörigen Fälle erfolgte der Tod ziemlich plötzlich ohne Voraufgehen nennenswerther Krankheitszeichen. In einer zweiten Gruppe sah man wohl eine kurze Zeit vor dem Ableben gewisse pathologische Erscheinungen, dieselben aber waren so unbestimmt und so wenig für ein Nierenleiden charakteristisch, dass ihre Zugehörigkeit zu den Symptomen der Urämie allenfalls erst auf Grund des Leichenbefundes erschlossen werden konnte. Eigentliche urämische Anfälle fehlten, ebenso Oedeme; die Kranken klagten über Mattigkeit, Verdauungsbeschwerden, zeitweilige Schmerzen in Leib und in Gliedern. Bei Einzelnen trat der Tod bei vollem Bewusstsein ein, so z. B. bei der Patientin *Ewald's*, ferner in einem Falle des University College Hospital zu London u. A. m. Ueberdies reichte, streng genommen, nur theilweise der Leichenbefund zur Erklärung der Deutung der Symptome als Urämie aus. Denn wenn man auch weit gediehene cystische Entartung und erhebliche Volumszunahme beider Nieren antraf, so fanden sich doch in ihnen so viele Stellen wohl erhaltenen leistungsfähigen Nierenparenchyms, dass ein Weiterleben der Patienten sehr wohl denkbar gewesen wäre. Noch weniger aufgeklärt ist unter diesen Verhältnissen die nicht kleine dritte Gruppe hierhergehöriger Fälle, welche durch Verlauf, durch die Complication mit Herzhypertrophie, mit Herzbeutelentzündung und anderen entzündlichen Veränderungen, sowie nicht zum Wenigsten durch Auftreten unzweideutiger urämischer Anfälle und durch die Beschaffenheit des Harns der classischen interstitiellen chronischen Nephritis glichen. Unter 62 von *Lejars* gesammelten Fällen polycystischer Niere boten 26 das Bild einer solchen Nephritis.

Nur in der Minderheit der Fälle polycystischer Niere ist von dem bei Lebzeiten geführten Nachweis einer auf eine oder auf beide Nieren bezüglichen Anschwellung die Rede; in der von *Lejars* gesammelten Casuistik geschieht dieses 18mal, und zwar konnte 13mal ein doppelseitiger und 5mal ein einseitiger Tumor dargethan werden. Hierzu kommen noch etliche Beobachtungen, in denen die von der polycystischen Niere gebildete Geschwulst fälschlich mit einem anderen Organe in Verbindung gebracht wurde, so dass man einen cystischen Tumor des Ovariums oder der Milz annahm.

Fast noch weniger als die Existenz einer Anschwellung hat man die Beschaffung des Urins in den hierhergehörigen Fällen beachtet. In Folge des latenten Verlaufes, den die Krankheit häufig genommen, ist weder die Zahl der Harnuntersuchungen, noch die Art ihrer Ausführung, noch endlich die Länge des Zeitraumes, während dessen sie angestellt wurden, eine ausreichende gewesen. In gewissen Fällen, nämlich in denen, welche in ihrer klinischen Erscheinung der chronischen interstitiellen Nephritis sich näherten, glich die Harnabsonderung mehr oder minder der bei dieser beobachteten. Als charakteristisch wird vielfach die Verminderung der 24stündigen Menge des Harns gehalten, wobei der Harn selbst diluirt, namentlich an Harnstoff arm und von niederem specifischen Gewichte sich erwies. Ein entsprechend weit gediehener Schwund von Nierensubstanz liess sich in diesen Fällen keineswegs immer bei der Obduction erweisen (Stiller). In einzelnen Fällen endlich hat das länger anhaltende oder anfallsweise Auftreten von Blut im Harn zur irrigen Annahme einer bösartigen Nierenneubildung und zu chirurgischen Eingriffen geführt, ebenso wie die gelegentliche Existenz von Pyurie die Fehldiagnose Pyonephrose und dieser entsprechende Operationen veranlasst hat.

3. Diagnose.

Der Unsicherheit des Symptomencomplexes der grossen polycystischen Niere entspricht die Seltenheit, mit welcher man bei Lebzeiten dieselbe einigermassen sicher diagnosticirt hat. *Lejars* führt 5 derartige Fälle an. *Ewald* sogar nur 2, andere Autoren 3, denen sich eine in letzter Zeit von *Höhne* veröffentlichte Beobachtung als vierte anschliesst. Man hat sich vergeblich bemüht, pathognostische Symptome für die in ihrem Wesen noch vielfach räthselhafte Krankheit herauszufinden. Weder der Nachweis einer doppelseitigen Anschwellung noch der eines in Menge und 24stündigem Harnstoffgehalt sowie in Concentration herabgesetzten albuminösen Harns (*Korsing*) sind ausschlaggebend. Erstere kommt in einzelnen Fällen bösartiger Neubildung vor, letzteres u. A. in Fällen von Amyloidniere. Man hat fälschlich geglaubt, dass für die polycystische Nierengeschwulst Fluctuation charakteristisch sei. Aber die Zusammensetzung aus vielen kleineren Cysten lässt das Fluctuationsgefühl nicht zur Perception gelangen, es ist vielmehr der palpatorische Nachweis eines doppelseitigen, mit kleinblasigen Hervortreibungen besetzten Nierentumors, welcher neben dem längeren Bestande von Albuminurie ohne einer schweren Nephritis entsprechende Symptome, speciell ohne eigentliche urämische Zeichen, welche einige Male wenigstens die Wahrscheinlichkeitsdiagnose ermöglicht hat. In *Höhne's* Fall sicherten der Umstand, dass die Tochter der Patientin an einer Cystenniere operirt worden war, und die Punction des fraglichen Tumors auf der einen Seite mit dem Ergebnisse einer bräunlichen, die Seite 1023 auf Fig. 357 abgebildeten eigenartigen rosettenartigen Körperchen enthaltenden Flüssigkeit die Erkennung der Krankheit noch bei Lebzeiten. Jedenfalls sollte man daher die Punction unter den auf S. 863 namhaft gemachten Cautelen bei Vorliegen einer doppelseitigen Nierengeschwulst immer als diagnostisches Hilfsmittel in Betracht ziehen. Etwaiges Bestehen einer Hypertrophie des linken Herzens und entzündlicher Veränderungen an Herzbeutel und Lunge als Unterstützung der Diagnose zu verwerthen, ist dagegen nur ausnahmsweise statthaft. Derartige Veränderungen finden sich bei den verschiedenartigsten Nierenleiden, zum Theile auch bei Nierenneubildungen.

4. Therapie.

Bis jetzt sind bei der polycystischen Niere (vielleicht mit Ausnahme des Falles von *Höhne*) nur auf Grund von Fehldiagnosen und irrigen Voraussetzungen chirurgische Eingriffe unternommen worden. Sieht man von einigen Fällen von Explorativschnitten und unvollendeten Operationen ab, so ergeben sich etwa 15—16 Nierenexstirpationen, welche man in Fällen von Cystennieren unternommen hat. Darunter dürften aber einige unsichere Beobachtungen sein, da nicht immer der strenge Beweis erbracht werden kann, dass es sich wirklich um die grosse multiloculäre polycystische Niere im engeren Wortsinn gehandelt hat. Für das Vorliegen dieser in allen Fällen sind die Resultate noch etwas zu günstig, denn die 15 Nierenexstirpationen ergaben nur 4 Todesfälle, darunter kam 1 auf 6 lumbale und 3 auf 9 abdominale Operationen. Todesursache war 2mal Anurie in Folge polycystischer Erkrankung bezw. Functionslosigkeit der „zweiten" Niere, 1mal Peritonitis und 1mal beginnende Entzündung der „zweiten" Niere. Jedenfalls dürfte bei dem jetzigen Stande unserer Kenntnisse von der polycystischen Niere rationeller sein, sich mit der Punction oder Incision etwaiger prominenter grösserer Cysten zu begnügen. Die hierdurch herbeigeführte Entleerung muss für Entlastung des Druckes auf etwa noch leistungsfähige Harncanälchen, sowie auf deren Abfluss an das Nierenbecken von günstiger Wirkung sein.

§ 119.

Solitäre Nierencysten.*)

Solitäre oder Einzelcysten der Niere von Grösse und Bedeutung der Cysten anderer Unterleibsorgane gehören zu den Seltenheiten. Es ist dieses um so mehr der Fall, als anscheinend eine Reihe zum Theil eigentlich nicht hierhergehöriger Beobachtungen mitgezählt zu werden pflegt, wie solches bereits von *Le Dentu* betont worden ist. Es handelt sich hier — abgesehen von gewissen partiellen Hydro- und Pyonephrosen — um Echinokokkencysten, sogenannte Pseudohydronephrosen, abgekapselte Blutergüsse und Cystenbildungen der Nachbarschaft, speciell des pararenalen Gewebes und der Nebenniere, und ähnliche Zustände, welche alle das Gemeinsame haben, dass sie ebenso schwer richtig zu erkennen, wie sie leicht zur irrigen Annahme einer Nierencyste geeignet sind. Wir verweisen in dieser Hinsicht auf die späteren gesonderten Besprechungen der pararenalen Cysten und der Nierenechinokokken.

Die gewöhnliche Bezeichnung der uns hier interessirenden fluctuirenden Geschwülste als „solitäre" oder „Einzelcysten"

*) Vgl. die Bemerkung zum vorigen Paragraphen auf S. 1019.

der Niere entspricht insofern nicht ganz der Sachlage, als es sich in manchen Fällen nicht um eine einzige, wohl aber um mehrere ver-einzelte Cysten handelt. Auch kommen Fälle (z. B. in einem Präparate des Museums des St. George's-Hospital zu London) vor, in denen zwar eine Cyste nur besteht, dieselbe jedoch ein mehr oder minder abgesondertes Divertikel oder Anhängsel besitzt. Charak-teristisch ist in allen hierhergehörigen Fällen die völlig scharfe Ab-grenzung der Cyste von dem Nierengewebe, welches nicht nur makroskopisch ganz intact erscheinen, sondern auch bei der feineren Untersuchung durchaus normale Verhältnisse bieten kann. Nur bei geringem Umfange findet man die Cysten von Nierenparenchym von diesem, und zwar meist von der Nierenrinde umgeben. Sind sie grösser, so prominiren sie mehr oder minder stark nach aussen, oder sie sitzen der Niere gleichsam nur auf. Letzteres hat gewöhnlich an einer der beiden Extremitäten der Niere, nach *Tuffier* unter 7 Fällen in 1 am unteren Pol, in den übrigen 6 am oberen Pol, seltener am Nierenbecken statt. Fälle wie dieser letztere führen zu der Annahme, dass man es hier vielleicht mit angeborenen Absackungen des Nierenbeckens oder der Nierenkelche zu thun hat. Für eine solche Ansicht spricht eine Beobachtung von *Le Dentu*, in welcher die Cyste ein von der Niere deutlich gesondertes, von dem Zellgewebe in Umgebung der grossen Gefässstämme des Hilus ausgehendes Gebilde darstellte. Noch be-weisender ist aber ein von *J. Israel* gewonnenes Präparat, in welchem eine zweikammerige, dem hinteren Umfange der Niere aufliegende Cyste eine freie Verbindung mit dem erweiterten Nierenbecken bot. Fälle wie diese letzten bilden bereits den Uebergang zu den später zu erörternden pararenalen Cysten.

Die Nierencysten im engeren Wortsinn sind, so weit sie für die Chirurgie Bedeutung haben, umfangreiche Gebilde. Sie können Manns-kopfgrösse und mehr erreichen und ebenso wie weit ausgedehnte Hydronephrose und andere voluminöse Unterleibsgeschwülste Ver-lagerung und Verdrängung der Bauchorgane bedingen. Der Inhalt der isolirten Nierencysten ist meist eine klare, gelblich-seröse Flüssigkeit, welche Eiweiss, zuweilen aber auch Harnbestandtheile bieten kann. Ebenso wie es ausnahmsweise in Hydronephrosen zur Gasentwickelung kommt (s. o. S. 992), hat *Le Dentu* einmal in einer Nierencyste bei einem 5jährigen Knaben kohlensaures Ammoniak gefunden. Dasselbe ist offenbar ein Product der Harnstoffzersetzung, ohne dass über die hier für diese wesentlichen Vorgänge sich etwas Genaueres bestimmen lässt. Von anderen Besonderheiten des Inhaltes der Nierencysten sind einige Male blutige Beimengungen, andere Male gänzliche oder theilweise (*Helm*) colloide Umwand-lung angeführt. Gelegentlich sind auch in ihm Concremente gefunden worden, welche für Leucin wegen ihrer Schichtung und Radiär-streifung, von Anderen (*Chotinski*) für ungewandelte Blutkörperchen gehalten werden (*Orth*).

Zuweilen bilden Kalksalze Niederschläge an den Wandungen, welch' letztere für gewöhnlich, wenn sie nicht durch Faserknorpel verdickt sind, im Uebrigen glatt und zart zu sein pflegen. Dieselben bestehen aus einer Tunica propria mit Plattenepithel; durch Leisten und Vorsprünge an ihrer Innenfläche, sowie von ihnen abgehende Stränge wird man in einigen Fällen an die Entstehung der grossen Cysten aus mehreren kleineren Hohlräumen erinnert.

Ueberaus dürftig ist das, was über die Pathogenese der solitären Nierencysten sich bis jetzt berichten lässt. Zusammensetzung der Wandungen und Beschaffenheit des Inhaltes weisen sie den Retentionscysten zu. Aber woher die Verhaltung entstanden, lässt sich angesichts der sonstigen Integrität der betreffenden Niere noch viel weniger sagen, als man bei der sogenannten polycystischen Niere vermag. Die Annahme, dass es sich um sehr weit in das intrauterine Leben zurückliegende Vorgänge hier handelt, ist ebenso eine unbewiesene wie die hinsichtlich gewisser seröser pararenaler Cysten von *Przewoski* ausgesprochene Vermuthung von deren Entstehung aus Resten der *Wolff'*schen und *Müller'*schen Körper (s. u. S. 1031).

Hinsichtlich der Aetiologie der solitären Nierencysten steht fest, dass sie lediglich Erwachsene, und zwar viel häufiger Frauen als Männer betreffen. Unter 20 von *Tuffier* gesammelte Fälle kamen auf letztere nur 3. Im Uebrigen ist die Erkrankung nicht nur an und für sich, sondern auch ihren verwandten Affectionen, speciell der polycystischen Nierenentartung gegenüber, recht selten. Die meisten pathologisch-anatomischen Museen enthalten nur ganz vereinzelte hierhergehörige Präparate, manche sogar keines, so z. B. das Musée Dupuytren, in welchem auf der anderen Seite 7 Vorkommnisse von polycystischer Niere aufbewahrt werden.

In Verbindung mit dieser grossen Seltenheit der isolirten Nierencysten steht theilweise, dass man ausserordentlich wenig von ihrer klinischen Bedeutung weiss. Es kommt hinzu, dass sie vielleicht noch in geringerem Grade als die polycystischen Nieren sich durch besondere Symptome bei Lebzeiten während ihres Verlaufes geltend machen. Nehmen sie, wie relativ häufig, das obere Nierenende ein, so können sie gleich wie manche soliden Nierentumoren einen ziemlich beträchtlichen Umfang erreichen, ohne sich durch etwas Anderes als einen gewissen Tiefstand der betreffenden Niere allenfalls kund zu geben. Jedenfalls hängt es von Lage und Umfang ab, ob und in wie weit sie in Form von Anschwellungen der Lende bezw. der seitlichen Bauchgegend bei Lebzeiten wahrzunehmen sind. Meistens zeigen sie dann nur wenig Charakteristisches. Deutliche Fluctuation dürfte sich bei nennenswerther Ausdehnung der Geschwulst nach vorn in den Bauchraum hinein mit genügender Sicherheit erweisen lassen. Da Harnveränderungen neben den grossen Solitärcysten der Niere überhaupt fehlen, sind Verwechslung derselben nicht nur mit anderweitigen fluctuirenden Geschwülsten des Unterleibes, sondern auch mit solchen der Niere, speciell mit Echinococcuscysten ganz und gäbe. Das gelegentliche Vorkommen von grösseren Cysten in beweglichen Nieren bietet dabei ein weiteres Element zur Erschwerung der Diagnose. *Tuffier* hat gegenüber von 14 einschlägigen Fällen von irriger Annahme von Ovarialcysten und 1 von Verwechselung mit einer Lebercyste nur 2 von mehr zufällig richtig diagnosticirten Nierencysten beibringen können. Dass auch die Probepunction als diagnostisches Hilfsmittel in Uebereinstimmung mit unseren Angaben über die Zusammensetzung des Cysteninhaltes nicht massgebend sein kann, wird von *Tuffier* und von anderen Gewährsmännern mit Recht betont. Eine in allen Beziehungen genügende Erkennung des wahren Sachverhaltes ist bei vielen Nierencysten eigentlich nur auf dem Leichentisch möglich; selbst bei Lebzeiten unternommene Operationen reichen hierzu nicht immer vollständig aus, es sei denn, dass man die Cyste so ausgiebig freilegt, dass man an keiner Stelle im Dunkeln arbeitet (*J. Israel*).

Chirurgische Behandlung der isolirten Nierencysten ist aber auch, ohne dass die richtige Diagnose gestellt worden war, häufig dort eingetreten, wo die Cysten durch Grösse oder durch von ihnen ausgehende Erscheinungen des Druckes oder der Erscheinungen entzündlicher Reizung sich bemerklich machten. Im Allgemeinen ist diese Behandlung nach den gleichen Grundsätzen zu leiten, wie die der Nierenechinokokken. Wie bei ihnen ist auch hier das Princip zu befolgen, so viel wie möglich von der gesunden Niere zu erhalten. Man hat hier mehrfach, theils durch die Lage der Geschwulst, theils durch diagnostische Irrthümer veranlasst, die Bauchhöhle eröffnet. Minder eingreifend aber, namentlich bei mehr oberflächlicher Lage der Cyste, gestaltet sich der Eingriff, wenn man die ein- oder zweizeitige extraperitoneale Incision mit nachfolgender Drainage anzuwenden in der Lage ist. Falls man hier das Zurückbleiben einer Fistel zu fürchten hat, indem eine mehrkammerige Cyste oder eine andere Complication vorliegt, soll man die möglichst reinliche Exstirpation der Cyste oder wenigstens nach *Tuffier's* Vorgang die partielle Nephrektomie mit Schonung der Wandungen des Nierenbeckens (*J. Israel*, *d'Antona* u. A.) vornehmen. Der Exstirpation der ganzen Niere sammt der Cyste dürfen nur einige wenige Ausnahmefälle vorbehalten bleiben.

Die bisherigen therapeutischen Ergebnisse bei den isolirten Nierencysten sind angesichts des Umstandes, dass es sich bei ihnen um durchaus gutartige Bildungen handelt, wenig erfreulich. Es scheint dieses damit zusammenzuhängen, dass ohne gesicherte Diagnose sehr oft vorgegangen werden musste, und dass in Folge dessen nicht nur zu viele Nephrektomien, sondern namentlich auch zu viele transperitoneale Operationen gemacht worden sind. Nach *Le Dentu* lässt sich häufig eine Verletzung des Bauchfelles vermeiden, indem eine so ausgiebige Abhebung dieses von der Cyste stattgehabt, dass es nicht in das Bereich des Operationsgebietes zu kommen braucht. Man soll daher die Laparotomie nur bevorzugen, wenn die Cyste sich deutlich nach der Bauchhöhle zu entwickelt hat, bezw. ihr Stiel in der Richtung dieser zu verfolgen ist. Wie wenig indessen diese im Principe gewiss nicht unberechtigte Vorschrift in der Praxis zur

Geltung gelangt, zeigt die Statistik *Tuffier's*. Gegenüber 7 hierhergehörigen lumbalen Nephrektomien (mit † 1 $= 11^0/_0$) stehen 24 abdominale Operationen, welche zum Theile noch in die Zeit vor dem
modernen Aufschwung der Unterleibschirurgie fallen. Ihre auf $40^0/_0$ zu
berechnende Sterblichkeit umfasst je 2 Todesfälle durch Peritonitis
bezw. Eiterinfection, je 1 tödtlichen Ausgang durch Blutung resp.
Collaps und Erkrankung der „zweiten Niere" und 4 ungünstige Ausgänge aus unbekannten Ursachen. Fälle von Incision und Drainage
hat *Tuffier* 7 gesammelt, darunter lediglich 2 lumbale Operationen.
Im Gegensatze zur Nephrektomie war der Ausgang quo ad vitam
hier jedesmal ein günstiger; doch blieb bei $^2/_3$ der Operirten eine
Fistel zurück.

Die Behandlung der Nierencysten durch Punction oder durch Punctions-
drainage, ferner ihre Eröffnung durch ein Cauterium potentiale, über welche noch
Péan ausführlich berichtet, sind gegenwärtig wie bei anderen Unterleibscysten
auch hier völlig verlassen, so dass wir auf sie nicht weiter zurückzukommen
haben.

Anhang.

Als Cysten des die Niere umgebenden Zellstoffes
bezw. als perinephritische oder perirenale Cysten hat
Péan eine Reihe von sehr verschiedenartigen Krankheitszuständen in
gesonderter Weise einer gemeinsamen Betrachtung unterworfen. Es
sind das sogenannte Blutcysten, welche wir als umschriebene
Hämatome nach subcutanen Nierentraumen bereits erwähnt haben, die
aber ausnahmsweise plötzlich auf unerklärliche Weise entstehen können
(*Hildebrand*), ferner Eitercysten, welche man theils als vereiterte
Hämatome, theils als unscheinbare Paranephritiden auffassen muss, dann
Echinokokkencysten, über welche weiterhin in § 120 zu berichten sein wird, und endlich seröse Cysten. Alle diese Cystenbildungen sind mehr oder minder seltene Localisirungen von Affectionen, die an und für sich nichts Charakteristisches bieten, und es
dürfte meistens schwer werden, bei Lebzeiten eine völlig exacte
Trennung zwischen derartigen Geschwülsten flüssigen Inhaltes im
hinteren unteren Theil der Niere und solchen des perirenalen Gewebes
durchzuführen. Ueberdies lassen die hierhergehörigen von *Péan* ge-
brachten pathologisch-anatomischen Beschreibungen für die in gegen-
wärtiger Zeit berechtigten Ansprüche mancherlei zu wünschen. Eine
Ausnahmestellung gebührt hier nur denjenigen Cysten, deren Inhalt
sich durch die eigenartige seröse Beschaffenheit auszeichnet. Als
retrorenale oder pararenale Gebilde sind sie als eine Unterart
der serösen retroperitonealen Cysten neuerdings von *Paulik* näher
gewürdigt worden.

In dem von *Paulik* selbst beobachteten Falle, eine 43jährige Frau betreffend,
musste man sich mit der Diagnose einer retroperitonealen Cyste begnügen. Die
anfangs gehegte Vermuthung, hervorgerufen dadurch, dass man Septa durch-

zufühlen glaubte, war durch den normale Nierenfunction darthuenden Harnleiterkatheterismus zu widerlegen gewesen. Bei dem in Excision eines der Theile der Cystenwand von der Lende aus mit nachfolgender Drainage bestehenden Eingriff wurde reichlich von einer viel Eiweiss, aber nur Spuren von Harnstoff und Harnsäure enthaltenen Flüssigkeit von 1600 p. s. entleert und ein ebensolches, nur eiweissärmeres Secret noch während des Heilungsprocesses geliefert. Die Cystenwand, ein fibrilläres, gefässarmes Bindegewebe, bot an einigen wenigen Stellen niedriges, grosskerniges Epithel.

Der vorstehende Fall, den wir absichtlich etwas ausführlicher wiedergegeben haben, wird genauer verständlich durch Kenntniss der wenigen besser berichteten hierhergehörigen Beobachtungen. Die älteste derselben, von *Cruveilhier* stammend (bei *Péan* und *Gallez* unvollständig citirt), bildete lediglich einen Leichenbefund, der bei Lebzeiten wahrscheinlich als Ovarialcyste imponirt hatte. In diesem, wie in 3 von *Przewoski* untersuchten, ebenfalls nur Leichenbefunde darstellenden Fällen handelte es sich um völlig von der Nachbarschaft getrennte, durch lockeres Bindegewebe zusammenhängende Tumoren von Hühnereigrösse bis zu einem die ganze Bauchhälfte einnehmenden Umfang. Dieselben waren nicht „retrorenal", sondern lagen jedesmal vor dem unteren Ende der Niere, Dickdarm und andere Baucheingeweide in entsprechender Weise verdrängend. Die Wandung bestand aus faserigem, ziemlich dichtem Bindegewebe mit vielen elastischen Fasern und einem dünnen, einschichtigen Epithelbesatz; der Inhalt, von niedrigem specifischen Gewichte ohne Harnbestandtheile, war unter Anderem durch Fetttröpfchen und Cholestearinkrystalle ausgezeichnet Die entsprechenden Nieren waren unverändert; nur einmal zeigte sich eine durch Druck bedingte Abflachung. Bei Lebzeiten beobachtet ist ausser dem Fall von *Pawlik* nur noch einer von *Obalinski*. Bei der 57jährigen Patientin wurde vor der Operation Hydronephrose oder Echinococcus vermuthet. Beim Ausschälen der Cyste wurde nichts von Niere oder Nierengefässen bezw. Ureter getroffen, ebenso auch nicht bei Untersuchung des Wundraumes. Anfänglich wurde die Diagnose Hydronephrose festgehalten, im Inhalt war aber nichts von Harnbestandtheilen erweislich, und die Wandung bestand nur aus gewöhnlichem Bindegewebe mit elastischen Fasern. Man kam daher nachträglich zur Ueberzeugung, dass es sich um eine retroperitoneale seröse Cyste gehandelt habe.

So wenig die vorstehenden Fälle, vielleicht mit Ausnahme der von *Pawlik* und *Obalinski*, directen praktischen Werth für die Nierenchirurgie bis jetzt besitzen, so wichtig sind sie vielleicht für die Beurtheilung ähnlicher Vorkommnisse in der Zukunft. Ueberdies dürften gewisse pathogenetische Beziehungen zwischen diesen pararenalen serösen Cysten und den isolirten „Nierencysten" im engeren Wortsinne bestehen, wenn sich die Annahme von *Przewoski* bestätigt, dass die pararenalen Cysten sich aus Resten der *Wolf*'schen und *Müller*'schen Körper entwickeln, da sie mit diesen die gleichen Verhältnisse zur Niere bieten.

§ 120.

Echinococcus der Niere.

Pathogenese und Aetiologie.

Von den verschiedenen zum Theil nicht völlig sicheren Vorkommnissen thierischer Parasiten in der Niere (Cysticercus cellulosae, Filaria sanguinis, Distomum haematobium) hat einzig und allein wesentliches chirurgisches Interesse der Echinococcus. Der Echinococcus findet sich in der Niere ziemlich selten; nach *Thomas* nur in 4·75⁰/₀ sämmtlicher Fälle. Einige Male hat man ihn gleichzeitig auch in anderen Organen getroffen, speciell in der Leber, in der Milz und in der Lunge. Ganz ausnahmsweise (*Thomas* citirt nur einen hierhergehörigen Fall von *Cooper* und *Richardson*) sieht man beim Menschen beide Nieren an Echinococcus erkrankt, während bei Thieren, z. B. bei den Schafen, doppelseitiger Nierenechinococcus häufiger ist. Unter 24 verwerthbaren Fällen war in 7 die linke, in 17 die rechte Seite betroffen, und auf 40 männliche zählte *Thomas* nur 20 weibliche Patienten. Dagegen kamen nach *P. Wagner* von 26 neueren operativ behandelten Fällen 10 auf das männliche und 16 auf das weibliche Geschlecht. Das Alter der Kranken mit Nierenechinococcus schwankt innerhalb sehr weiter Grenzen: die meisten gehören nach übereinstimmender Angabe der Autoren dem 20. bis 40. Lebensjahre an; vereinzelte Vorkommnisse sind indessen jenseits des 70. Lebensjahres beobachtet worden. Am seltensten scheint der Nierenechinococcus bei Kindern zu sein; *Thomas* führt keinen derartigen Fall bei Patienten unter 10 Jahren auf, neuerdings ist ein 4jähriger Knabe mit Nierenechinococcus von *Keen* erfolgreich operirt worden, und ebenso ist bereits von *Chopart* ein hierhergehöriger 4jähriger Patient erwähnt worden.

Pathologische Anatomie.

Die Verhältnisse der Echinococcuscysten in der Niere weichen nicht wesentlich von denen der Echinococcuserkrankung anderer parenchymatöser Organe, speciell der Leber, ab. Indessen findet man im Gegensatze zu letzterer in der Niere meist nur einen einzigen Echinococcussack, der dann zuweilen freilich eine ausserordentliche Grösse erreichen kann. In solchen Fällen ist meistens der Echinococcussack scharf vom übrigen Nierengewebe getrennt. Dasselbe ist nicht selten wohlerhalten, andere Male im Zustande der Atrophie oder entzündlicher Reizung, verbunden mit Blutungen sowohl in das Nierengewebe wie in den Sack. Gewöhnlich ist dann das Organ mehr oder minder functionsunfähig. Es ist in solchen Fällen, wie überhaupt bei einigermassen weitgediehener Entwickelung des Nierenechinococcus schwer zu bestimmen, welcher Theil der Niere sein erster Ausgangspunkt gewesen ist; von den beiden Substanzen der Niere ist thatsächlich häufiger dieses die Rinde als das Mark. In einigen Fällen ist sicher der Ausgangspunkt des Echinococcus nicht die Niere selbst, sondern ihre nächste Umgebung gewesen, so z. B. die Nebenniere (Fälle von *Bennett* und *Hüter*). Ebenso wie gewisse isolirte Nierencysten keinen eigentlich renalen, sondern einen pararenalen Ursprung haben, gilt dieses auch von den Nierenechinococcen. *Péan* beschreibt eine perirenale Varietät derselben. Er citirt ausser einer älteren Beobachtung von *Rayer* einen eigenen hierhergehörigen Fall. Vom hinteren Nierenumfang entsprungen, erreichen die perirenalen Cysten erhebliche Grösse und treten dann mehr nach vorn und aussen hervor. Daneben soll es in einzelnen Fällen nicht zu eigentlicher Cystenbildung kommen. Die Echinococcen-blasen finden sich vielmehr untermischt mit den Producten para-nephritischer Phlegmone.

Sieht man von diesen ausnahmsweisen Vorkommnissen einer mehr pararenalen Entwickelung des Echinococcus ab, so geht in allen anderen Fällen von Nierenechinococcus nach *Simon* das Hauptwachs-thum der Cyste im Nierenparenchym selbst zunächst in der Rich-tung zum Nierenbecken, als dem Orte des geringsten Widerstandes, vor sich; später entwickelt sich die Cyste, da hinten Wirbel und Rückenfascie Hindernisse bieten, vornehmlich nach vorn, so dass grössere Nierenechinococcen meist mehr als „abdominale", wie als „lumbale" Geschwülste sich geltend machen. In einigen Fällen bieten aber die Nierenechinococcen keinerlei äusserlich wahrnehmbare An-schwellung. Ohne dass es zu Rückbildungserscheinungen gekommen, bleiben die Cysten dauernd klein und auf ihr relativ beträchtliches Alter lässt sich hier allenfalls aus der Dicke der Bindegewebskapsel schliessen. Bei längerem Bestehen der Cyste scheinen Diffusions-vorgänge zwischen ihrem Inhalt und dem Nierensecret stattzuhaben. wenigstens hat man in ersterem Krystalle von Harnsalzen, speciell von Harnsäure (*Barker*), einmal sogar (*Chopart*) einen kleinen Stein gesehen. Andere Veränderungen erleidet der betreffende Inhalt durch Entzündung und Verödung des Sackes. Bei der Entzündung wird der Inhalt in der Regel eiterig, bei Verödung dagegen Seifen-laugenwasser ähnlich oder einem Brei vergleichbar. Gleichzeitig mit diesen Veränderungen pflegen die Scolices abzusterben; die Blasen zerfallen, während die bindegewebige Kapsel durch sehnen- oder knorpelartige Verdickungen fester wird, auch Verkalkungen bietet.

Häufiger indessen als Verödung und Vereiterung des Sackes ist in Folge der mit dem Wachsthum der Cyste zunehmenden Verdün-nung der Kapsel deren spontaner Durchbruch. Das Zustande-kommen desselben wird durch äussere Wirkungen unterstützt. Meist erfolgt dann der Durchbruch in der Richtung nach dem Nierenbecken bezw. dem Harnleiter zu, nach *Thomas* unter 79 Fällen in 50. nach *Béraud* unter 69 in 48. Die Entleerung geschieht dann durch die Harn-wege nach aussen, bei kleiner Durchbruchstelle sehr langsam, so dass es Jahr und Tag, ja noch länger bis zur völligen Heilung dauern kann. Im Laufe der Zeit kann es dann zu Erscheinungen der Rückstauung und eiterigen Infection kommen, und schwere Complicationen durch Entwickelung einer Pyonephrose sind dann nicht ganz selten. In extremen Fällen sind dieselben sogar Ursache des tödtlichen Ausganges.

Viel seltener als in die Harnwege ist der Durchbruch des Nierenechinococcus in andere Organe, am häufigsten in die Luftröhrenäste (Fälle
von *Heer*, *Fiaux* u. n. A.). Andere Male erfolgt der Durchbruch in den Verdauungscanal, ferner in das die Niere umgebende Fettgewebe (*Pollosson*); es kommt zur
paranephritischen Phlegmone mit Senkungsabscessen, so dass diese Fälle zur
Annahme eines pararenalen Ursprunges des Echinococcus Anlass geben (s. o.). Bei
sehr dünner Membran kann die Cyste in die Nierensubstanz sich öffnen. Es
kommt dabei zu ausgedehnter Blutung und Zerreissung unter Betheiligung des
pararenalen Gewebes (*Lapersonne*). Sehr zweifelhaft ist eine directe Perforation
des Nierenechinococcus in den Bauchfell- oder Brustfellsack; es scheint eine Art
Schutzwehr gegen derartige Durchbrüche durch die bei einigermassen umfangreichen Echinococcen nie fehlenden mannigfachen Verwachsungen und Ver-
klebungen mit der Umgebung zu bestehen.

Symptomatologie. Verlauf und Ausgänge.

Sind auch die Nierenechinococcen etwas häufiger als die isolirten
Nierencysten, so theilen sie doch mit diesen das Schicksal bis zu einem
gewissen Grade, dass sich ein allgemein massgebendes klinisches
Bild von ihnen noch nicht nach allen Richtungen hin aufstellen lässt.
Die sehr wechselnde Stelle des Ausgangspunktes der Echinococcen
in der Niere, der von Fall zu Fall anders sich gestaltende Grad ihrer
Entwickelung bedingen, dass die Symptome keineswegs immer die
gleichen sind. Zunächst kommen hier ebenfalls einzelne, bei Lebzeiten
durchaus ohne besondere krankhafte Erscheinungen verlaufende Fälle
vor. Neben solchen symptomlosen Fällen giebt es andere, in denen
die äusserlich wahrnehmbare Anschwellung lange Zeit hindurch
das Wesentliche ist, und zwar pflegt diese sich mehr nach dem
Bauche zu, als in der Lendengegend geltend zu machen. In einzelnen
Fällen ist ihr Zusammenhang mit der Niere deutlich durch physikalische Untersuchung erweislich, in anderen ist dieses nicht möglich;
je nach den Verhältnissen in concreto wird man mehr oder minder
geneigt sein, eine Geschwulst eines der anderweitigen Unterleibsorgane, Leber, Milz, Ovarien etc. anzunehmen. Die Schwierigkeiten,
welche die Beurtheilung der äusseren Erscheinungsweise der dem
Nierenechinococcus entsprechenden Geschwulst häufig bereitet, wird
noch dadurch vermehrt, dass diese selten völlig zweifelsfreie charakteristische Eigenthümlichkeiten bietet. Hydatidenschwirren ist
bei Nierenechinococcen ausnahmsweise, z. B. in einem Fall von *Brod-
bury*, dargethan worden. Die für Echinococcencysten an anderen
Stellen des Körpers leicht zu erweisende Fluctuation bei gleichzeitiger prall elastischer Consistenz fehlt bei Nierenechinococcen in
Folge der vielfachen Verdickungen und Verwachsungen relativ oft. In
einzelnen Fällen imponirte die Cyste als feste Geschwulst ohne flüssigen
Inhalt, andere Male verhinderte umgekehrt die Dünne und Zartheit
der Wand die Hervorrufung des Gefühles deutlicher Fluctuation bei
bimanueller Untersuchung.

Nicht immer hat es beim Nierenechinococcus lediglich mit der
Entwickelung einer Unterleibsgeschwulst sein Bewenden. Es können

Erscheinungen auftreten, welche über den Charakter der Geschwulst keinen Zweifel mehr lassen. Die wesentlichste ist der Durchbruch des Echinococcus in die Harnwege. Gewöhnlich geht ihm unbestimmtes Schmerzgefühl in Lende und Kreuz voran, zuweilen auch unregelmässiges Fieber. Einzelne Patienten geben an, in Folge einer meist nicht sehr erheblichen äusseren Gewalteinwirkung plötzlich deutliche Empfindung innerlichen Zerreissens gespürt zu haben. Den Beschwerden der Patienten folgt selten unmittelbare Erleichterung; die Erscheinungen spitzen sich zu denen einer Nierenkolik zu und schwinden erst mit der Elimination der aus dem Sack entleerten Blasen. Wir haben bereits betont, dass diese Entleerung häufig nicht auf einmal erfolgt; sie zieht sich vielmehr sehr oft über einen mehr oder minder beträchtlichen Zeitraum hin, während dessen sich in zuweilen jahrelangen Intervallen Schübe von Entleerungen von Cysteninhalt unter mehr oder minder heftigen Kolikanfällen wiederholen können. Manchmal scheint es, als ob sich die Anfälle mit den sie verursachenden Nachschüben sich entleerenden Cysteninhaltes in regelmässigen Zwischenräumen wiederholen; einige Male ist man durch diese Regelmässigkeit erst auf die Erkrankung aufmerksam geworden. Im Allgemeinen ist dieselbe aber kein verlässliches Symptom; die Verhältnisse schwanken von Fall zu Fall ausserordentlich. Ueberdies wird nicht immer gelegentlich eines solchen Anfalles etwas von Echinococcenblasen oder deren Derivaten entleert. Man findet vielmehr gelegentlich als Ursache der Kolikanfälle zeitweilige Verstopfung der Harnwege durch Blutgerinnsel oder Eiterpfröpfe, deren Herausbeförderung häufig längere Zeit hindurch blutige bezw. eiterige Beimengung des Urins folgt. Es kann dann zuweilen erst die fortgesetzte Untersuchung des Harns zur Entdeckung spärlicher Reste von den Bestandtheilen des Sackes führen. Man findet vereinzelte Haken, Theile der Scolices, Trümmer der Membran, erkennbar an ihrer Querstreifung, dann auch zuweilen eigenartige Veränderungen des Harns, welcher als seifenlaugenartig oder dickflüssig, braun beschrieben wird. Diese Veränderungen des Harns entsprechen ebensolchen des Cysteninhaltes, welche bereits oben erwähnt sind.

In manchen Fällen ist der Durchbruch des Echinococcus in die Harnwege von Schwund oder — was häufiger — von Verkleinerung der äusserlich wahrnehmbaren Anschwellung begleitet. Andere Male ist dieses weniger ausgeprägt; es bleibt eine erheblich vergrösserte Niere zurück, und diese Vergrösserung ist, wie die in Folge des Nachlasses der Spannung erleichterte Untersuchung darthut, nicht selten wesentlich auf Rechnung einer pyonephrotischen Ausweitung des Nierenbeckens zu setzen. Es kann dann die Pyonephrose gleichsam die ganze Situation beherrschen und mit ihren bekannten Folgezuständen zur Infection des ganzen Harnsystems und zum tödtlichen Ausgang durch „Urosepsis" führen.

Ueberhaupt ist die Erleichterung, welche der Durchbruch des Nierenechinococcus in die Harnwege gewährt, keineswegs immer eine uneingeschränkte. Wohl werden kleinere Blasen in unversehrtem Zustande zuweilen in grösserer

Menge (zu einem Dutzend und mehr) ohne Anstand herausbefördert. Grössere Blasen oder deren mit Eiter- oder Fibrinpfröpfen verfilzte Reste können dagegen zu ernsten Zufällen Anlass geben. Es bleiben daher nur relativ wenige Patienten übrig, bei denen dem spontanen Durchbruche des Echinococcus sich mehr oder minder direct volle Genesung anschliesst.

Zahlenmässige Angaben über Verlauf und Ausgänge des Nierenechinococcus bringt u. A. *Béraud*. Von 63 Patienten genasen 20, eben so viel starben; von den übrigen 23 war bei 16 die Krankheit noch nicht abgeschlossen, indem andauernd noch Hydatidenblasen mit dem Harn entleert wurden, während 7 ausser Beobachtung kamen. Von 38 Fällen, bei denen es zum spontanen Durchbruch des Nierenechinococcus kam, endeten **13** tödtlich, nämlich von 29 mit Durchbruch in das Harnsystem 10, von 4 mit solchen in das Darmrohr 1, während 3 Nierenechinococcen, die sich in das intermusculäre bezw. subcutane Zellgewebe öffneten, mit Genesung endeten, und 2, welche den Inhalt ihrer Nierenechinococcuscysten anshusteten, starben.

Die Prognose sich selbst überlassener Echinococcen ist daher keine uneingeschränkt gute. Immerhin ist sie vielleicht etwas günstiger als die der Echinococcen anderer Unterleibsorgane. Daneben sind die Ergebnisse der operativen Behandlung in den bis jetzt bekannten 28 einschlägigen Fällen mit nur zwei tödtlichen Ausgängen als vorwiegend gut zu bezeichnen.

Von Todesursachen sind diejenigen, welche mit dem spontanen Durchbruch in das Harnsystem und der diesen begleitenden Infection zusammenhängen, bereits erwähnt. Grosse Nierenechinococcen können ausserdem durch Verbreitung entzündlicher Vorgänge auf die bis dahin intacte Niere, durch Druckerscheinungen auf das Nierenbecken und die Harnleitermündung, sowie auf andere Nachbarorgane ungünstig wirken. In einzelnen Fällen kommt es zu acuten Rückstauungen, indem durch die Schwere des Echinococcussackes eine plötzliche Abknickung der Harnleiterinsertion mit nicht zu behebender Bildung einer Hydronephrose entsteht (*Rosenstein*), oder diese von abnormer Beweglichkeit und Verlagerung der erkrankten Niere abhängt. Abnorme Beweglichkeit kann bei umfangreichen Echinococcen ebenso wie bei grossen Nierentumoren eine Art Folgezustand sein. — Durchbrüche nach anderen Richtungen, als nach dem Harnsystem zu, haben im Allgemeinen schlechtere Vorhersage. Bei ihrer verhältnissmässigen Seltenheit erübrigen sich aber ziffermässige Angaben.

Diagnose.

Die Diagnose des Nierenechinococcus ist in den Fällen, in denen kein Durchbruch von Echinococcusblasen erfolgt, eine überaus schwierige. Wohl fast in allen Fällen, in denen die Nephrektomie wegen Nierenechinococcus ausgeführt worden ist, lag ein diagnostischer Irrthum zu Grunde (*P. Wagner*). Immerhin sollte man sich nicht die Mühe verdriessen lassen, betreffenden Falles, wenn eine deutlich fluctuirende, mit der Niere zusammenhängende Unterleibsgeschwulst aus unbekannter Ursache sich entwickelt hat, eine Wahrscheinlichkeitsdiagnose wenigstens per exclusionem zu stellen. Unterstützung findet die Annahme eines Nierenechinococcus, wenn die betreffende Geschwulst plötzlich, anscheinend ohne jeden Grund, eine schnelle Vergrösserung zeigt, wie man solche namentlich bei den sogenannten äusseren Echinococcen gesehen hat (v. Bergmann u. A.). Ferner kann das gleichzeitige oder frühere Vorkommen von Echinococcus in anderen Organen von diagnostischer Wichtigkeit sein, und auch äussere Umstände hat man hier zu verwerthen. Beispielsweise hat Péan auf Grund der Beschäftigung eines Patienten als Fleischer dessen Nierengeschwulst als Echinococcus erkannt. Als letztes Hilfsmittel in zweifelhaften Fällen kann man die Probepunction oder — da diese zuweilen unsicher — vielmehr die Probeincision versuchen. Allerdings muss die Voraussetzung letzterer immer sein, dass man ihr mehr oder minder unmittelbar einen curativen Eingriff anzuschliessen im Stande ist.

Leichter ist die Diagnose des Nierenechinococcus, wenn bereits ein Durchbruch in das Nierenbecken stattgehabt hat. Pathognostisch ist aber ein solcher Durchbruch nicht. Auch von Echinococcen anderer Unterleibsorgane können gelegentlich Durchbrüche in die Harnwege erfolgen, so von der Leber, der Milz, dem Bauchfell; ganz besonders können aber die neuerdings häufiger beschriebenen Echinococcen des Douglas'schen Raumes (Fenwick) in Folge ihres Durchbruches in die Harnblase in ähnlicher Weise Kolikanfälle und Rückstauungserscheinungen hervorrufen, wie wir sie soeben von den Nierenechinococcen nach Perforation des Nierenbeckens beschrieben haben. Andere Male ist die Verwerthung des Durchbruches des Nierenechinococcus für die Diagnose deshalb erschwert, weil der Uebertritt von dem Inhalt des Sackes in die Harnwege nur in grossen Zwischenpausen vor sich geht. In anderen Fällen erfolgt dieser Uebertritt allerdings in kürzeren, manchmal sogar in regelmässigen Intervallen, aber die Veränderung des Urins ist dann nicht selten eine so schnell vorübergehende, dass sie nicht genügend beachtet wird. Letzteres hat in solchen Fällen um so häufiger statt, als von charakteristischen Bestandtheilen (Haken oder Membranen) sich nicht viel im Urin mehr nachweisen lassen, da in den betreffenden Fällen stets ein chronischer Process der Vereiterung und Verödung der Cyste besteht. Immerhin beachte man auch hier in zweifelhaften Fällen die Vorschrift, längere Zeit hindurch auf die 24-stündige Gesammtmenge des Harns zu achten und die Function jeder Niere für sich allein durch die cystoskopische Untersuchung des betreffenden Ureters zu controliren.

Behandlung.

Eine chirurgische Behandlung ist überall gerechtfertigt, wo man bezüglich einer ihren Träger belästigenden Geschwulst der Nierengegend die Wahrscheinlichkeitsdiagnose auf Nierenechinococcus gestellt hat. Die Gegenanzeigen gegen einen operativen Eingriff sind hier keine anderen als die, welche von jeder anderweitigen Unterleibsgeschwulst mit nicht-sicherer Diagnose gebildet werden. Dagegen stellt für gewöhnlich keine Gegenanzeige gegen die Operation der Durchbruch des Echinococcus in die Harnwege oder in andere Organe dar. Wir haben die Folgezustände eines solchen Durchbruches hinreichend gekennzeichnet; die Gefahren der wiederholten Kolikanfälle, der Pyonephrose und der Infection des Harnsystems sollten ein Zuwarten mit den chirurgischen Massnahmen nur dann erlauben, wenn man ausnahmsweise davon überzeugt ist, dass die Entleerung des Sackes in vollständiger Weise unter gleichzeitigem gänzlichen Schwund der äusserlich wahrnehmbaren Geschwulst vor sich gegangen ist.

Allerdings haben die vorstehenden weit gezogenen Operationsanzeigen nicht für jede Art von Eingriff die gleiche Geltung. Streng sind sie eigentlich nur in so weit aufrecht zu halten, als dieser Eingriff in Incision und Drainage besteht. Von 18 mit letzterer behandelten einschlägigen Fällen, welche *P. Wagner* gesammelt, endete kein einziger tödtlich. Von weiteren 10 Fällen dagegen, welche *Wagner* als mit der Nephrektomie behandelt aufführt, starben 2, und es ist dabei zu beachten, dass in keinem dieser 10 Fälle eine annähernd richtige Diagnose vor der Operation gestellt worden ist. In einzelnen der betreffenden Fälle war es sogar auch während der Operation unmöglich, die Sachlage vollständig richtig zu beurtheilen. *Wagner* und *v. Burckhardt* halten daher die Nephrektomie bei Nierenechinococcus nur dort für angezeigt, wo bei irrthümlicher Diagnose die Operation schon so weit vorgeschritten, dass es ungefährlicher ist, die Nierenexstirpation zu vollenden, als den Sack zu drainiren und die vielleicht stark gequetschte oder ungenügend ernährte Nierensubstanz in der Wunde zu belassen. In einzelnen derartigen Fällen dürfte es vielleicht gelingen, wie es *Kümmell* und *v. Burckhardt* gethan, sich mit der partiellen Exstirpation desjenigen der beiden Nierenenden, auf welches der Echinococcus beschränkt ist, zu begnügen. Jedenfalls ist eine solche „Nierenresection", bei welcher man das Nierenbecken nicht zu eröffnen braucht, so dass man auf eine schnelle Heilung ohne Fistelbildung rechnen kann, der bei der Totalexstirpation unumgänglichen Aufopferung von Parenchym vorzuziehen. Ueberdies hat letzteres gerade in den hierhergehörigen Fällen häufig genug seine Leistungsfähigkeit noch nicht völlig eingebüsst. Eine derartige Erwägung muss den Hauptvortheil der Nephrektomie, den der schnelleren Wundheilung gegenüber der langsameren Vernarbung nach Incision und Drainage des Sackes völlig ausgleichen. Hierzu kommt noch, dass die Incision bei transperitonealer Ausführung keine schlechteren Resultate liefert, als bei der Wahl des Lendenschnittes. Dagegen zeichnen sich die transperitonealen Exstirpationen in den Fällen von Echinococcus einer Wanderniere durch einen höheren Grad von Gefahr aus (*Hildebrand*). Es ergiebt sich hieraus, dass man auch bei Echinococcen einer beweglichen verlagerten Niere nicht ohne Weiteres die Nierenexstirpation für angezeigt zu erachten hat.

Was die Technik der Operation in den Fällen von Nierenechino-coccus betrifft, so hat man dieselbe sowohl einzeitig nach *Landau-Lindemann*, als auch in zwei Zeiten nach *Volkmann* mit gleichem Erfolge ausgeführt. Nach beiden Verfahren erfolgte die Heilung langsam, aber in der Regel ohne Zwischen-fall. Nur einmal blieb eine Harnfistel zurück, die sich indessen nachträglich spontan schloss. Ebenso günstig verlief eine in einem anderen Falle zurück-gebliebene Kothfistel.

Anmerkung. Von den ausser dem Echinococcus in der Niere gefundenen Parasiten erwähnten wir die meisten als ohne directes chirurgisches Interesse. Wir sehen hier ab von unsicheren Beschreibungen des Befundes von Strongylus gigas und Ascaris lumbricoides im paranephritischen Eiter, von denen eine auf ersteren bezügliche Beobachtung bereits von *Rayer* citirt wird. Von anderen Parasiten macht das Distomum haematobium zwar erhebliche Verände-rungen an den Nieren, dieselben sind aber wesentlich atrophischer Natur. Die Filaria sanguinis bedingt wichtige Störungen, die indessen nur für den inneren Arzt von Bedeutung sind.

VIII. Tuberculose der Niere.

§ 121.

1. Pathogenese und Aetiologie.

Die Tuberculose der Niere besitzt nur in einem Theil der Fälle chirurgisches Interesse. Es gehören hierher alle Vorkommnisse chroni-scher tuberculöser Erkrankung einer Niere, sei es, dass sie — was seltener — in dieser isolirt besteht, sei es, dass sie vor den sonstigen Manifestationen der Tuberculose in den Vordergrund tritt. Die ein-schlägigen Beobachtungen finden sich unter den verschiedensten Bezeichnungen in der Fachliteratur aufgeführt, bald als Nieren-verkäsung oder chronische käsige Nephritis, bald auch als scrophulöse Niere, bezw. als Nierenphthise. Dieselben stehen gegenüber der der Einwirkung des Chirurgen entzogenen Entwickelung von Miliartuberculose in der Niere, und den nur im Wesentlichen einen mehr zufälligen Leichenbefund darstellenden verschiedenen tuberculösen Veränderungen, welche neben solchen in anderen Organen, in der Niere angetroffen werden.

Ueber das Häufigkeitsverhältniss der miliaren Form der Nierentuberculose zu der Nierenphthise lauten die statistischen Angaben ausserordentlich verschieden. Es scheint, dass man nicht immer in den Berichten beide Formen scharf getrennt hat. Von **47** Fällen bei *Morris* gehörten der Nierenphthise nur **15**, die übrigen **32** aber der Miliartuberculose an. Nach *Fürbringer* ist die Nierenphthise so selten, dass sie im Krankenhaus Friedrichshain zu Berlin nur in 1% aller Fälle chronischer Tuberculose von ihm gesehen wurde. Nach *E. Frerichs* kommt Miliartuberculose der Niere in 90%% aller Fälle acuter allgemeiner Miliartuberculose vor. Erheblich seltener ist dagegen die chronische Form, und ähnlich urtheilen *Rilliet* und *Barthez* über die Häufigkeit der miliaren Nierentuberculose bei Kindern. Es mögen inzwischen Uebergangsformen vorkommen (*Cramer*); ursprünglich miliare Herde können sich auf einen Theil der Niere beschränken und dann durch käsig-breiige Umwandlung nur einen begrenzten Erweichungsherd bilden.

Die Vorbedingung für eine chirurgische Behandlung der Nierentuberculose ist die Einseitigkeit ihres Vorkommens. Dasselbe ist überaus häufig. Unter 81 verwerthbaren Leichenbefunden bei *Heiberg* und *Oppenheim* waren 38 einseitige Fälle und unter 205 von *Palet* zusammengestellten, durch Section beglaubigten Fällen wurde die Tuberculose in 99 einseitig, und zwar öfter rechts als links gesehen. Dagegen berechnet *Palet* die Frequenzziffer der einseitigen Nierentuberculose in operativ und durch Nephrektomie behandelten Fällen auf 84%, die der doppelseitigen jedoch nur auf 16%%. Allerdings werden hierbei die geheilten Fälle alle als einseitig gezählt, und Doppelseitigkeit nur dort angenommen, wo dieselbe bei tödtlichem Ausgange der Operation durch die Autopsie erwiesen werden konnte. Eine gesonderte Stellung nehmen dabei diejenigen Fälle ein, in denen die Niere die einzige Localisation der Tuberculose abgiebt. Solche „isolirten" Nierentuberculosen werden vielfach angezweifelt, da völlig einwandfreie Sectionsbefunde fehlen. Ihre Existenz ist aber doch wohl nicht abzuweisen, weil unanfechtbare Beobachtungen von mehrjähriger Heilung nach Exstirpation einer tuberculösen Niere wiederholt (Fälle von *Madelung, J. Israel, Martin* u. A.) gemacht sind. Immerhin dürfte sie zu den Seltenheiten gehören.

Ueber die Häufigkeit der Nierentuberculose im Allgemeinen liegen im Wesentlichen nur Obductionsstatistiken vor, in denen die miliare Form nicht streng von der chronischen, hauptsächlich den Chirurgen interessirenden käsigen Nierenphthise getrennt ist. Bei dem beschränkten Werth, den die betreffenden Angaben unter diesen Umständen für unsere Zwecke besitzen, wollen wir hier resumiren, dass *Heiberg* unter 2858 während eines 29jährigen Zeitraumes gemachten Leichenöffnungen auf 84 Fälle von Urogenitaltuberculose 47 mit Betheiligung der Niere zählt. Eine ältere Statistik aus dem Prager allgemeinen Krankenhause, von 6000 Sectionen, darunter 1317 Fälle von Tuberculose betreffend, weist unter letzteren nur 74 Nierenaffectionen auf. *Morris* fand auf 2610 Obductionen 44mal Nierentuberculose. Ausserordentlich verschieden ist die Rolle, welche die Nierentuberculose in den operativen Erfahrungen der verschiedenen Chirurgen spielt. Als Gegensätze hierhergehöriger Einzelerfahrungen citiren wir die von *J. Israel* und *Billroth*; unter 126 Nierenoperationen des ersteren betrafen dieselben 12, unter 55 Fällen chirurgischer Intervention des letzteren bei Nierenleiden nur 2.

Die Nierentuberculose kann, wie jede andere Tuberculose eines der Harnorgane, entweder hämatogenen oder urinogenen Ursprungs sein. Im ersteren Falle kann sie protopathisch (primär) sein, und zwar gehören hierher, abgesehen von den soeben erwähnten mehr ausnahmsweisen Vorkommnissen isolirter Nierentuberculose, die ebenfalls nur eine Minorität bildenden Beobachtungen, in denen die Niere (unter 12 Fällen von *J. Israel* in 3, unter 15 von *Morris* ebenfalls nur in 3) den Ausgangspunkt der tuberculösen Infection des Harn- und Geschlechtsapparates bezw. des Gesammtorganismus abgiebt. Secundär entsteht dagegen die Nierentuberculose auf hämatogenem Wege, wenn bereits andere innere Organe inficirt sind. Die Angaben hierüber sind in den einzelnen Operationsgeschichten, so weit sie nicht von Autopsien begleitet werden, häufig nicht bestimmt genug. Einschlägige ziffermässige Daten auf Grund von Autopsien giebt *Heiberg*; unter den 2858 von ihm gesammelten Leichenbefunden kamen auf 84 Urogenitaltuberculosen 55 secundäre, d. h. mit Infection entfernterer Organe zusammenhängende. Von diesen aber beschränkte sich die Tuberculose in 14 Fällen auf den Harnapparat, darunter aber in 8 Fällen auf die Niere allein, und zwar 5mal auf eine und 3mal auf beide Nieren. In einigen derartigen, in Frankreich als „medicinische" Nierentuberculose angesprochenen Beobachtungen war die Niere per contignitatem an der Tuberculose von Nachbarorganen betheiligt. Am häufigsten werden neben den Nieren als tuberculös angeführt die Lungen, dann mit absteigender Frequenz die Knochen und Gelenke. Nicht selten ist an diesen Stellen der tuberculöse Process in Rückbildung begriffen, während er in den Nieren noch fortschreitet.

Der hämatogenen Nierentuberculose steht die urinogene gegenüber. Man bezeichnet sie auch als „ascendirende" Urogenitaltuberculose und begreift unter diesem Sammelnamen auch Fälle, in denen die Betheiligung der unteren Harnwege mehr oder minder in den Hintergrund tritt. Unter „descendirender" Nieren- bezw. Urogenitaltuberculose versteht man dagegen die Beobachtungen, in denen die Niere entweder primär oder (was seltener) secundär das zuerst inficirte Organ des Harn- und Geschlechtsapparates darstellt.

Obschon es für den Chirurgen von nicht geringer Wichtigkeit ist, ob die ascendirende oder die descendirende Form der Nierentuberculose häufiger vorkommt, so wird doch die Wichtigkeit dieser Frage, welche Gegenstand zahlreicher Controversen gewesen ist, theilweise überschätzt. Wie wir bereits bei Besprechung der Blasentuberculose betonten (s. o. S. 393), ist auch bei der Nierentuberculose die Entscheidung eine andere, je nachdem man die Ergebnisse bei Lebzeiten oder ausschliesslich Obductionsbefunde berücksichtigt. Es geht zweifelsfrei aus den neueren Statistiken hervor, dass die Niere bei der combinirten Urogenitaltuberculose das bei weitem am häufigsten erkrankte Organ ist.

Heiberg fand sie unter 34 Fällen 30mal, *Oppenheim* unter 38 Fällen 34mal betheiligt. Gewiss ist es bei genauer Prüfung des Leichenbefundes oft nicht schwer, den Ausgang der tuberculösen Infection zu bestimmen. Die beifolgende Abbildung (Fig. 358) zeigt ein

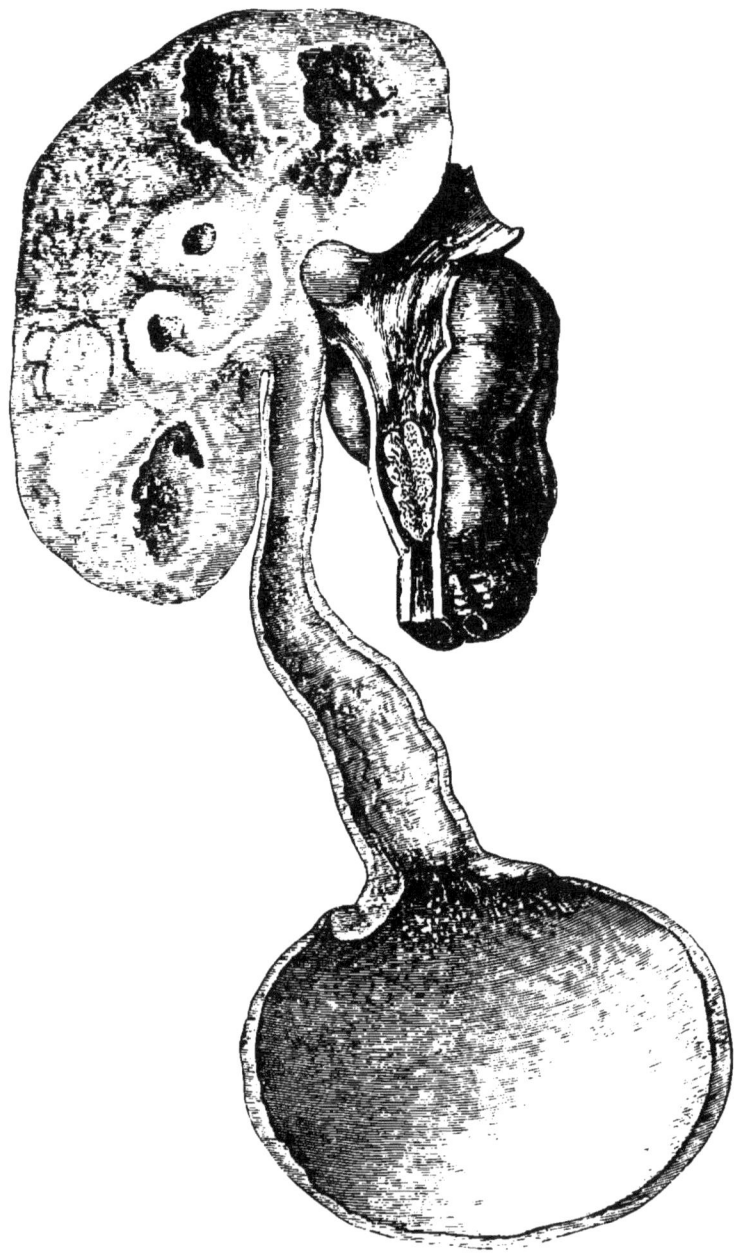

Fig. 358.
Descendirende Tuberculose des Harnsystems (Harnleiter und Harnblase,
schematisch gehalten. [S. Fig. 137.])

Beispiel von zweifelsfreier descendirender Tuberculose des Harnsystems, aber dem gegenüber stehen Fälle, wie sie z. B. *Israel* unter seinen 12 operirten Nierentuberculosen 1mal gesehen, in welchen die tuberculöse Veränderung in der Niere und in den unteren Harnwegen so weit gediehen ist, dass sich nicht sagen lässt, welche von beiden zuerst erkrankt sind. Ausserdem giebt es gelegentliche Vorkommnisse von unabhängiger Entwickelung der Nierentuberculose von der der übrigen Urogenitaltuberculosen, wie dieses durch das sehr verschiedene Alter der entsprechenden Affectionen in einem Falle von *Israel* darzuthun. In einigen anderen Fällen beherrscht die Complication der Tuberculose mit eiteriger Infection so sehr die Sachlage, dass man den ursprünglichen Ausgangspunkt des tuberculösen Processes nachträglich nicht mehr bestimmen kann. Neuere Autoren über Nierenkrankheiten (*Rosenstein, Senator* u. A.) nehmen daher mit Recht bei der Entscheidung, ob die Nierentuberculose öfter als ascendirende oder als descendirende vorkommt, in so fern einen vermittelnden Standpunkt ein, als die chirurgisch-klinischen Erfahrungen eine grössere Häufigkeit der descendirenden Form in Betracht zu ziehen haben.

Eben derselbe Widerstreit zwischen den Ergebnissen der Obductionen und denen der Beobachtungen in vivo bedingt, dass völlig übereinstimmende Angaben über das Alter und Geschlecht der an Nierentuberculose Erkrankten fehlen. Hinsichtlich des Geschlechtes wird von den meisten Autoren behauptet, dass Frauen viel seltener erkranken als Männer. Diese Ansicht wird nicht nur von Klinikern (*Rosenstein*), sondern auch durch die von *Heiberg* zusammengestellten Leichenuntersuchungen unterstützt. Von einer Gesammtheit von 81 Nierentuberculosen, unter denen aber nur 31 verwerthbare Fälle sind, betrafen nur 14 Frauen.

Die einzelnen Formen der Nierentuberculose scheinen hier Verschiedenheiten zu bieten. Die käsige Nierenphthise kommt unter 36 hierhergehörigen Fällen von *Heiberg, Oppenheim* und *Morris* 30mal vor; berücksichtigt man aber die für den Chirurgen im Wesentlichen wichtigsten, nur einseitigen käsigen Nierentuberculosen, so entfallen bei einer Gesammtsumme von 28, welche sich aus den Statistiken von *Heiberg* und *Oppenheim* ergiebt, auf diese nur 8. Sehr eigenartig ist nach diesen Autoren die Betheiligung der beiden Geschlechter in den Fällen einseitiger Nierentuberculose. Bei einer Gesammtsumme von 38 käsigen und miliaren Erkrankungen einer Niere waren nur 14 Frauen betheiligt, und zwar 8 an einer rechtseitigen Affection, 6 an einer linkseitigen. Von 22 einseitig erkrankten Männern war dagegen bei 9 die rechte, bei 13 die linke Seite betroffen. Sehr unklar sind noch die Vorstellungen, welche man über die Ursache des angeblich im Ganzen seltenen Vorkommens der Nierentuberculose bei Frauen hat. Man hat hierfür den minder innigen Zusammenhang der Geschlechtsorgane mit dem uropoetischen System beim weiblichen Geschlecht angeführt. Thatsächlich waren bei keiner der von *Israel* operirten weiblichen Personen mit Nierentuberculose die Eileiter betheiligt. Andererseits hat dieser Chirurg unter seinen 12 wegen Tuberculose gemachten Nierenoperationen mehr Frauen als Männer, und in der grösseren, 103 Fälle operativ behandelter Nierentuberculosen umfassenden

Sammelstatistik von *Facklam* kamen auf 73 Frauen nur 30 Männer. Nach *Senator* fanden ausserdem ein Ueberwiegen des weiblichen Geschlechts vor *Krzwicki* und *Gredig*.

Es wird hier noch näherer Untersuchungen bedürfen, und namentlich der Auseinanderhaltung der miliaren und der käsigen Form des Leidens, um die vorstehenden Widersprüche zwischen den Einzelerfahrungen sowie Sammelstatistiken bezüglich des Geschlechtes und des Alters aufzuklären. Hinsichtlich des letzteren bedarf die allgemein gehaltene Angabe, dass bei Kindern mehr die miliare Form, bei Erwachsenen, und zwar bei Männern, mehr die Nierenphthise vorherrscht als bei Frauen, noch weiterer Beglaubigung. Im Ganzen ist die Krankheit vor dem 11. und nach dem 40. Jahre seltener, doch existiren Beobachtungen bei einem 3jährigen Knaben (*Atwood*) und bei einem 70jährigen Greise (*Dietrich*).

Die von Einzelnen für die Entstehung der Nierentuberculose angeführten Hilfsursachen dürften mit dem Bemerken, dass hier, wie an anderen Stellen des Körpers entzündliche Processe eine Rolle spielen, und dass von diesen am meisten die gonorrhoischen in Betracht kommen, erledigt sein.

2. Pathologische Anatomie.

Den Zwecken dieses Werkes entsprechend, werden in Nachstehendem die pathologisch-anatomischen Einzelheiten der Nierentuberculose in so weit näher berücksichtigt werden, als sie directes chirurgisches Interesse haben; im Uebrigen kann aber nur soweit auf sie Bezug genommen werden, als es zum allgemeinen Verständniss erforderlich ist.

Bei der chronischen Nierentuberculose hat der Chirurg es häufig mit weitgediehenen Zuständen zu thun, durch welche das Parenchym mehr oder weniger vollständig zerstört ist. Diese Zustände sind sehr verschiedener Natur. Es kann sich hier ursprünglich um eine geschwürige Eiterung der Nierenkelche handeln, bei welcher der krankhafte Process zuerst an den Papillen beginnt. Zu unterscheiden davon ist das Auftreten der Tuberculose in Form mehr im Parenchym gelegener Herde, welche theils aus normaler, theils aus gewucherter bindegewebiger Zwischensubstanz sich ebenso entwickeln können, wie aus den Gefässwänden und aus den Harncanälchen („desquamitive käsige Nephritis“). Alle diese verschiedenen Formen und ihre Combinationen können durch Hinzutritt eiterig-septischer Infection complicirt werden. Klinisch wie anatomisch nähert sich das Krankheitsbild dann mehr oder minder dem der Pyelitis, bezw. der Pyonephrose.

Entsprechend diesen Verschiedenheiten, welche der tuberculöse Process in der Niere bietet, wechselt die Beschaffenheit wie die äussere Form des erkrankten Organes. In den Fällen völliger, von der geschwürigen Erweiterung an den Nierenkelchen ausgehender Zerstörung ist dasselbe nicht immer in erheblicher Weise vergrössert, manchmal ist es vielmehr etwas verkleinert. Die Oberfläche hat ein gebuckeltes Aussehen, der Durchschnitt bietet an Stelle der normalen Nierensubstanz eine Anzahl durch Septa getrennter, von käsigem Brei er-

füllter Höhlen (Fig. 359). welche in extremen Fällen die Rinde bis
zu einem schmalen Saume verdünnt haben. Vielfach weicht indessen
das Bild der Nierentuberculose von dem Typus weitgediehener ge-
schwüriger Zerstörung ab. Wie anderwärts giebt es auch an der Niere
nur einen kleinen Raum einnehmende tuberculöse Zustände. Es können

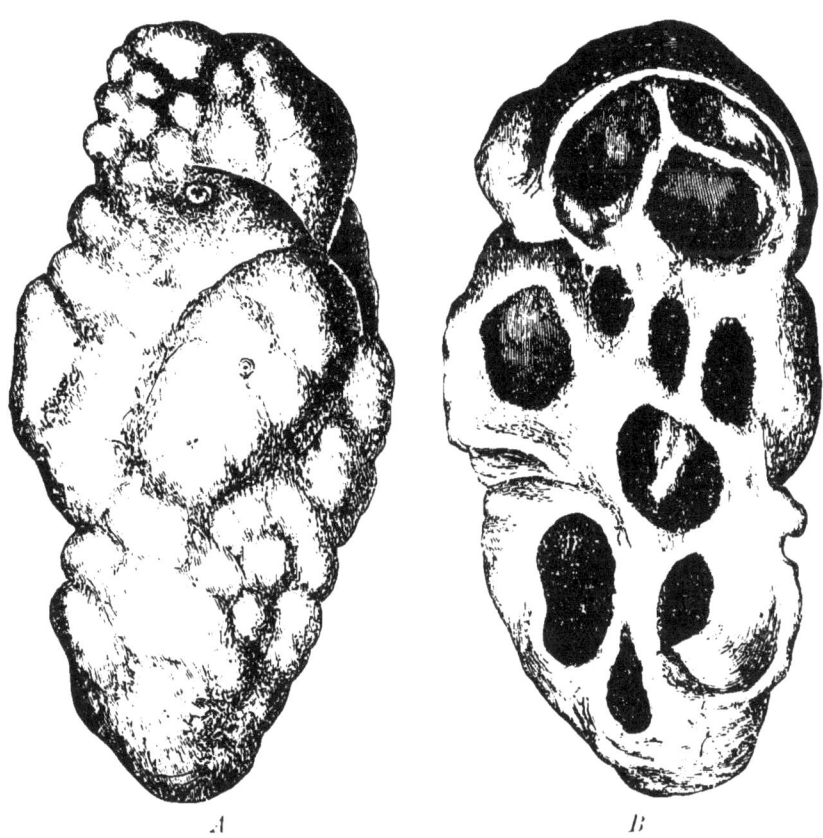

Fig. 359.

Nierentuberculose (nach D'Anitossa).

Verwandlung der Nierensubstanz in ein Höhlensystem.

A Oberfläche der linken Niere.

B Durchschnitt der linken Niere.

z. B. nur ein oder zwei Kelche von der geschwürigen Ausweitung
befallen sein; die käsige Einschmelzung disseminirter parenchymatöser
Herde beschränkt sich auf die eine Hälfte des Organes. oder man hat
es nur mit einem resp. einigen in regressiver Metamorphose be-
griffenen Knoten zu thun. Solche gewissermassen „gutartigen"

Nierentuberculosen finden sich bald mit combinirter Urogenitaltuberculose vergesellschaftet, bald ohne solche bei sogenannter „isolirter" Nierentuberculose. Hat sich durch Hinzutritt eiteriger Infection eine Pyelitis entwickelt, so weicht diese zuweilen durchaus nicht von der gewöhnlichen Form der Erkrankung ab. Wie hier, sieht man durch perinephritische Processe die Niere mit den Wirbeln, den Rippen, dem Zwerchfell und anderen Nachbargebilden verlöthet, den Harnleiter durch Stränge und Brücken verlegt und abgeknickt. Die auf solche Weise entstandene Pyonephrose kann man manchmal als eine Art von Ausheilung der Tuberculose durch eiterige Einschmelzung betrachten. Man findet zwar relativ häufig auf der ursprünglich den pyonephrotischen Sack auskleidenden Schleimhaut stellenweise noch tuberculöse Veränderungen; gelegentlich besteht aber Umwandlung der ganzen Niere sammt Becken in eine einzige feste Käsemasse: „dégénérescence massive" *Tuffier's*.

Von wichtigen Complicationen in Umgebung der Niere ist, abgesehen von den oft eine erhebliche Intensität erreichenden bindegewebigen Verwachsungen und Verdickungen, hier und da sehr ausgiebige Entwickelung des perirenalen Fettzellstoffes beobachtet worden. Das Fett bildet dabei förmliche Klumpen, welche mit dem pyonephrotischen Sack zu einem unlösbaren Ganzen verschmelzen können (*Steinthal*). Verhältnissmässig selten kommt es zu Durchbrüchen perinephritischer tuberculöser Abscesse. Letztere Abscesse sind überhaupt sehr selten. *Zeller* vermochte einschliesslich von 2 Fällen *Poncet's* nur 21 sichere hierhergehörige Fälle zu sammeln, von denen die meisten von der geschwürig-käsigen, die wenigsten von der miliaren Form der Erkrankung bedingt waren. Auffallend ist die Prävalenz der linkseitigen tuberculösen Perinephritis. In der Majorität der Beobachtungen waren noch andere Theile des Urogenitalsystemes tuberculös, jedoch nur einmal bestand doppelseitige tuberculöse Perinephritis. Die meisten tuberculösen Nierenfisteln gehen übrigens nicht von dieser aus, sondern sind operativen Ursprungs (*Guyon*).

Vom übrigen Harnsystem ist am häufigsten der Ureter an der Nierentuberculose betheiligt, nach *Palet* in 80%, aller ungünstig endenden, bei Nierentuberculose verrichteten Nephrektomien. Ausserordentliche Verschiedenheiten bieten Art und Weise seiner Erkrankung, welche ihn in seiner ganzen Länge, häufig aber nur seinen Anfang treffen kann. Verfasser kennt einen Sectionsbefund, dem zufolge die tuberculöse Erkrankung des Harnleiters plötzlich in dessen Mitte aufhörte. Vielfach erstreckt sich die tuberculöse Infection auch auf das Orificium vesicale uretericum, von welchem sie sich dann auf die ganze Blase ausdehnen, zuweilen aber nur auf die Gegend dieses Orificium (*J. Israel*) beschränken kann. Aber es giebt auch einzelne Fälle, in denen unabhängig von der Nierentuberculose Blasentuberculose besteht, und der Ureter freigeblieben ist, während derselbe andere Male lediglich entzündliche, vorzugsweise periureteritische Veränderungen bietet. Letztere können ebenso wie feste käsige Massen zur gänzlichen Verlegung der Lichtung führen, und ist dann die Erkennung der Nierentuberculose, auch wenn sie weit gediehen ist, wofern die „andere" Niere gesund geblieben, bei Lebzeiten sehr erschwert.

Die Harnblase selbst ist ebenfalls recht häufig bei der Nierentuberculose afficirt, doch nicht immer tuberculös, sondern bisweilen nur entzündlich erkrankt:

immerhin fand *Vigneron* auf 23 Operationen tuberculöser Nieren fast in der Hälfte, nämlich 11mal. Blasentuberculose. Im Uebrigen verweisen wir wegen der Einzelheiten der Tuberculose der Blase wie der der Prostata auf unsere Darstellung in § 27 resp. § 47 dieses Werkes. Die Angaben über die Häufigkeit der Mitbetheiligung der verschiedenen Abschnitte des Urogenitalsystemes schwanken bei den einzelnen Autoren. Von allgemeiner chirurgischer Bedeutung ist, dass nicht immer einseitiger Nierenerkrankung einseitige oder gleichseitige Tuberculose der übrigen Urogenitalorgane entspricht. Letztere entwickelt sich nicht selten völlig unabhängig von den Fortschritten der Nierentuberculose. Namentlich sieht man in Hoden und Prostata öfters nur ganz umschriebene Knötchen bei weitgediehener Nierentuberculose.

Bauchfelltuberculose combinirt sich zuweilen ebenfalls mit Nierentuberculose. Gelegentlich stellt sie das Endstadium der Nierentuberculose, wie überhaupt der Urogenitaltuberculose dar (*Terrillon, Steinthal*).

Doppelseitige Erkrankung ist bei Nierentuberculose nichts Seltenes. Unter Verweisung auf unsere hierhergehörigen Angaben in dem ersten Theile dieses Capitels haben wir hervorzuheben, dass nicht immer die Erkrankung der zweiten Niere eine tuberculöse ist. *Polet* führt 2 Fälle von Lithiasis der zweiten Niere und 3 von Amyloid dieser an. Nicht ganz selten sind hier entzündlich-infectiöse Zustände. Aber auch anderweitige Veränderungen, wie solche compensatorischer Vergrösserung, Congestion, Verfettung u. A., der zweiten Niere fehlen bei einseitiger Nierentuberculose ebensowenig, wie bei sonstigen einseitigen Nierenerkrankungen. Dagegen scheint nach *Senator* compensatorische Herzhypertrophie nicht vorzukommen.

3. Symptome und Verlauf.

Abgesehen von den Fällen der Miliartuberculose der Niere, kommen auch Beobachtungen der chronischen Form vor, welche ohne directes klinisch-chirurgisches Interesse bleiben. Es sind dies zumeist ganz indolente Fälle, welche nur von vagen Erscheinungen begleitet sind. Andere Male deckt sich das Krankheitsbild der chronischen Nierentuberculose mit dem der Pyonephrose. In einer bestimmten Zahl von Fällen hat indessen die Nierentuberculose ein mehr oder minder gut umschriebenes Krankheitsbild. Vielfach bezieht sich das erste Zeichen der Erkrankung nicht auf die Niere, sondern auf die Blase. Es besteht eine eigenartige Dysurie: die Blase ist empfindlich, namentlich aber der Schluss der Harnentleerung schmerzhaft. Gleichzeitig besteht lebhafter Harndrang; er kann so zunehmen, dass er völlig in den Vordergrund tritt. Mehrfach schreiben Aerzte und Patienten die sehr lebhaften Beschwerden äusseren Einwirkungen zu (z. B. Trauma, Erkältung u. dgl m.). Thatsächlich fehlt aber meist eine directe Ursache, und man soll daher bei jeder Cystitis mit schweren Reizsymptomen an Nierentuberculose denken (*P. Wagner*). Die weitere, nicht seltene Angabe, dass die betreffenden Patienten bis dahin ganz gesund waren, wird durch aufmerksame Beobachtung und mehrfach wiederholte Untersuchung überdies meist bald widerlegt. Es sind nicht immer erblich belastete oder sehr kachektische

Personen, um die es sich handelt. Indessen ist es auffällig, wie häufig man hier einen alten Tripper der hinteren Harnröhre, druckempfindliche Knötchen im Nebenhoden und leichte Asymmetrie der Prostata findet. Die Beschaffenheit des Urins hängt davon ab, ob gleichzeitig Cystitis mit oder ohne Blasentuberculose besteht. Häufig ist aber ein Missverhältniss zwischen der Geringfügigkeit der Harnveränderungen und der Intensität der Beschwerden. Der Urin ist eine Zeit lang anfangs durchaus normal; in einzelnen Fällen mit einem Vorstadium, der „klaren Polyurie" (Guyon), Meist ohne ein solches, zeigt er zunächst nur beim Stehen, dann aber auch frisch gelassen eine Sedimentirung, bezw. eine flockige oder milchige Trübung. Letztere nimmt rasch zu; auch ohne pericystitische oder periprostatische Durchbrüche wird der Urin bei saurer Reaction stark eiterhaltig, oft auch blutig gefärbt. Er enthält Gerinnsel und etwas grössere Bröckel aus geballtem Schleim, Eiter sowie käsigen Detritus. Geht die Krankheit weiter, so vermindert sich gegen deren Ende, entsprechend dem Schwund functionsfähiger Nierensubstanz, oft seine Menge. Andere Male besteht dagegen in Folge eben dieses Schwundes sogenannte „trübe Polyurie" (Guyon). Es lässt sich dann nicht ohne Weiteres immer entscheiden, wie weit der Gehalt des Urins an Eiweiss den des Eiters übersteigt, und ferner wie weit der Befund von Producten der Nierenentzündung (Cylinder) auf die tuberculöse oder auf die „zweite", anderweitig entzündlich erkrankte Niere zu beziehen ist.

In manchen, aber keineswegs in allen Fällen thut wiederholte Untersuchung des Urins nach den auf S. 400 erwähnten Methoden die Gegenwart von Tuberkelbacillen dar. Namentlich bieten die Flocken und Bröckel in getrocknetem und zerriebenem Zustande günstige Objecte für dieselbe; dagegen wird man in dem durchaus klaren Urin im Beginne der Erkrankung, wie später in dem gleichmässig mit Eiter durchsetzten Secretionsproduct meist vergeblich nach ihnen suchen. Je vollständiger überhaupt die Nierentuberculose den Charakter der Pyelonephritis annimmt, desto mehr hat man auf das Vorwiegen von entzündungserregenden Mikroorganismen und Entzündungsproducten im Harn zu rechnen. Ein gelegentlicher wichtiger Nebenbefund neben dem käsig-eiterigen Detritus in diesen Bröckeln wird von elastischen Fasern und nekrotischem Nierengewebe (Rosenstein, Ebstein) gebildet.

Neben den Tuberkelbacillen ist sehr charakteristisch der Gehalt des Urins an Blut. Das in vielen Fällen regelmässige Vorkommen dieses im Harn gleicht fast ganz in seinen Einzelheiten dem bei der Blasentuberculose beschriebenen (S. 397). Auch hier handelt es sich meist um sogenannte „kleine Blutungen" (Stopfer) ohne grössere Anfälle; manchmal ist der Blutgehalt so unbedeutend, dass man nur auf dem Boden des Spitzglases oder durch die Centrifuge niedergeschlagene vereinzelte ausgelaugte Blutelemente trifft. Bisweilen wechselt dieses im Laufe der Krankheit, und die Art der Blutung erinnert an die bei Nephrolithiasis, bei gleichzeitiger Erschwerung der Entleerung eines auch käsige Massen haltenden Harnes aber an die Blasensteinkrankheit jugendlicher Personen (Harrison). Sehr charakteristisch sind die ganz wie bei Blasentuberculose (Guyon) auch bei Nierentuberculose neuerdings wiederholt (Tuffier, Pousson, Aupérin, Trauten-

roth) beschriebenen Fälle stärkerer Initialblutung in Form von Hämaturie. Hier wie dort kann man dieselbe mit der prodomalen Hämoptoe bei Lungentuberculose vergleichen.

Mit den Fortschritten der Harnveränderungen gehen meist solche der übrigen Erscheinungen Hand in Hand. Der Schmerz wird mehr und mehr accentuirt, und deutlicher auf die Nierengegend begrenzt, doch wechselt sein Auftreten in den verschiedenen Fällen sehr. Oefters, aber durchaus nicht immer, steigert er sich ganz erheblich durch äussere Berührung. Man betont dieses als Unterschied von Schmerz bei Nephrolithiasis, der durch Druck (z. B. bei Percussion der Nierengegend) sich mildern soll (*Rosenstein*). Wie weit solches zutreffend, werden wir in dem Capitel von der Steinkrankheit der Niere zeigen. Werden Gerinnsel entleert, so ist der Schmerz mehr anfallsweise kolikartig, für gewöhnlich ist er jedoch ohne ausgesprochene Perioden des Nachlasses. Bei einzelnen Patienten ist er äusserst heftig und während einer längeren, Monate und mehr betragenden, Zeit einziges Krankheitssymptom. *Tuffier* hat diese Fälle als eine besondere Form der Nierentuberculose zusammengefasst, ohne jedoch das Eigenartige des Schmerzes hier zu erklären. Seine Bedeutung wird meist erst erkannt, wenn sich eine der Niere entsprechende Anschwellung darthun lässt. Letztere ist indessen keineswegs ein constantes Zeichen der Nierentuberculose. Sie wechselt entsprechend den verschiedenen Grössenverhältnissen, die wir bei der tuberculösen Niere kennen gelernt. Manchmal von der Entwickelung einer Pyonephrose abhängig, kommt sie andere Male auf Rechnung indurativer und sclerosirender Processe der Umgebung und nicht der Niere selbst. Sind dann, wie gewöhnlich, ausgedehnte Verwachsungen vorhanden, so ist die Unterscheidung der Niere von den Nachbartheilen durch die äussere Untersuchung sehr erschwert; speciell bei Tuberculose der linken Niere kann deren Vergrösserung leicht mit einer solchen der Milz verwechselt worden sein (*Morris*).

In einzelnen Fällen einseitiger Nierentuberculose findet sich indessen eine starke Anschwellung, nicht von der tuberculös erkrankten, sondern von der „anderen" Niere ausgehend, welche dann nicht nur compensatorisch hypertrophirt, sondern auch entzündlich-eiterig erkrankt sein kann.

In ausgesprochenen Fällen ist die Nierentuberculose häufig von Fieber begleitet. Dasselbe kann schon sehr früh als hektisches Fieber mit morgendlichen Remissionen sich zeigen. Andere Male ist es der Ausdruck acut-eiteriger Complicationen. Endlich kann es in weitgediehenen Fällen, durch Urosepsis bedingt, die Form des subacuten Harnfiebers annehmen.

Der Verlauf der chirurgisch wichtigen Fälle von Nierentuberculose ist in der Regel ein chronischer und nur in der Minderheit ein günstiger. Unbeeinflusst durch chirurgische Behandlung dauert er nach *Roberts* im Durchschnitt 2—3 Jahre bis zum tödtlichen Ausgange. In einzelnen Fällen zieht sich die Krankheit länger hin, und es zeigt die Nierentuberculose, ebenso wie die Tuberculose an anderen Körperstellen, Phasen des Stillstandes bezw. der Remission, so dass man zuweilen fast an eine Heilung glauben möchte. Häufiger findet man indessen, dass dann anderweitige tuberculöse Erkrankungen in den Vordergrund treten, derart, dass in einem wesentlichen Theil der Fälle von Nierentuberculose der Tod nicht an dieser, sondern an schnell sich entwickelnder Tuberculose anderweitiger lebenswichtiger Organe oder an allgemeiner Infection erfolgt. Thatsächlich sehen wir, wie Patienten mit Nierentuberculose in jedem Stadium dieser an Lungenschwindsucht, an tuberculöser Hirnhautentzündung, an Bauchfelltuberculose und anderen tuberculösen Erkrankungen zu Grunde gehen. Einen sehr häufigen letalen Ausgang nimmt die Complication der Nierentuberculose mit perinephritischer Eiterung. Von 20 von *Zeller* und *Thomas* gesammelten einschlägigen Fällen endeten 16 tödtlich; von diesen hatten 14 combinirte Urogenitaltuberculose, 1 Fall blieb ungeheilt und 3 genasen, darunter 1 nach Nephrektomie (*Poncet*). In diesen 3 Fällen war die Niere das einzige erkrankte Organ.

Nächst anderweitigen tuberculösen Erkrankungen kommen als Todesursachen in Betracht Erschöpfung und Sepsis. Gleichzeitig hiermit, oft aber auch unabhängig von diesen Zuständen, kann das Nachlassen der Leistungsfähigkeit der Nieren zur Anurie und Urämie bezw. Urosepsis führen. Weiteres trägt zum Auftreten solcher ungünstiger Complicationen bei die Beeinträchtigung, welche die Nierenthätigkeit häufig beiderseits durch tuberculöse Erkrankungen der Ureteren und unteren Harnwege erleidet. Die Tuberculose namentlich letzterer tritt zuweilen so sehr in den Vordergrund des Krankheitsbildes, dass man eine Remission der Nierenaffection vor sich zu haben glaubt. Umgekehrt sieht man quälende Blasensymptome im weiteren Verlaufe wieder nachlassen, wenn die Erscheinungen der Nierenerkrankung sich aufs Neue geltend machen. In manchen Fällen ist es schwer, die von der Blase ausgehenden Störungen von den Nierenbeschwerden zu trennen (s. o. S. 397). Manchmal ist dieses durch genaue Zeitbestimmung des Eintrittes ihrer Steigerung möglich, wenn nämlich eine solche nicht auf den Fortschritten der Tuberculose, sondern auf mehr oder minder acuter eiteriger Infection der Blase beruht. Letztere ist hier überaus empfindlich gegen instrumentelle Manipulationen, und ist dann die „zweite" nichttuberculöse Niere häufig ebenso gefährdet, wie die ursprünglich an Tuberculose erkrankte. Einen gewissen Stillstand erleidet der Wechsel der Symptome zuweilen dort, wo sich eine geschlossene Pyonephrose entwickelt hat bei relativer Gesundheit der zweiten Niere. Es scheint, als ob die verminderte Passage nicht tuberculös inficirten Urins die Blasenreizung herabsetzt.

4. Diagnose.

Wie wenig sicher bis jetzt die Diagnose der Nierentuberculose ist, geht aus einer Zusammenstellung *Bryson's* hervor, 150 vom Standpunkte des Chirurgen untersuchte Fälle betreffend. Unter diesen wurde nur in 18 die Annahme der

Nierentuberculose bestätigt. Mag auch ein derartiges Verhältniss durch die Casuistik der letzten Jahre sich als übertrieben herausstellen, so fand doch auch *Facklam*, dass nur in 59·7% seiner Fälle eine Diagnose vor der Operation bereits gestellt wurde, darunter einige Male nicht mit voller Sicherheit. In einzelnen Beobachtungen (*Heusner* u. A.) war man selbst während der Operation nicht im Stande, die wahre Natur der Erkrankung der betreffenden Niere zu erkennen. Erst die genaue Dissection des entfernten Organes, verbunden mit den Ergebnissen der weiteren klinischen Beobachtung, bezw. der späteren Leichenöffnung, vermochte dann über den Sachverhalt aufzuklären. Die Gründe hierfür liegen nach Allem, was wir bis jetzt über die Symptomatologie der chronischen Nierentuberculose wissen, sehr nahe. Einzelne symptomlos verlaufende Fälle, die häufig von vagen Erscheinungen lange Zeit begleiteten Beobachtungen, die unter dem Bilde gewöhnlicher Pyonephrosen auftretenden Nierentuberculosen lassen befürchten, dass wir erst sehr allmählig hier zu einer besseren Erkenntniss gelangen werden.

In einigen der Fälle, in denen die chronische Nierentuberculose, sei es sicher, sei es mit einer gewissen Wahrscheinlichkeit diagnosticirt worden ist, geschah dieses auf Grund sogenannter r a t i o n e l l e r S y m p t o m e. Anamnese, hereditäre Verhältnisse, Verhalten des Allgemeinzustandes und einzelner von der Tuberculose bevorzugter Organe (Lungen, Knochen, Gelenke), Veränderungen der leicht zugänglichen äusseren Genitalien und unteren Harnwege, vor Allem aber eine h a r t n ä c k i g e B l a s e n r e i z u n g, d e r e n I n t e n s i t ä t i n j ä h e m M i s s v e r h ä l t n i s s e z u d e m m a t e r i e l l e n B e f u n d e s t e h t, sind hier von massgebender Bedeutung. An Sicherheit gewinnt die Diagnose, wenn Weiterverbreitung der schmerzhaften Sensationen von der Blase in der Richtung des Harnleiters nach der Lende zu, und Fieber in einer der vorher beschriebenen Formen hinzutreten. Eine wirklich sichere Diagnose der Nierentuberculose ist dagegen nur möglich auf Grund des gleichzeitigen Nachweises bestimmter directer Symptome. Dass eine solche diagnostische Sicherheit nur in einer begrenzten Zahl von Fällen zu erreichen ist, liegt daran, dass die hauptsächlichen Krankheitszeichen der Nierentuberculose keineswegs immer zu einer und derselben Periode der Krankheit in regelmässiger Weise auftreten. Es gilt dieses speciell von der H ä m a t u r i e in Form der „kleinen" Blutungen, ferner von der sonst charakteristischen B e s c h a f f e n h e i t d e s H a r n s, insbesondere seines Gehaltes an T u b e r k e l b a c i l l e n, und nicht zum Wenigsten von dem N a c h w e i s e e i n e r N i e r e n v e r g r ö s s e r u n g. Der Befund einer anderweitigen Nierenerkrankung, welche gelegentlich ebenfalls eines der Cardinalsymptome der Nierentuberculose möglicherweise hervorrufen kann, z. B. der Nephrolithiasis, ist mit grosser Vorsicht aufzunehmen; dagegen muss das Fehlen eines eben dieser Symptome während einer längeren Beobachtungsfrist die Annahme der Nierentuberculose unsicher gestalten (*Tuffier*). Relativ selten zu verwerthen ist die mit positivem Erfolge in Bezug auf Tuberkelbacillen durchgeführte Harnuntersuchung. Dieselbe lässt häufig im Stich, und man sollte daher nicht versäumen, unter dringenden Verhältnissen mit Impf- und Züchtungsversuchen des verdächtigen Harns sich Klarheit zu verschaffen.

Fehlen einer äusserlichen Geschwulst führt leicht zu Verwechselungen, speciell mit Nephrolithiasis, auf deren eigenartige Schmerzsymptome dann besonderer Werth zu legen ist: namentlich wird aber durch den Mangel einer äusserlichen Geschwulst die irrige Annahme einer ohne Nierenaffection auftretenden Blasentuberculose erleichtert. Auf diesen letzteren Irrthum wird daher in den Hand- und Lehrbüchern vornehmlich aufmerksam gemacht (s. o. S. 325 u. 346). In unentschiedenen Fällen sollte man den vorsichtigen Versuch der Cystoskopie nicht scheuen; sie giebt Aufschluss über die Beschaffenheit der Blasenmündungen der Harnleiter und des aus ihnen tropfenden Harns. Jedenfalls ist sie schonender als der cystoskopische Katheterismus der Ureteren. Letzterer ist hier in Gemässheit unserer früheren Darstellung ein Remedium anceps. Zu seiner Würdigung darf man nicht vergessen, dass nur in einem gewissen Procentsatze der Fälle die eine Niere tuberculös ist, dass aber vielfach die zweite Niere, wenn auch nicht tuberculös, so doch anderweitig erkrankt ist. Wir verweisen in dieser Beziehung auf die hierhergehörigen Zahlenangaben von *Palet* über Doppelseitigkeit der Erkrankung in operativ behandelten Fällen, mit dem Bemerken, dass *Vigneron* die Doppelseitigkeit wohl etwas zu niedrig, nämlich nur auf 17% der Operirten schätzt. In extremen Fällen räth *Wagner* Anlegung einer einseitigen Nierenbeckenfistel. Besser ist wohl der explorative Sectionsschnitt, der aber auch hier nur anzuwenden ist, wenn man einen curativen Eingriff ihm anschliessen kann. Wesentliche Unterstützung findet die Diagnose auch der tuberculösen Nierenerkrankung durch die regelmässige Prüfung der 24stündigen Harnmenge in Bezug auf Menge und Gehalt an festen Bestandtheilen (Harnstoff), geformten Elementen und speciell an Mikroorganismen.

5. Behandlung.

Die Nierentuberculose kann aus zweierlei Gesichtspunkten Gegenstand chirurgischer Eingriffe werden, je nachdem diese aus prophylaktischen Gründen als palliative Behandlung oder zum Zwecke der Radicalcur unternommen werden.

Prophylaktisch sind alle Tuberculosen oder der Tuberculose verdächtigen Affectionen der unteren Harnwege und des Geschlechtsapparates rechtzeitig den geeigneten Massnahmen zu unterwerfen. So selbstverständlich es erscheint, dass umschriebene käsige Knoten in Hoden und Vorsteherdrüse möglichst früh radical zu entfernen sind, so viel wird in der Praxis dagegen gesündigt, und die hier meist unumgängliche Castration durch ein minder durchgreifendes Vorgehen (Auslöffelung der einzelnen Herde, Resection des Nebenhodens u. dgl. m.) ersetzt. Mindestens ebenso wichtig ist die Ueberwachung einer völligen Ausheilung entzündlicher Processe der unteren Harnwege. Speciell in der Blase können gonorrhoische Entzündungen bei den „diathesischen" (*Guyon*) Personen einen unmerklich fortschreitenden, das Auftreten tuberculöser Vereiterungen vorbereitenden Verlauf nehmen.

Palliative Behandlung der Nierentuberculose ist dort öfters erforderlich, wo andere Eingriffe nicht möglich sind. Abgesehen von Eröffnung und Drainirung etwaiger perinephritischer Eiterungen, ist sie in Form der Nephrotomie in denjenigen Fällen angezeigt, in welchen die starken Schmerzen, die Störung des Allgemeinbefindens und die auf Functionslosigkeit der anderen Niere bei Miterkrankung des Ureters resp. Nierenbeckens der tuberculösen Niere beruhende Anurie sie erheischen. In manchen der hierhergehörigen Fälle bedeutet die Nephrotomie eine mehr oder minder grosse Lebensverlängerung. Im Uebrigen theilt sie mit der Nephrektomie den Vortheil, dass vom Ureter und den unteren Harnwegen der krankhaft veränderte, tuberculöses Material führende Harn dauernd abgelenkt wird. Nicht nur subjective Besserung durch Fortbleiben quälender Koliken, des Blasentenesmus etc. tritt hier ein, auch objectiv lässt sich oft genug hier Ausheilung oder wenigstens Verkleinerung von tuberculösen Blasengeschwüren und Aehnliches darthun. Manchmal ist die günstige Wendung — wie dieses Verfasser unter Anderem einmal beobachten konnte — eine so ausgeprägte, dass Patient und Arzt an Heilung zu denken beginnen. Aber an der allmählig sich wieder einstellenden Hektik gehen alle diese Operirten durch die Fortschritte der käsigen Zerstörungen der Niere unter den Zeichen der Anurie resp. Urämie schliesslich unrettbar zu Grunde.

Bei der Radicalcur der Nierentuberculose kommt ausser der Nephrotomie die Nephrektomie in Frage.

Die Nephrotomie unterscheidet sich in ihrer Ausführung hier vielfach in keiner Weise von der bei Pyonephrose, mit der die Nierentuberculose häufig genug in der äusseren Erscheinung übereinstimmt. In gewissen Fällen bietet dagegen die Operation einzelne Besonderheiten. Man hat mit ihr nicht selten die mechanische Entfernung tuberculöser Herde der Nierensubstanz (Auslöffelung) und fremden Inhaltes des Nierenbeckens zu verbinden. Die wichtigste Aufgabe ist aber gleichzeitig die, den von der erkrankten Niere abgesonderten Harn mit Hilfe der Incision nach aussen zu leiten (*Fenwick*). Zu diesem Behufe ist der Sectionsschnitt der Pyelotomie vorzuziehen, zumal da das Nierenbecken keineswegs immer durch seine Ausdehnung sich hier augenfällig macht. Vielmehr erscheint dasselbe oft in Verwachsungen und Schwarten gleichsam wie begraben. Grosse Ausdehnung solcher Verwachsungen im perirenalen Gewebe lässt es zuweilen wenig erspriesslich erscheinen, mit Incisionen und anderen Manipulationen an dem schwer auslösbaren und mehr oder minder verkleinerten Organe vorzugehen. Die hierhergehörigen Fälle sollten alle der Nephrektomie unterzogen werden, ebenso wie auch die Vorkommnisse multipler, durch das ganze Organ verstreuter tuberculöser Herde diese Operation anzeigen. Die Voraussetzung der Nephrektomie ist hier, wie auch sonst, die Existenz einer hinreichend leistungsfähigen „zweiten" Niere.

In günstigen Fällen ist dagegen das Ergebniss der Nephrotomie, wie bereits angedeutet, manchmal ein überraschendes. Der Verlauf gestaltet sich zuweilen ebenso befriedigend wie nach Pyonephrose-Operation. Leider kann man nur in einer sehr kleinen Minderheit der Nephrotomien hierauf rechnen. Wie bei anderen Operationen wegen Tuberculose gelingt es oftmals nicht, selbst bei Anwendung strengster Antisepsis bezw. Asepsis, eiterig-entzündliche Infection von der Wunde fernzuhalten. Zuweilen geht der tuberculöse Process auch auf den Wundcanal über, namentlich wenn man nicht vermochte, alte tuberculöse Herde aus der Niere zu entfernen. Es bleiben dann F i s t e l n zurück, welche nicht immer nur einen urinös-eiterigen Charakter tragen. Nicht selten hat man es hier mit tuberculösen Nierenfisteln zu thun, deren äussere Mündung die Beschaffenheit eines tuberculösen Geschwüres besitzt. Ausnahmsweise beeinträchtigen hier die nephrotomischen Fisteln ihre Träger nur wenig. Die Häufigkeit des Zurückbleibens von Fisteln wird von den einzelnen Autoren verschieden angegeben. *Tuffier* hat 5 derartige Fälle, *Vigneron* 11 notirt. So gut daher die Nephrotomie hier oftmals auf gewisse Symptome, auf den Schmerz, auf das Fieber und auf die Störungen der unteren Harnwege wirkt, eine definitive Heilung wird nicht erzielt. Manchmal scheint es sogar, als ob dieser theilweise gute Einfluss der Nephrotomie sich schnell in das Gegentheil verwandelt, und wie bei anderen tuberculösen Processen, bildet dann die Operation den Ausgangspunkt einer Exacerbation des Leidens.

Ein grosser Theil der vorstehend aufgeführten ungünstigen Ausgänge der Nephrotomie bildet Anzeigen zur s e c u n d ä r e n N e p h r e k t o m i e. Wie häufig diese nothwendig ist, ergiebt sich aus der Statistik von *Facklam*: unter 36 Fällen von Nephrotomie musste sie nicht weniger als 16mal ausgeführt werden. Selbst wenn man diese 16 Fälle abzieht, ist das Resultat der Nephrotomie bei Nierentuberculose als eines curativen Eingriffes im höchsten Grade entmuthigend. Von *Facklam's* 20 Fällen sind 15 gestorben, darunter 12 im Zusammenhange mit der Operation, 5 unmittelbar nach dieser. Von den übrigen 8 werden 4 als geheilt, ebenso viele als gebessert angegeben. Eine strenge Kritik lässt aber eigentlich nur in einem einzigen Falle eine wirkliche Heilung zu. Doch handelte es sich hier um eine nur wenig erkrankte, wenn auch vergrösserte Niere, und lag der Herd ebenso wie in einem Falle von *Riedel* im perirenalen Gewebe. Die Todesursachen nach der Nephrotomie sind sehr verschieden. Man hat es hier vielfach mit überaus herabgekommenen Personen zu thun. In der Regel war Entwickelung von Tuberkeln an anderen Stellen, allgemeine Kachexie mit Ruptur der Unterleibsorgane, und nur in einzelnen Fällen waren Septichämien und Urämien für den ungünstigen Ausgang verantwortlich. Manche Operateure (*Israel*) verzichten daher auf die Nephrotomie bei Nierentuberculose als curativen Eingriff. Dass aber deshalb von einer operativen Radicalbehandlung der Nierentuberculose überhaupt abzusehen ist, dürfte doch wohl über das Ziel hinausgehen.

Wir geben in Nachstehendem eine kleine Uebersicht der Ergebnisse der bisherigen die Nephrotomie bei Nierentuberculose betreffenden Sammelstatistiken zur Bekräftigung unserer vorstehenden Darstellung. Die in der Rubrik der „Geheilten" eingeklammerten Zahlen entsprechen den unvollständigen Genesungen, bezw. den vorübergehenden Besserungen.

Name des Autors	Geheilt	÷	÷ unmittelbar nach der Operation	Secundäre Nephrektomie	Davon ÷	Gesammtsumma	
Facklam .	8 (4)	12 (33·3%)	5 (13·9%)	16	5	36	nur 1 ist dauernd geheilt
Vigneron .	14 (11)	21 (38·28%)	7 (12·7%)	20	7	55	
Tuffier . .	8 (6)	12 (48%)	?	5	?	25	nur 2 dauernd geheilt. Bei den Fällen mit secundärer Nephrektomie bestanden stets Fisteln.

Die Frage, ob die Operation von der Lende her oder von vorn her als Bauchschnitt auszuführen ist, hat für die Nierentuberculose geringe praktische Bedeutung. Die überwiegende Mehrzahl der hierhergehörigen Fälle ist extraperitoneal behandelt worden.

Ebenso wie die Nephrotomie schliesst sich die Nephrektomie bei Nierentuberculose in ihrer Ausführung den bei der Pyonephrose giltigen Regeln an. Wie bei dieser können hier Verwachsungen und indurative Vorgänge im perirenalen Gewebe eine schulgerechte Exstirpation des Organes überaus erschweren, so dass man auch hier die Decortication statt der eigentlichen Nephrektomie gemacht hat. So berechtigt unter solchen Verhältnissen die Decortication ist, so ist sie doch nicht frei von der Gefahr, dass man bei der Auslösung der Niere Parenchymreste an der Kapsel stehen lässt, von denen später Recidive ausgehen können. Die Endergebnisse derartiger unvollständiger Nephrektomien scheinen daher kaum höher anzuschlagen zu sein, als die einer einfachen Nephrotomie bei Nierentuberculose. Viel aussichtsvoller bei einer beschränkten tuberculösen Erkrankung der Niere dürfte die unter Anderen von *Israel* und *Bardenheuer* in zielbewusster Weise verrichtete Resection des die krankhaften Veränderungen tragenden Theiles der Niere sein, zumal wenn es hierbei nicht erforderlich ist, das Nierenbecken oder die Kelche gleichzeitig mitzueröffnen.

Die Nachbehandlung der für gewöhnlich hier von der Lende her gemachten Nephrektomie hat den allgemeinen Vorschriften zu folgen, wie sie im Capitel Pyonephrose niedergelegt sind. Die transperitoneale Schnittführung dürfte nur sehr selten, und zwar bei sehr grossen bis über die Linea mediana hinaus gehenden tuberculösen Anschwellungen in Frage kommen. Wie *Israel* praktisch bewiesen, gelingt es, sogar recht umfangreiche tuberculöse Eitersäcke von der Lende aus durch den Verhältnissen des Einzelfalles angemessene modificirte Schnittführung zu entfernen. Es ist dieses umsomehr zu betonen, als. wie alsbald ersichtlich. die Ergebnisse der abdominalen Nephrektomie bei Nierentuberculose sich in gewisser Weise ungünstiger gestalten. als bei der lumbalen Operation. Die Nachbehandlung bietet bei diesem wie bei jenem Eingriff zu besonderen Bemerkungen nicht Anlass. Specielle Beachtung verdient der Zustand des perirenalen Gewebes. Eiterig entzündliche und sclerosirende Veränderungen können hier von vornherein zu einem Verzicht auf die erste Vereinigung der ausgedehnten äusseren Incisionswunde Anlass geben.

Die bisher bekannten Ergebnisse grösserer Sammelstatistiken der Nephrektomie bei Nierentuberculose unterscheiden sich nur in so fern, was die Sterblichkeit betrifft, wesentlich von denen der Nephrotomie, als bei ihr die Summe der directen tödtlichen Ausgänge grösser gewesen ist. als die nach der Nephrotomie. *Tuffier**) berechnete für 57 primäre Nephrektomien bei Nierentuberculose eine Sterblichkeit von 23·3%. Die Ergebnisse von drei anderen hier vorliegenden Sammelstatistiken zeigt nachstehende kleine Uebersicht.

Sterblichkeitsübersicht der Nephrektomie bei Nierentuberculose.

Name des Autors	Gesammtsumma der Nephrektomien		Gesammtsumma der primären Nephrektomien		Lumbare Primär-Nephrektomien	
	Sa.	† nach der Operation	Sa.	† nach der Operation	Sa.	† nach der Operation
Palet	136	51 / 37·5% 38 / 28·53%	110	42 / 38·18% 32 / 29%	88	33 / 32·5% 24 / 27·2%
Vigneron .	104	40 / 38·4% 31 / 29·8%	84	38 / 38·3% 26 / 30·85%	65	26 / 40% 19 / 29%
Facklam .	88	25 / 28·4% 17 / 19·3%				

Name des Autors	Abdominale Primär-Nephrektomien			Secundäre Nephrektomien (fast Alles lumbale Operationen)		
	Summa	-	† nach der Operation	Summa	-	† nach der Operation
Palet	22	9 / 40·9%	8 / 38·8%	26	9 / 34·6%	6 / 23%
Vigneron	19	7 / 36·6%	7 / 36·6%	20	7 / 35%	5 / 25%
Facklam	13	4 / 30·8%	4 / 30·8%	16	5 / 31·25%	1 / 6·25%

*) *Tuffier's* Zahlen (57 primäre Nephrektomien mit † 32·3%. darunter 36·3% für die abdominale und 28·2% für die lumbare Operation) mussten. weil aller näheren Angaben entbehrend. unberücksichtigt bleiben.

Man ersieht, dass, je zahlreicher die Fälle sind, in denen wegen Tuberculose die Niere exstirpirt worden, desto höher die Sterblichkeit ist, dass aber keine sehr wesentlichen Unterschiede zwischen der primären und der nach vorheriger Nephrotomie secundär verrichteten Nephrektomie bestehen. Auch die Unterschiede in der Sterblichkeit der lumbalen und abdominalen, d. h. mit vorbedachter Verletzung des Peritoneums ausgeführten Nierenexstirpation sind nicht gerade erheblich. Andererseits ist die Zahl der operativen Todesfälle nach der letzteren Operation eine ausserordentlich hohe, sowol an und für sich, als auch im Vergleiche mit der Ziffer der unmittelbar durch die lumbale Operation verursachten tödtlichen Ausgänge. Obschon nicht in allen Fällen die Todesursache genau angegeben ist, muss man doch als Hauptfactoren für den der Nephrektomie bei Nierentuberculose schnell folgenden tödtlichen Ausgang Urämie und Collaps resp. Shock anerkennen. Der Urämie rechnet *Facklam* unter 17 Todesfällen 8, *Palet* unter 51 Fällen 17 zu. In der Mehrzahl der Fälle war tuberculöse Miterkrankung der zurückgelassenen Niere Ursache der Urämie (unter 17 Fällen *Palet's* 12mal), seltener anderweitige Affectionen (Lithiasis, Amyloid, entzündliche Veränderungen). Bei der secundären Nephrektomie, bei der man durch die vorangeschickte Nephrotomie sich von der Functionstüchtigkeit der anderen Niere überzeugen konnte, spielt Urämie als unmittelbare Todesursache keine Rolle, dagegen unterlagen ihr vereinzelte Operirte später, indem sich nachträglich amyloide Degeneration oder andere Erkrankungen der zurückgebliebenen Niere entwickelten. Shock und Collaps kommen besonders nach der peritonealen Exstirpation der tuberculösen Niere vor, unter den Fällen *Facklam's* viermal, auch bei *Palet* beträgt die Sterblichkeit an Shock nach dieser Operation weit über das Doppelte, als nach der lumbalen. Alle anderen operativen Todesursachen treten mehr oder weniger zurück, so z. B. die vereinzelten Vorkommnisse von operativen Zwischenfällen, z. B. durch Blutung, ferner von Perforationen des Bauchfelles durch perinephritische Senkungen etc. Sehr selten scheint Septichämie beobachtet zu sein. Die nachträglichen Todesfälle, welche vorwiegend durch die Verallgemeinerung der Tuberculose bedingt werden, kommen zu einem grossen Theile innerhalb der ersten sechs Monate nach der Operation vor, doch giebt es auch erst nach Jahr und Tag und noch später auftretende tödtliche Ausgänge, an denen ausser intercurrenten Leiden und unbekannt gebliebenen Ursachen ebenfalls die allgemeine Tuberculose ihren Antheil hat.

In den nicht unmittelbar tödtlichen Fällen von Nephrektomie bei Nierentuberculose macht sich die günstige Veränderung nach dem Eingriffe noch mehr geltend, als nach der Nephrotomie. Allerdings ist solche augenfällige Besserung noch nicht identisch mit definitiver Heilung. Abgesehen von den Zwischenfällen nach der Nephrektomie, welche bei dieser wie nach jeder eingreifenden Unterleibsoperation eintreten können, ist unvollständige Heilung durch Fistelbildung auch nach der Nephrektomie nicht ganz selten (s. o. S. 956). Die betreffenden Fisteln sind aber im Gegensatze zu den nephrotomischen

Fisteln bei Nierentuberculose häufig eines nachträglichen spontanen Schlusses fähig, unter 15 Fällen von *Palet* in 10. Die Minorität länger dauernder Fisteln beruht fast immer auf Fortbestehen der Erkrankung in dem zurückgelassenen Harnleiterstumpf. Hier führen Nachoperationen oft noch spät zum Ziele, so unter Anderem die Exstirpation des tuberculös erkrankten Harnleiters, wie sie *Poncet* noch $2^1/_2$ Jahre nach der Nephrektomie mit vollem Erfolge ausgeführt hat. Anscheinend dürfte einige Male zu spätes Operiren für das Zurückbleiben von Fisteln nach Exstirpation tuberculöser Nieren verantwortlich gewesen sein (*Tuffier*).

In weiterem Gegensatze zur Nephrotomie ist die Zahl der wirklichen Heilungen unter den nicht-tödtlichen Fällen eine ganz erheblich grössere. Die Fälle, deren Heilung auch vor einer strengeren Kritik bestehen kann, bilden hier keine Ausnahme. Unter Zugrundelegung einer dreijährigen Beobachtungsfrist sind unter 51 verwerthbaren Nephrektomien von *Palet* 17, von 36 Operirten bei *Facklam* etwa 12 resp. 14 als geheilt zu betrachten. Noch günstiger gestalten sich die Erfahrungen einzelner Operateure. *König* zählte auf 8 Nephrektomien ausser 3 unmittelbar Gestorbenen 1 Todesfall $1^1/_2$ Monate nach der Operation. Von den übrigen lebte ein Patient noch zwei Jahre, und starb dann an anderweitiger Tuberculose. Die drei letzten sind bis jetzt, nämlich $2^1/_2$—4 Jahre nach der Operation, völlig gesund (ohne Eiweiss im Urin). Noch günstiger gestalten sich die Ergebnisse von *James Israel*. Von im Ganzen 12 (darunter 11 sicheren primären) Fällen starb ein Patient, und zwar an Shock in Folge der Operation, drei andere starben in einem Zeitraume von sechs Wochen bis acht Monate später, der letzte von diesen an Amyloid des Darmes und der „zweiten" Niere. Ueberlebend sind demnach 8, darunter 3 als wirklich geheilt, während einer Beobachtungsfrist von 1 resp. $2^1/_2$ und $5^1/_2$ Jahren zu betrachten. Ein Fall von Resection der halben Niere ist bisher ($1^1/_2$ Jahre nach der Operation) gesund geblieben. Die vier übrigen Patienten mit Betheiligung der Blase zeigen eine erhebliche dauernde Besserung, darunter eine Patientin gänzliches Freisein von allen Beschwerden, die drei anderen Verminderung derselben auf ein sehr geringes Maass. Diese Erfolge von *Israel* sind um so beachtenswerther, als von seinen 12 Operirten nur drei waren, in denen die betreffende Niere das einzige erkrankte Organ war. Jedenfalls theilen diese Operirten das gleiche Schicksal, welches *Dittel* von vielen erfolgreich behandelten Steinkranken berichtet: „Von ihren Leiden sind sie dauernd befreit, aber darum doch nicht völlig gesund."

Mit vorstehenden Worten dürfte der Werth der operativen Behandlung der Nierentuberculose durch den radicalen Eingriff der Nephrektomie für den gegenwärtigen Zeitpunkt ungefähr zutreffend bezeichnet werden. Eine weitere Förderung guter Ergebnisse zeigt die Veröffentlichung vielfacher günstiger Einzelfälle in den allerjüngsten Tagen. Es erübrigt noch, dass wir kurz die Gegenanzeigen gegen die Nephrektomie hier besprechen. Nur die Fortschritte in Eliminirung hoffnungsloser Fälle auf Grund besseren diagnostischen Könnens vermögen die Zahl der directen Todesfälle auch hier zu mindern. Man sollte grosse Unsicherheit in der Diagnose immer noch als wesentliche Gegenanzeige gegen operatives Einschreiten um so mehr betrachten, als bereits bei einzelnen Gelegenheiten (*Cohen, Tauffer, J. Israel* etc.) **Frühdiagnosen** der Nierentuberculose gestellt worden sind. Bis jetzt aber sind dieses mehr Ausnahmen, thatsächlich kamen die meisten Patienten mit sehr weit gediehenen Veränderungen in chirurgische Behandlung. Weit gediehene Tuberculose und Herabsetzung des Allgemeinbefindens sollten daher häufiger als bisher eine weitere Gegenanzeige gegen den Versuch einer Radicaloperation darstellen. In bestimmten Fällen dürften die partielle Amputation sowie die Decortication dagegen mit Vortheil die gewöhnliche Totalexstirpation ersetzen. Andererseits hat jedoch die **Nephrotomie** als **Opération d'urgence** und als **palliativer Act** zu Recht zu bestehen. Als ein wirkliches Heilmittel der Nierentuberculose ist dieselbe, wie aus *Facklam's* Zusammenstellung und anderen Erfahrungen (*Koppius*) hervorgeht, nicht zu betrachten. Schon die gebührend hervorgehobene Thatsache, dass die Hälfte der Nephrotomien bei Nierentuberculose bis vor Kurzem die secundäre Exstirpation erforderlich gemacht hat, muss diese Ansicht bestätigen. Verminderung dieser secundären Operationen, Zunahme der durch primäre Nephrektomie einer wirklichen Radicalheilung zugänglichen Fälle ist daher das, was man zu allernächst für die Chirurgie der Nierentuberculose zu erstreben hat.

Es bedarf wohl keiner besonderen Hervorhebung, dass mit der operativen Therapie eine sorgfältige **symptomatische** und **allgemeine Behandlung** Hand in Hand geht. Ueber diese nicht-chirurgische Behandlung der Nierentuberculose sind die Werke über innere Medicin und Nierenkrankheiten einzusehen. Es ist vielleicht die Erinnerung nicht überflüssig, dass der Chirurg sich mit allen ihren Einzelheiten vertraut machen muss, schon wegen der vielen zweifelhaften Fälle, in denen er, ohne dass es zu einer Operation kommt, um Rath gefragt wird. Peinlichste Beachtung eines reizlosen Regime, Zurückhaltung im Gebrauche heroischer Mittel, welche vielleicht vorübergehend die Diurese steigern, gleichmässiger Widerstand gegen den routinemässigen Gebrauch von Brunnen- und Badecuren sind hier oft das Leben verlängernd. Daneben beachte man sorgfältig das Verhalten etwaiger tuberculöser Bethätigungen an anderen Stellen des Urogenitalsystems, gegen welche im Laufe der Zeit manchmal die Erscheinungen der Nierentuberculose zurücktreten. Zuweilen kann man auch durch geeignete Localtherapie (Anlegung eines neuen Harnauslasses der Blase, Entfernung einer eiterig zerstörten Geschlechtsdrüse u. dgl. m.) indirect die Nierentuberculose günstig beeinflussen. Dagegen ist zu einer **Tuberculinbehandlung der Nierentuberculose** nach *Koch* zur Zeit kaum zu rathen. Gegenüber den vereinzelten Fällen, in denen Tuberculin als diagnostisches (*Czerny*) oder Heilmittel (*Riedel*) mit Erfolg gebraucht worden, stehen die überaus ungünstigen Erfahrungen, welche *Guyon, Fenwick* u. A. bei Urogenitaltuberculose mit der *Koch*'schen Therapie gewonnen haben.

Anhang. (Nierensyphilis.)

§ 122.

Die chirurgischen Erfahrungen über Nierensyphilis stützen sich ausschliesslich auf zwei Fälle von *J. Israel*. In dem einen machte ein interstitieller syphilitischer Process durch knotige Verdickungen wie ödematöse Infiltration sowol der Capsula propria sammt der Umgebung, als auch theilweise der Niere selbst den Eindruck eines durch Compression von aussen sich etwas verkleinernden Nierentumors. In dem anderen mit einer Fistel im 11. Zwischenrippenraum complicirten Fall lag die Annahme eines destructiv-tuberculösen Processes nahe; die zur Hälfte zerstörte, von knorpelharten Schwarten umgebene Niere zeigte Gummibildung. Beide Fälle genasen nach Nephrektomie; in dem ersten bestand bei sonst gutem Befinden andauernd Albuminurie weiter fort, welche durch Quecksilbergebrauch gesteigert, durch Jod aber günstig beeinflusst wurde.

Vermehrte Erfahrung muss zeigen, in wie fern die Nierensyphilis weiteres chirurgisches Interesse zu beanspruchen hat. Bis jetzt ist der Befund von Gummiknoten in der Niere sowol bei Syphilis der Erwachsenen als auch bei Luës hereditaria mehr eine Ausnahme (*Senator*).

In wie weit sogenannte syphilitische Narben, welche man hier und da bei Nierenoperationen in der Nierenkapsel gesehen haben will (*Tiffany*), von klinisch-chirurgischer Bedeutung sind, kommt weiter unten in dem Capitel XI zur Erörterung.

Fenwick bespricht in drei Fällen das Auftreten von Hämaturie in Folge schwerer Nierensyphilis, lässt aber angesichts des Mangels bestätigender Sectionsbefunde die Frage offen, ob die ursächlichen Veränderungen mehr diffuse, wie bei der Amyloid- und bei der Granularniere oder mehr umschriebene interstitielle, wie bei dem Nierengummi gewesen sind. Immer erwies sich nach Fehlschlagen anderer Mittel innerlicher Gebrauch von Jodkalium als sicheres Hämostaticum.

IX. Neubildungen der Niere.

§ 123.

Vorbemerkung.

Die Neubildungen der Niere (Nierengeschwülste im engeren Wortsinne, Neoplasmata seu tumores renum) sind seit ihrer Beschreibung durch *Rayer* zwar bereits den Aerzten näher bekannt geworden, die erste operative Entfernung einer krebsigen Niere unter der Fehldiagnose Lebertumor mittels Laparotomie hatte

aber erst 1861 durch *Wolcott* stattgefunden Die in den nächsten
Zeiten ausgeführten Nierengeschwulstoperationen waren meist nicht
zielbewusst, sondern auf Grund irriger diagnostischer Voraussetzungen
unternommen. Ihre Zahl blieb überaus gering. Eigentlich sind erst
in den letzten 15—20 Jahren die hierher gehörigen Eingriffe häufiger
geworden, so dass sie nunmehr volles Bürgerrecht in der Chirurgie
geniessen. Wie bei allen Nierenkrankheiten entfällt auch bei den Neubildungen nur ein bestimmter Bruchtheil auf chirurgische Behandlung.
Wenn wir hier von den im Capitel VII getrennt besprochenen Neubildungen flüssigen Inhaltes, den Cysten, absehen, betreffen die
Operationen fast ausschliesslich bösartige Neubildungen oder wenigstens
Misch- bezw. Uebergangsformen solcher. Widerspruchslos gutartige
Neubildungen sind nur in einer kleinen Minderheit der Fälle exstirpirt
worden.

1. Pathogenese und pathologische Anatomie.

Ebenso wie erst in den letzten Zeiten die Nierenneubildungen einer
zielbewussten Behandlung unterworfen werden, datiren auch bessere
und präcisere Anschauungen über ihre Entwickelung und pathologisch-
anatomische Stellung aus einer nicht weit zurückliegenden Periode.
Während früher die betreffenden Geschwülste kurz als „Krebs"
(Carcinom) bezeichnet und unter diesem Sammelnamen bis vor nicht
allzulange in den Statistiken der Nierenoperationen aufgeführt worden
sind, begann man zunächst Carcinome und Sarcome zu unterscheiden. Von diesen wurden dann in einer besonderen Gruppe die
„Strumen", d. h. ihres äusseren Aussehens halber früher als Lipome
aufgefasste Tumoren, thatsächlich aber von versprengten Nebennierenkeimen ausgehende Entwickelungen („Strumae lipomatodes
aberratae renis") durch *Grawitz* gesondert. In der letzten Zeit
scheinen nun diese drei Formen sich in noch weitere Unterarten auf-
zulösen, indem die verfeinerte Untersuchung die Existenz anatomisch
wie klinisch sich eigenartig gestaltender Uebergangsbildungen nachzuweisen vermag. Uns ein späteres Eingehen hierauf vorbehaltend,
wollen wir zunächst an der groben Trennung der Nierentumoren in
Krebse, Sarcome und Strumen der leichteren Uebersichtlichkeit wegen
festhalten.

Die Krebse charakterisiren sich an der Niere wie an anderen
Körperstellen in Bezug auf ihre äussere Gestaltung als weiche
(Medullarkrebs, Encephaloid, Markschwamm), als feste (Scirrhus)
und als gallertige (Colloid-Geschwülste). Am häufigsten ist
der Markschwamm mit seinen Uebergangsformen, überaus selten nach
guten Gewährsmännern (*Orth*) dagegen der Gallertkrebs; auch ist
die gallertige Entartung meist nur partiell. Nicht zu verwechseln
mit ihr sind secundäre Erweichungsvorgänge, durch welche die Geschwulst ebenso wie durch Blutaustritte verödet. Letztere gehen
namentlich von den zahlreichen dünnwandigen erweiterten Venen in
der Geschwulst aus: „Carcinoma teleangectoides". Als Folgen

früherer Blutungen findet man öfters reichliche Pigmentbildung, nicht zu verwechseln mit der melanotischer Krebse. Dieselben sind in der Niere sehr selten, nach *Ledentu* nur secundär vorkommend.

Nicht nur für die äussere Configuration hat es besondere Wichtigkeit, ob der Nierenkrebs infiltrirt und diffuse oder umschrieben in Knoten auftritt. Im ersteren Fall ist die Niere bald wenig oder gar nicht, bald auch stärker vergrössert, so dass die Geschwulst weit in den Bauchraum unter Verdrängung von dessen Inhalt hineinragen kann. Eine derartig vergrösserte Niere bietet aber oft noch die normalen äusseren Umrisse. Allerdings ist dann die Kapsel oft ungleichmässig bis zu 2 cm und mehr (*Hildebrand*) verdickt, das Nierenfett ist durch grobe Schwarten und breite Verwachsungen ersetzt, in welche späterhin die Neubildung hineinwuchert. Die umschriebenen Knoten des Nierenkrebses bilden oft nur kirsch- bis nussgrosse Geschwülste, sind aber auch erheblich grösser, vom Umfang eines Kindskopfes und mehr (*Hildebrand*). Sie sind deutlich abgekapselt; die Kapsel sendet zuweilen derbe Fortsätze entzündlichen Narbengewebes in das Innere. In diesen Fortsätzen finden sich meist noch Reste von Drüsenelementen. Vom übrigen Nierenparenchym unterscheiden grauröthliches Aussehen und schwammigporöses Gefüge den Tumor. Nach aussen bilden solche umschriebenen Geschwulstmassen häufig längliche, nicht scharf begrenzte Knoten (*J. Israel*), und gewährt etwa sie bedeckendes, nicht erkranktes Nierengewebe Gefühl vermehrter Resistenz. Bei bedeutendem Umfang der Knoten, besonders wenn sie das eine Ende der Niere einnehmen, stellt letztere nur eine Art Adnex des mehr oder minder scharf geschiedenen Tumors dar. Sie wird immer mehr und mehr bei Seite gedrängt, ohne völlig zu atrophiren, vielmehr trifft man in der Peripherie des Knotens fast immer noch relativ viel durch regressive Vorgänge veränderten Drüsengewebes (*Orth*). Speciell sind die ableitenden Harncanälchen in dem von Krebs bedrängten Nierenparenchym in die Länge gezogen und verzerrt. Umgekehrt ist beim infiltrirten Carcinom, bei welchem äussere Form und Gestalt der Niere sich öfters noch erhalten, das Nierengewebe als solches höchstens andeutungsweise mit dem Mikroskop darzuthun. Das Neoplasma kann dann in das Nierenbecken wuchern, den Hilus und dessen Lymphdrüsen ergreifen und als Endcomplication Hydronephrose bedingen.

Neuere Untersuchungen haben nicht blos gröbere, sondern auch feinere Unterschiede in der Structur des infiltrirten und knotigen Nierenkrebses dargethan. Der infiltrirte Krebs ist in Form solider Zapfen angeordnet, diese bieten, wenn auch nur vorübergehend, durch Ausweitung der Harncanälchen Hohlräume, welche sich schnell mit polymorphen, vom Typus der normalen Nierenepithelien mehr oder minder entfernten Krebszellen füllen. Der knotige Krebs ist von Hause aus ein Adenocarcinom bezw. Adenom, zur primären Bildung von Hohlräumen neigend (Cystadenoma proliferans). Die Krebszellen selbst sind hier cubisch oder cylindrisch; bei ihrer Infiltration über die ganze Niere wird es schwer, ihren ersten Ausgangspunkt zu bestimmen. Ist die Nierensubstanz völlig von der krebsigen Neubildung getrennt, so wird

deren Entwickelung meist nach der Peripherie, bezw. in die Rinde (*Strübing*)
verlegt, und es sind solche Fälle „capsuläre", gegenüber den „parenchymatösen". Einzelne solcher capsulären Krebse hat man direct als „paranephritische" bezeichnet und sie vom Hilus oder von den Hilus-Drüsen bezw.
von deren Gefässendothelien hervorgehen lassen (*Zenker* und *Schröder*). Es werden
diese Vorkommnisse, welche sich auch bei anderen Nierenneubildungen ausser dem
Krebs mutatis mutandis wiederfinden, dadurch verständlich, dass nicht nur die
zahlreichen Beobachtungen der verschiedensten Nierengeschwulstformen bei jungen
Kindern, sondern auch Fälle, in denen die Neubildungen der Niere erst in
höherem Alter zur vollen Entwickelung gelangen, ihre ersten Anfänge auf ein
embryonales Stadium zurückführen lassen, während dessen die Niere sich noch
nicht als ein gut differencirtes und in normaler Stelle und Lage befindliches Organ

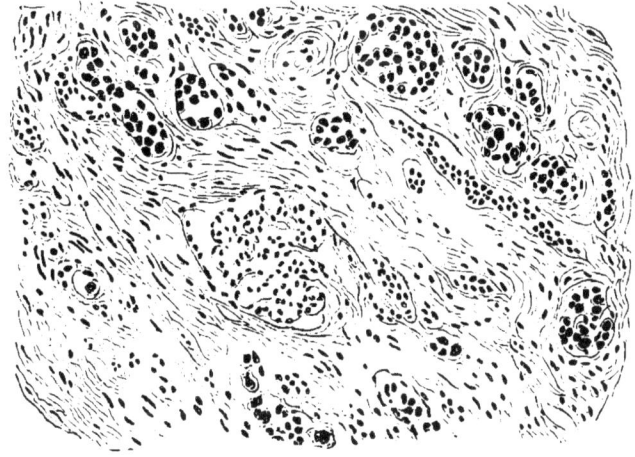

Fig. 360.

Primärer diffuser Nierenkrebs. Die Harncanälchen sind mehr oder
weniger erweitert und theils noch mit kleinkörnigen normalen, theils mit gross-
körnigen krebsigen Zellen gefüllt. Nach einem Balsam-Präparat. (Nach dem
Original von Orth mit Genehmigung des Herrn Verfassers.)

darstellte (*Orth*). Hierfür spricht der erwähnte Befund von Krebszellen, die
vom Typus der normalen Nierenepithelien abweichen. Im Besonderen hat man
die Entstehung der kleinzelligen Elemente mancher Nierenkrebse nicht in der
fertigen Niere, sondern im *Wolf*'schen Körper zu suchen, von dessen Mittelplatte
an seinem Ende sich die gewundenen Canäle und die *Henle*'schen Schleifen entwickeln (*Hertwig*), nachdem er, in starker Wucherung begriffen, erst eine klein-
zellige Masse geliefert hatte (*Hildebrand*). Derartige krebsige Neubildungen der
Niere bilden bereits den Uebergang zu den alsbald zu besprechenden sogenannten
„embryonalen" Drüsengeschwülsten.

An die vom Hilus und von den Hilus-Drüsen ausgehenden Nierenkrebse
reihen sich naturgemäss die des Nierenbeckens und der Kelche. Ab-

gesehen von dem Eindringen von Geschwulstmassen per contiguitatem aus der Nachbarschaft in diese Theile rechnet man seit *Rayer* und *Rokitansky* hierher die nicht häufigen primären Zottengeschwülste des Nierenbeckens sowie die Zottenentwickelung aus der Nierensubstanz in das Nierenbecken hinein. Einzelne derartige Tumoren bewahren gutartigen Charakter (*Necisen*), so lange als das submucöse Gewebe noch frei ist (*Hildebrand*). Andere Mal besteht Complication mit Hydronephrose und Lithiasis, so dass man in einzelnen solcher Fälle ein Abhängigkeitsverhältniss zwischen letzterer und der Neubildung angenommen hat (*O. Israel*).

Nicht zu verwechseln mit der krebsigen Erkrankung des Nierenbeckens ist der Durchbruch von Erweichungsheerden, Blutergüssen und Stellen des Zerfalls der Geschwulst in seine Lichtung. Seltener kommt es dann zu grösserer Blutansammlung, in der Regel wird das Blut auf natürlichem Wege nach aussen entleert. Neben diesen Veränderungen der ursprünglich gleichmässigeren, durch weiss-röthliche Farbe des Durchschnittes sich auszeichnenden Geschwulst erleiden Consistenz und äussere Gestalt durch andere regressive Vorgänge, wie z. B. Verkalkung bei längerem Bestehen, fast immer erhebliche Umwandlungen. Ebenso fehlen bei etwas älteren Nierentumoren selten Metastasen. Nach *Chevalier* kommen solche in $^2/_3$ der Krebsfälle und in $^1/_2$ der Sarcome vor.

Nierensarcome, von *Virchow* früher nur als in Form von Metastasen vorkommend beschrieben, werden neuerdings häufiger als primäre Neubildungen aufgeführt. Ihrer hauptsächlichsten Zusammensetzung nach werden sie als Spindelzellen- oder Rundzellensarcome bezeichnet. Es scheint zuweilen die allernächste Umgebung der Harncanälchen den Ausgangspunkt der neoplastischen Wucherung abzugeben; es kann ein Theil der Nierensubstanz dabei intact und von der Neubildung deutlich gesondert bleiben. Letztere kennzeichnet sich auf dem Durchschnitt als leicht hervorquellende, markweiche Masse. Neben sogenannten einfachen und zusammengesetzten Sarcomen finden sich ziemlich oft Mischformen mit Uebergang zum Krebs und zu anderen Neubildungen, und es ist die onkologische Stellung dieser Mischformen noch nicht völlig gesichert. Neben dem Sarcomgewebe trifft man Knorpel, glatte und gestreifte Muskelelemente; den Ursprung dieser Entwickelungen bilden häufig die Gefässstructuren, die Endothelien der Blutgefässe und der Lymphbahnen, resp. die der die Gefässbahnen unmittelbar begleitenden Lymphräume. Man trennt daher Angiosarcome von den Blut- und Lymphgefässendotheliomen und diese beiden Gruppen wieder von den Peritheliomen bezw. den perivasculären Sarcomen. Am häufigsten dürften die Lymphgefässendotheliome sein, die zu ihrer Verbreitung präformirte Lymphcanäle benutzen (*Manasse*); dieselben sind nur schwer von Carcinomsträngen und drüsenähnlichen Bildungen zu trennen. Thatsächlich sind diese Bildungen in den meisten quergestreifte Musculatur bietenden Nierensarcomen gesehen. Die Myosarcome und Adenosarcome bilden daher eine Art gemeinsamer Gruppe, mit welcher man die auf fötale Entwickelung zurückführbaren erwähnten Krebsformen unter dem

Namen der embryonalen Drüsengeschwülste der Niere vereinigt hat (*Birch-Hirschfeld*). Früher für sehr selten gehalten, sind
diese Geschwulstformen neuerdings häufiger beschrieben. Von den Adeno-
und Myosarcomen hat *Perthes* vor Kurzem 26 Beobachtungen gesammelt.
Die hierhergehörigen Fälle haben alle das Gemeinsame, dass die Neubildung mit dem Nierenparenchym selbst nichts zu thun hat (Fig. 361).
Fast ausschliesslich Kinder in den ersten Lebensjahren betreffend, pflegt

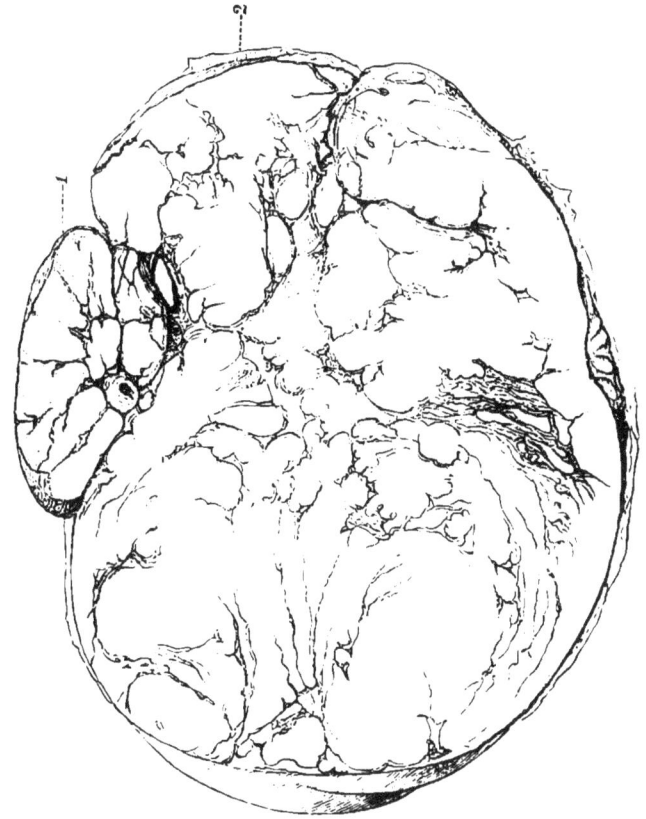

Fig. 361.

Capsuläres Sarcom der Niere von kolossalen Dimensionen (nach
Thornter). 1 Niere. 2 Geschwulst.

dieselbe schnell zu wachsen und einen oft kolossalen Umfang zu erreichen.
In Uebereinstimmung hiermit steht die Angabe von *Roberts*, dass unter
16 Nierentumoren (Sectionsfälle) bei Kindern das mittlere Gewicht
8½ Pfund, bei 15 Erwachsenen die analoge Zahl aber nur 7½ Pfund
betrug. In Folge dieses rapiden Wachsthums kommt es selten zu
Metastasen; solche werden von den wesentlich sarcomatösen

69*

Nierentumoren des Kindesalters vorgetäuscht, wenn selbige über die Hilusgegend hinaus längs der Ven. renalis auf die andere Niere übergreifen und mit dieser eine Verbindung nach Art einer Hufeisenniere eingehen (*Dittel*). Ebenfalls eine Folge der schnellen Entwickelung ist die auch bei Sarcomen häufig gesehene Bildung von Höhlen und Erweichungsheerden, sowie von grösseren Blutungen in das wenig widerstandsfähige neoplastische Gewebe.

Völlig unvermittelt gegenüber den verschiedenen Unterarten des Carcinoms und Sarcoms stand bis vor Kurzem die von *Grawitz* 1893 als suprarenale Struma — auch Struma maligna — näher

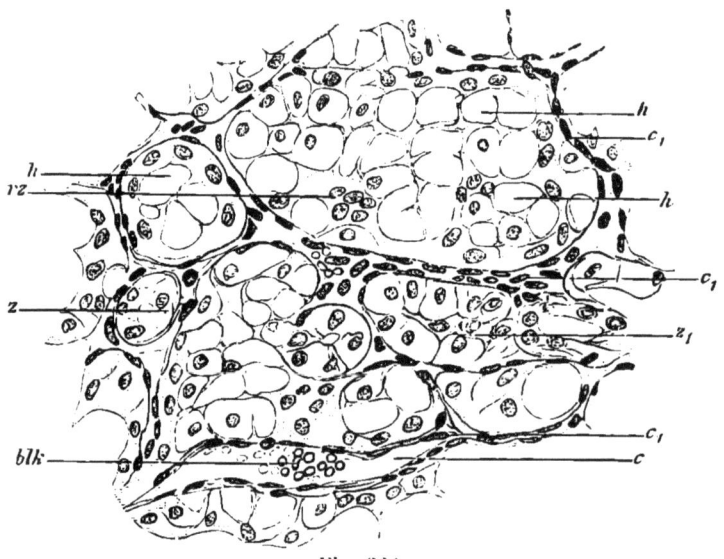

Fig. 362.

Struma renis suprarenalis (nach Perthes).

c Gerüstmasche = Capillare.

c_1 Gerüstmasche, scheinbar ohne Lumen.

zz_1 Solider galliger Inhalt.

rz Zusammenbackende Zellen.

h Hohlräume, scheinbar leer, grösstentheils Glycogen-haltend.

blk Blutkörperchen.

(Damarah-Firniss-Präparat.)

beschriebene Gruppe von Nierentumoren. Bis dahin, wie schon angedeutet, für Lipome („Struma lipomatodes“) gehalten, ähneln sie diesen bei schwacher Vergrösserung. Nach Extraction des Fettes zeigt stärkere Vergrösserung am gehärteten Präparat ein Gerüst verästelter Gefässe mit Endothelauskleidung, in dessen verschieden weiten Maschen theils sehr grosse, theils kleinere mannigfach, stellenweise wie Epithel, gestaltete Zellen liegen (Fig. 362). Die ganze Structur gleicht völlig der

der Schilddrüse, bezw. der Nebenniere. Zuweilen bemerkt man leere Stellen (Hohlräume) zwischen den Fasern des Netzwerkes: dieselben entsprechen Glycogen-Tropfen, welche die Zellenmassen zuweilen bis auf die nächste Umgebung des Kerns beschränken. *Gravitz* hat diese Geschwülste von „versprengten Nebennierenkeimen" abgeleitet. Neuerdings neigt man aber, wenn gleich nicht in unbestrittener Weise, dazu, sie zu den Gefässendotheliomen zu rechnen (*Hildebrand*), indem man die Nebennierenzellen als endothelial auffasst, so dass man den Begriff auf theilweise atypische Neubildungen anwendet, welche das Kriterium der Fettinfiltration, stellenweise der Glycogen-Entwickelung bieten. Uebrigens sind es nicht nur versprengte, sondern auch überzählige Nebennierenkeime — Struma maligna accessoria renis —, von denen der Neubildungsprocess ausgeht.

Die einzelnen strumösen Heerde liegen gegen das Nierenparenchym scharf begrenzt, meist mehr peripher und — wenn klein — oft lediglich zufällige Leichenbefunde darstellend und durch die gelbe Farbe des Durchschnittes makroskopisch an die Nebennierenrinde erinnernd. Von Consistenz sind sie weich, vorquellendem Hirn gleich. Manchmal multipel, doch nur als Ausnahme in beiden Nieren vorkommend, wachsen sie langsam bis allenfalls über Apfelgrösse. Ihre eigentliche Substanz, das Tumormaterial, geht durch Blutaustritt aus den leicht zerreissbaren Capillaren, durch ödematöse Durchtränkung („schleimige Umwandlung"), durch Zugrundegehen der Zellen in Folge von Kernzerfall und Umwandlung in Glycogen, besonders durch Fettinfiltration zu Grunde. Es kommt zur Bildung von Cysten (Fig. 363) mit gallertigem Inhalt und ferner (ebenso wie bei den Krebsen) zum Durchbruch in das Nierenbecken.

Die Bösartigkeit der Nierenstrumen zeigt sich in der Regel erst nach längerem, zuweilen viele Jahre umschliessenden Verlauf. Sie müssen eine gewisse Grösse erreicht haben, und namentlich muss ein Durchbruch in die Venen erfolgt sein, ehe es zu Metastasen zu kommen pflegt (*Lubarsch*). Aehnlich langsam entwickeln sich Recidive nach Operationen. Sieht man von den Fällen ab, die bei Lebzeiten ohne klinische Bedeutung waren, so fehlen Metastasen selten. Unter 34 von *Perthes* gesammelten Fällen wurden sie nur in 9 vermisst, in denen eine Operation oder eine anderweitige acute Erkrankung den typischen Verlauf unterbrochen hatte.

Abgesehen von Metastasen und Fortpflanzung per contiguitatem erleiden alle Nierenneubildungen bei etwas längerem Bestehen weitgehende Veränderungen, welche ihre ursprünglichen Verhältnisse nicht mehr erkennen lassen. Wenn in manchen Fällen die Niere in ihrer Substanz intact ist und gleichsam nur einen kleinen Adnex zu der adrenalen oder extrarenalen Geschwulstentwickelung darstellt, so ist doch häufig erst ziemlich entfernt von der Grenzschicht normales Drüsengewebe zu erkennen. Sehr wichtig für die Symptomatologie ist das Verhältniss der Neubildung zum Nierenbecken. In einzelnen Fällen erscheint es von Geschwulstmassen fest umschlossen. Zu unterscheiden hiervon ist Erweiterung des Nierenbeckens durch

ausgetretenes Blut. Wird dasselbe nicht entleert, so unterliegt es
mannigfachen Veränderungen. Bleibt es eine gewisse Zeit flüssig, so
kann die Erweiterung des Nierenbeckens mehr dauernd werden. Setzen
sich dagegen Gerinnsel ab, so nehmen diese zuweilen im Laufe der
Zeit zwiebelschalenförmige Anordnung wie in gewissen Aneurysmen
an. Eigenartige ambraähnliche Coagulations-Massen in einem Nieren-
krebsfall beschreibt *Lépine*.

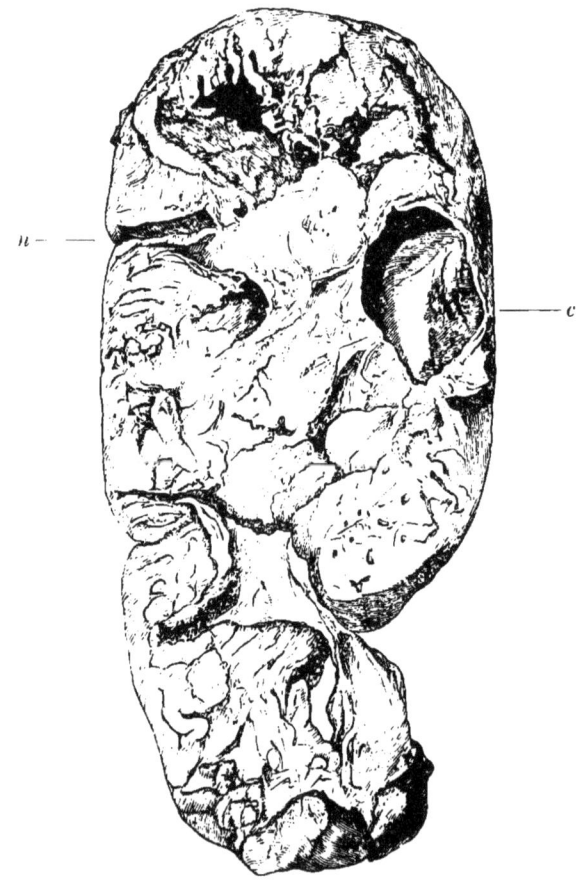

Fig. 363.

Strumös entartete Niere im Durchschnitt (nach Ulrich), bei *c* Höhlenbildung.
bei *u* Rest der Furche zwischen Niere und Nebenniere.

Was das Verhältniss der Lithiasis zu bösartigen
Nierentumoren betrifft, so ist der erwähnte Fall von *O. Israel*,
in welchem sich bei doppelseitigem Krebs in beiden Nierenbecken
Steine fanden. und welcher daher für die Möglichkeit eines ursäch-

lichen Verhältnisses zwischen Krebs und Lithiasis spricht, eine Ausnahme. Im Ganzen ist es aber fraglich, ob die Complication mit Stein eine Ausnahme ist. Im Speciellen bietet die neuere Casuistik mehrere hierhergehörige Beispiele. In einer grösseren Zusammenstellung von 70 Beobachtungen durch *Rubinstein* wird sie in 5 registrirt, und *Larcher* führt sie unter 20 Fällen in 3 auf.

Von pathologisch-anatomischen Veränderungen, welche man ausserhalb der von einem neoplastischen Process ergriffenen Niere trifft, fehlen bei einigermaassen längerer Erkrankung kaum jemals perirenale Verwachsungen. Manchmal sind dieselben nur gering, in Verdickung der Capsula propria sowie in einigen festaufsitzenden Schwarten bestehend. Andere Male sind sie aber sehr weit gediehen und eine Ursache der Verbreitung von Geschwulstkeimen bezw. von localen Recidiven nach gelungenen Operationen. Sehr wichtig ist das Verhalten der „zweiten" Niere. Entsprechend den Fortschritten, welche die Compression und die Degeneration des Parenchyms auf der kranken Seite machen, befindet sie sich im Zustand compensatorischer Hypertrophie und Hyperämie, eventuell in dem entzündlicher Reizung. Zuweilen unterliegt sie neben anderen Unterleibsorganen der amyloiden Entartung, doch soll diese nach *Lubarsch* nur dort vorkommen, wo das Neoplasma exulcerirt bezw. nach dem Nierenbecken durchgebrochen ist. Bei vorgeschrittener Kachexie, wie sie grosse bösartige Nierengeschwülste namentlich bei sehr schnellem Wachsthum bedingen, zeichnen sich die meisten drüsigen Organe durch Blutarmuth aus, und Schwund der Musculatur und des Fettpolsters, sowie andere marantische Zutände sind mehr oder minder augenfällig.

Die meisten bösartigen Nierengeschwülste kommen auch secundär in Form von Matastasen vor, ja einigen Autoren (*Morris*) zu Folge sogar häufiger als primär. Sie erreichen selten eine erhebliche Grösse und sind um so weniger von praktisch-chirurgischer Bedeutung, als in ihnen wiederholt regressive Metamorphosen beobachtet worden sind (*c. Recklinghausen*). Im Gegensatze zu den primären bösartigen Nierengeschwülsten sind die secundären in den meisten Fällen nicht einseitig, sondern beiderseitig.

Ebenfalls von geringer chirurgisch-klinischer Wichtigkeit sind die gutartigen Nierengeschwülste. Noch verhältnissmässig neuere Werke (*Wagner*) rechnen ihnen Formen zu, welche, wie die Adenome, die Angiome, die Lymphangiome etc., wenn nicht zu den Sarcomen, so doch zu den heteroplastischen embryonalen Drüsengeschwülsten gehören und bereits unter den bösartigen Tumoren eingehend gewürdigt worden sind. Thatsächlich wird diesen gutartigen Geschwülsten der Niere vielfach die Neigung zugeschrieben, mit der Zeit einen bösartigen Charakter anzunehmen. Die meisten wirklich gutartigen Geschwülste, wie z. B. die Fibrome, die Lipome, die Myofibrome, bilden kleine, bis taubeneigrosse Knoten, welche in der Regel einen Nebenbefund bei Obductionen darstellen. Nur selten ereignet es sich, dass diese Neubildungen, wie in einem Falle von *Alsberg*, betreffend eine Fettgeschwulst der Niere, eine solche Grösse erreichen, dass sie durch diese und die von ihr ausgehenden Beschwerden schon bei Lebzeiten bemerklich und Gegenstand operativer Intervention werden. Der Vollständigkeit halber seien hier noch die Adenome der Schrumpfniere und die perirenalen Lipome in Fällen von Nierenatrophie erwähnt; doch haben diese Bildungen im Wesentlichen nur pathologisch-anatomische Bedeutung. Es sind im Uebrigen diese in der Peripherie der Niere vorkommenden Entwickelungen nach neueren Untersuchungen selten reine Lipome; ebenso wie bei den Fibromen sind ihnen Neubildungen von Muskelfasern beigemengt.

2. Aetiologie.

Ueber die Häufigkeit und die Art des Vorkommens der Nierenneubildungen fehlen bis jetzt ausreichende Angaben, welche Leichenbefunde und Beobachtungen bei Lebzeiten gleichmässig berücksichtigen. Die wenigen hierhergehörigen Statistiken stammen überdies aus einer dem heutigen Aufschwung der Nierenchirurgie und der besseren pathologisch-anatomischen Erkenntniss der Zusammensetzung der Tumoren vorangehenden Zeit und fassen noch die verschiedenen Formen der Neoplasmen unter dem Namen „Nierenkrebs" zusammen. Durch einzelne neuere Krankenhausberichte wird inzwischen bestätigt, dass, wenn man von einigen Kliniken und den Erfahrungen einzelner Specialisten absieht, Nierenneubildungen, welcher Art sie auch sein mögen, im Ganzen seltene Vorkommnisse sind. Beispielsweise kamen 1893 in sämmtlichen Krankenanstalten Wiens nur drei Fälle von Nierengeschwülsten zur Aufnahme. In Uebereinstimmung hiermit hat *Rohrer* bereits 1874 gezeigt, dass unter 1414 dem Prager Sectionsmaterial entnommenen Fällen von Krebs nur 53 — primäre und secundäre Formen zusammengerechnet — die Niere betrafen. Ferner waren unter 587 Krebsfällen des Berliner pathologischen Institutes nur 9 (1·7°,) Nierenkrebse (*Rosenstein*), und *Fürbringer* hatte unter 16.000 Patienten des Krankenhauses Friedrichshain nur 6mal Nierenkrebs. Die *Gurlt*'sche Geschwulststatistik, welche 16.637 Fälle, darunter 894 Sarcome und 11.131 Carcinome berücksichtigt, führt nur 13 Carcinome und 4 zweifelhafte Geschwülste der Niere an.

Bezüglich des Alters der an bösartigen Nierengeschwülsten Leidenden weist schon die Statistik von *Rohrer* auf die vielfache Betheiligung der den ersten Lebensjahren Angehörigen hin und betont gleichzeitig, dass unter den bei Kindern vorkommenden Carcinomen das der Niere mit am häufigsten ist. Unter 107 verwerthbaren Fällen betrafen 37 das Alter bis zu 10 Jahren, und zwar war das zweite Lebensjahr am meisten betheiligt; die übrigen 70 Fälle vertheilen sich auf das Alter von 11—70 Jahren, doch waren das 2. und 3. Decennium am wenigsten betroffen. Eine der Literatur der letzten Jahre entnommene Zusammenstellung von 62 Fällen zeigt 19 unter 5 und 24 von ¹⁄₂—8 Jahre alte Patienten. Von den übrigen war 1 unter 20, 4 20 bis 30 Jahre, der Rest von 33 Kranken aber über 30 Jahre alt. Auch von den Nierensarcomen hat man einen grossen Theil diesem zugerechnet: so zählte *Rosenstein* auf 30 Fälle 10 Kranke unter 10 Jahren. Was speciell die Nierenstrumen betrifft, so lassen sich relativ oft die ersten Andeutungen ihrer Existenz sehr weit, wenn auch nicht auf die allererste Lebenszeit, so doch auf ein frühes Alter, zurückverfolgen. Nicht nur verhältnissmässig, sondern überhaupt spät treten bei ihnen stärkeres Wachsthum und grössere Beschwerden auf, und zwar anscheinend oft nach einem äusseren Anlass, z. B. Trauma: ob Trauma überhaupt directer Ausgangspunkt der Geschwulstbildung an den Nieren gewesen, ist ebenso wie an anderweitigen Körperstellen mindestens zweifelhaft. *Loewenthal* konnte unter 800 Geschwulstfällen angeblich traumatischen Ursprungs nur 11 Nierenkrebse anführen. Andererseits weist die neuere Casuistik äusseren Einwirkungen einen etwas höheren mittelbaren Platz in der Aetiologie der Nierenneubildungen zu.

Aehnlich wie mit der Entwickelung der Nierengeschwülste nach einer ursächlichen Gewalteinwirkung steht es mit der ursächlichen Bedeutung der Nephrolithiasis für die Neoplasmen der Niere. Unseren bisherigen hierauf bezüglichen Bemerkungen ist beizufügen, dass nach neueren Erfahrungen eine Coexistenz von Nierensteinen und Nierentumoren doch nicht ganz so selten ist. Es gilt solches namentlich von den vom Nierenbecken ausgehenden Neubildungen. Neuere derartige Fälle sind u. A. von *Thornton* und *Czerny* operirt worden. Hierbei mögen einzelne Fälle von Nierenbeckentumoren mitgerechnet werden, welche in schnellem Wachsthum zeitig das Nierenbecken erreichen, so dass es schwer wird, sie nachträglich von den primären Geschwülsten des Nierenbeckens zu trennen.

Obschon manche bösartigen Nierengeschwülste angeboren sind oder wenigstens auf angeborener Disposition beruhen, so fehlen doch sichere Daten über etwaige hereditäre Verhältnisse. Bezüglich der Vertheilung der Nierentumoren auf beide Geschlechter schwanken die einschlägigen Angaben. Uebereinstimmend mit der vielfach noch heute angenommenen Prädilection, weist *Guillet* neben 84 männlichen 35 weibliche Patienten auf. Nach einigen Autoren (*P. Wagner*) soll der Nierenkrebs häufiger Männer, das primäre Nierensarcom mehr Weiber betreffen. Es scheint dieses vielleicht seinen Grund darin zu haben, dass die Sarcome, welche sich häufiger als angeboren finden, bei den weiblichen Kranken überwiegen. Für die Carcinome hätte dann das Umgekehrte statt. *Lubarsch* sah unter 28 Fällen von Sarcom oder dessen Mischformen 19 männliche und 9 weibliche Patienten. Leider ist das hierhergehörige Material zu klein zu endgiltigen Schlussfolgerungen. Unsere eigenen Ergebnisse aus der Litteratur über bösartige Nierengeschwülste aus den letzten 2—3 Jahren gehen dahin, dass unter 51 Fällen der verschiedensten Arten 5 bei Knaben und 8 bei Mädchen, ausserdem 17 bei erwachsenen Männern und 21 bei erwachsenen Frauen vorkamen.

Ueber die Seite, welche am meisten befallen ist, wird in der Regel gesagt, dass beide Nieren ziemlich gleich oft erkranken; eine ganz geringe Prädilection scheint bei Erwachsenen für die rechte Seite zu bestehen. Einzelne Autoren (*Ebstein*) behaupten dagegen, dass dieses für die linke Seite der Fall sei. Die ältere Statistik von *Rohrer* führt circa 10% doppelseitige Fälle auf; einzelne unter diesen scheinen in sofern nicht ganz zu Recht zu bestehen, als unter ihnen einige nach neueren Anschauungen als nicht ganz sichere Fälle vorhanden sind. Wie auch sonst, ist überdies in manchen übrigens guten Beobachtungen die betheiligte Seite nicht näher bezeichnet, so dass diese Frage noch nicht völlig abgeschlossen ist.

3. Symptomatologie.

Etwas verschieden von der Mehrzahl der für den Chirurgen wichtigen Nierenkrankheiten bieten die Nierengeschwülste v i e r Haupterscheinungen, nämlich:

1. Auftreten einer äusserlich wahrnehmbaren Anschwellung.

2. Harnveränderungen, im Wesentlichen in Hämaturie bestehend,

3. schmerzhafte Empfindungen,

4. Beeinträchtigung des Allgemeinbefindens.

An und für sich braucht keine dieser Erscheinungen irgend welche für ein Nierenneoplasma charakteristische Besonderheiten zu bieten, solche geben sich vielmehr häufig nur in dem wechselseitigen Verhalten der Symptome zu einander kund. Inzwischen existiren ebenso wie unter den meisten Nierenerkrankungen auch unter den Nierenneubildungen Fälle, die, nachdem sie bei Lebzeiten so gut wie symptomlos geblieben, lediglich Leichenbefunde darstellen. Hieran schliessen sich Beobachtungen mit nur unvollständig entwickeltem Symptomencomplex, so dass eine völlig sichere Diagnose, ohne operative Freilegung des erkrankten Organes, oder ohne Autopsie nicht zu stellen ist. Derartige Beobachtungen, welche vor der Entwickelung der neueren Methoden der Nierenuntersuchung relativ häufig waren, wurden ebenso wie die lediglich ein Sectionsobject bildenden Fälle in den meisten älteren Beschreibungen bei der Symptomatologie der Nierenneubildungen gänzlich mit Stillschweigen übergangen. Auch verhältnissmässig neue hierhergehörige Arbeiten thun das Gleiche und berücksichtigen lediglich oder vorzugsweise die klinisch sicheren Fälle, und zwar in erster Reihe die mit äusserlicher Geschwulst als deren augenfälligsten Erscheinung. Die Folge hiervon ist, dass das procentarische Verhältniss von deren Häufigkeit meist viel zu hoch dargestellt wird, so z. B. von *Minges*, der unter 103 einschlägigen Fällen nur 3 zählte, in denen keine äusserlich wahrnehmbare Anschwellung aufgeführt wird. Einzelne Chirurgen entsprechen in ihren Angaben den Thatsachen mehr, wenn sie, wie z. B. *Korsing*, auf 7 eigene Beobachtungen 2 zählen, in denen zwar Hämaturie, aber kein palpabler Tumor vorhanden war. Es sind dieses centrale infiltrirte Carcinome, die weder Gestalt noch Grösse der Niere (*Bloch*) ändern, noch nach dem Nierenbecken zu sich stärker entwickeln, vielmehr mit Ausgang vom oberen Umfang der Niere oder der Nachbarschaft bezw. der Nebenniere, ihre Hauptentwickelung in den subdiaphragmatischen Raum nehmen. In solchen Fällen findet man zuweilen die soeben erwähnte ganz vorübergehende schwächere oder nur angedeutete blutige Beimengung im Harn.

Die neueren Erfahrungen in der Pathogenese der Nierenneubildungen erklären inzwischen den nicht seltenen Mangel in den Angaben über den Befund palpabler Tumoren in den betreffenden klinischen Geschichten durch die häufig nicht über eine genügend lange Zeit fortgesetzte Beobachtung. Die langsame Entwickelung mancher Neoplasmen, deren erste Anfänge, wie die gewisser bösartigen Nierenstrumen, bis in die frühe Kindheit zurückreichen (*Perthes*), bedingt, dass die Träger dieser Neoplasmen erst in der allerletzten Episode, in der des schnelleren Wachsthums, Gegenstand regelmässiger ärztlicher Thätigkeit werden. Es kommen dann öfter gar keine Blutungen zur Beobachtung.

Der zur Hämaturie bei Nierenneubildungen führende Vorgang ist nicht immer der gleiche. In einer Reihe von Fällen hat man Mangels einer anderen ausreichenden, durch die Autopsie beglaubigten Erklärung Congestionszustände als ihren Ausgangspunkt angenommen. Von bestimmten Veränderungen hat man den Durchbruch eines Erweichungsheerdes oder einer Blutcyste in das Nierenbecken, ausnahmsweise auch die Arrosion eines grösseren Gefässes sowie einen hämorrhagischen Infarct bezw. Thrombose der Vena renalis bei nicht genügender Entwickelung des Collateral-Kreislaufes als Ursache der Hämaturie dargethan. In einigen Fällen (*Kühn*, *J. Israel*) ging die Blutung nicht von dem Neoplasma, sondern von der „zweiten", durch Hyperämie, Entzündung, Lithiasis u. s. w. veränderten Niere aus. Die häufige Angabe der Patienten, dass ein Trauma die Hämaturie veranlasst hat, ist in dem Sinne richtig, dass ein solches, und zwar nicht immer ein erhebliches oder ein directes, die letzte Gelegenheitsursache gewesen sein kann. Man hat z. B. einige Mal Hämaturien nach etwas zu energischer Palpation einer Nierenneubildung auftreten gesehen. Im Allgemeinen ist aber in Fällen von Neoplasmen die Spontanität der Hämaturie, sowie ihre Unabhängigkeit von äusseren Einflüssen nicht nur bezüglich ihres Kommens und Gehens, sondern auch betreffs ihrer Dauer und Stärke sehr charakteristisch. Thatsächlich schwanken diese Einzelheiten von Fall zu Fall bezw. im Verlauf desselben Falles. Bald hält die Blutung Tage, Wochen, ja selbst Monate und noch länger an; bald ist die freie Zwischenzeit kurz, bald lang, Jahresfrist und noch mehr betragend. Ist, wie in manchen Fällen, die blutige Beimengung im Harn nur gering, so ist dieser kaum verfärbt; der Nachweis der Blutung gelingt nur durch die mikroskopische Prüfung des Harnsedimentes. Gewöhnlicher ist es, dass die Blutung etwas stärker ist, der Harn sieht namentlich bei langsamer Entleerung des Blutes aus dem Nierenbecken fleischwasserähnlich oder, falls die Blutung reichlicher, gleichmässig hellroth aus. Selten gelangt von Neoplasmen der Niere aus reines, unvermischtes Blut zur Entleerung auf natürlichem Wege nach aussen. Häufiger werden frische und ältere Gerinnsel von sehr verschiedener Form, zuweilen Abgüssen des Nierenbeckens und des Ureters entsprechend, im Harn gefunden (Fig. 364). Stockt plötzlich die Gerinnselentleerung, so kann dieses ein Zeichen der Verstopfung des Ureters durch Gerinnselpfröpfe sein und zu förmlichen, mit deren Heraus-

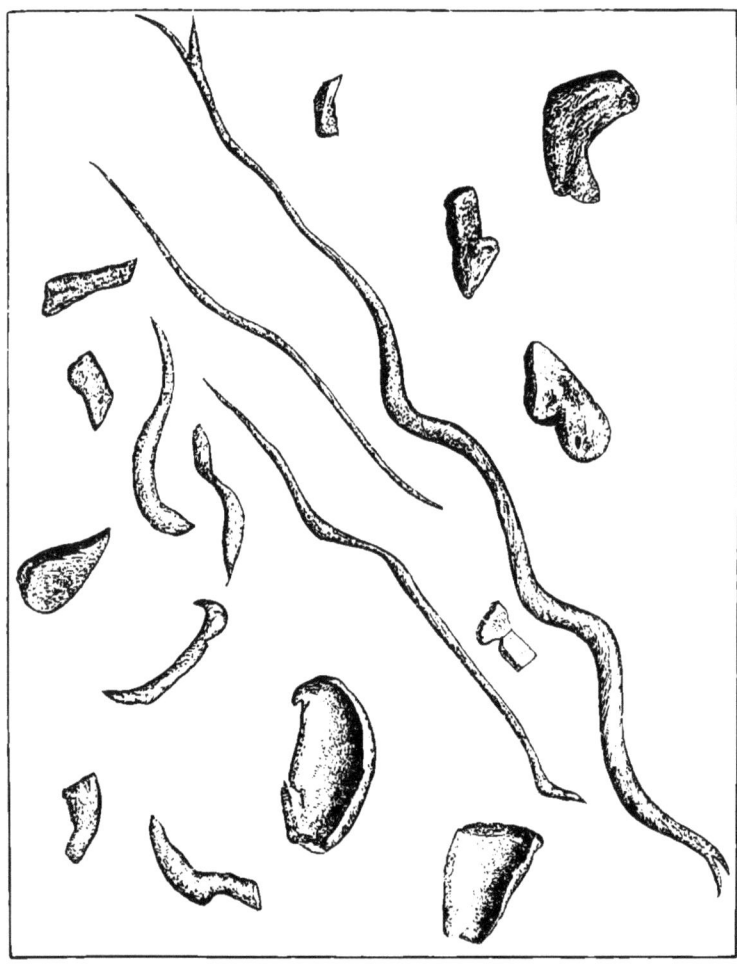

Fig. 364 (nach Guillet).

Mit dem Harn entleerte Gerinnsel, von einer bösartigen Nierengeschwulst stammend (schematisch).

pressen endenden Kolikanfällen führen. Solche kolikartigen Schmerzen kommen übrigens auch als Zeichen schnellen Wachsthums oder der Complication der Geschwulst mit Entzündung gelegentlich vor (*Fenwick*).

Den bezüglich der durch die äussere Anschwellung gebildeten Symptome mehr negativen Fällen stehen diejenigen nicht häufigen Vorkommnisse (*Guillet*) gegenüber, in denen man mit einer gewissen Sicherheit eine solche dem Fortschreiten der Krankheit entsprechende Geschwulst wahrnimmt. Man hat hier der besseren Uebersicht halber 3 Stadien unterschieden, doch kommen diese weder regelmässig vor, noch sind sie in jedem Fall völlig identisch oder auch nur in allen Beobachtungen mit gleichmässiger Deutlichkeit anzutreffen.

Im ersten Stadium ist die Anschwellung lediglich durch eines der Verfahren der Palpation zu erweisen. Im zweiten Stadium werden die Provenienz und die sonstigen Eigenschaften derselben schon bei der blossen Besichtigung mehr oder minder augenfällig. In der dritten Schlussperiode erfüllt der Tumor bereits die ganze Bauchhöhle oder einen grossen Theil dieser. Man kann dann oft nicht ohne Weiteres Genaueres über seine Herkunft sagen. Es ist diese letztere häufig die Quelle von Fehldiagnosen; namentlich in den ersten Zeiten der Nierenchirurgie hat man solche ausgedehnten Anschwellungen, in der irrigen Meinung, eine Ovarialgeschwulst vor sich zu haben, operativen Eingriffen unterzogen.

Selbstverständlich wird die äussere Erscheinungsweise der von den Nierenneubildungen ausgehenden Geschwulst durch allerlei Nebenumstände beeinflusst. Für gewöhnlich geht die Richtung, in der der Tumor sich entwickelt, von der Lende her längs des Rippenbogens nach vorn unten zum Darmbeinkamm, ähnlich wie bei anderweitigen Volumzunahmen der Niere. Verwachsungen mit der Nachbarschaft ändern diese Richtung und vermögen selbst umfangreiche neoplastische Bildungen im subdiaphragmatischen Raum festzuhalten. Andere Male ist der Dickdarm mit der Vorderfläche so innig verlöthet und abgeplattet, dass er nur einen Theil der bindegewebigen Umhüllungen der Geschwulst darstellt. Seine Verlagerung zieht die anderen Theile des Darmes nach sich und die Umkehrung des normalen Situs viscerum kann noch erheblicher sein, als bei den sonstigen grösseren Nierenanschwellungen, z. B. bei der Hydronephrose. Die Anlöthung des Dickdarms hat häufig eine Stagnation seines Inhaltes zur Folge; die auf diese Weise sich anstauenden Kothballen erscheinen wie knotenartige Erhebungen der Geschwulstoberfläche, welche man dicht unter den äusseren Bedeckungen zu fühlen glaubt. Durch die enge Verbindung, welche die vergrösserte Niere mit den von Hause aus leicht verschieblichen Därmen hat, erhält sie zuweilen anscheinend eine grössere Beweglichkeit, die sie thatsächlich nicht besitzt. In Wirklichkeit können aber Nierentumoren eine Vermehrung der Beweglichkeit aus den gleichen Gründen wie die Wandernieren bieten, wenn nämlich, und zwar in Folge des Missverhältnisses ihres Gewichtes zu ihren Befestigungsmitteln, diese insufficient werden. Namentlich in weitgediehenen inoperablen Fällen kann sowohl die scheinbare wie die reelle Zunahme der Verschieblichkeit der Niere Quelle von diagnostischen Irrthümern werden. Aber selbst in solchen schwierigen Fällen kann wiederholte Untersuchung des Patienten in verschiedenen Lagen und Haltungen dem Erfahrenen jeden Zweifel an der Provenienz der Geschwulst von der Niere, resp. der Nierengegend nehmen, besonders wenn es gelingt, verschiedenartige Theile am Tumor bei der Palpation zu unterscheiden.

Kreislaufstörungen sind bei der verstärkten Vascularisation, die namentlich umfangreiche Nierentumoren auszeichnet. häufig. Diese Störungen bedingen unter Beihilfe des durch die Geschwulstmasse zuweilen geübten Druckes manchmal hydropische Erscheinungen: öfter giebt sich die Erschwerung der normalen Blutcirculation durch Erweiterung der Collateralbahnen kund. Man sieht dann die Venenstränge der Bauchdecken erheblich ausgedehnt und varicös. Besonders charakteristisch ist das Auftreten von Varicocele, sowie einer durch Congestion bedingten Vergrösserung des der Seite der Erkrankung entsprechenden Hodens. Minder gewöhnlich ist letzterer von einer Hydrocele begleitet (Ledentu). Die Varicocele ist meist ein frühes Symptom (Guyon): von der gewöhnlichen Form der Erkrankung zeichnet sie sich durch Fehlen schmerzhafter Sensationen aus. Bei Frauen entwickeln sich statt der Varicocele in manchen Fällen Varicen der unteren Extremität und der äusseren Genitalien, gleichzeitig zuweilen Oedeme; doch bilden diese eine sehr wechselnde Erscheinung.

Das zweite Hauptsymptom der Nierenneubildung, die Blutung, tritt als Hämaturie sehr charakteristisch auf (Roesing) und bildet zuweilen das einzige Zeichen der Erkrankung. Im Ganzen ist sie aber seltener als die Erscheinung einer äusserlichen Geschwulst: nach Ebstein soll sie bei Sarcomen minder häufig als bei Krebsen sein. Jedenfalls ist sie bei Kindern selten und besonders in angeborenen Fällen ungewöhnlich. Nach Longstreet Taylor kam sie jedoch immerhin unter 144 Fällen bei Kindern in der Hälfte der Beobachtungen vor. Berücksichtigt man aber nur die Patienten unter 1 Jahr, so sinkt ihre Häufigkeit auf $37·50°_0$, oder wenn man sie als fehlend auch dort annimmt, wo sie nicht besonders angeführt wird, sogar auf $13°_0$. Perthes fand auf 26 jugendliche Kranke mit Adeno- und Myosarcom nur zweimal Hämaturie, und zwar als nebensächliche, für den cursus morbi unwesentliche Erscheinung.

Der Abgang von Geschwulsttheilen neben Blut im Urin wird in Nierengeschwulstfällen als selten beschrieben. Streng genommen ist dieses nur für die Elimination grösserer Geschwulstfetzen richtig, nicht für die zeitweilige Beimengung einzelner Elemente der Neubildung oder degenerirter Gewebspartikel. Bei Sarcomen kommt derselbe vielleicht eher noch als bei Carcinomen vor. Nachdem Chopart bereits für die Abstossung grösserer Geschwulsttheile ein Beispiel nach Bonetus beigebracht, vermochte Rosenstein nur noch einen einzigen und zwar unsicheren neueren Fall zu citiren. Man hat sich hier nicht mit dem Nachweis vereinzelter polymorpher Zellen zu begnügen, sondern (wie bei den Blasengeschwülsten) ist nur das Auffinden von Gewebsfetzen, welche deutliche Structurverhältnisse, z. B. Stroma mit Epithelnestern, bieten, massgebend (Sticker). Auch andere Formelemente als die des Blutes, namentlich die des Eiters, trifft man relativ selten in Nierengeschwulstfällen. Besteht Pyurie, so beruht sie häufig auf ascendirender Infection oder auf Erkrankung der zweiten Niere. Jedenfalls hat man dann den Verdacht auf Complication mit Steinkrankheit zu lenken. Albuminurie existirt zuweilen symptomlos. Auch hier kann der Grund in Erkrankung der „zweiten" Niere liegen. indem, z. B. wie in einem Falle von *Lépine*, Weiterwucherung der Neubildung in die Hohlvene und in die Vene dieser „zweiten" Niere zu deren Betheiligung geführt hat.

Die Untersuchung des Urins auf Blut unterscheidet sich in Nierengeschwulstfällen nicht von der in anderen Formen der Haematuria renalis. Da auch bei Nierengeschwülsten zuweilen die Blutung nur eine geringe oder ihr Aufhören nur ein scheinbares sein kann, hat man die wiederholte Prüfung des kleinen, durch Centrifugiren gewonnenen Bodensatzes des jedes Mal gesondert aufgefangenen Harns nicht zu unterlassen. Hat das Blut lange im sich zersetzenden Urin stagnirt, so sind die rothen Blutkörperchen als solche nicht erkennbar; sie können zu Klümpchen oder Schollen zusammengebacken. eventuell der Fragmentation verfallen sein.

Die Angaben über das dritte Hauptsymptom der Nierentumoren. den Schmerz, sind ziemlich verschieden. Wenig bekannt ist im Allgemeinen, dass Schmerz in gewissen Fällen gleich der Blutung lange einziges oder wenigstens hauptsächliches Zeichen sein kann (Beobachtungen von *J. Israel* u. A.). Häufig ist der Schmerz erträglich; nach *Guillet* fehlte er überhaupt nur in 16 unter 79 Fällen. Am häufigsten wird er bei den schnell wachsenden, grossen Umfang erreichenden Geschwülsten junger Kinder vermisst. Die Form des Schmerzes wechselt im Uebrigen. Häufig beherrscht er zeitweilig wenigstens das Krankheitsbild, von dem bei der Nephrolithiasis (zuweilen auch dem der Nierenneuralgie) unterscheidet er sich nur in kleinen Einzelheiten und namentlich dadurch, dass er weniger von äusseren Einwirkungen beeinflusst wird. Oefters tritt er nach Art der Ischias auf und besonders bei Complication mit Lähmungserscheinungen der unteren Extremität. Hier hat man auf Grund von Sectionsbefunden als seine Ursache Druck auf die betreffenden Nervenstämme seitens der Geschwulst der Niere selbst, oder seitens angeschwollener Drüsenpackete gesehen. Ausnahmsweise kann Ischias durch Betheiligung der Nervenstämme an einer „neoplastischen Perinephritis" bedingt werden (*Brault, Hartmann*).

Häufig verbunden mit dem Schmerz sind Compressionserscheinungen, welche bei einigermassen umfangreichen Geschwülsten nur dann fehlen, wenn diese ihre Hauptentwickelung nach dem Zwerchfell zu genommen haben; bei Aufmerksamkeit lässt sich aber auch hier im Laufe der Zeit wenigstens etwas Kurzathmigkeit. in Fällen von weiterer Compression nach oben auch Störung der Herzthätigkeit darthun. Bestehen keine Verwachsungen. so gleichen die Verlagerungen der benachbarten Organe denen bei umfangreichen Pyo- oder Hydronephrosen. In Einklang mit unseren früheren Angaben kommen dann schnell wachsende Neoplasmen rechts sehr bald mit dem vorderen seitlichen Theile der Bauchwand in directe Berührung. das aufsteigende Colon medianwärts, d. h. links lassend. während

links in ähnlichen Fällen der Dickdarm oberhalb und aussen, d. h.
ebenfalls links von der Geschwulst, verläuft (*Guillet*). In Uebereinstimmung hiermit und mit der Beobachtung, dass bei den rasch
sich vergrössernden Nierentumoren junger Kinder ausgedehnte Verwachsungen oft — unter 54 Fällen von *Longstreet*, *Taylor* in 14
gänzlich oder grossentheils — fehlen, bestehen Störungen in der Fort-
bewegung des Darminhaltes nur in einer begrenzten Zahl dieser Beobachtungen. Bei anderen Patienten hat man gelegentlich Magenerweiterung, Ikterus mit Leberschmerz, Erbrechen und hartnäckige
Obstipation als Zeichen der Compression an Darmabschnitten bei
Tumoren der Niere beobachtet.

Von anderen Erscheinungen der Compression bei Nierenneubildungen haben
wir Hydrops und Ascites bereits erwähnt. Inzwischen handelt es sich hier
nicht immer um Folgen der Compression, sondern um Erkrankung der „zweiten"
Niere, ferner um Verbreitung der Neubildung auf die grossen Bauchgefässe und
ähnliche Complicationen. So wichtig daher die hydropischen Symptome für den
concreten Fall sein können, besondere pathognostische Bedeutung besitzen sie nicht.
Das Gleiche gilt von etwaigen Veränderungen der Harnabsonderung
ausschliesslich der Hämaturie. Diese Veränderungen bestehen seltener in Polyurie
als in bis zur Anurie sich steigernder Oligurie. Meistens ist beim Auftreten
letzterer die Erkrankung weit fortgeschritten und für gewöhnlich besteht
mit ihr schon ausgemachte Kachexie. Diese kann, wenn einmal bestehend,
unaufhaltsame Fortschritte in ungünstiger Richtung machen. Bei sehr schnell
wachsenden Tumoren, wie sie namentlich bei jungen Kindern vorkommen, sowie
in einigen anderen Fällen, ist sie ein sogenanntes „Frühsymptom", zumal wenn
gleichzeitig Störungen der Verdauung und Gesammternährung eingetreten sind.
Andere Mal besteht sie, ehe der Nierentumor augenfällig wird, so z. B. bei
Strumen.

4. Verlauf und Ausgänge.

Prognose.

Der Werth der hierhergehörigen Angaben leidet vielfach darunter,
dass namentlich in neuerer Zeit dieselben sich vorwiegend auf Fälle
beziehen, welche chirurgische Wichtigkeit besitzen. Es lässt sich daher
nur relativ wenig Allgemeingiltiges über Verlauf und Ausgänge der
durch Operation nicht beeinflussten Neubildungen der Niere sagen.
Ueberdies hat man die schnell zu grossem Umfange wachsenden
Tumoren junger Kinder von den bei älteren Personen
beobachteten Neoplasmen mehr oder minder scharf zu trennen.
Bei ersteren ist die äusserlich wahrnehmbare Anschwellung mit den
ihrer Grösse entsprechenden örtlichen Störungen das erste, und nicht
selten während der ganzen Dauer der Krankheit neben Störungen des
Allgemeinbefindens und schnell fortschreitender Kachexie das einzige
objective Symptom. Viel seltener als bei jugendlichen Patienten wird
das klinische Bild von der Erscheinung der äusserlich hervortretenden
Tumorentwickelung beherrscht; selten ist bei Erwachsenen die Aus-

gestaltung der Krankheit in ausschliesslicher Abhängigkeit von einem bestimmten Symptom. Es ist erwähnt, wie bei älteren Personen weniger die äusserliche Geschwulst, als vielmehr Hämaturie, Schmerz, Kachexie, zuweilen einzelne andere auf die Nierenneubildung bezügliche Zeichen zuerst in den Vordergrund treten. Es wechselt dieses entsprechend der Mannigfaltigkeit in dem anatomischen Bau der Neoplasmen nach Abschluss der Entwickelungsjahre. Bei dem äusserst schleppenden Verlauf einzelner hierhergehöriger Fälle ist es ausserdem oft schwer, bei nicht ganz acutem Einsetzen dasjenige Zeichen aus dem Symptomencomplex auszulösen, welches thatsächlich das erste gewesen. Auch besteht nicht immer gleichmässige Continuität oder Uebereinstimmung in Ausbildung der einzelnen Symptome und im Fortschreiten der Erkrankung als Ganzes. Die Geschichte der bösartigen Strumen zeigt, wie einzelne Andeutungen des Leidens sich sehr früh markiren können. Stärkere Accentuirung des krankhaften Zustandes hat viel später statt und dann kann das Zeitmaass, in welchem das Leiden fortschreitet, ein mehr oder minder lebhaftes, ja stürmisches werden. Nicht nur bei Struma, sondern auch bei anderen Geschwulstformen knüpfen die Patienten an äussere Einwirkungen, z. B. ein Trauma, das Einsetzen der ganzen Erkrankung und der Wirklichkeit entsprechende Berechnungen der Dauer des Processes werden vielfach unmöglich. Ueberdies scheint es, als ob nicht nur das Tempo der Entwickelung, sondern auch der bösartige Charakter des Neoplasmas mit seinem Fortschreiten mehr und mehr zunimmt. Bei Strumen tritt dieses hinsichtlich der Metastasen und der Recidive zuweilen deutlich hervor. Abgesehen von diesen und einigen anderen Einzelheiten, werden Tempo und Dauer der Entwickelung der Nierenneubildungen von ihrer Zusammensetzung bedingt; aber dass z. B. Sarcome einen minder schnellen Decursus morbi bieten als Carcinome, ist bei der Unsicherheit der Grenze der verschiedenen Geschwulstformen nicht ohne Weiteres zu behaupten. Nur mit Einschränkungen ist richtig, wenn Sarcome die von *Chevalier* bei den Nierenkrebsen bis zum tödtlichen Ausgange berechnete Krankheitsdauer von 3½ Jahren überschreiten, während die Strumafälle vielleicht in der Mitte stehen (*Israel*). Lediglich darin sind bis jetzt alle Gewährsmänner einig, dass der endliche Ausgang einer einmal sicher erkannten Nierenneubildung, welche sich dem chirurgischen Eingreifen entzieht, unabänderlich der Tod ist. Beobachtungen längeren Stillstandes und überraschender Tolerirung der Beschwerden, wie letztere u. A. Verfasser wiederholt gemacht hat, ändern hieran nichts. Plötzliche Episoden und Complicationen, wie embolische Processe, Durchbrüche der Geschwulst, acute neoplastische Peritonitis, Arrosion grosser Gefässe, wie der Vena cava mit unstillbarer Blutung, ferner Darmverschluss können hier den manchmal wenige Tage oder Wochen ausfüllenden Schlussact der Krankheit darstellen. In mehreren Fällen ist die Erkrankung der „zweiten" Niere für den tödtlichen Ausgang verantwortlich. Wie leicht dieselbe hier Störungen ausgesetzt ist, wurde schon oben bemerkt. Durch verschiedene Formen der Ent-

zündung kann sie leistungsunfähig werden. Infectiös eiterige
Processe, die, von der Blase ausgehend, auf früherer Cystitis, auf
nicht-aseptischem Katheterismus und ähnlichen Quellen beruhen und
auf der Seite der Neubildung in dem ausgetretenen Blut und dem
zerfallenden neoplastischen Gewebe ein Substrat haben, können auch
die gesunde Niere ergreifen. Immerhin sind Pyurie und Pyonephrose
nicht hervorragend häufige Complicationen. Auch Amyloid-Entartung, welche die zweite Niere ebenso wie andere Unterleibsorgane
in Fällen glycogener Metamorphose befällt (*Lubarsch, Perthes* u. A.),
ist mehr Ausnahme. Immerhin ist es bei den mannigfachen Ursachen
der Insufficienz der zweiten Niere einigermaassen auffallend, wie selten
unter den Todesursachen der Nierenneubildungen Anurie, namentlich
aber Urämie erwähnt ist. Von Einzelnen (*Robert*) geleugnet, vermochte
neuerdings *Fürbringer* ebenfalls nur 4 ihr zuzuzählende Vorkommnisse
beizubringen. Thatsächlich dürfte Anurie resp. Urämie nach den Untersuchungen des Verfassers, der einen hierhergehörigen Fall zu verfolgen
Gelegenheit gehabt, doch eine vielleicht etwas häufigere Todesursache
abgeben.

Den vorstehenden, mehr oder minder die Ausnahme bildenden Formen
des tödtlichen Endes gegenüber ist als Todesart die Kachexie hinzuzufügen.
Begünstigt wird diese ausser durch Wachsen des Neoplasma durch Weiterverbreitung
per contiguitatem und Metastasen. Zunahme des Umfanges, Metastasen
und Recidive äussern sich bei manchen Nierenneoplasmen ebenso wie bei Neubildungen anderer Organe zuweilen durch Störungen des Allgemeinbefindens und
subjective Beschwerden. Diese können von Fieberbewegungen begleitet sein. Letztere
sind unregelmässig, zuweilen von Frösteln eingeleitet, manchmal erhebliche Höhe
erreichend. Mit ihnen können sich vermehrte Schmerzen, Verdauungsstörungen,
Appetitlosigkeit, Neurosen vergesellschaften. Lassen die Schmerzen sowie die
übrigen Symptome nach, so kann das auf einen Zustand der Ruhe in der Entwickelung der Neubildung hinweisen. Umgekehrt kennzeichnet hohes, sich wieder-
holendes Fieber rasche Zunahme anfangs ganz indolenter Neubildungen. Hierdurch
und durch wiederholte starke Blutverluste kann der tödtliche Ausgang beschleunigt
werden. Häufiger geschieht dieses bei Hämaturie mittelbar durch Anfüllung der
Blase mit Gerinnseln, ähnlich wie bei Nierenverletzungen. Die Abhängigkeit der
Entwickelung der Kachexie von individuellen äusseren Einflüssen und die Verschiedenheit der Wachsthumsverhältnisse der einzelnen Geschwulstformen müssen
aber selbst angesichts völlig inoperabler Fälle für Ausgestaltung des prognostischen Ausspruches dem Arzte in concreto Zurückhaltung
auferlegen. Die Lebensfristung kann ebenso wie in unzweifelhaft hoffnungslosen
Fällen bösartiger Tumoren anderer Organe auch bei denen der Niere, so lange
sie einseitig bleiben, die manchmal aus dem ersten Eindrucke des Kranken
geschöpften schlechten Erwartungen erheblich übertreffen.

5. Diagnose.

Erkennen einer Nierenneubildung kann unter Umständen, wenn
nämlich die als pathognostisch hervorgehobenen Symptome der äusseren
Geschwulstbildung, des Schmerzes, der Hämaturie sich in ergänzender

Weise entwickeln, relativ leicht sein. Vielfach, und zwar wegen ungleich-
mässiger Entwickelung der Symptome, gehört die Stellung einer einigermaassen sicheren, einen chirurgischen Eingriff rechtfertigenden Diagnose
zu den schwierigsten Aufgaben. So erwünscht eine Frühdiagnose ist,
so wenig lassen sich für dieselbe allgemeine Vorschriften geben. Gewiss
ist die Ausnutzung des Ensemble der speciellen Symptome von Werth,
das Wesentliche aber hängt von der Summe der Einzelerfahrungen und dem Tactus eruditus des Operateurs
ab. In der Praxis einzelner Chirurgen (*J. Israel*, *Thornton* u. m. A.)
kommen daher Frühdiagnosen häufiger vor, als bei anderen.

Für den Nachweis des wesentlichsten Zeichens eines
Nierenneoplasmas, der Geschwulst, sind die Methoden der
physikalischen Untersuchung systematisch zu verwerthen. Erleichtert
wird die Unterscheidung der Nierentumoren von anderen Unterleibsgeschwülsten durch das eigenartige Verhältniss der Lage des Dickdarmes. Nur einige retroperitoneale Anschwellungen theilen dieses
Lagerungsverhältniss des Dickdarmes zu den Nieren. Leider giebt es
Gründe, dass sehr oft Beziehung zwischen Darm und Niere fehlt.
Auch giebt es Fälle, in denen die Neubildung keine Volumszunahme,
sondern nur umschriebene Veränderungen der Beschaffenheit der
Oberfläche oder der Consistenz des abtastbaren Theiles der Niere
bedingt. Zur Perception dieser und anderer durch Palpation erkennbaren Eigenschaften gelangt man unter Benutzung der nicht seltenen,
theils reellen, theils mehr scheinbar abnormen Beweglichkeit der
neoplastischen Niere nur durch wiederholte Untersuchung bei verschiedener Lagerung und wechselnden Verhältnissen. Das namentlich
in gewissen Positionen nahe Anliegen der vergrösserten Niere an der
Bauchwand kommt eigentlich nur Milztumoren zu. Von diesen
lässt sie sich durch die äussere Form unterscheiden. Das glatte
directe Anliegen der Milztumoren, so dass kein Zwischenraum zwischen
Milz und Rippenbogen, erlaubt meist die Erkenntniss der scharfen
eingekerbten Kante der Milz. Vor anderen etwas häufigeren Verwechslungen zwischen Geschwülsten der Nieren und denen anderer
Bauchorgane, wie der Leber sammt Gallenblase, der Därme, des
Bauchfells (speciell des Netzes und Gekröses), der Pancreas,
sowie der retroperitonealen Neubildungen, ganz besonders aber der
Tumoren der weiblichen Geschlechtsorgane, kann man sich
schützen, wenn es möglich ist, die Wachsthumsrichtung der
Anschwellung zu erkennen, so dass hierdurch die Niere als deren
Ausgangspunkt ausgeschlossen wird. Gegenüber der Leber kann
ausserdem in Betracht kommen, dass zwischen Niere und Leber noch
eine Strecke von Darm ausgefüllt bleibt; auch ist die Leber zuweilen
durch den Nierentumor nach oben gedrängt. Eine schwer zu beseitigende Quelle der irrigen Annahme von Nierengeschwülsten bilden
Neubildungen des Dickdarmes. Einzelne von letzteren haben
überdies die Form der Niere nachahmende Contouren. Von diesen,
wie von den Kothanhäufungen im Dickdarm trennt man die Nierentumoren durch genaues Studium der Darmfunction. Bei künstlicher

Aufblähung des leeren Darmes machen sich Beweglichkeit und Verschiebung der Anschwellung, wenn sie von der Niere ausgehen, in der Richtung nach der Lende hauptsächlich geltend.

Schwierigkeit erwächst der Diagnose, wenn die Neubildung von einer von vornherein beweglichen oder einer durch die Wachsthumsverhältnisse des Neoplasma aus dem Lager gehobenen Niere ausgeht. Hier sind Verwechselungen mit Dickdarmtumoren und Vergrösserungen der Gallenblase leichter möglich. Man muss bei wiederholter physikalischer Untersuchung in wechselnder Lage des Patienten die Verschieblichkeit der angeblichen Nierengeschwulst unter Einfluss der verschiedenen Füllung des Darmes beachten. Es wechselt dieses, je nachdem der obere oder untere Pol, die vordere oder hintere Seite der Niere den Ausgangspunkt der Neubildung abgibt. *Kofman* hat die verschiedene Verdrängung der Nachbarschaft der Niere auf Grund von Leichenversuchen studirt. Praktisch erprobt in vivo sind aber dieselben betreffenden Versuchsergebnisse bis jetzt in so beschränkter Weise, dass allgemeine Regeln aus ihnen nicht abzuleiten sind.

Viel weniger für eine differentielle Diagnose zu verwerthen sind die anderen Hauptsymptome der Nierenneubildungen, die Hämaturie und der Schmerz. Mögen sie isolirt oder zusammen mit einer Nierenvergrösserung vorkommen, fast nie sind sie in so gleichmässiger und in so fortschreitender Entwickelung zu verfolgen, wie die von der Niere ausgehende Geschwulst. Sind sie beide oder eine von ihnen allein vorhanden, so können ihre Eigenartigkeit, das Bestehen eines oder des anderen charakteristischen, mehr ausnahmsweisen Symptoms, z. B. der Art der Kreislaufsstörung, auf den richtigen Weg weisen. Im Uebrigen beachte man die später noch näher zu präcisirenden Vorschriften über die Unterscheidung der renalen von den übrigen Arten der Hämaturie. Ebenso wenig hat man die Prüfung der 24stündigen Harnmenge, wie die ihres Gehaltes an Harnstoff zu vernachlässigen, und auch in der von der Hämaturie freien Zwischenzeit ist der Harn betreffs corpusculärer Bestandtheile zu untersuchen. Die hier in Frage kommenden Erkrankungen der Niere an Stein und Tuberculose sind auf solche Weise häufig von vornherein auszuscheiden. Ebenso bekommt man auf gleiche Weise ein Bild von der Leistungsfähigkeit der Nieren überhaupt, speciell aber auch des „zweiten" nicht-neoplastisch erkrankten Organs. Ergänzend hat man in geeigneten Fällen die Cystoskopie bezw. cystoskopische Untersuchung der Ureterenöffnungen und den Harnleiterkatheterismus unter den bekannten Cautelen heranzuziehen, was in einzelnen Fällen (*Nitze*) bereits mit Erfolg geschah.

Abgesehen von Nephrolithiasis und Nierentuberculose, hat man die Nierenneoplasmen von anderen Affectionen zu trennen, die zu Volumszunahme führen. Verhältnissmässig leicht ist dieses, wenn die Volumszunahme nicht nur als solche, sondern auch ihre Zugehörigkeit zur Niere festgestellt werden kann. Hauptsächlich handelt es sich hier um Hydronephrosen und Pyonephrosen, namentlich um erstere. Solche Verwechselungen sind besonders durch Unebenheiten und

Verdickungen des Sackes bedingt. Aber sie entstehen auch durch grosse Weichheit und Fluctuation vortäuschende Beschaffenheit der Neubildung. Man beachte dabei wirkliche Fluctuation in Folge cystischer Entartung des Neoplasma.

Welcher Theil der Niere Ausgang der Geschwulst ist, ob die Niere ganz oder nur particll in dieselbe aufgegangen, ist selten zu bestimmen. Nur das Fühlen eines umschriebenen Knotens erlaubt Schlüsse auf die Möglichkeit der Integrität eines mehr oder minder grossen Parenchymabschnittes. Es sind dieses die Fälle, in denen man von einer Frühdiagnose reden kann. Immerhin bleibt oft unsicher, ob die Geschwulst von der Niere selbst oder extrarenal von der Kapsel, der Nebenniere oder dem pararenalen Gewebe ausgeht. Nur positives Ergebniss des Harnleiterkatheterismus hat neuerdings einige Male hier zum Ziele geführt. (Vgl. Anhang.)

In zweifelhaften Fällen, die wegen Blutung, Compression, Daniederliegens des Allgemeinbefindens schnelle Intervention erheischen, hat man die diagnostische Probeincision anzuwenden. Je nach Lage des Falles wird man sich mit Klarlegung der Oberfläche der Niere begnügen oder einen Einschnitt in die Substanz machen; jedenfalls ist Regel, solche probeweisen Eingriffe, mögen sie von der Lende oder per laparotomiam geschehen, nur dann vorzunehmen, wenn man ihnen die operative Radicalbehandlung anschliesst. Unsicherer als die Probeincision ist im Allgemeinen die Punction; ihr Ergebniss bei nicht soliden Tumoren kann sich, wenn der Trokar einen Erweichungsheerd trifft, nicht von dem bei sonstigen Flüssigkeitsansammlungen der Niere (z. B. Cysten) unterscheiden. Inzwischen empfiehlt sich die Punction statt der Incision häufig aus äusseren Gründen, z. B. wegen der leichteren und schnelleren Ausführung, der Entbehrlichkeit der Narkose u. dgl.

6. Therapie.

Die Behandlung der Nierenneubildungen ist in vielen Fällen eine symptomatische. Zwar ist die Zahl der Patienten, welche einer Operation werth sind, in neuester Zeit glücklicherweise in steter Zunahme, immerhin kommen doch Viele erst zum Chirurgen, wenn sie eigentlich ein Noli tangere bilden. Es sind dieses Kinder in den ersten Lebensjahren mit schnell wachsenden und binnen wenigen Monaten den grössten Theil der Bauchhöhle einnehmenden Tumoren, aber auch Erwachsene mit längerer Toleranz gegen Nierenneubildungen. Beschwerden sind nicht ganz selten; sie kommen manchmal erst mit dem Ersuchen um Hilfe, wenn die Hämaturie unerträglich. Wie bei Kindern sind dann auch hier die Tumoren öfters kolossal. So leicht Diagnose der speciellen Verhältnisse solcher Fälle, so schwer ist erspriessliche Behandlung; Stillung bezw. Milderung der oft profusen Blutung nach gegebenen Regeln, Entlastung der Blase von Blutmassen, Behebung der oft sehr lästigen Stuhlverstopfung und der sonstigen concomitirenden Symptome des Verdauungsapparates, Linderung der in Form von Oedemen störenden Compressionserscheinungen liegen hier im Bereiche der Kunst. Durch tactvolle Auswahl unter den medicamentösen Mitteln, genaue Regelung des körperlichen Regime (Milchdiät, *Rosenstein* u. A.) gelingt es manchmal, die quälendsten Symptome vorübergehend zu beheben und zeitweilig Erleichterung zu schaffen.

Wirkliche Behandlung können die Nierenneubildungen wie auch die anderer Organe nur durch ihre operative Entfernung erfahren. Die Nephrektomie bietet hier in der Ausführung Besonderheiten. Solche werden durch häufige Verwachsungen theils entzündlicher, theils neoplastischer Natur bedingt und betreffen nicht nur die eigentliche Fettkapsel, sondern auch den Hilus sammt grossen Gefässen (*Ledentu*). Die Leichtigkeit, mit welcher das perirenale Fett zur Weiterverbreitung der Tumormassen per contiguitatem Anlass giebt, hat *Israel* dazu geführt, dass er bei Nephrektomie dieses Fett ebenso genau ausräumt, wie das Achselfett bei Exstirpatio mammae. Der Schnitt durch die äusseren Bedeckungen muss daher bei in Geschwulstfällen verrichteter Nephrektomie im Allgemeinen ein ausgiebiger sein. Beim transperitonealen Verfahren bevorzugt man deshalb vielfach den Schnitt *Langenbuch's* am lateralen Rande des geraden Bauchmuskels. Beim lumbalen Verfahren dürfte für die Entfernung von Nierenneubildungen kaum jemals der einfache Schnitt längs des Rückenstreckers ausreichen, man giebt deshalb der Incision eine mehr quere oder schräge Richtung. Wir verweisen auf das die Operationen der Niere behandelnde Capitel. Es ist am angemessensten, Ausdehnung und Richtung des Schnittes den Dimensionen und sonstigen Verhältnissen der Geschwulst anzupassen. Besondere Sorgfalt ist der Blutstillung zuzuwenden. Namentlich in den ersten Zeiten der Nierenchirurgie waren nach Nephrektomien wegen Neoplasmen Todesfälle bald nach der Operation in Folge nicht genügend gestillter Blutung nicht ganz selten. Man soll es sich daher hier zur Regel machen, jede blutende Stelle zu fassen und direct zu unterbinden (*Treves*). Gerade dieses soll wegen der leichteren Zugänglichkeit der Verwachsungen der grossen Hilusgefässe bei der transperitonealen Methode besser möglich sein, als beim Lendenschnitte. Indessen gelingt es bei diesem ebenso wohl der Blutung durch Application von Klemmen auf 24—48 Stunden Herr zu werden, wie man durch Einlegung spiegelnder Retractoren von 10 cm Länge und 6 cm Breite nach Herausnahme der Geschwulst sich die ganze Wundtiefe ausbreiten kann (*Israel*), so dass blutende Gefässe direct zu fassen sind. Dass selbst sehr ausgedehnte Tumoren von der Lende ohne Betheiligung des Bauchfells zu entfernen sind, zeigt ebenfalls *Israel*. Andere Chirurgen wählen sogenannte intra-extraperitoneale Schnittführungen. Bei diesen Schnittführungen sollen alle diese Schwierigkeiten des gewöhnlichen Lendenschnittes fallen; die Bauchfellwunde, welche an der Umschlagsfalte des Peritoneums unmittelbar unter den Augen des Operateurs liegt (*Péan*), ist hier durch Naht zu schliessen, im Uebrigen sind ein- für allemal Massenligaturen zu meiden (*Jordan*) und etwaige Tamponade ist nicht zu übertreiben.

Die Wahl der Methode, ob intra- oder extraperitoneal bezw. intra-extraperitoneal, fängt mit Zunahme der Erfahrungen über die Nephrektomie in Geschwulstfällen an, weniger Gegen-

stand der Polemik zu sein, zumal da es gelingt, selbst sehr umfangreiche Neubildungen von der Lende her zu entfernen, wenn man den
Schnitt nach vorn und unten fortsetzt und durch Abhebung dieses
eine temporäre Verletzung des Bauchfells ausschliesst. Manche Chirurgen
gelangen mehr und mehr dahin, die Wahl der Methode von der äusseren
Ausgestaltung der einzelnen Geschwülste abhängen zu lassen.

Mehrfach spielen individuelle Gewohnheiten hier eine Rolle.
Während nun dort, wo in Folge rechtzeitiger Diagnose ein nicht
oder nur wenig vergrössertes Organ vorliegt, der Lendenschnitt kein
Bedenken hat, werden Tumoren, welche ihre Hauptentwickelung nach
dem Bauche zu haben, wie namentlich bei jüngeren Kindern, durch
die Laparotomie angegriffen (*König, Trendelenburg* u. A.). Gynäkologen,
welche (wie *Thornton, Sänger, Pawlik* u. A.) ausschliesslich die
Laparotomie hier ausüben, haben mit dieser gute Erfolge erzielt.

Auf statistischem Wege lässt sich daher keine Entscheidung für oder
gegen die eine oder die andere der beiden Methoden in Geschwulstfällen treffen.
In den ersten Zeiten der Nierenchirurgie, und zum Theil auch jetzt noch hat man
die Vorzüge der einen oder der anderen Methode ebenso wie die Nachtheile übertrieben und die einzelnen Fälle, in denen eine von ihnen angewendet worden,
nicht genügend classificirt. Die speciell Nierengeschwülste berücksichtigende Zusammenstellung von *Siegrist* aus dem Jahre 1889 weist der transperitonealen
Operation 57%, der lumbalen Nephrektomie aber nur 23% Todesfälle zu. Umgekehrt gestalten sich aber in Folge der erleichterten Erkenntniss des Zustandes
der zweiten Niere und der besseren Gelegenheit, alles Erkrankte reinlich zu entfernen, nach dem gleichen Autor die Fernresultate für die Laparotomie günstiger,
nämlich 5·26% Rückfälle gegenüber 41% nach der lumbalen Exstirpation. Die
grosse Verschiedenheit der Zahlen deutet inzwischen darauf hin, wie wenig die
Ergebnisse von Sammelstatistiken wie vorliegende den wirklichen Verhältnissen
entsprechen.

Auch die Ergebnisse einzelner Chirurgen mit der Nephrektomie bei Nierenneubildungen geben keine Entscheidung für die transperitoneale oder die lumbale
Operation. *J. Israel* hat auf 23 lumbale Nephrektomien † 3, *Czerny* auf seine
letzten 9 hierhergehörigen Fälle † 0, wogegen *Thornton* auf 9 Laparotomien † 3.
Trendelenburg auf 12 transperitoneale Nephrektomien ebenfalls † 3 und *König*
auf 7 bei Kindern verrichtete Bauchschnitte 1 operativen Todesfall. Die vorstehenden Ziffern sind viel zu klein, um anderes als die ersten Bausteine einer
vergleichenden Statistik für die Zukunft zu sein. Allerdings müsste dann nicht
nur die Zahl der tödlichen Ausgänge, sondern auch deren Ursache besser prä-
cisirt werden, als bisher mehrfach geschehen.

Definitive Operationsergebnisse bei Nierenneubildungen.

Man hat bei der operativen Behandlung der Nierenneubildungen
die unmittelbaren Ergebnisse von den Fernresultaten zu unterscheiden. Erstere waren bis zu einer nicht weit zurückliegenden Zeit
recht ungünstig. Die unmittelbare Operationssterblichkeit
war geradezu exorbitant; sie schien sich kaum zu ändern, obschon

die Zahl der Operationen in steter Zunahme war. *Gross* hatte 1885 auf 49 einschlägige Fälle † 30 (über 61%). *Brodeur* (1886) auf 46 Operationen † 20 (43·5%). *Siegrist* (1889) auf 61 † 32 (52%). *Chevalier* (1891) auf 103 Nephrektomien wegen Neoplasmen † 63 (62·6%). Eine etwas bessere Sammelstatistik giebt 1888 *Newman*, der 74 Operationen mit † 24 (etwas über 33%) berechnet hatte. Kurz nachher (1892) fand *Barth* auf die zu 100 gestiegene Zahl der Nephrektomien bei Nierenneoplasmen † 42%. Anders gestaltet sich die directe Sterblichkeit im letzten Decennium. Lässt man die vereinzelten casuistischen Mittheilungen, weil vorwiegend günstig, ausser Spiel, so ergeben 67 Nephrektomien, welche auf 6 Chirurgen*) entfallen, nur † 10, d. h. nicht ganz 15% Sterblichkeit. Einzelne Operateure, wie *Czerny* und *Israel*, haben sogar grössere Serien ohne einen einzigen Todesfall. Auch die Berechnung der unmittelbaren Sterblichkeit aus Sammelstatistiken zeigt eine, wenn schon nicht so weitgehende Besserung: gegenüber den 61% bei *Gross* und 62·5% bei *Chevalier* beträgt diese Sterblichkeit nach *Küster* zur Zeit (1896) nur 24·4%.

Noch besser gestalten sich die unmittelbaren Erfolge der neueren Nierengeschwulstexstirpationen, wenn man im Einzelnen die Todesursachen analysirt. Die Untersuchung der 10 soeben erwähnten tödtlichen Ausgänge beweist, dass ihre grosse Mehrzahl in Zukunft zu vermeiden sein wird; die meisten beruhen auf „zu spätem Operiren". Zweimal mussten Stücke der Neubildung zurückgelassen werden; in einem dritten Fall fanden sich die Gefässe zu fest vom Tumor umwachsen und gleichzeitig Lungenmetastasen. Ferner ergab bei einem 56jährigen Manne, der 14 Tage nach dem Eingriffe starb, die Section vorgeschrittene Amyloid-Entartung der Unterleibsorgane; 3 weitere Todesfälle beruhen auf Collaps, darunter 2 nach Blutverlust bei Trennung weitgediehener Verwachsungen und 1 nach Entfernung eines kindskopfgrossen Medularsarcoms einer 60jährigen Frau durch Laparotomie. — Im Uebrigen zeigen diese 67 neueren Nierenexstirpationen in Bestätigung bereits oben gemachter Angaben, dass sich die Sterblichkeitsunterschiede, welche bis vor Kurzem sehr zu Ungunsten der Laparotomie bestanden, nur wenig verwischen. Von 25 durch dieselbe Operirten starben 5, auf 37 Lendenschnitte kamen ebenfalls nur 5 Todesfälle.

Nicht ganz mit diesen Fortschritten der unmittelbaren Ergebnisse der Nierenexstirpation bei Neubildungen halten die in den betreffenden Fällen bei Kindern erzielten Resultate Schritt. Eine einschlägige Zusammenstellung von *Döderlein* zeigt im Jahre 1894 unter 47 hierhergehörigen Operationen 19 tödtliche Ausgänge, unter diesen 10 durch Shock entweder bei oder sehr bald nach der Operation. Die einzelnen Erfahrungen mancher Operateure beginnen jedoch günstiger zu werden. Bei 2 kolossalen Nierentumoren, welche *Abbé* (New-York) jungen Kindern entfernte, verlief die Operation günstig ohne Blutverlust. 17 von uns gesammelte neuere Operationen bei Kindern bieten nur 3 tödtliche Ausgänge. Beispielsweise verloren *Israel* und *Czerny* keinen einzigen jugendlichen Patienten.

---

*) *Czerny, J. Israel, König, Schede, Thornton, Trendelenburg.*

Nicht gleich sind den unmittelbaren Ergebnissen immer noch die Fernresultate der Exstirpation von Nierenneubildungen. Inzwischen muss man nicht vergessen, dass ein Urtheil hier sehr erschwert wird, dass im Gegensatz zu manchen anderen Organen, wie z. B. der Brustdrüse, bei welcher der Krebs überwiegt, an der Niere Neubildungen sehr verschiedener anatomischer und klinischer Eigenart operirt werden. Einigen Fällen, welche erst nach einer grösseren Reihe von Jahren den Recidiven bezw. der Weiterverbreitung der Neubildung erlagen, stehen Beobachtungen mit sehr schneller Wiederkehr und grosser Infectiosität der Neubildung gegenüber. Freilich machen einzelne Operateure hier eine sehr günstige Ausnahme, so namentlich *J. Israel,* welcher unter 17 Nierenexstirpationen nur 2 tödtliche Ausgänge nach der Operation und einen Todesfall 1 Jahr nach der Operation an einer intercurrenten Krankheit hatte. Von den 13 Geheilten sind dieses 6 während einer Beobachtungsdauer, welche einmal zwar nur 1 Jahr 3 Monate betrug, bei den übrigen 5 Operirten aber zwischen 3 und 9 Jahren schwankte. Der Zusammensetzung nach waren von den 17 Tumoren 6 Krebse, 10 Sarcome und 1 Struma. Unter den Geheilten ist ein 1jähriges Mädchen mit Sarcom seit 4 Jahren ohne Recidive. Im Allgemeinen treten Recidive und Metastasen schon relativ früh auf. Ausnahmsweise erfolgt nach längerer Zeit tödtlicher Ausgang durch Recidive bezw. Metastasen. *Wagner* weist, abgesehen von einzelnen Spätrecidiven und nachträglichen Metastasen, nach, dass Metastasen und Recidive nach Nephrektomie wegen maligner Tumoren nach mehr als 3 Jahren sehr selten, die meisten Recidive resp. Metastasen im ersten halben Jahre auftreten, dann seltener werden und nach 2 Jahren mit verschwindenden Ausnahmen aufhören. In diesem Sinne kann man von 26 Dauerheilungen, 19 bei Erwachsenen, 7 bei Kindern, reden. Am seltensten sind die Dauerheilungen bei kindlichen Operirten. Die Gründe hierfür, welche auf die anatomische Beschaffenheit und die auf dieser beruhende Entwickelung der Geschwülste bei diesen verschiedenen Kategorien sich stützen, haben wir bereits erwähnt, ebenso das Sinken der directen Sterblichkeit von $61 \cdot 22^0/_0$ *(Gross)* auf $24 \cdot 44^0/_0$ *(Küster).*

Gewiss ist die zunehmende Häufigkeit besserer Fernresultate einzelner Operateure darauf zurückzuführen, dass mehr, als vor relativ Kurzem, jetzt eine Frühdiagnose gestellt wird. Immerhin ist die Zahl der Patienten noch sehr gross, welche wegen Missverhältnisses zwischen Beschwerden und Bedeutung der Krankheit erst spät in die Hände des Arztes gelangen. Es kann sich hier erst allmählig eine Besserung vollziehen. Man sollte deshalb bei der Schwierigkeit, die eine physikalische Untersuchung namentlich dem mindererfahrenen Arzte bei Nierenneubildungen ohne äussere Geschwulstentwickelung bietet, mehr als bisher die explorative Freilegung des erkrankten Organes von der Lende her vornehmen und, wenn nöthig, das erkrankte Organ durch Sectionsschnitt und nicht allein durch Besichtigung und Palpation prüfen. Man muss dann der Probeincision in absehbarer Zeit die eigentliche Operation folgen lassen; die Schnittrichtung für jene ist

daher so einzurichten, dass man sie für die Exstirpation benutzen kann.
Der Zwischenraum zwischen Probeincision und Radicaloperation darf
nicht zu lange sein. Namentlich bei Kindern ist das Wachsthum der
Geschwulst so schnell, dass selbst kurzer Aufschub den Erfolg
beeinträchtigen kann. In einigen anderen Fällen zeigt sich aber selbst
diese Vorsichtsmaassregel, mit der Radicaloperation nicht zu zögern,
vergeblich. Die Frühdiagnose ist thatsächlich keine Frühdiagnose mehr.
Es bestehen bereits zur Zeit der Operation secundäre Degenerations-
vorgänge innerhalb der Neubildung; ebenso sind nicht selten der
äusseren Ausgestaltung nach unbedeutende metastatische Verbreitungen
zu eben dieser Zeit bereits vorhanden. Genaues Studium des Zusammenhanges der pathologisch-anatomischen Structur mit klinischem Verlaufe
muss weiter als bisher führen, um auch diese Classe zu später Operationen mehr und mehr schwinden zu machen.

[Wenig zu empfehlen sind für die Ausrottung von Nierengeschwülsten die
partiellen Operationen, die sogenannten Nierenresectionen. Solche sollten
eigentlich nur in den wenigen Fällen zweifellos gutartiger Neubildungen unternommen werden. Von den 3 hierhergehörigen bei bösartigen Neubildungen unternommenen Operationen (*Burckhardt*, *Czerny*, *Kümmell*) folgte der von *Czerny* in
absehbarer Zeit ein Recidiv, das die Totalexstirpation erforderte; Patient starb
an Verallgemeinerung der Geschwulst. Bei *Kümmell* starb der 54jährige Mann
10 Wochen nach der Operation an Lungenentzündung mit Empyem. Der Fall von
Burckhardt war nicht abgelaufen bei Schluss des Berichtes.]

Anhang.

§ 124.
Perirenale und pararenale Neubildungen.

Zu den perirenalen und pararenalen Neubildungen gehört ein
erheblicher Theil der sogenannten gutartigen Nierentumoren. Wir
haben aber darauf hingewiesen, dass diese keineswegs im strengeren
Sinne gutartig sind. Sie nähern sich den eigentlichen peri- und pararenalen Neubildungen, indem sie in der Regel von der Peripherie der
Niere entspringen. Thatsächlich dürfte ihr Ursprung wie der der von
den Adnexen ausgehenden Neubildungen, zu denen wir auch die sehr
selten chirurgisch wichtigen Nebennierengeschwülste (*Bardenheuer*)
rechnen, die gemeinsame embryonale Anlage der *Wolff*'schen Körper
sein. Dort, wo es sich um wirklich gutartige Neubildungen handelt,
haben dieselben zur Niere mehr zufällige Beziehungen, so der auf
S. 936 erwähnte, durch die Mitverletzung der Niere bei der Operation
bekannte Fall von *Spencer Wells*. Es liegen hier meist Hyperplasien
des retroperitonealen Fettes, combinirt mit anderen Formationen, vor.
Treten dieselben in nähere Beziehungen zur Niere, so können sie
namentlich bei Verletzung der Niere während der Operation zur Nierenresection Anlass geben. Eine sichere Diagnose dieser sowie der eigentlichen perirenalen und pararenalen Neubildungen, speciell ihrer Bezie-

hungen zur Niere, lässt sich nicht stellen. Auch cystoskopische Untersuchung der Harnleitermündungen lässt im Stich. Einerseits kann die Niere von der betreffenden Geschwulst so umwachsen sein, dass sie völlig atrophirt ist und nicht mehr functionirt. Umgekehrt tropft der Urin normal auf der erkrankten Seite in die Blase, wenn der Zusammenhang mit der Niere nur ein loser ist. In der Regel kommt die Diagnose nicht über die Annahme eines retroperitonealen Tumors hinaus; richtige Erkenntniss der Sachlage ist ausnahmsweise bis jetzt möglich gewesen. In den meisten Fällen sind die functionellen Störungen äusserst gering und kommen die Patienten erst wegen des starken Wachsthums der Tumoren zum Arzt. Letztere erreichen bisweilen eine kolossale Grösse. In dem von *Salzer* aus *Billroth's* Klinik veröffentlichten Falle (Myxoma lipomatodes) hatte der Tumor einen Umfang von 27·4 cm und konnten aus ihm 4 kg reines Fett gewonnen werden. Die linke Niere war so in den Tumor eingebettet, dass sie mitentfernt werden musste, doch starb Patient bald nach dem gewaltigen Eingriffe. Glücklicher war bei seiner Operation *Alsberg*; dagegen giebt es Fälle, wie ein weiterer aus der *Billroth'*schen Klinik, in welchem die Geschwulst so umfangreich ist, dass die Operation nicht beendet werden kann. Die Geschwulst (ebenfalls ein lipomatöses Myxom) war zwischen Nebenniere und Niere entstanden. Die Maasse des exstirpirten Stückes betrugen 60 : 32 : 32 cm. Dabei war ein kindskopfgrosses Stück im kleinen Becken, ein mannskopfgrosser Theil hinter der Leber zurückgeblieben. Die Niere selbst war dislocirt mit dem Nierenbecken nach oben, dem Harnleiter nach hinten. Wie endlich in einem Fall, über den *v. Eiselsberg* berichtet, können die betreffenden Patienten ein sehr hohes Alter erreichen. Die mit Erfolg entfernte fibrolipomatöse Geschwulst, welche die Niere völlig einhüllte, betraf eine 70jährige Frau. Volle Heilung konnte noch nach 2 Jahren constatirt werden. Auch eine andere 45jährige Patientin mit einer gleich beschaffenen Geschwulst von 5 kg Schwere, an der die Niere hing, wurde geheilt.

In allen diesen Fällen, sowie in einigen analogen (Hämatom der Nebenniere, *Pawlik*) ist als einzig bei der Unsicherheit der Diagnose in Frage kommende Operation die Laparotomie ausgeführt worden.

X. Nervöse Erkrankungen der Niere.

Nierenneuralgie.

§ 125.

Vorbemerkung. Die hierhergehörigen Krankheitszustände stellen ziemlich seltene Vorkommnisse dar. Weder entsprechen sie immer wohl umschriebenen Krankheitsbildern, noch auch beziehen sie sich stets auf die Niere allein oder wenigstens vorwiegend auf dieselbe. Aus allen diesen Gründen werden sie von manchen Autoren stillschweigend übergangen, von anderer Seite dagegen unter sehr verschiedenen Namen aufgeführt: Nierenneuralgie bezw. Neuralgie hématurique (*Sabatier*) oder Nephralgie, ferner Neurose der Niere, nervöse Nierenkolik oder nervöser Nierenschmerz, Tenesmus renalis (*Bozeman*) etc.

Wie auch an anderen Orten, unterscheidet man an der Niere primäre idiopathische von den secundären, symptomatischen Neurosen.

Die bisherigen Beschreibungen nervöser Erkrankungen der Niere betreffen vornehmlich ihre sensiblen Nerven. Wegen der passiven Congestion und Hyperämie des Nierenparenchyms, auf welche in einzelnen Fällen von Nierenneuralgie aus dem gleichzeitigen Auftreten von Haematuria renalis zu schliessen ist, hat man indessen auch an die Möglichkeit einer Betheiligung der die Gefässe versorgenden Nerven zu denken, und zwar um so mehr, als man von diesen gesonderte Bahnen für die sensiblen Nerven weder in den von dem Plexus renalis entstammenden Zweigen, noch im Rückenmark bis jetzt erwiesen hat.

Es erscheint überhaupt zweifelhaft, ob und in wie fern das Nierenparenchym als solches im gewöhnlichen Sinne sensibel ist. Die eigenartige Empfindung, welche manche Personen bei Palpation der Niere haben und welche man mit dem besonderen bei Berührung der Hoden erzeugten Gefühl verglichen hat, ist wohl noch immer anderer Deutung fähig. Leichte Verschiebung der Niere im Ganzen und geringe Zerrung des Nierenbeckens und des Nierenstieles spielen hier eine Rolle. Es ist dieses um so mehr anzunehmen, als in den Krankheiten der Niere, in welchen lebhafte Schmerzen mehr oder minder häufig beobachtet werden, ausser Lageveränderungen Steigerungen in den Druck- und Spannungsverhältnissen des Nierenbeckens und namentlich auch der Capsula fibrosa, sowie pathologische Beziehungen des Harnleiteransatzes von maassgebender Bedeutung sind. Bezüglich der Capsula fibrosa hat man sich zu denken, dass diese, wenn Parenchym-Affectionen der Niere, z. B. bei Wechsel in ihrem Volumen, schmerzhaft werden, durch Betheiligung und Vermittelung der oberflächlichen Rindenschichten in Mitleidenschaft gezogen wird. Begünstigt wird solches durch mancherlei Momente: Verlust der Elasticität der Kapsel, peritoneale und anderweitige Verwachsungen, Verdickungen etc. Hier sind für die Schmerzempfindungen ausser dem Plexus renalis die Nerven der Nachbartheile, in erster Linie die des Bauchfells verantwortlich zu machen. Die Schmerzhaftigkeit directer Insulte der Niere durch Traumen, durch Lageveränderungen von Steinen und andere schmerzhafte Affectionen der Niere, welche mit den nervösen Erkrankungen dieser in engerem Sinne verknüpft sind, sind indessen ebenso wenig, wie solche, die an bestimmte anatomische Veränderungen gebunden sind, als specielle nervöse Erkrankungen aufzufassen. Letztere sind in der Regel „sine materia" und charakterisiren sich, wie z. B. eine Beobachtung von *Duke*, durch ihre mehr oder minder genaue Beziehung zur Nierengegend. Manchmal strahlen indessen die neuralgischen Schmerzen ähnlich wie bei der Nierenkolik aus. Kolikartige Anfälle sind aber hier selten; meist ist der Schmerz dumpf und es kann sich derselbe über ein grosses Gebiet verbreiten.

Streng genommen sollte man nur dann von Nierenschmerz oder Nierenneuralgie reden, wenn wenigstens mit einiger Sicherheit der

Schmerz sich auf die Nierengegend beziehen lässt. Charakter und Intensität des Schmerzes wechseln vielfach individuell von Fall zu Fall. Im Allgemeinen pflegt örtlicher Druck den essentiellen Nierenschmerz günstig zu beeinflussen, eine Erscheinung, welche nur noch in einzelnen Fällen von Neubildungen der Niere beobachtet wird. In allen übrigen Nierenkrankheiten steigert der direct von aussen auf die betreffende Niere ausgeübte Druck die Schmerzen.

Neben den bisher ausschliesslich berücksichtigten Fällen, welche man als solche sogenannter „primärer" Neuralgie der Niere zusammenfasst, giebt es eine Reihe „secundärer" oder „symptomatischer" Formen dieser Neuralgie. Dieselben sind häufig Theilerscheinungen anderer nervösen Leiden: beispielsweise können sie im Verlauf der Tabes in Gestalt von „Nieren-Krisen" auftreten (*Raynaud*) und sie bilden dann eine Abart der „gastrischen" Krisen *Charcot's*. Diese secundären und „symptomatischen" Nierenneuralgien werden nur mehr ausnahmsweise*) Gegenstand der Beobachtung bezw. Behandlung seitens eines Chirurgen. Solches ist zunächst möglich dort, wo sie nicht im Rahmen anderer nervöser Erscheinungen, wie z. B. im prämonitorischen Stadium einer noch nicht entwickelten Paralyse sich zeigen (*Grasset* und *Rauzier*). Am seltensten kommen wohl zum Chirurgen diejenigen Patienten, deren Nierenneuralgie nur Theilerscheinung einer „Neuralgia lumbo-abdominalis" ist, oder bei welchen sie durch eine — in einzelnen Fällen weit zurückliegende — Malaria-Infection bedingt wird (*Laguen*).

Chirurgisches Interesse bieten dagegen in hervorragendem Maasse diejenigen Kranken, deren abnorm gesteigerte Empfindlichkeit der Niere eine secundäre oder symptomatische ist und von Affectionen anderer, zum Theil benachbarter Gebiete des Harnsystems abhängt. Hierher gehören die kolikartigen Schmerzanfälle, welche die Nierengegend bei Harnleiter-Erkrankungen zuweilen betreffen (*J. Israel*). Ferner kommen Nierenschmerzen bei verschiedenen Blasenleiden (bei weiblichen Personen von *Bozeman* als „Tenesmus vesicalis" bezeichnet), besonders aber bei der sogenannten „Citite douloureuse" (*Hartmann*) vor.

So schwer sich in manchen dieser Fälle die Entstehung des Nierenschmerzes erklären lässt — die Annahme, dass dieser ein „reflectorischer" sei, ist eine Umschreibung, aber keine Erklärung —, so hat doch die Heftigkeit des Schmerzes wiederholt den Anlass zu chirurgischen Eingriffen gegeben, so zur Nephrektomie (*Durham, J. Israel*), dann zur Anlegung eines dauernden künstlichen Harnauslasses aus der Blase in Form einer Blasenscheidenfistel (*Bozeman* u. A.).

Zu den secundären Nierenneuralgien muss man noch diejenigen rechnen, in denen wohl deutliche materielle Veränderungen in der Niere existiren, diese aber in jähem Missverhältniss zur Intensität des Schmerzes stehen. Beispiele hierfür werden von *Le Dentu* angeführt in Form von Beobachtungen heftiger

---

*) Thatsächlich hat *Péan* bei einem 44jährigen Mann, bei dem heftiger Nierenschmerz mit Hämaturie Vorläufer der locomotorischen Ataxie war, die betreffende Niere exstirpirt (*Brodeu*).

Nierenschmerzanfälle, bei Gegenwart von etwas ganz feinem Sand oder eines einzigen nur wenig umfangreichen Concrementes. Hieran reihen sich die Beobachtungen von *Tiffany*, in welchen eine strahlige Narbe, wahrscheinlich syphilitischen Ursprunges, der fibrösen Kapsel bestand. Nach Incision dieser Narbe schwanden die Nierenschmerzen. Den gleichen günstigen Verlauf nahmen diejenigen Fälle, in welchen eine Congestion des Nierenparenchyms zur abnormen Spannung der Capsula propria Anlass gegeben. Auch bei diesen Patienten verloren sich die Schmerzen nach operativer Spaltung der Kapsel, bezw. nach Punction des Nierenparenchyms (*Harrison*).

Krankheitsbild der idiopathischen primären Nierenneuralgie.

Primäre idiopathische Nierenneuralgie ist nach *Senator* dort anzunehmen, wo weder eine Nierenaffection, noch ein anderes für die nephralgischen Beschwerden verantwortlich zu machendes Leiden vorhanden ist. In einem Theile der einschlägigen Fälle konnte man das Fehlen jeder materiellen Veränderung durch die Autopsie beglaubigen; in anderen dieser Fälle ist es zu keiner Section gekommen, so dass bei denselben zweifelhaft bleiben muss, ob sie nicht zu den soeben erwähnten Kategorien der secundären Nephralgien gehören. Für einzelne Beobachtungen glaubt *Tiffany* die Abhängigkeit der Schmerzen von Congestion des Organs dadurch erwiesen zu haben, dass aus kleinen Stichwunden desselben Blut wie im Strahle heraussprizte. Hiermit sollen gleichzeitig functionelle Abweichungen in der Nierensecretion bestanden haben.

Unter den mit näheren Angaben versehenen Fällen von primärer Nierenneuralgie überwiegt das männliche Geschlecht. Fast ausschliesslich befallen wird das Alter vom 20. bis 40. Lebensjahre; allerdings beschreibt *Barker* eine Nephralgie bei einem Knaben von 9 Jahren. Leider ist die Zahl der hierhergehörigen, wirklich gut beobachteten Patienten eine recht geringe. Namentlich sind mehrere der neueren einschlägigen Fälle nur während einer sehr kurzen Zeit verfolgt worden. Die Aufstellung eines für die Nierenneuralgie im Allgemeinen maassgebenden klinischen Bildes ist daher unmöglich; im Uebrigen war der Verlauf der etwas näher und eingehender untersuchten Fälle ein so verschiedenartiger, dass sich auch nicht eine wenigstens für die Mehrzahl der Erkrankungen irgend wie maassgebende Vorhersage mit gutem Gewissen aufstellen lässt.

Diese Unsicherheit in unseren Kenntnissen des decursus morbi und einer irgendwie wissenschaftlich zu begründenden Prognose bedingt eine grosse Zurückhaltung in allen therapeutischen Maassnahmen. Der überaus chronische Verlauf und die gelegentlichen Spontanheilungen sollten aber um so mehr von operativen Eingriffen zurückhalten, als von keinem dieser völlig überzeugende Erfahrungen zur Zeit existiren.

Bei dem überaus chronischen Verlauf der Nephralgie ist eine Diagnose eigentlich nur „per exclusionem" nach längerer, zuweilen über Jahre hinaus fortgesetzter Beobachtung möglich gewesen. Nur ausnahmsweise konnte man durch den in Freilegung des Organs bestehenden operativen Eingriff direct die Richtigkeit der Diagnose beglaubigen. Ausserordentliche Schwierigkeit kann unter Umständen die Unterscheidung von Nephrolithiasis gewähren, da letztere zuweilen auch durch einen überaus langwierigen, Jahrzehnte und mehr umfassenden decursus morbi sich auszeichnet. Man vergleiche hierüber Capitel XII: „Die Steinkrankheit der Niere". Im Allgemeinen ist aber der Verlauf der Nierenneuralgie ein anderer. Der Beginn der Krankheit kann ein sehr jäher sein, der Schmerz in peracuter, plötzlicher Weise ohne besondere Ursache auftreten; andere Male ist eine Erkältung, ein Trauma oder eine übertriebene Körperanstrengung kurz vorher vorangegangen. Seltener ist der Anfang ein nicht so stürmischer. In allen Fällen charakterisirt sich aber der Schmerz dadurch, dass er anfallsweise auftritt, zuweilen sehr häufig. andere Male in bereits angedeuteter Weise in sehr grossen Intervallen. In den anfallsfreien Zwischenzeiten, mögen sie kurz oder lang sein, bleibt der Schmerz die hauptsächlichste Aeusserung der Neuralgie; aber er ist nicht mehr acut, er dauert vielmehr in Form eines Schmerzgefühles, einer Steifigkeit an einer tiefen Stelle an. Im Grossen und Ganzen unterscheiden sich die stärkeren Anfälle nicht von denen der Nierenkolik; wie bei dieser, sind mit ihnen Störungen der Harnentleerung verbunden. Der Harndrang ist häufig, anhaltend. die Entleerung selbst schwierig und schmerzhaft. Der Harn ist roth, häufig direct blutig gefärbt. Seit einer classischen Beobachtung von *Sabatier* bezeichnet man solche Fälle mit Hämaturie als „Néphralgie émathurique" oder, wie *G. Klemperer* es übersetzt, mit dem Namen der angioneurotischen Nierenblutung. Wir werden auf diese Erkrankung in dem nächsten, die Nierenblutungen behandelnden Abschnitt zurückzukommen haben. Hier sei noch hinzugefügt, dass die Menge des Harns. so weit man sie beobachtet hat (*Sabatier*, *Leguen*), wechselte und in den den Anfällen vorangehenden Tagen erheblich vermindert war, bei *Sabatier* auf 500—600 gr, bei *Leguen* auf 250 gr. Der letztgenannte Patient hatte während eines Tages eine 6 Liter erreichende Polyurie. Die Analyse auf Harnstoff ergab bei zweimaliger Untersuchung, welche mit sehr verschiedenen Mengen Harn angestellt wurde, einen Gehalt von 19·5 gr. *Leguen* glaubt, dass die Congestion, welche in den hierhergehörigen Fällen zur Hämaturie führt, erst eine secundäre ist, und es unterscheidet sich dieselbe in ihren Einzelnheiten wesentlich von der Blutung bei der Steinkrankheit der Niere Für die Trennung der neuralgischen Schmerzen von den schmerzhaften Empfindungen bei der Steinkrankheit hebt *Leguen* hervor, dass in manchen Fällen neuralgischer Natur die Ausstrahlung längs des Harnleiters fehlen kann. Im Uebrigen ist der Schmerz in den neuralgischen Fällen, wie wir bereits sahen, kein gleichmässiger. und letzteres gilt in noch viel höherem Maasse von der Hämaturie, welche nie so häufig, so anhaltend, so gleichmässig ist, wie bei der Steinkrankheit.

Die sogenannten angioneurotischen Nierenblutungen hat man auch in Fällen ohne Neuralgie gesehen, zum Theil aber auch an Personen, welche Zeichen allgemeiner Neurasthenie boten.

XI. Erkrankungen der Blutgefässe der Niere.

§ 126.

1. Aneurysma der Nierenarterie.

Vorbemerkung. Die überwiegende Mehrzahl der Erkrankungen des Gefässapparates der Niere ist mit anderweitigen organischen Veränderungen derselben verknüpft. Bei einer Reihe innerer Krankheiten kommt es zu erheblichen Störungen im Gefässsystem der Niere, zur activen wie passiven Congestion, zu Blutaustritten, zu embolischen und thrombotischen Processen. Alle diese Vorgänge haben für den Chirurgen keine Bedeutung. Solche kommt nur den Fällen zu, in denen die krankhaften Veränderungen der Nierengefässe von an und für sich den Chirurgen interessirenden Processen abhängen. Hierher gehören in erster Reihe die mannigfachen Zustände der Gefässentartung bei Nierentumoren, die mit solchen verbundenen Blutaustritte in das Innere der Geschwulst, in das noch nicht neoplastisch degenerirte Nierenparenchym, und die Entwickelung hämorrhagischer und anderweitiger Cysten. Indem wegen der Einzelheiten der hier maassgebenden Verhältnisse auf unsere frühere Darstellung verwiesen werden muss, sei hier noch daran erinnert, dass gleiche pathologische Processe sich auch bei anderen die Niere desorganisirenden chirurgisch wichtigen Affectionen. z. B. bei den Eiterungen aus den verschiedensten Ursachen, speciell bei der die Lithiasis complicirenden, abspielen können.

In allen den vorstehenden Beobachtungen fällt die Behandlung der Störungen der Nierengefässe mit der des ursächlichen Nierenleidens zusammen. Ein directes chirurgisches Eingreifen haben bis jetzt nur Vorkommnisse von Aneurysma der Nierenarterie selbst oder eines ihrer Hauptäste erfordert. Bis jetzt sind sechs derartige Aneurysmen beschrieben worden, und zwar fand man unter ihnen die verschiedenen bis jetzt bekannten Formen des Aneurysma vertreten.

Ausser vier gewöhnlichen spontanen. nichttraumatischen Aneurysmen ist von *v. Hochenegg* ein traumatisches Aneurysma der Nierenarterie und von *Gruber* eine gemischte aneurysmatische Geschwulst beschrieben worden. In letzterem Falle hatte sich aus einem traumatischen Aneurysma ein sogenanntes Aneurysma spurium entwickelt. Einmal, in der zweiten von *Oestreich* veröffentlichten Beobachtung, ging das Aneurysma vom Hauptstamm der Art. renalis aus und die aneurysmatische Geschwulst lag dementsprechend ausserhalb der Nierenkapsel, mehr oder minder scharf von der Niere selbst getrennt. In dem Falle *Hahn's* hatte sich das Aneurysma von dem einen Hauptast der Nierenarterie aus entwickelt; es befand sich innerhalb der Nierenkapsel, war aber deutlich von der Nierensubstanz noch zu trennen. In den übrigen Fällen bildete das Aneurysma keine besondere Geschwulst: es war in den Hilus durchgebrochen, bezw. hatte die Substanz der Niere zertrümmert.

Irgend welche charakteristische Zeichen hat keiner der vorliegenden Fälle bei Lebzeiten geboten. In den beiden Fällen von
Hahn und *Hochenegg* wurde die wahre Sachlage erst nach der Operation
der exstirpirten Niere erkannt. In dem Falle von *Hochenegg* und in
dem von *Gruber* war eine äussere Gewalteinwirkung ohne Trennung
der äusseren Bedeckungen vorausgegangen. In einem weiteren Falle
trat Tod durch Endocarditis ein. Sonst ist über Symptomatologie und
Verlauf des Nierenaneurysma so wenig Sicheres bekannt, dass man
in Zukunft vor einer etwaigen Operation sich zunächst mit Diagnosti-
cirung eines exstirpirbaren Nierentumors zu begnügen haben wird.

    Medinavitia in Madrid will die sphygmographische Curve der
Arteria femoralis auf der Seite zeichnen, auf der sich das Nierenaneurysma befindet, um dieses vom Aortenaneurysma zu unterscheiden. Von praktischer Bedeutung dürfte Solches kaum sein, da
schwerlich jemals die differentiale Diagnose zwischen Aortenaneurysma
und Aneurysma der Arteria renalis zu stellen sein wird.

2. Nierenblutungen.

Nierenblutung, Haematuria renalis, Nephrorrhagie kommt als
Symptom der verschiedensten Nierenkrankheiten vor, so bei Lithiasis,
bei Tuberculose, bei Neoplasmen und den mannigfachsten Formen
der Nierenentzündung. Mit diesen haben wir uns an vorliegender
Stelle nicht näher zu beschäftigen. Dagegen haben wir hier auf Fälle
sogenannter spontaner Nierenblutung aufmerksam zu machen, weil
dieselben theilweise zu verschiedenen chirurgischen Eingriffen, sogar
zur Exstirpation der Niere geführt haben. Neuerdings hat man sich
damit begnügt, die anscheinend erkrankte Niere freizulegen und dann,
nachdem man sich von ihrem normalen Verhalten überzeugt hatte,
die Wunde wieder zu schliessen. In anderen hierhergehörigen Fällen
hat man die fibröse Kapsel eingeschnitten, bei einer dritten Classe
dieser Patienten hat man sich von der Gesundheit der betreffenden
Niere durch deren Spaltung mittelst des Sectionsschnittes überzeugt.
Zu unterscheiden von diesen Fällen, welche man besser mit dem
Namen der „essentiellen" Nierenblutung als der spontanen Nephrorrhagie bezeichnen sollte, sind einige Beobachtungen, in denen es sich
um eine auf die Niere beschränkte Bluterkrankung zu handeln scheint.
Allerdings gehört der von *Senator* unter dem Namen der „renalen
Hämophilie" beschriebene Fall nicht hierher. Wohl aber hat man
die Hämophilie zu diagnosticiren, wenn Familienmitglieder des Patienten
an Bluterkrankung leiden, oder Blutungen des Kranken selbst ihn als
hämophil mit Sicherheit erkennen lassen Alle diese Fälle müssen
deshalb hier ganz besonders erwähnt werden, weil jeder chirurgische
Eingriff, speciell die Untersuchung mit dem Blasenspiegel, bei ihnen
streng verboten ist.

    Auch die neurotischen Nierenblutungen sind nicht chirurgisch
zu behandeln. Ihre Therapie ist nach allgemeinen Grundsätzen der
Regelung des täglichen „Régime" und auf diätetischem Wege (Milch-
curen) zu leiten.

Anhang.

Es erübrigt nun noch, den praktischen Zwecken des vorliegenden Werkes entsprechend, auf die Erscheinungsweise der Nierenblutungen aufmerksam zu machen, und zwar speciell bezüglich ihrer Unterscheidung von anderen Formen der Hämaturie. Wir haben in dieser Hinsicht wesentlich auf unsere früheren Auseinandersetzungen an den betreffenden Stellen unseres Werkes zu verweisen. Immerhin wollen wir betonen, dass man vielfach bis vor Kurzem den Urin bei Blasenblutungen nicht von dem bei Nierenblutungen trennen zu können behauptet hat. Als wesentlichste Unterscheidungsmerkmale hat man folgende aufgestellt, und zwar sollen für Nierenblutungen sprechen:

1. Fleischwasserähnliche Beschaffenheit des Harns, welche sogar bei kleineren Blutungen, in Folge inniger Beimengung dieser, sich bietet.

2 Dunkelbraune oder schwarzbraune Färbung des Harns in Folge der Umwandlung des Hämoglobins in Methämoglobin, die nach *Goldstein* dann eintritt, wenn das Blut bei Körpertemperatur längere Zeit vor seiner Entleerung dem Harn beigemischt gewesen ist

Fig. 365.

Rothe Blutkörperchen im Harnsediment bei Nierenblutung (nach Gumprecht).

3. Sehr unsicher sind die Unterscheidungsmerkmale zwischen den Blutungen aus den Nieren und denen aus den Harnleitern. Letzteren hat man eine mehr verästelte, bald regenwurmförmige, bald bandartige Gestalt zugeschrieben. Oft sind sie so klein, dass man sie erst mit dem Mikroskop als kleine Blutcylinder zu erkennen vermag. Aehnliche Blutcylinder können aber auch aus den geraden ableitenden Harncanälchen der Niere stammen (*Guyon*). Andererseits können Harnleitergerinnsel eine sehr bedeutende Grösse erreichen. Im Museum des St. Bartholomeus-Hospital wird ein solches von 14" aufbewahrt.

Eine sichere Diagnose der Nierenblutungen wird ermöglicht einzig und allein, wenn es gelingt, die eigenartige, auf beifolgender Fig. 365 wiedergegebene Umwandlung der rothen Blutkörperchen im Harnsediment bei Nierenblutung nach *Gumprecht* nachzuweisen.

XII. Die Steinkrankheit der Niere.

§ 127.

A. Allgemeines.

Die Steinkrankheit der Niere ist, soweit es sich um Beschaffenheit und um Entstehung der zu ihr gehörigen Concremente handelt, zum wesentlichen Theile in der Einleitung des IV. Abschnittes des vorliegenden Werkes (§ 66) erörtert worden. Unter ausdrücklichem

Verweise auf diese Darstellung werden in Folgendem nur die wichtigsten Besonderheiten, durch welche sich die Steinbildung in der Niere vor der im übrigen Harnsystem auszeichnet, besprochen werden. Ausgeschlossen bleiben hierbei die Fälle von mehr vergänglichen Niederschlägen, ferner die sogenannten Verkalkungen, welche die mannigfaltigsten Erkrankungen der Niere begleiten, und die Vorkommnisse von Sand- und Grieskörnern, welche keine Neigung haben, in der Niere weiterzuwachsen und durch Massenkrystallisation sich zu einer dem Begriffe des Steines entsprechenden Grösse auszugestalten (S. 548).

Zusammensetzung der Nierensteine. Dieselbe stimmt im Grossen und Ganzen mit der der Harnsteine im Allgemeinen und der der Blasensteine im Speciellen überein; einzelne, bis jetzt nur in der Niere gefundene Steinbildner, wie z. B. Indigo (*Ord*, *Forbes* u. A.), kommen nur ausnahmsweise vor und besitzen keinerlei praktische Bedeutung für den Chirurgen. Von grösserer Wichtigkeit ist es dagegen, dass Phosphatsteine in der Niere im Ganzen viel seltener sind als in der Harnblase, und zwar trifft man dieselben ausschliesslich im Nierenbecken. Nach *Forbes* bilden Kalkphosphat und Magnesiaphosphat allein in der Niere fast niemals Steine, sondern kommen nur in Form amorpher, gypsartiger Niederschläge oder combinirt mit anderen Substanzen vor; als ausschliesslicher wenngleich seltener Steinbildner tritt das Tripelphosphat auf. In der Regel aber erscheint es ebenso wie die übrigen Phosphatverbindungen nur als äusserer Belag von Harnsäuresteinen, wenn diese nach längerem Verweilen im Nierenbecken zu einer reichlichen Absonderung alkalischen Eiters geführt haben. Bessert sich dann unter entsprechender Behandlung die Pyelitis, so kann es zu neuer Anlage von Harnsäureschichten kommen, welcher bei starker Reizung der Nierenbeckenwandungen durch letztere wieder Phosphatniederschläge folgen können. Die Sägefläche mancher Nierensteine enthält auf solche Weise, entsprechend dem mehrfachen Wechsel dunkler und heller Zonen, ein eigenartiges, buntscheckiges Aussehen, wie man es bei Blasensteinen relativ selten beobachtet. Die beiden Hauptbildner der sogenannten primären Steine (s. o. S. 549), resp. Steinkerne, die Harnsäure mit ihren Salzen und der oxalsaure Kalk, bieten in der Niere meist ein gleiches Verhalten wie in der Harnblase. Wir geben nachstehend die Zusammensetzung von 91 in den Museen der Londoner Hospitäler enthaltenen Nierensteinen nach *Dickenson*.

Vorkommen von	Zahl der Nierensteine	darunter einfache Steine	zusammengesetzte Steine
Harnsäure	40	21	19
harnsauren Salzen .	24	9	21
oxalsaurem Kalk . . .	36	11	25
phosphorsaurem Kalk .	16	3	13
Tripelphosphat . . .	7	2	5
gemischten Phosphaten .	28	9	11
kohlensaurem Kalk	9	1	7
Cystin	2	2	0
Gesammtsumme der Nierensteine	91	52	39

Von 12 Nierensteinen im University College Hospital Museum zu London bestanden dagegen 5 aus Harnsäure und 2 aus Kalkoxalat allein, von den übrigen 5 hatten 4 einen Harnsäurekern mit Phosphatrinde und 1 alternirte Harnsäure- und Phosphatschichten. Offenbar wechselt bei den Nierensteinen ebenso wie bei den Blasensteinen das Verhältniss der Steinbildner zu einander je nach der Provenienz der Steinkranken. Ob aber dieses bei beiden Steinarten in gleicher oder in wechselnder Weise der Fall ist, darüber fehlen ausreichende, die verschiedenen geographischen Charaktere der Steinkrankheit berücksichtigende Zahlenangaben mehr oder minder gänzlich. Ausserdem brauchen, wenn mehrere Steine in einer Niere sich finden, dieselben nicht die gleiche Zusammensetzung zu haben; bemerkenswerth ist namentlich das Verhalten des Kalkoxalates, welches sowol zusammen mit der Harnsäure in einem und demselben Stein vorkommt, ebenso aber auch für sich allein Concremente neben solchen aus Harnsäure bilden kann. Sind beide Nieren an Lithiasis erkrankt, so haben ihre Steine meist dieselbe Zusammensetzung, nothwendig ist dieses aber nicht.

Die von *Morris* auf Grund der von *Taylor* in der Sammlung des Roy-College of Surgeons zu London gemachten Befunde wiedergegebene Behauptung, dass bei Kindern der Kern der Nierensteine aus harnsaurem Ammoniak, bei jüngeren Erwachsenen aus Harnsäure allein und bei Personen über 40 Jahre aus oxalsaurem Kalk gebildet wird, bedarf noch weiterer Bestätigung. In vielen Steinsammlungen der pathologischen Museen ist leider das Alter der betreffenden Personen nur in einzelnen Fällen direct angegeben.

Sehr unbefriedigend sind ferner auch die ziffermässigen Daten über die absolute wie relative F r e q u e n z d e r N i e r e n s t e i n e. Im Katalog des Musée Dupuitren werden auf 246 verwerthbare Fälle von Blasensteinen, nur 6 von Nierensteinen aufgeführt; in der Sammlung des Museums des University College Hospital zu London sind die entsprechenden Zahlen 242 und 21. Etwas häufiger sind die klinischen Beobachtungen der Nierensteine in neuester Zeit geworden. Im St. Thomas-Hospital zu London kamen in den Jahren 1869—1888 nur 6 Nierensteine gegenüber 175 Blasensteinen zur Operation; dagegen unterlagen von 1889—1893 ebendaselbst 12 Nierensteinfälle gegenüber 26 Blasensteinkranken einer chirurgischen Behandlung. Mit dieser neuerdings gesteigerten Häufigkeit verbindet sich ein Vorwiegen der w e i b l i c h e n Patienten, deren unter jenen 12 nicht weniger als 8 waren, während auf die Blasensteinfälle nur 2 Frauen kommen. In der Sammelstatistik von *Sorret* fehlt allerdings dieses Vorwiegen weiblicher Patienten; immerhin sind unter den hier zusammengestellten 70 Nierensteinfällen beide Geschlechter ziemlich gleich vertheilt, indem auf 37 männliche 33 weibliche Patienten kommen. Jedenfalls bilden hier letztere keineswegs eine solche Ausnahme, wie bei den Blasensteinfällen.

Auch die übrigen ätiologischen Verhältnisse sind bei den Nierensteinen einigermaassen verschieden von denen bei den Blasensteinen. Was zunächst das Alter betrifft, so sind zwar intrauterin entwickelte Nierensteine beschrieben worden (*Civiala*), ihr häufigstes Vorkommen hat jedoch in völlig erwachsenem Alter statt. Von den 70 Beobachtungen bei *Torrès* betrafen 27 Patienten von 25—45 Jahren; nur 4 waren unter 25, 19 45—65 und 15 über 65, darunter 2 über 80 Jahre alt. Von den neueren 12 Fällen des St. Thomas-Hospital kamen 5 in dem Alter von 30—40 Jahren, 3 in dem von 20 bis 30 Jahren und 4 jenseits des 40. Jahres vor.

Sehr oft ergreift die Lithiasis beide Nieren, nach *Leguru* in der Hälfte der Fälle, nach *Torrès* unter 83 verwerthbaren Beobachtungen 21mal gegenüber 26 linksseitigen und 36 rechtsseitigen Fällen, nach neueren Statistiken in 15°/₀ der Beobachtung; doch scheint die Häufigkeit der doppelseitigen Nierenerkrankung in operativen Fällen die bei Sectionen erhobenen einschlägigen Befunde zu übertreffen.

Unter den örtlichen Begünstigungen der Steinbildung sehen wir bei den Nierenverletzungen, dass Fremdkörper hier eine viel geringere Rolle als in der Blase spielen. (Fig. 366.) Eine Ausnahme bildet nur die allerdings nicht für Europa, sondern nur für Egypten und einige andere Theile Afrikas wichtige Steinbildung in Fällen von Distomenerkrankung. Bei diesen wie bei den Vorkommnissen von Fremdkörpern besteht im Uebrigen in der Niere wegen der unter den meisten Verhältnissen andauernd sauren Reaction des Harns viel weniger Neigung zu Phosphatniederschlägen, als in der Blase. Solche Niederschläge bilden sich hauptsächlich im Nierenbecken, wenn der hier stagnirende Urin durch reichliche eiterige Beimengungen seine normale Reaction zu verlieren beginnt. Abgesehen hiervon, haben also alle die schon früher namhaft gemachten, durch örtliche und allgemeine Ernährungsstörungen bedingten Voraussetzungen auch für die Lithogenose in den Nieren volle Giltigkeit. Wenn es dennoch in dieser seltener als in der Harnblase zu der das Wesen eines wirklichen

Fig. 366.
Steinbildung
in der Niere,
von einer
Nadel aus-
gehend.

Steines ausmachenden Massenkrystallisation kommt, so beruht das wesentlich auf der viel engeren Begrenzung der Leistungen, welche das Canalsystem der Niere gegenüber der weiteren Ausdehnungsfähigkeit der Harnblase bietet. In Uebereinstimmung damit treffen wir selten „intrarenale" Steine von einigermaassen nennenswerthem Umfang; solche scheinen sich hauptsächlich im Anschluss an Harnsäureinfarcte zu entwickeln. Die vorwiegende Oertlichkeit für die Nierensteine geben vielmehr das Becken und die Kelche ab, deren normale, an und für sich beschränkte und immer noch erheblich hinter der Harnblase zurückbleibende Dimensionen unter pathologischen Bedingungen überaus beträchtliche Vergrösserungen erleiden können. Derartige Bedingungen werden theils durch entzündliche Processe geliefert, theils besteht als ihre Ursache ein directes Hinderniss für den Abfluss des Harns aus Kelchen und Becken. Wird dieses

Hinderniss, wie nicht selten, durch einen in der Mündung eines Kelches bezw. im Ostium uretericum festsitzenden Stein von verhältnissmässig geringer Grösse gebildet, so kann die Folge eine Art Circulus vitiosus zwischen der zunehmenden Ausweitung des Nierenbeckens und dem Weiterwachsen des Steines sein. Letzterer füllt dann schliesslich mit seinen Ramificationen nicht selten das mächtig ausgedehnte Nierenbecken mit Kelchen allenthalben aus. Wenn dagegen das leistungsfähige Nierenparenchym in Folge frühzeitigen gänzlichen Abschlusses des Ostium uretericum sehr bald vollständig zu Grunde gegangen ist, kann es mit einer nur beschränkten, von einer bindegewebigen Schale umkleideten Steinbildung an Stelle von Niere und Nierenbecken sein Bewenden haben. Fälle dieser Art sind nicht gerade häufig, das Gewöhnliche ist eine unvollständige oder nur vorübergehende Abflussbehinderung des Nierenbeckens. Warum es aber trotz einer solchen Begünstigung einer Massenkrystallisation häufiger in der Niere als in der Blase zu keiner wahren Steinbildung und statt dessen zur Incrustation und Petrification kommt, darüber müssen weitere Forschungen aufklären.

B. Pathologische Anatomie.

Die überwiegende Mehrzahl der für den Chirurgen wichtigen grösseren Concrementbildungen gehört dem Nierenbecken an, in welchem, wenn nicht ihre Entwickelung, so doch ihre Ausgestaltung vor sich gegangen ist. Einigermaassen lange bestehende und nicht zu kleine Steine, welche das ausgedehnte Nierenbecken grösserentheils ausfüllen, richten sich in früher bereits erörterter Weise nach dessen Configuration in ihrer Form; sie haben ein gefingertes, stalaktitenförmiges, rankenoder korallenähnliches Aussehen, können zuweilen höchst sonderbaren Figuren von Thieren, Kinderspielzeugen gleichen und unterscheiden

Fig. 367.

Facettirte Nierensteine in einem bis auf 37 g atrophirten Organ. (Nach der Originalabbildung Torrès. Die Steine boten eine harnsaure Rinde um einen mit etwas Phosphaten versetzten Oxalatkern.)

sich schon bei oberflächlicher Betrachtung von Steinen aus anderen Theilen des Harnapparates, speciell aus der Blase. Manchmal erscheinen die einzelnen Fortsätze dieser Figuren wie abgebrochen, und es zeigen dann die Bruchstücke facettirte, einander zugekehrte Flächen. Bei etwas grösserer Zahl sind die Steine rund oder oval, ebenso sind die in einem Divertikel, in einem ausgeweiteten Nierenkelche oder an einer ähnlichen Stelle sich findenden länglichen Steine gewöhnlich abgerundet. (Fig. 367.) Bildet das ausgedehnte Nierenbecken eine hufeisenförmige Figur, so können die Steine das unterste Ende des einen Armes des Hufeisens einnehmen und sind dann oft schwer zu entdecken. Andere Male, wenn nur ein grosser Stein existirt, kann dieser ebenfalls Hufeisenform mit einer Rinne zum Abfluss des Harns haben, oder er füllt das Nierenbecken ganz aus mit einem Fortsatz in den Harnleitereingang (s. Fig. 368 nach *Rugsch*). Steine dagegen, welche lediglich letzteren ganz oder zum Theile ausfüllen und nur noch mit dem einen Ende in das Nierenbecken reichen, haben, wenn nicht die bekannte Deckelkorbform, meist eine leicht konische, längliche, dattelkernartige Gestalt. (Fig. 369.)

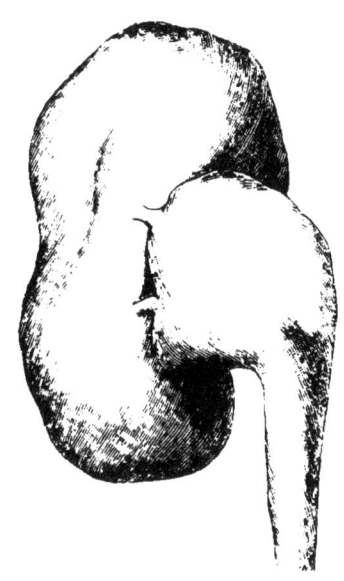

Ausserordentlich verschieden ist die Grösse der Nierensteine. Wie bei den Steinen der Harnblase, steht auch bei denen der Niere der Umfang in einem umgekehrten Verhältnisse zur Zahl, doch sind im Durchschnitt die Nierenconcremente kleiner, als die der Blase. Jedenfalls gehören Nierensteine, wie der auf Fig. 370 abgebildete, mit einem Trockengewicht von 150 gr. zu den grossen Ausnahmen, und noch mehr gilt dieses von Monstresteinen, welche, wie der über 1 kg wiegende Stein *Gee's*, neben

Fig. 368.

Nach Rugsch. Niere sammt Nierenbecken und Beginn des Harnleiters völlig durch einen Stein ersetzt. (Vgl. Torrès. Calculs du veni. Pl. I. Fig. 9.)

Fig. 369.

Dattelkernförmiger Harnleiterstein (s. Fig. 175).

Nach Amusset père.

zahllosen kleineren Concretionen gefunden wurden. Die Zahl der in einer Niere enthaltenen Steine ist überhaupt gleichsam unbegrenzt; *Morris* beschreibt einen Fall mit circa 200, *Keetlag* einen solchen von circa 150 Steinen in einer Niere. Für gewöhnlich wird man indessen *Hartmann* auf Grund der Untersuchungen von *Torrès* und *Leguen* beistimmen, dass etwa in der Hälfte der Beobachtungen mehr als ein, in einem Drittel derselben aber mehr als zwei Steine in einer Niere sich finden. Bei doppelseitiger Nephrolithiasis können Form, Grösse und Zahl der Concremente auf beiden Seiten übereinstimmen (Beobachtung Verf.), viel häufiger existiren aber hier Unterschiede, so dass die eine Niere dauernd leistungsfähiger bleibt, als die andere.

Ebensowenig wie an der Harnblase, giebt es auch an der Niere irgend eine pathologische Veränderung, welche ausschliesslich durch die Gegenwart eines Steines hervorgerufen wird. Hier wie dort trifft man nur gewisse Befunde häufiger und mehr hervortretend, als unter anderen

Fig. 370.

Grosser stalaktitenförmiger Nierenstein, den einzelnen Nierenkelchen und dem Infundibulum des Harnleiters entsprechend. (Nach einem Präparate des Herrn Professor Dr. Langenbuch in Berlin. $\frac{2}{3}$ Lebensgrösse, s. Fig. 174.)

Bedingungen, so dass es sich aus praktischen Gründen empfiehlt, die wichtigsten derselben in Nachstehendem kurz aufzuführen.

Niederschläge von Harnsalzen und deren Derivate können an den verschiedensten Stellen einer Steinniere existiren, und zwar auch von solchen Substanzen, welche wir oben als niemals oder als selten wirklich steinbildend erwähnten. Ueberhaupt brauchen die neben den eigentlichen Steinen angetroffenen Incrustationen, Infarcte und Verkalkungen durchaus nicht identisch mit diesen zusammengesetzt zu sein, und die Abscheidung von aus den Nieren stammenden Niederschlägen mit dem Harn gestattet nicht ohne Weiteres Rückschlüsse auf den Chemismus etwa in der Niere vorhandener Steine. Allen Steinen gemeinsam ist, dass sie mechanisch schädigend auf ihre Umgebung einwirken; besonders rauhe, mit spitzen und stachligen Fortsätzen versehene Steine können Reizung mit Blutaustritt und Usur mit Geschwürsbildung bedingen, jedoch erzeugen sie ohne Hinzutritt anderweitiger, speciell entzündlich-septischer Processe an Nieren und Nierenbecken relativ selten Durchbrüche mit ihren Folgen. Andererseits findet man zuweilen an älteren Nierenbeckensteinen Stellen, die nicht anders als usurirt zu deuten sind (z. B. an einem Präparat im London-Hospital-Museum), und welche zu ihrer nicht seltenen, eine glatte Extraction behindernden Zerbrechlichkeit beitragen mögen. In vereinzelten Fällen scheint spontane Steinzerklüftung auch innerhalb der Nieren vor sich zu gehen.

Sehr wichtig für den Zustand der Niere bei der Steinkrankheit ist, ob zu dieser eiterig-septische Infection tritt oder nicht. Der letztere Fall, in welchem es ausschliesslich zur bindegewebigen Sclerose und Atrophie ohne eiterige, geschwürige Processe neben den Rückstauungserscheinungen kommt, ist der minder häufige. Ganz besonders entwickelt sich nur selten eine einfache, uncomplicirte Hydronephrose, welche immer eine unvollständige, „renale Harnverhaltung" ohne eitrige Infection während einer längeren Zeit voraussetzt. In einzelnen dieser Fälle wird eine gleichzeitige Volumszunahme der Niere beschrieben (*Le Dentu*), durch Proliferationsprocesse bedingt. Ihnen gegenüber stehen Beobachtungen weitgediehener Atrophie der Nierensubstanz, so dass schliesslich nur ein von einer bindegewebigen Hülle umschlossenes Fragment an Stelle der Niere bleibt (s. Fig. 371).

Die zur Atrophie führenden, mit der Rückstauung sich verbindenden, theils proliferirenden, theils sclerosirenden Processe werden namentlich in Frankreich (*Jardeb*) in mehrere Stadien getheilt. Wesentlich für die Bedeutung dieser Processe, welche in einer erst die Glomeruli, dann das übrige System der Harncanälchen treffenden Ausweitung, sowie in einer Endo- und Periarteritis mit späterer Betheiligung des Bindegewebes bestehen, ist zu erachten, dass man ihre einzelnen Phasen an den verschiedenen Stellen einer und derselben Niere nicht immer in gleicher Entwickelung trifft. Beschränken sich Rückstauung und Atrophie hauptsächlich auf das Gebiet eines Nierenkelches, welcher von Concrementen ausgefüllt wird, so können diese auf Kosten der atrophirenden Marksubstanz sich immer mehr der Niere nähern und es kann ein Moment eintreten, in welchem die betreffenden Steine inmitten der übrigen keine groben Veränderungen bietenden Nierensubstanz liegen. Vereinzelte derartige Parenchymsteine, welche vornehmlich bei jüngeren männlichen Personen vorkommen sollen (*Bennett*, *May*), wachsen ziemlich langsam, bestehen bei harter Consistenz meist nur aus einer Substanz Kalkoxalat, Harnsäure, werden

selten von entzündlichen Veränderungen begleitet und üben auf Grösse, äusseres
Aussehen und sonstige Beschaffenheit der Niere sehr geringen Einfluss aus. Ihr
Hauptsymptom ist daher nur Schmerz, der theils örtlich auf die Niere begrenzt
ist, theils nach dem Hoden reflectirt werden kann (*Fenwick*). Sie müssen schon
ziemlich gross sein, wenn sie an der Oberfläche der Niere einen durch die
Besichtigung oder die Palpation erkennbaren Vorsprung bezw. Widerstand oder

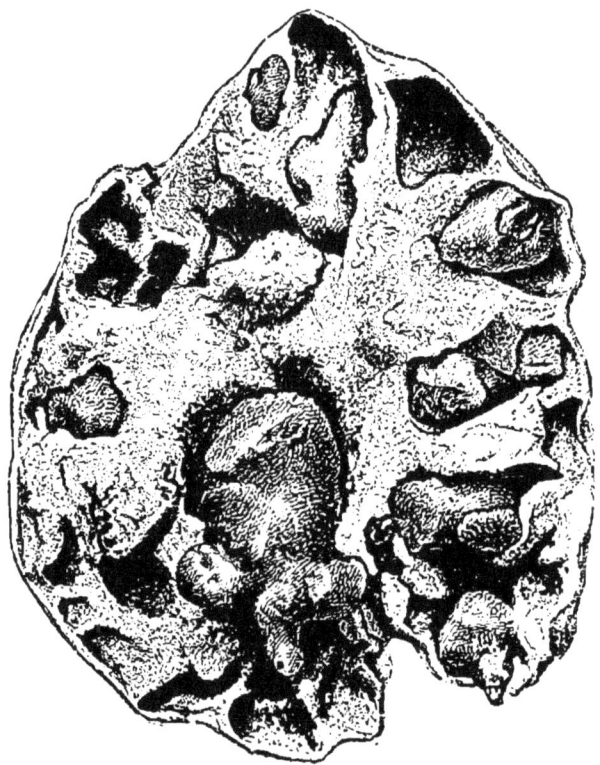

Fig. 371.
Rechtseitige Steinniere nach Rovsing.
(Das Nierenbecken wird von einem grossen Concrement ausgefüllt gesehen,
während das Nierenparenchym in eine Reihe von cystischen eitererfüllten Hohl-
räumen umgewandelt ist, von denen jedes ein Concrement enthält. Arch. f. klin.
Chir. B. I. S. 845.)

gar Crepitation bedingen. Ebenso müssen kleine Concremente in einer bedeuten-
deren Zahl auftreten, um Unebenheiten, Höcker oder Knoten (bosselures) nach
aussen zu bieten. Schwer zu ermitteln sind ausserdem die ursprünglichen Beziehungen mancher Concremente zum Nierenbecken dort, wo sie sich inmitten
eines in ein System vielkammeriger Retentionscysten umgewandelten Parenchyms
befinden.

Ist die Sclerose sehr ausgesprochen, so wird auch das circumrenale Gewebe in Mitleidenschaft gezogen (*Rayer*). Dasselbe zeigt eine starke Zunahme, die namentlich auch am Hilus einen ligamentösen Charakter bietet.

Eiterig-septische Infection vermag in jedem Stadium die Steinniere zu compliciren. Ihre Ursache ist vorwiegend eine urinogene, und zwar handelt es sich meistens um einen von den unteren Harnwegen ausgehenden ascendirenden Process. Viel seltener ist eine hämatogene Entstehung der Eiterung, daneben giebt es auch bei anderen eiterig-infectiösen Processen Fälle, in denen sich ihr Ursprung nicht ermitteln lässt. Einige Male scheinen traumatische Einflüsse die Bedeutung von Gelegenheitsursachen gehabt zu haben. Die Ausgestaltung der eiterig-septischen Infection wechselt in den einzelnen Fällen ausserordentlich. Den Fällen gegenüber, in denen sie sich auf eine mässige Pyelitis beschränkt, stehen solche, in denen das ganze Harnsystem betheiligt und gleichzeitig Erscheinungen der Rückstauung vorhanden sind. Unter Einwirkung letzterer kann eine Aenderung der Reaction des in der Steinniere stagnirenden Harns und dadurch ein schnelles Wachsthum ursprünglich wenig umfangreicher Concremente in Folge secundärer Steinbildung genau so wie in der Harnblase eintreten. Andere Male ist die Complication der Infection mit Retention die Ursache umfangreicher Pyonephrosen, welche zuweilen eine eigenartige Hufeisenform annehmen (*Guyon*). Auch ist Weiterverbreitung der eiterig-septischen Processe auf die Umgebung der Niere nicht selten, und es kommt hierbei zu ausgebreiteten perinephritischen Eiterungen event. mit eiterig-geschwürigen Durchbrüchen von Steinen, sowie Fistelbildung, sei es nach aussen, sei es nach benachbarten Hohlorganen.

Ausser Atrophie und Sclerose, sowie neben eiterig-septischer Infection wird die Steinniere sehr oft von Congestionszuständen und anderweitigen degenerativ-entzündlichen Zuständen heimgesucht, ja es giebt kaum eine Form von Entzündung, welche man nicht mit Nephrolithiasis vergesellschaftet gefunden hat (*Torrès*). Häufig betheiligt sich auch die andere Niere, sei es an der eiterigen Infection, sei es an einer der verschiedenen Arten der Entzündung, doch findet man oftmals nicht auf beiden Seiten die gleichen Veränderungen. Manchmal zeigt bei sehr langwieriger Eiterung der Steinniere die „andere" Niere ebenso wie die übrigen Unterleibsorgane Amyloid und parenchymatöse Degeneration.

Unter 76 von *Leguen* gesammelten Nierensteinfällen war von 38, in denen die „andere" Niere nicht ebenfalls von Lithiasis betroffen war, nur in 5 dieselbe nicht erkrankt, und unter diesen 5 war 1, in welchem überhaupt nur eine Niere vorhanden war. Von den übrigen Fällen von gleichzeitiger nicht calculöser Erkrankung der anderen Niere kamen 4 auf Sclerose, 4 auf Hypertrophie und 4 auf Atrophie, ferner 9 auf Pyonephrose, 3 auf anderweitige Entzündung und 2 auf Cystenbildung.

Von sonstigen pathologischen Veränderungen, welche man in Steinnierenfällen trifft, sind praktisch am wichtigsten die durch Ver-

breitung der Steinkrankheit auf die Harnblase gebotenen.
Leider fehlen bis jetzt zuverlässige ziffermässige Daten über ihre
Häufigkeit. In einzelnen Fällen sieht man auch Steinbildung in anderen
Organen, z B. in Leber und Gallenblase. Ueber die Beziehungen der
Nierensteinbildung zu gleichzeitig bestehenden anderweitigen inneren
Erkrankungen, speciell zur Gicht, zu Veränderungen im Gefäss-
und Nervensystem und zu allgemeinen Ernährungsstörungen wird an
anderer Stelle ausführlich berichtet.

C. Symptomatologie.

Ebenso wie bei den Blasensteinen, lassen sich bei den Nierensteinen Hämaturie und Schmerz als „rationelle" Symptome den übrigen
Erscheinungen gegenüber zusammenfassen. Allerdings sind hier solche
rationellen Symptome nicht ganz so constant wie bei den Blasensteinen und erfahren ausserdem vielfach eine Vermischung mit den
Zeichen, welche durch die Abscheidung von Sand und Gries hervorgerufen werden. Letztere kommt zwar sehr häufig, aber keineswegs
regelmässig gleichzeitig mit grösseren, für den Chirurgen wichtigen
Nierenconcrementen vor.

Schmerz und Hämaturie werden als hauptsächliche Symptome,
speciell der uncomplicirten Fälle von Nephrolithiasis, vorgeführt. Im
Besonderen hat man dort, wo es während eines langen Krankheits-
verlaufes nicht zu Harnverhaltung und Infection, bezw. einer hiervon
abhängigen äusserlich wahrnehmbaren Geschwulstbildung gekommen
ist, an die Existenz eines grösseren Concrementes in einer sonst
gesunden Niere zu denken, während im entgegengesetzten Falle es
sich um kleinere Steine in einem hydronephrotischen oder abscedirten
Organ handelt (*Grey, Treith*). Im Uebrigen treten Schmerz und
Hämaturie meist gleichzeitig in einem gegenseitigen Abhängigkeitsverhältniss untereinander auf, und sie haben das Gemeinsame, wesentlich von der Bewegungsfreiheit beeinflusst zu werden, welche der Stein
in dem ihn umschliessenden Raum geniesst. Namentlich wird der
Schmerz bei Lithiasis, im Gegensatz zu einer Reihe anderer Nierenaffectionen und vornehmlich zur Nephralgie, durch Körperaction gesteigert, durch Körperruhe aber gemildert. Im Uebrigen wechselt
aber die Ausgestaltung des Schmerzes von Fall zu Fall, bezw. in den
verschiedenen Stadien des gleichen Falles. Sehr charakteristisch ist
vielfach ein dumpfes, auf der ganzen Lende bestehendes, zuweilen
sehr intensives Druckgefühl. Manchmal ist gleichzeitig die Berührung
einzelner Stellen in Nachbarschaft der Niere sehr empfindlich und
zieht sich dann zuweilen selbst bei leichterem Contact mit der unter-
suchenden Hand die Musculatur reflectorisch zusammen. Andere Male
fehlt dieses ebenso wie das Druckgefühl, und die Patienten geben
unbestimmte, vage Sensationen an. Sehr häufig bedingt indessen die
Beweglichkeit des Steines, dass der von ihm ausgehende mehr oder
minder erhebliche Schmerz in Anfällen auftritt, welche sich nicht
auf die Gegend der Niere oder auf die Lenden beschränken. Ein solcher

ausstrahlender Schmerz kann nicht selten die ganze Situation beherrschen, als „Hodenschmerz", wenn die Irradiation im Verlauf des Samenstranges bis zum Scrotum herabsteigt, ferner in der unteren Extremität als „Fersenschmerz", wenn dieses dem Verlauf des N. Ischiadicus entsprechend bis zur Sohle statthat, dann in der Bauchwand und den Unterleibsorganen als „Neuralgia lumbo-dorsalis" oder als „Gastralgie" (Leguen), und endlich kann auch die andere Niere betroffen werden. Verschieden von dieser Irradiation des Schmerzes ist seine Localisation, welche in Verbindung mit functionellen Störungen, namentlich in ableitenden Harnwegen, in Form von vermehrter Harnfrequenz, Tenesmus vesicae, zuweilen aber auch von Anurie als „Reflexerscheinung" gesehen wird. Solche Reflexerscheinungen beobachtet man unter sehr verschiedenen Verhältnissen Zunächst können sie die bei Nephrolithiasis auch sonst sehr häufigen gewöhnlichen Kolikanfälle unter gleichzeitiger Abscheidung von Sand und Gries in Verbindung mit den übrigen hier gesehenen Harnveränderungen begleiten. Sie kommen aber auch anfallsweise ohne ausgesprochene Nierenkolik zuweilen vor. und man erklärt sie dann durch Schleimhautreizung in Folge geringfügiger Lageveränderungen des Steines, bedingt durch meist unerhebliche äussere Einflüsse. Der jähe Schmerz erscheint hier ohne Vorboten, in extremen Fällen gleichzeitig mit Aufstossen. bis zum heftigsten Erbrechen sich steigernder Uebelkeit, ferner mit Krämpfen und Verfall der Kräfte. ja sogar mit Anurie und bedrohlichen Symptomen des Kreislaufes und der Athmung. In wenigen Stunden ist meist dieses Alles geschwunden. Wiederholen sich hierauf — wie sehr häufig — diese Anfälle öfter, so pflegt nicht selten ihre Intensität nachzulassen. so dass man eine Art von Gewöhnung der neuen Berührungsstelle an den Contact des Steines annimmt. Manchmal scheint aber eine allmähliche Weiterverlagerung des Steines nach unten stattzufinden. Eine solche ist zu vermuthen, wenn nach Ablauf des Anfalls der Schmerz nicht völlig aufhört Es bleibt eine abgeschwächte, diffuse. von der Lende nach unten sich verbreitende Empfindlichkeit („endolorissement") zurück. Zur Gewissheit aber wird die Lageveränderung eines Concrementes in denjenigen nicht gerade häufigsten Beobachtungen, in welchen dem Ablauf eines Schmerzanfalls die Entleerung eines oder mehrerer, bisweilen sogar sehr vieler Steine von relativ grossem Umfang innerhalb mehr oder minder kurzer Pausen folgt (Le Dentu). Ueber die weiteren Erscheinungen bei Lageveränderungen des Steines vergleiche die nächste Seite.

Auftreten und Intensität der Hämaturie bei Steinniere richtet sich meist nach dem des Schmerzes, doch ist es im Ganzen minder constant als dieses. Zweckmässig unterscheidet man die ohne Kolikerscheinungen auftretende Blutung hier von der mit derartigen Anfällen verbundenen Hämaturie (Leguen). Im ersteren Falle ist die Blutung kaum je ganz spontan und in ihrer Stärke und Dauer an die der Einwirkung selbst unbedeutender Ursachen geknüpft. Im letzteren Falle zeigen sich jedoch öfters ohne jeglichen Anlass

1—2 Tage vor dem Anfall reichliche Blutungen im Urin, der sich erst einige weitere Tage später völlig aufklärt. Das specielle Verhalten des Blutes hier wie in anderen Beobachtungen von Haematuria calculosa unterscheidet sich inzwischen in keiner Weise von dem in den anderweitigen Fällen von Nierenblutung. Selten ist die Blutung so reichlich, dass runde, längliche Massen durch den Ureter in die Blase treten, diese mehr oder minder ausfüllend. Häufiger ist gänzliche Aufklärung des Harns in der anfallsfreien Zwischenzeit, doch ist solche manchmal nur scheinbar, indem sich mikroskopisch dann noch ziemlich lange in dem durch Centrifugiren gewonnenen Bodensatz einzelne Blutelemente erkennen lassen. Zum Beweise für die Existenz eines Steines als Ursache letzterer vermag man zuweilen in dem unmittelbar nach Entleerung trotz nicht sehr hoher Concentration sich absetzenden Harnsediment die krystallinischen Elemente der Steinbildner darzuthun (*Rosenstein*).

Die abgesehen von der Hämaturie und dem Schmerz auf die Nierensteinkrankheit zu beziehenden Symptome hängen im Wesentlichen von Complicationen und Folgezuständen, im Speciellen 1. von Lageveränderungen und Weiterwandern der Concremente, 2. von Störungen der Harnbereitung und Harnentleerung und 3. von eiterig-septischer Infection ab.

1. Die Erscheinungen der Lageveränderung und des Weiterwanderns von Nierensteinen geben sich aufmerksamen Patienten manchmal als deutlich von eigentlichem Schmerz zu unterscheidende Empfindungen kund. Die Patienten geben deutlich an, den Stein an einer anderen, tieferen Stelle zu fühlen. So weit es sich um die verschiedenen Formen des Schmerzes selbst und der Hämaturie bei diesen Erscheinungen handelt, sind dieselben bereits im Wesentlichen besprochen. Daneben ist jedoch hervorzuheben, dass gewöhnliche Nierenkolikanfälle Symptome der Lageveränderung, resp. des Weiterwanderns eines Concrementes zu sein vermögen. Sand und Gries können dabei von einem grösseren Stein abgebröckelt werden, häufiger werden die neben grösseren Steinen oft im Nierenbecken enthaltenen kleineren Sedimente durch die reflectorische Contraction des Harnleiters nach aussen befördert. Bleibt dann der Stein an einer der natürlichen Engen des Ureters, meist im intravesiculären Theil desselben stecken, so braucht die völlige Behinderung des Harnabflusses keine rein mechanische zu sein, sondern ist oft, theilweise wenigstens, eine reflectorische, welche, wenn sie sich auf die andere Niere fortsetzt, zur Functionseinstellung der Harnausscheidung (Anurie) zu führen vermag.

2. Die Störungen der Harnentleerung bei Steinniere sind entweder vollständige oder unvollständige, in ersterem Falle häufig, wenn auch nicht ausschliesslich, acut und plötzlich auftretend, und dann bei Uebergreifen auf die Thätigkeit der anderen Niere die Form der Anurie annehmend. Diese Anuria calculosa ist, wie wir soeben gezeigt, häufig nicht ohne Vorboten und namentlich nicht ohne Vorangehen unvollständiger, kürzerer Anfälle. Nur ausnahms-

weise lässt sich aber durch die klinische Beobachtung verfolgen, wie die schliessliche Entwickelung der vollständigen Anurie der Weiterwanderung und Einkeilung des Steines oder eines Fortsatzes desselben in eine besonders enge Stelle des Harnleiters oder seiner Mündung entspricht. Wiederholt sieht man indessen gerade die Anuria calculosa ohne jeden Vorboten. Der Patient wird auf seinen Zustand erst aufmerksam, wenn er bei leerer Blase Harndrang empfindet. Allerdings ist öfters die Anurie im buchstäblichen Sinne zunächst keine vollständige; es wird noch eine geringe, höchstens ein Weinglas betragende Menge verdünnten Harns abgesondert. Bei der gleichzeitig meist noch vorhandenen subjectiven Euphorie täuschen sich nicht selten der Patient und seine Umgebung über den Ernst der Sachlage. Nur in der Minorität der Fälle nämlich — nach *Leguen* in 16 (28·6$^0_0$) unter 56 — erfolgt hier durch Wiederherstellung der Nierenthätigkeit spontane Genesung, zuweilen erst sehr spät, nach 10 bis 12 Tagen und noch längerer Zeit. In den meisten Fällen (71·5$^0_0$) geht die Anurie in tödtliche Urämie über, einige Male nach vorübergehender Besserung mit wenigstens theilweiser Wiederherstellung der Nierenfunction, so dass der Tod dann zuweilen erst relativ spät (im Lauf der zweiten Woche) statthat. In einigen dieser letzteren Fälle macht sich die Ausdehnung des Nierenbeckens durch eine äusserlich wahrnehmbare Geschwulst geltend, in allen anderen Beziehungen unterscheiden sich aber Anurie und Urämie bei Steinniere klinisch nicht von den gleichen Symptomen bei anderen Nierenerkrankungen, es sei denn durch die sonstigen für Nierensteine sprechenden Antecedentien. Thatsächlich findet man die mannigfachsten pathologischen Veränderungen der „anderen" Niere bei Anuria calculosa. Nur selten ist diese Niere vollständig gesund, bei *Leguen* unter 40 Fällen nur einmal; allerdings ist sie aber auch nicht immer ebenfalls durch Lithiasis erkrankt, vielmehr findet man ausser und neben letzterer die mannigfachsten älteren und frischeren entzündlichen und degenerativen Veränderungen. Namentlich eiterige Entzündungszustände können unter dem Einfluss gesteigerter Function und Blutfülle, wenn die am Stein erkrankte Niere den Dienst versagt, in der „anderen" Niere exacerbiren, vielfach entsprechen aber die post mortem zu erweisenden Veränderungen letzterer nicht dem extremen Grade ihrer Functionsstörung bei Lebzeiten. Unzweifelhafte Erklärung erfährt letztere eigentlich nur in den mehr ausnahmsweisen (3 unter 40 nach *Leguen*) Vorkommnissen, in denen eine zweite Niere neben der Steinniere überhaupt nicht existirt.

Ist die Abflussbehinderung bei Steinniere keine vollständige, acute, so ist zu unterscheiden, ob dieselbe sich auf das ganze Nierenbecken oder nur auf das Gebiet eines Kelches beschränkt. In letzterem Falle wird sich zunächst ein auf dieses sich beschränkender atrophischer Process entwickeln, welcher ebenso wie bei der polycystischen Niere zur Cystenbildung führen kann und unter Umständen, wenn er weiter geht und andere Kelchgebiete ergreift, einen dem der polycystischen Niere sehr ähnlichen Zustand zu erzeugen vermag. Gleichzeitig damit

kann eine hydronephrotische Ausweitung des Nierenbeckens bestehen.
Dagegen sahen wir bereits früher, dass reine, nicht inficirte
und nicht weiter complicirte Hydronephrosen bei Lithiasis
relativ selten sind. Die Wendungen und Lageveränderungen der Nierenbeckensteine bedingen, dass diese reinen Hydronephrosen meist keine
völlig geschlossenen sind, wenigstens nicht in den ersten Zeiten Dieselben sind ferner der Grund, dass sie einen intermittirenden Charakter
(*Guyon*) haben, ohne dass hierfür eine abnorme Beweglichkeit der
Niere als Ursache zu erweisen ist. *Lancéreaux* berichtet fünf derartige
Beobachtungen intermittirender Hydronephrose.

3. Wenn sich auch mit Nierensteinen die verschiedensten Formen
der Nierenentzündung verbinden können (*Buhl*, *Torris* u. A.), so
kommt doch eine wirkliche chirurgische Bedeutung eigentlich nur der
eiterig-infectiösen Entzündung zu Dieselbe gesellt sich fast immer
zur Rückstauung, und zwar oftmals sehr früh, so dass die Pyonephrose der Steinniere in der Regel sich aus einer Pyelitis
calculosa entwickelt hat. Es kann zu sehr ansehnlichen pyonephrotischen Geschwülsten kommen, die kaum noch etwas von normaler
Niere, höchstens deren ausgeweitete Nierenkelche erkennen lassen, und
man trifft dann die Steine im abhängigsten Theile des pyonephrotischen Sackes. Abgesehen aber hiervon, unterscheiden sich die
Pyonephrosen bei Steinniere durchaus nicht von den
sonstigen Formen der Pyonephrose (*J. Israel* u. A.). Wie bei
diesen, kommt es auch zur Betheiligung des Fettzellgewebes
in Umgebung der Niere, sei es in Form bindegewebiger Schwartenbildung und Entwickelung fester, fast stearinartiger Fettmassen, sei
es in Form der eiterigen Einschmelzung. Eine solche Paranephritis entsteht seltener in Folge Durchbruch eines Nierensteines oder Nierenabscesses, als per contiguitatem und es kann sich dann die Eiterung
sehr weit verbreiten; doch ist es einigermaassen auffällig, dass sich
nicht gerade oft — unter 11 von der Niere ausgehenden Fällen
Maydl's nur in 2 — aus einer Paranephritis calculosa subphrenische
Abscesse entwickeln. Allerdings hat bereits *Rayer* den Durchbruch
eines solchen Abscesses in die Luftwege beschrieben, viel häufiger
erfolgen aber diese Durchbrüche in die benachbarten Lichtungen des
Magens und Darmes, sowie auch nach aussen durch die äusseren
Bedeckungen Sehr selten sieht man die Durchbrüche von stürmischen
Erscheinungen begleitet, häufig haben sich schon vorher vielfache
Verwachsungen gebildet, durch welche der Process localisirt bleibt.
Mit den Durchbrüchen verbindet sich zuweilen die Entleerung von
Steinen, welche auf diese Weise nicht nur nach aussen, sondern auch
in das Duodenum und Colon gelangen können. In einer Reihe von
Fällen bleibt dann eine fistulöse Verbindung mit der Niere
zurück, doch sind die meisten äusseren Fisteln bei Steinniere nicht
auf diese Weise entstanden, sondern nach den operativen Eingriffen
der Nephrotomie bezw. Nephrolithotomie zurückgeblieben. Von den
nach operativen Eingriffen zurückbleibenden Fisteln der Niere zählt
Tuffier 34·2⁰₀ als nach Incision der Pyelitis bezw. Pyonephrosis

calculosa entstanden, während auf die Incision der nicht vereiterten Steinniere nur 3·33⁰/₀ der Fälle kommen.

Der Einfluss der eiterigen Infection der Steinniere ist auf deren Symptomatologie ein sehr mannigfaltiger und ist es ihr wesentlich zu verdanken, wenn die an und für sich fieberlose Nephrolithiasis einen fieberhaften Verlauf nimmt, namentlich auch wenn die Anfälle von Kolik und Steineinklemmung von Schüttelfrösten mit nachfolgender Hitze und Schweiss begleitet werden. Abgesehen hiervon, kann das Fieber unregelmässig, von äusseren Einwirkungen, von Einflüssen der Witterung, von Körpererschütterung beim Fahren und Gehen oder selbst nur von einer körperlichen Untersuchung und endlich auch vom Katheterismus abhängig erscheinen. Bald im Zusammenhang mit diesem, bald auch ohne einen solchen bietet das Fieber die Form des subacuten oder chronischen Harnfiebers, und ein häufiger Ausgang der Steinkrankheit der Niere wird bedingt durch tödtliche Urosepsis, d. h. die Combination der Effecte der Aufsaugung septischer Producte mit denen ungenügender Nierenfunction. Sehr selten dagegen nimmt die specifisch eiterige Infection die Gestalt einer acuten metastatischen Pyämie (*Adler*) an. Immer muss man sich aber klar machen, dass jede inficirte Steinniere nicht nur alle Gefahren einer inneren Eiterung, sondern auch diejenigen Beeinträchtigungen der Fortdauer des Lebens in sich schliesst, welche sich aus einer andauernden Störung der normalen Nierenfunction über kurz oder lang ergeben müssen.

D. Verlauf und Ausgänge. Prognose.

Der Verlauf der Steinkrankheit der Niere gestaltet sich ausserordentlich verschieden je nach der Entwickelung ihrer einzelnen Symptome und der Ausbildung der Folgezustände und Complicationen. Fälle mit völlig symptomlosem Verlauf, bei denen die Nierensteine einen mehr zufälligen Leichenbefund bilden, sind durchaus nicht selten. *Bruce Clarke* giebt an, dass von 24 Patienten mit Nierenstein, welche 1874—1884 im St. Bartholomeus-Hospital zu London zur Obduction kamen, nur 11 wohlmarkirte Erscheinungen bei Lebzeiten geboten haben. Mag diese Zahl der „latenten" Nierensteine auch in den allerletzten Jahren in Folge der vermehrten, von chirurgischer Seite ihnen gewidmeten Aufmerksamkeit etwas abgenommen haben, thatsächlich sind die Beobachtungen, in denen die Nierensteine sich entweder nur durch ganz unbestimmte Zeichen oder lediglich durch die sogenannten rationellen Symptome des Schmerzes und der Hämaturie innerhalb sehr langer, auf Jahrzehnte zu bemessender Zwischenpausen augenfällig machen, verhältnissmässig häufig. Mit Recht darf man hier von einem Stationärbleiben der Krankheit (*Guyon*) reden. Die betreffenden Patienten werden durch die Gegenwart des Steines in ihrer Lebensführung nur wenig beeinflusst: ihr Tod erfolgt schliesslich an anderen intercurrenten, von der Nephrolithiasis völlig unabhängigen Affectionen. Es ist häufig gleichsam nur ein Zufall, wenn hier intra vitam die richtige Diagnose gestellt wird. Der directe Nachweis des Steines durch physikalische Untersuchung als ein harter, resistenter, zuweilen etwas rauh anzufühlender Körper ist eine grosse Ausnahme, wenn man von den Steinfällen in dauernd verlagerten oder abnorm beweglichen Organen absieht.

Es ist selbstverständlich, dass in solchen symptomlosen oder latenten Fällen der Verlauf der Nierensteinerkrankung ein überaus chronischer ist; das Gleiche ist aber auch dort der Fall, wo deutlichere, das Wohlbefinden des Patienten störende Erscheinungen existiren. Es ist freilich oftmals überaus schwer, den ersten Anfang der Nephrolithiasis zu bestimmen: viel seltener als die Blasensteinkrankheit, entwickelt sie sich nach Eindringen eines Fremdkörpers, nach einem Trauma oder nach einer anderen augenfälligen Gesundheitsstörung. Andererseits sind Beobachtungen, welche mit ihren ersten Zeichen bis in das frühe Kindesalter hinaufreichen, nicht ganz selten. Jedenfalls gehört das Steinleiden der Niere, ungleich dem der Blase, recht häufig zu den Affectionen, welche ziemlich lange leidlich vom Patienten ertragen werden. Der Grund hierfür beruht darauf, dass die betreffenden Störungen meist während einer relativ kurzen Zeit einen gewissen Höhepunkt zu behaupten pflegen, und nach Ablauf der Anfälle eine mehr oder minder lange Ruhepause eintritt. Ein schnelleres Zeitmaass nimmt der Krankheitsverlauf nur dann, wenn durch Infection und Rückstauung der pathologische Zustand in einer mehr stetigen Weise sich auch nach aussen kundgiebt. Thatsächlich treten alle übrigen Einflüsse, welche sonst bei Blasensteinen in erster Linie von Bedeutung sind, wie z. B. die der Grösse und Zusammensetzung des Steines, des Alters und Geschlechtes seines Trägers u. dgl. m., gegenüber der Pyelitis und der Unterbrechung des Harnabflusses, wie der Harnbereitung in den Hintergrund. Das Steinleiden kann durch diese beiden Complicationen plötzlich eine acute Ausgestaltung gewinnen, welche selbst bei glücklichem Ueberstehen dem ganzen Decursus morbi ihren Stempel aufdrückt. Ganz besonders gilt dieses von der Anurie, und wir sahen bereits, dass in der überwiegenden Mehrzahl der Fälle ihr schliesslicher Ausgang der Tod ist. Hier wie überhaupt bei der Steinniere hängt die Vorhersage von der Leistungsfähigkeit der „anderen" Niere ab. Ausserordentlich selten beobachtet man Spontanheilung von Nierensteinen, sei es durch Elimination auf natürlichem Wege oder mittelst pathologischen Durchbruches, sei es durch Selbstzerklüftung und ähnliche auf S. 613—616 aufgeführte Vorgänge. *Torrès* konnte seinerzeit nur 4 derartige Genesungsfälle gegenüber 76 tödtlichen Ausgängen sammeln; allerdings kommen 16 (21%) von letzteren auf intercurrente, von der Nephrolithiasis unabhängige Zustände.

E. Diagnose.

Die Häufigkeit symptomloser und latenter Nierensteinfälle beweist, dass eine Diagnose nur in einer beschränkten Zahl der hierhergehörigen Vorkommnisse möglich ist. Thatsächlich giebt es kaum eine

chirurgische Nierenkrankheit, welche so schwer mit voller Sicherheit
erkannt wird, und wir sehen dementsprechend, dass verhältnissmässig
häufig in der irrthümlichen Meinung, eine Steinniere vor sich zu haben,
operative Eingriffe vergeblich unternommen worden sind. Nach *Fenwick*
ist dieses bereits mindestens 50mal geschehen. *Morris* fand unter
28 Fällen vermeintlichen Nierensteines in 2 Tuberculose mit Pyo-
nephritis, in 5 Nierenabscesse (darunter 3 bei Tuberculose) und meist
alte, angeblich auf Trauma zurückzuführende paranephritische Veränderungen, während die übrigen sich auf Vorkommnisse von Wanderniere, von Prostataabscessen und Prostatasteinen, von Steineinklemmung im unteren Harnleiterabschnitt, bezw. von Folgezuständen der
Durchwanderung des Harnleiters durch einen Stein, von Krankheiten
benachbarter Unterleibsorgane, wie z. B. Magen und Blinddarm oder
der Wirbelsäule, von der dann perinephritische Eiterungen ausgehen
können, beziehen. Ausnahmsweise konnte auch der Nierenstein bei der
Probeincision nicht aufgefunden werden; in einzelnen Fällen ergaben
die bei letzterer gemachten Wahrnehmungen ein negatives Resultat,
d. h. keine genügende Erklärung für den klinischen Symptomencomplex. Manche von diesen Probeexplorationen erwiesen sich als
curativ. Ihre Mehrzahl änderte aber nur wenig am Zustand der betreffenden Patienten (*Tiffany*).

Die eigenartigen Verhältnisse bei der in vermeintlichen Nierensteinfällen
unternommenen Explorationsincision verlangen, dass man das kranke Organ nicht
nur allseitig genau besichtigen und abtasten, sondern auch allenthalben durch die
Acupunctur- oder Hohlnadel in dasselbe eingehen und es, wenn nöthig, durch
Sectionsschnitt von der Convexität her eröffnen soll. Alles dieses ist aber nur bei
der lumbaren, nicht bei der transperitonealen Methode der Freilegung der Niere
möglich, und letztere sollte daher nur bei verlagerter oder abnorm beweglicher
Niere gebraucht werden. Die schon von *Gross* betonte Ungefährlichkeit der
lumbaren Incision wird neuerdings mehr und mehr bestätigt (*Broca*). Der dem
gegenüber für die transperitoneale Methode von *Thornton* u. A. in der letzten Zeit
auch in Deutschland mehrfach gerühmte (*Trendelenburg*) Vorzug, bei etwaigem
negativen Ergebniss auf der vermeintlichen kranken Seite, in der gleichen
Sitzung die nöthigen curativen Maassnahmen an der „anderen" Niere vollenden
zu können, besteht bei richtiger Ausführung auch für den Lumbarschnitt (*Rorsing*).
Schon die Häufigkeit, mit der man eiterig-septische Vorgänge bei der Nephrolithiasis findet, sollte eine nicht unumgängliche Eröffnung des Bauchfellsackes
verhindern.

Ueberaus verschieden ist der pathognostische Werth der
einzelnen Symptome der Nierensteinkrankheit. Die sogenannten rationellen Zeichen des Schmerzes und der Blutung
lassen dort, wo sie allein vorhanden sind, selbst im günstigsten Falle
nur eine Diagnose der Wahrscheinlichkeit zu. Gesteigert wird
diese Wahrscheinlichkeit öfters bis zur Gewissheit durch das gleichzeitige Vorkommen von ausgemachten Nierenkolikanfällen und entsprechenden Harnveränderungen. Nicht nur das plötzliche Kommen
und Gehen von Hämaturie, sondern auch das von molkiger Trübung

des Harns durch Krystalle der Steinbildner sind hier maassgebend. In manchen Fällen finden sich diese Steinbildner als unbedeutendes Sediment auch in der anfallsfreien Zeit. Andererseits kann es sehr schwierig werden, selbst bei ausgesprochenen Anfällen von Schmerz und Hämaturie, diese mit Sicherheit auf die Nieren, bezw. eine bestimmte Niere so zu beziehen, dass man bei ihr zur Annahme eines für die betreffenden Erscheinungen ursächlichen Steinleidens berechtigt ist. Wir verweisen auf die wichtigeren hier maassgebenden Punkte in den Capiteln Nierenneuralgie und Nierenblutungen. Die neueren Hilfsmittel der cystoskopischen Besichtigung der unteren Harnleitermündungen, sowie des Harnleiterkatheterismus sollten in geeigneten Fällen nicht unversucht bleiben. Allerdings muss man sich auch hier klar machen, dass man durch sie vielfach nur über die Thatsache der Erkrankung einer Niere. nicht aber über die Art dieser Erkrankung Auskunft, oft aber auch lediglich ein negatives Resultat erhält.

Das Auftreten einer äusserlich wahrnehmbaren Geschwulst hängt in Nierensteinfällen meist von der Entwickelung der Infection und der Harnverhaltung ab. Gewöhnlich weist diese Entwickelung darauf hin, dass man es nicht mit sogenannten Parenchymsteinen zu thun hat, sondern dass die Concremente ganz oder wenigstens zum grossen Theil dem Nierenbecken angehören. In letzterem können sie, entsprechend dessen zunehmender Ausdehnung, zuweilen recht erheblichen Umfang erreichen; aber ziemlich selten hat man. wie wir in Bestätigung unserer früheren Angabe hier besonders bemerken, Gelegenheit zum directen Nachweis eines Nierensteines selbst. Auch sehr erfahrene Chirurgen vermochten einen derartigen Nachweis nur in vereinzelten Fällen zu führen. Man hat den auf eiterigen Processen und Rückstauung beruhenden Anschwellungen in Steinnierefällen gewisse Besonderheiten zugeschrieben, durch welche sie sich von ähnlichen aus gleicher Ursache, aber bei anderen Gelegenheiten entstandenen Volumzunahmen der Niere unterscheiden sollen: so z. B. durch die extreme Empfindlichkeit der Pyonephrosis calculosa nicht nur bei der durch die Untersuchung. sondern auch sonst verursachten Berührung, ferner durch die ungünstige Einwirkung äusserer Einflüsse auf eben diese Schmerzhaftigkeit und auf das Fortschreiten des entzündlichen Processes etc. Alles dieses sind aber keineswegs regelmässige Vorkommnisse und dürfen deshalb nur mit Vorsicht verwerthet werden. Letzteres gilt noch mehr von der jeweiligen Reaction des Harns im Einzelfalle. sowie von den nicht zu seltenen Befunden von krystallinischen Niederschlägen der in der Niere vorhandenen Steinbildner im pyelonephritischen Harn. Beides kann durch secundäre Processe auch bei anderen Zuständen in ähnlicher Weise wie bei der Nephrolithiasis beeinflusst werden.

Anuria calculosa zeichnet sich als solche vor anderen Formen der Anurie meist durch ihr mehr oder weniger plötzliches Auftreten nach bestimmten, bereits charakterisirten Vorboten aus. So sicher ihre Diagnose in ausgemachten Fällen bei Kenntniss der Antecedentien des Patienten zu sein pflegt, so erschwert wird die richtige

Beurtheilung zuweilen bei nicht voller Entwickelung des Zustandes durch die manchmal lange die Situation beherrschende subjective Euphorie des Patienten Nicht immer waren es hier ausschliesslich Anfänger, welche den Ernst der Sachlage verkannten Am allerschwierigsten kann sich aber die Ermittelung gestalten, welche von beiden Nieren die von der Einklemmung betroffene ist, und welche erst secundär auf reflectorischem Wege ihre Leistungen eingestellt hat. Die diagnostischen Hilfsmittel sind hier die gleichen wie bei der Zurückführung der Symptome des Schmerzes und der Hämaturie auf das Steinleiden einer bestimmten Niere. Häufig geben indessen die Antecedentien des Patienten hier sicherere Auskunft, als die directe Untersuchung. In einzelnen Fällen haben bereits bei früheren Zufällen operative Eingriffe stattgehabt, und weisen die bei Gelegenheit derselben erhobenen Befunde auf den richtigen Weg. Man vergesse inzwischen niemals, dass eine einseitige Steineinklemmung statthaben und die Anurie nicht durch sie, sondern durch andere von ihr unabhängige concomitirende Krankheitszustände auf der „anderen" Seite veranlasst sein kann. Andererseits vermag manchmal der eingeklemmte Stein nicht vollständig die Lichtung zu verlegen, sondern es ist dieses erst das Ergebniss secundärer Schleimhautschwellung, reflectorischer Muskelcontraction und ähnlicher Folgezustände.

Zu einer vollständigen Diagnose der Anuria calculosa gehört im Grunde genommen noch der Nachweis, an welcher Stelle die etwaige Steineinklemmung erfolgt ist. Wie weit es möglich ist, die betreffende Oertlichkeit im Harnleiter zu ermitteln, ist früher bereits dargethan; aber nicht immer sitzt das Concrement in der Harnleiterlichtung selbst. Dasselbe kann sich noch gänzlich im Nierenbecken befinden und nur dessen Uebergang in den Harnleiter verschliessen, oder es ist lediglich ein Fortsatz eines grösseren vielverzweigten Nierenbeckensteines, welcher in die Harnleitermündung gerathen ist. In einzelnen Fällen trifft man nicht ein, sondern mehrere Concremente im Harnleiter, und es ist dann zu entscheiden, ob die völlige Verlegung der Lichtung von dem obersten, d. h. dem zuletzt hinabgestiegenen oder von einem tiefer gelegenen, an eine der natürlichen Engen des Canals gedrängten Steine ausgegangen ist.

F. Behandlung.

Die Behandlung der Nierensteine durch innere Mittel und allgemeine hygienische Maassnahmen weicht in keiner Weise von der der Blasensteinkrankheit ab, wie sie früher des Näheren beschrieben worden ist. Wesentlich unterscheiden sich dagegen die Principien der chirurgischen Therapie bei Blasen- und Nierensteinen. Zunächst ist bei letzteren von einer örtlichen Palliativ-Behandlung in dem Sinne, wie sie bei Blasenconcrementen möglich ist, keine Rede, es sei denn, dass man die in manchen Fällen als opération d'urgence oder als Voract zu anderen Eingriffen ausgeführte Nephrotomie hierher rechnen will. Im Gegensatz zu den bei Blasensteinen maassgebenden Grundsätzen ist aber vor Allem zu betonen, dass, entsprechend unserer

Darstellung des Verlaufes und der Prognose, das Vorhandensein eines Nierensteines an und für sich noch keine Anzeige zu einem operativen Einschreiten darstellt (*Grey, Smith*). Eine solche ist dann erst gegeben:

1. wenn der Stein ernstere Störungen in der Harnentleerung und Harnabscheidung hervorruft,

2. wenn mit der Lithiasis progressive infectiöse Entzündungen einhergehen und

3. wenn die subjectiven Erscheinungen des Schmerzes oder der Kolik, sowie die Hämaturie so heftig sind, dass sie das Wohlbefinden des betreffenden Patienten dauernd beeinträchtigen und eine erträgliche Lebensführung unmöglich machen.

Gewöhnlich bestehen zwei dieser Operationsanzeigen, zuweilen aber auch alle drei gleichzeitig, und zur ihrer Erfüllung haben wir zur Zeit folgende chirurgische Eingriffe zur Verfügung:

1. Die Nephrolithotomie, d. h. Einschnitt durch die die Niere bedeckenden Weichtheile und durch die von der Niere selbst gelieferte directe Umhüllung des Steines und Extraction desselben mit oder ohne Zertrümmerung (Nephrolithotripsie).

2. Die Nephrektomie, d. h. die Exstirpation der die Concretionen beherbergenden Niere. Dieselbe wird in einzelnen geeigneten Fällen mit der Nephrolithotomie in der Weise combinirt, dass entweder in gleicher oder in getrennter Sitzung erst der Stein extrahirt, und dann das erkrankte Organ entfernt wird. Abgesehen hiervon sind die Anzeigen der Nephrolithotomie und der Entfernung der Steinniere verschiedene.

a) Ausführung der Nephrolithotomie und Vorbereitung des Kranken. Fast immer wird man zu dieser den Weg von der Lende her der Laparotomie vorzuziehen haben, unter allen Umständen aber muss man ausser dem für jede Nierenoperation erforderlichen Instrumentarium Werkzeuge zur Extraction und Zertrümmerung des Steines, zur Sondirung und zum Katheterismus des Harnleiters von oben her bereit halten. Von einzelnen Chirurgen sind für diese Specialzwecke besondere, zum Theil sehr ingeniös erfundene Apparate angegeben worden. Vielfach genügen hier die kleineren Nummern der zur Extraction und Zertrümmerung der Blasensteine bestimmten Instrumente, anderenfalls möglichst schlank gebaute, leicht gekrümmte Polypenzangen und flache, längliche Löffel mit abgestumpften Rändern und langem Stiel. Derartige Zangen reichen meist auch zum Abbrechen der Fortsätze der schwer zu entfernenden korallenartigen Steine des Nierenbeckens aus. Daneben müssen verschiedene Sonden, sowie langgestielte Acupunctur- und Hohlnadeln von nicht unter $2\frac{1}{2}''$ Länge, eine kurzgekrümmte, zur Aufsuchung des Steines in der kindlichen Blase bestimmte Sonde (*Jordan, Lloyd*) und eine zum Harnleiterkatheterismus dienliche, mit metallenem Knopf versehene elastische Bougie zur Stelle sein.

b) Aeusserer Einschnitt. Wie bei allen lumbaren Nierenoperationen liegt der Patient auf der gesunden Seite möglichst nahe mit seinem Rücken am Tischrande; nach Bedürfniss unterstützt man diese gesunde Seite mit einer nicht zu hohen Rolle oder einem Sandsack. Der Operateur steht am Rücken des Patienten. Der Patient selbst wird wie zu jeder anderen Unterleibsoperation vorbereitet, und werden die gleichen antiseptischen Cautelen wie bei einer solchen getroffen.

Die Wahl des äusseren Einschnittes unter den mannigfachen, die Zugänglichkeit der Niere von der Lende her erstrebenden Methoden soll bei der Nephrolithotomie von dem Gesichtspunkte aus erfolgen, dass man erstlich hinreichend Raum hat, die Niere völlig zu enucleiren, und dass es ferner möglich ist, ein und dieselbe Schnittrichtung anzuwenden, um, wenn erforderlich, das Nierenbecken und den Harnleiter ebenfalls in der gleichen Sitzung freizulegen. In England bevorzugt man nach dem Vorgange von *Morris*, welcher 1880 zuerst in zielbewusster Weise einen Nierenschnitt gemacht hat, einen Schrägschnitt, welcher am Aussenrande des M. sacrolumbalis etwa $1 _{2}-3 _{4}''$ von der letzten Rippe entfernt und parallel mit dieser nach unten zum Darmbeinkamm läuft und je nach Bedürfniss von 3'' bis zu $4 1 _{2}''$ (*Morris*) oder selbst 5'' (*Treves*) verlängert werden kann. Geeigneter zur Verfolgung des Ureter ist die früher beschriebene Schnittführung von *J. Israel*, welche ebenfalls aussen am M. sacrolumbalis dicht unter der 12. Rippe beginnend, parallel mit ihr bis zur Spitze und von dieser bis zur Mitte des Lig. Poupart., bezw. zum Aussenrand des M. rectus abdom. verläuft, oder die *Guyon's*, welche zunächst wie der Verticalschnitt von *Simon* 5—6 cm weit senkrecht nach unten und dann mit einem Bogen nach vorn bis in die Nähe der Spina ant. sup. il. verläuft.

Die sogenannte „combinirte" Methode von *Thornton*, bei welcher das Abdomen durch den *Langenbeck*'schen Schnitt entsprechend der Linea semilunaris auf der als erkrankt vermutheten Seite von vorn eröffnet, dann beide Nieren in situ mit der linken Hand explorirt und erforderlichen Falls die als krank erkannte gegen die Lende gedrängt, auf diese dann mit der rechten Hand eingeschnitten, und der Stein schliesslich extrahirt wird, verdient aus gleichen Gründen wie die transperitoneale Explorativincision keine Empfehlung

c) Freilegung der Niere. Das Vordringen in die Tiefe durch Haut und oberflächliche Fascia vom Aussenrand des Musc. sacrolumbalis durch die Fascia transversalis bietet nichts Besonderes. Bei fettleibigen Personen kann der Schnitt aber so tief sein, dass man nachträglich die äussere Wunde zu erweitern hat, wofern quere Einkerbung des M. quadrat. lumbarum nicht genügt. In einzelnen Fällen hat man die hervorquellenden Klumpen des Panniculus adiposus zu excidiren. Nach Trennung der Lendenfascie gelangt man in's circumrenale Fett, dessen Beiseiteschiebung mit Finger und Pincette unter normalen Verhältnissen je näher man der Niere kommt, um so besser gelingt, da das Fettzellgewebe feiner und nachgiebiger in nächster Nachbarschaft der Niere wird (*Morris*). Allerdings ist gerade in Fällen von Nierenstein diese leichte und schonende Freilegung der Niere nicht immer möglich. In ihnen finden sich — von eiterigen Processen abgesehen —

oft entzündliche Veränderungen in der circumrenalen Zone, bestehend in bindegewebigen Verdickungen, Schwartenbildungen und Verwachsungen. Solche Veränderungen erschweren die Auffindung der Steinniere um so mehr, wenn sie klein und atrophisch weit nach oben unter den Rippenbogen in den subdiaphragmatischen Raum gerückt ist, und das hier erforderliche präparirende Vorgehen verlangt zuweilen sehr viel Geduld und Zeit (*Bruce Clarke*).

Ist man auf die Niere gelangt, und ist die Blutung aus dem Einschnitt sicher gestillt, so wird die Wunde mit geeigneten starken Hebeln kräftig auseinandergezogen. Die Hinterfläche der Niere wird nun zuerst abgetastet; ein Assistent drängt zu diesem Behufe die Niere vom Bauche her gegen die Hand des Operateurs. Während der Patient dann vorübergehend aus der Seitenlage etwas mehr in die Rückenlage gedreht wird (*Morris*), presst man die Niere gegen die von dem Psoas gebildete feste Unterlage und tastet die vordere Fläche der Niere ab. Bei diesem Manöver ist es nothwendig, dass die Niere — ungefähr wie man es an der Leiche thut — stumpf aus ihrem Lager gelöst wird, um die Blutung aus den Verbindungen der circumrenalen Gefässe mit der Nierenoberfläche möglichst zu meiden. Als allgemeine Regel und als Voraet für die weiteren Phasen des operativen Eingriffes muss gelten, dass die Niere durch die Finger des Chirurgen nach vorn geschoben (*Lange*) und gleichsam in subluxirter Stellung, niemals aber in ihrer normalen Lage auf dem Ileopsoas endgiltig untersucht wird. In vielen Fällen gelingt es dann, nicht nur dem Gefühl, sondern auch dem Auge einen wesentlichen Theil des Organs zugänglich zu machen. Um das Nierenbecken aufzufinden, kann man bei nicht zu weit gediehenen perinephritischen Verwachsungen und Veränderungen der Gestalt des Nierenbeckens wie der Niere selbst den unteren Pol letzterer als „point de repire" benutzen. Dicht an diesem Pol, also bei Seitenlage des Patienten etwas unten und innen, verläuft der Harnleiterabschnitt, welcher unmittelbar seiner den Uebergang in das Nierenbecken bildenden Ausweitung folgt. Der Uebergang der cylindrischen Form des Ureters in eine trichterförmige Ausweitung ist manchmal ziemlich plötzlich, so dass man hier von einem collum ureteri redet. Nur wenig über dem Niveau dieser Stelle liegt unter einigermaassen normalen Verhältnissen der unterste Nierenkelch.

Die vorstehend beschriebenen Manipulationen führen häufig den Chirurgen bereits direct auf den Stein, dessen völlige Freilegung durch einen entsprechenden Einschnitt in die Nierensubstanz nebst der Extraction dann ohne Weiteres leicht von statten geht. In vielen Fällen ist indessen dieses nicht so einfach; vielmehr müssen, um zu einem richtigen Urtheil über die Gegenwart eines Steines in der Niere zu gelangen, die einzelnen Wahrnehmungen, die bei Freilegung der Niere der Operateur gleichzeitig macht, sinngemäss mit einander combinirt werden. Oft glaubt man durch Consistenzveränderungen der Niere auf die richtige Localität des Steines geführt zu werden.

Man dringt z. B. relativ leicht von der Rinde ein und meint in der Tiefe einen stärkeren, einer Concretion entsprechenden Widerstand zu fühlen. Andere Male lässt eine stellenweise schon von aussen sich darbietende Resistenz an die Existenz eines Steines denken. Aber in ersterem Falle kann es sich um Abscesse, Tuberkeln, Geschwulstknoten, auch um Stellen grösserer Weichheit der Rinde handeln, in deren Tiefe das normale Rindenparenchym den Eindruck gesteigerter Resistenz gewährt. Im zweiten Fall kann man es mit kleinen, prall gespannten Cysten, mit Abscessen, mit derber Membran, harten Neoplasmen u. dgl. zu thun haben. In der Regel werden indessen derartige unrichtige Annahmen durch die genaue B e s i c h t i g u n g leicht verbessert. Consistenzveränderungen der Niere, die nicht auf Steinen beruhen, sind häufig mit Verfärbungen verbunden Bei Gegenwart von Steinen zeigt umgekehrt die Nierenoberfläche ein gleichmässig hoch- bis dunkelrothes Aussehen, das sich dort, wo nur eine dünne Parenchymschichte den Stein bedeckt, bis zum Blauschwarz steigern kann (*Fenwick*).

Fenwick hat die Möglichkeiten, welche sich dem Arzte bei der äusseren Untersuchung der freigelegten und aus ihrem Bett gehobenen Niere bieten, näher classificirt. Es kann das Nierenbecken oder ein Hohlraum in der Niere so vollständig von amorpher Phosphatmasse oder einem wirklichen Stein ausgefüllt sein, dass die Nierensubstanz von aussen entweder gar keine besondere localisirte Resistenz oder nur den Eindruck einer etwas grösseren allgemeinen Festigkeit als in der Norm bietet. Ebenso können frei im Nierenbecken oder in der Tasche eines Kelches bewegliche Concremente sich der Entdeckung entziehen.

In allen diesen und sonstigen Fällen, in denen die Auffindung eines Nierensteines nicht ohne Weiteres gelingt, ist es die Aufgabe, in das Innere der Niere vorzudringen, um diese Auffindung zu ermöglichen. Man hat hierfür früher fast ausschliesslich die A c u p u n c t u r n a d e l oder die H o h l n a d e l angewendet, und zwar letztere in der Voraussetzung, dass man einen mit Flüssigkeit gefüllten Hohlraum treffen könnte, in welchem erst nach Entleerung des übrigen Inhaltes das Concrement mit der Nadel in Berührung zu gerathen vermag. Leider geht inzwischen dieser vermeintliche Vortheil verloren, wenn z. B. crèmeartiger Eiter oder amorpher phosphatischer Mörtel die kleine Lichtung der Hohlnadel verstopft. Viele sehen deshalb von letzterer zu Gunsten der gewöhnlichen Acupuncturnadel gänzlich ab. Mit dieser soll man der Reihe nach die verschiedenen Stellen der Niere durchdringen und es wird in einzelnen Büchern (*Treves*) empfohlen, 12 und mehr Stiche zu machen, um zum Ziele zu gelangen. Thatsächlich ist die Acupunctur der Niere in der Regel völlig gefahrlos, andererseits giebt es Vorkommnisse, in denen man sehr häufig, bis 30mal (*May*) die Acupunctur wiederholt hat, ehe sie ein Resultat gab, oder in welchen sie völlig resultatlos war und dennoch später ein Stein erwiesen wurde (Fälle von *Tillmans, Kendal Franks, Morres* u. A.). Für einen Operateur, der sich auf die Acupunctur allein verlässt, muss ein lediglich negatives Ergebniss daher geradezu zerschmetternd wirken, und sie ist deshalb heute mit Fug und Recht nur ein untergeordnetes Hilfsmittel gegenüber der Incision geworden, zumal die letztere gleichzeitig den curativen Anforderungen entspricht.

Man kann durch Einschnitt entweder direct in das Nierenbecken (Pyelotomie) oder von diesem aus auf das Nierenparenchym einzugehen suchen. Wenn das Nierenbecken durch den Stein ausgedehnt ist und sich ohne Weiteres in der Wunde präsentirt, so ist die Incision durch die Nierenbeckenwand auf den Stein von selbst gegeben (*Poirier*). Sie ist leicht ausführbar, von keiner erheblichen Blutung und namentlich nicht von einer Verletzung des Nierenparenchyms begleitet, welch' letztere eine mehr oder minder ausgedehnte Atrophie leistungsfähiger Drüsensubstanz nach sich ziehen könnte. Aber die Pyelotomie hat den Nachtheil, dass der Schluss des Nierenbeckenschnittes durch die Naht — obschon diese, nach Art der *Lembert*'schen Darmnaht angelegt, in den Händen von *Israel* gute Ergebnisse geliefert hat — technisch schwer ausführbar ist. Sehr häufig bleiben nach der Pyelolithotomie Harnfisteln zurück, welche nachträglich nur schwer zu beseitigen sind, und ferner lassen sich sogenannte intrarenale Steine, sowie in der Tiefe von Nierenkelchen eingebettete Concremente durch dieselbe nicht entfernen. Aehnliches gilt übrigens auch von sehr umfangreichen Nierenbeckensteinen, namentlich wenn sie mehrfach verästelt sind.

Bei der tiefen Lage des Nierenbeckens hat es manchmal seine Schwierigkeiten, dasselbe so zu finden, dass man direct darauf einschneiden kann. Hier empfiehlt man vielfach nach *Jordan Lloyd*, mit einem schmalen Tenotom in die untere Spitze der Niere einzustechen und auf diesem Wege in den untersten Nierenkelch einzudringen.

Gegenüber der Eröffnung des Nierenbeckens wird in der Gegenwart bei Nierensteinen das Vorgehen bis an den Stein durch den sogenannten Sectionsschnitt vom convexen Rande des Organs her, die Nephrolithotomie, mehr und mehr Verfahren der Wahl. Die bei Einschnitt in das Nierengewebe unvermeidliche stärkere Blutung wird neuerdings durch blutloses Operiren mittels temporärer Compression des Nierenstils wesentlich gemindert. Eine solche Compression wird entweder durch die Hand eines Assistenten ausgeführt oder, wenn diese zu vielen Platz fortnimmt, durch eine *Pean*'sche Pincette oder eine kurze Klemme mit parallelen Branchen (*Rovsing*).

2. Die Ausführung der Nephrektomie, welche früher in Nierensteinfällen die einzig gangbare Operation war, unterscheidet sich in diesen in keiner Weise von der in den sonstigen Vorkommnissen von Eiterniere. Thatsächlich giebt hier sehr häufig nur die Existenz der Pyonephrose den Ausschlag für die Wahl der Operation und der Stein ist nur ein Nebenbefund.

Für die Extraction von Nierensteinen gilt genau wie für die der Blasensteine möglichst schonendes Vorgehen. *Israel* empfiehlt, statt der Zangen und Löffel Elevatorien zu gebrauchen. Jedenfalls soll man möglichst schlank gebaute Instrumente verwenden, wenn man nicht mit dem Finger auskommt, und man darf nie Gewalt gebrauchen. Anderenfalls läuft man Gefahr, durch Einrisse oder Quetschungen Nebenverletzungen. bezw. mehr oder minder gefährliche Blutungen zu erzeugen. Die forcirte Herausbeförderung eines festsitzenden Steines kann ferner zu Substanzverlusten und Fortbestehen einer eiterigen Pyelitis noch lange nach geheilter Operationswunde Anlass geben (Fälle von *Briddau* u. A.). Man sollte sich daher von vornherein daran gewöhnen, grössere, corallenförmige Nierenbeckensteine. wie überhaupt einigermaassen umfangreiche und unregelmässig gestaltete Nierenexcremente nicht in toto zu entfernen. Die Herausbeförderung grosser Nierensteine sieht sehr elegant aus und liefert schöne Präparate Aber *Fenwick* hat ganz Recht, dass dieses zwar für einen Sammler von solchen Steinen sehr vortheilhaft, für die betreffende Niere aber eine ganz andere Sache ist. Ausser den bereits erwähnten Folgezuständen hebt *Fenwick* die Möglichkeit der Entwickelung ausgedehnter Atrophie der Nierensubstanz in solchen Fällen gebührend hervor Zur Ausführung der N e p h r o l i t h o t r i p s i e reicht jede einigermaassen kräftige Zange aus. Wie bei den Blasensteinen hat aber auch hier die Zertrümmerung möglichst in s i t u zu erfolgen. nicht im Wundraume und gleichzeitig mit Extractionsversuchen. Man vermeide vielmehr jede Gelegenheit zur mechanischen Schädigung und Infection der Wunde und wasche die durch accidentielles ebenso wie durch beabsichtigtes Zerbrechen in dieser zurückbleibenden Steinfragmente durch sorgsame Irrigation aus (s. S. 718 u. 719).

Hat man sich überzeugt. dass Alles von Concrementen entfernt ist und namentlich nicht die Spitzen von Aesten verzweigter Steinbildungen in Divertikeln. oder kleine Steine in der tief in einem Blindsack befindlichen Harnleitermündung eingekeilt zurückgeblieben sind, hat man mörtelförmige Ablagerungen von Phosphaten ausgeräumt, Schleimhautvegetationen beseitigt, dickbelegte Geschwürsflächen gereinigt, so hat man an die Wundversorgung zu denken. Dieselbe hat strenge nach den bewährten Principien der Asepsis zu erfolgen. namentlich aber unter Vermeidung reichlicheren Verbrauches differenter antiseptischer Mittel. Gerade bei der Nephrolithotomie stehen für deren Resorption öfters grössere frische Wundflächen des Nierenparenchyms zur Verfügung. und ist die Möglichkeit ihrer schädlichen Einwirkung auf das unverletzte secretionstüchtige Nierenepithel auch auf der sogenannten gesunden anderen Seite erwiesen: sie soll namentlich Anfänger zur grössten Vorsicht mahnen. War die Incision in die Niere zur Extraction des Steines nur klein. so kann bei vorsichtiger Tamponade derselben die Heilung schnell. ohne Zurückbleiben einer Fistel erfolgen. Als Regel sollte aber die Naht der Nierenwunde gelten. Dieselbe sollte eigentlich nur dort unterlassen werden, wo man nicht sicher ist, alle Concremente herausbefördert zu haben. ferner wo man directe Ableitung des mit eiterig-septischen Zersetzungsproducten gemischten Urins nach aussen wünscht und endlich auch dann, wenn die entzündlich-eiterige Beschaffenheit der

Nierensubstanz eine Heilung per primam aussichtslos erscheinen lässt. In diesen letzteren Fällen ist dann Nephrolithotomie nicht selten Voract einer secundären Nephrektomie.

Für die Nachbehandlung empfiehlt es sich, die luxirte Niere in den Fällen, in welchen man Concrementreste zurückgelassen zu haben fürchtet, oder in welchen die Niere wegen anderweitiger nachträglicher Eingriffe leicht zugänglich bleiben soll, in der Nähe der äusseren Wunde zu fixiren und diese selbst zu schliessen bis auf eine Stelle, durch welche das Ende eines in die Tiefe reichenden Tampons oder Drains hinausgeführt wird. Lagerung des Patienten, Diät und sonstige Vorsichtsmaassregeln unterscheiden sich in keiner Weise von den sonst bei Nierenoperationen üblichen.

Wie bei allen Nierenoperationen wegen eiteriger Nierenveränderungen, hat man auch hier auf den Zustand des zurückbleibenden Harnleiters zu achten und zur Vermeidung einer von ihm ausgehenden Wundinfection eine sorgfältige Abschnürung und Versorgung des Stumpfes des betreffenden Ureters zu erstreben. In einzelnen Fällen wird man ebenso wie auch bei anderweitigen Pyonephrosen eine Exstirpation der Niere in strengem Sinne des Wortes nicht ausführen können, sondern sich mit der Decortication nach *Ollier* zu begnügen haben.

Uebele Ereignisse bei der operativen Behandlung der Steinniere können zunächst darin bestehen, dass man die vermuthete und auch thatsächlich vorhandene Concretion nicht findet. Wir haben auf die hierbei wesentlichen Punkte bereits oben hingewiesen. Aber selbst bei der Exstirpation einer angeblichen Steinniere kann man trotz genauer Besichtigung des entfernten Organs und sorgfältiger Durchforschung des Wundraumes enttäuscht werden. Das Concrement kann sich durch Einbettung in feste, perinephritische Schwarten der Entdeckung entziehen, oder es hat sich um keinen eigentlichen Stein, sondern um amorphe Phosphatmassen gehandelt, die bei der Entleerung des Eiters verloren gegangen sind. Zuweilen entzieht sich aber der Stein dadurch, dass er nicht mehr in der Niere, sondern bereits im Ureter sitzt, der Auffindung. Es ist daher eine allgemeine Regel, sowol bei der Nephrolithotomie, als auch bei der Nephrektomie in Nierensteinfällen, sich des Ureters zu versichern und ihn nöthigenfalls dem retrograden Katheterismus zu unterwerfen. Die Folgen des Nichtauffindens ebenso wie des Zurückbleibens von Concrementen nach Nierensteinoperation gestalten sich sehr verschieden. Im Allgemeinen kommen die durch Nichtauffinden des Steines oder durch Zurückbleiben von Bruchstücken „unvollständigen“ Operationen viel seltener bei im Uebrigen gesunden Nieren, als bei erweitertem Parenchym und besonders bei Pyonephrosen vor (*Leguen*). Die zurückgelassenen Concremente spielen bei letzteren die Rolle von Fremdkörpern, welche die Eiterung unterhalten und den Schluss der Wunde hindern können. Erfolgt dieser ausnahmsweise dennoch, so folgt ihm gewöhnlich die Wiederkehr quälender Symptome. In einzelnen Fällen tritt zwar nachträglich eine wirkliche Heilung durch Entleerung der zurückgebliebenen Steinreste auf natürlichem Wege ein (*Jacobson*), andererseits können die zurückgelassenen Fragmente aber gelegentlich durch Arrosion grösserer Gefässe tödtliche Nachblutungen hervorrufen.

Die Blutung, welche in der ersten Zeit der Nierenchirurgie bei allen Nierenoperationen eine Rolle spielte, ist heute beim Nierensteinschnitt dank der erwähnten Cautelen während der Operation von geringer Bedeutung. Wichtiger sind die Nachblutungen, welche auf Nebenverletzungen bei schwieriger Extraction und Zertrümmerung des Steines beruhen. Diese zuweilen sehr beträchtlichen venösen Blutungen, welche nicht nur unmittelbar, sondern auch noch mehrere Tage nach der Operation vorkommen, können in einzelnen Fällen ebenfalls einen tödtlichen Ausgang nehmen.

Ergebnisse der Nierensteinoperationen. Der Nierensteinschnitt, an einem sonst gesunden Organ ausgeführt, ist nach dem Ausdrucke von *Tuffier* die glänzendste und am wenigsten gefährliche Nierenoperation. Allerdings ist die Nephrolithotomie dieses erst in den allerletzten Jahren geworden. Die im Jahre 1888 veröffentlichte Statistik von *Newman* rechnet ihr auf 58 Fälle noch eine Sterblichkeit von 26 = 43·3% nach, wobei freilich 6 transperitoneale Operationen mit nur einer einzigen Genesung mitgezählt werden. *Tuffier's* eigene, 1892 erschienene Zusammenstellung zeigt dagegen unter 43 nicht eiternde Nieren betreffenden Lithotomien nur 3 Todesfälle = 6·1%, und diese überaus günstige Mortalität hat sich seitdem trotz einer weiteren Ausdehnung der Operation nicht verschlechtert. Die neueste, 115 aus der Literatur gesammelte Fälle betreffende Statistik *Rovsing's* zeigt sogar eine etwas niedrigere Sterblichkeit, nämlich nur 7. Ueberaus gross ist der Unterschied nicht nur quoad vitam, sondern auch bezüglich der endgiltigen Heilung, je nachdem der Nierenbeckenschnitt (Pyelotomie) angewendet wurde oder die Niere durch den sogenannten Sectionsschnitt (Nephrolithotomie, s. d.) eröffnet worden ist. *Taendler* berechnet für 22 Pyelolithotomien † 8 gegenüber 18 Nephrolithotomien mit † 0, *Tuffier* für 12 Pyelotomien † 2. Noch mehr zu Ungunsten der Nierenbeckenincision betreffs der Entfernung von Steinen spricht die schon erwähnte grössere Häufigkeit, mit welcher sie Fisteln hinterlässt. *Taendler* zählt auf 18 geheilte Fälle 4 mit Fisteln, *Tuffier* auf 10 Heilungen 2, während für die Nephrolithotomie die betreffenden Zahlen 16 und 2, bezw. 40 und 1 betragen.

Völlig abweichend gestalten sich die Resultate, wenn die Steinniere anderweitig noch erkrankt, speciell wenn sie schon eiterig inficirt ist. Der Eingriff unterscheidet sich dann seiner chirurgischen Bedeutung nach nicht wesentlich von dem, den man bei Niereneiterung, bezw. bei Pyonephrose zu verrichten hat, und hat je nach der Sachlage entweder in der Nephrotomie oder Nephrektomie zu bestehen. Wir haben bereits in dem der Pyonephrose gewidmeten Abschnitt dargethan, wie sehr die Sterblichkeit aller gegen sie gerichteten Eingriffe, ganz besonders aber die der Nephrotomie bei Complication mit Nephrolithiasis sich steigert. Die Sterblichkeit der Nephrotomie erhebt sich dann zu solcher Höhe, dass sie sich der der Nephrektomie in eben diesen Fällen nähert, ja in der soeben bereits citirten Statistik von *Newman* steht erstere mit 58 Fällen und † 26 (darunter 6 Laparatomien mit † 5) sogar noch schlechter da, als letztere mit 59 Fällen und † 22 (darunter 13 Laparotomien mit † 6). *Tuffier* fand unter 114 Nephrotomien bei vereiterter Steinniere 38 = 33·3% tödtliche Ausgänge, während auf 67 Nephrektomien (darunter 16 Bauchschnitte mit † 6) 38·8% Todesfälle kommen. In Wirklichkeit nähert sich aber die Sterblichkeit der Nephrotomie der der Nephrektomie auch bei *Tuffier* nahezu vollständig dadurch, dass von den nicht tödtlichen Fällen nicht weniger als 26 = 34·3% unvollständig, nämlich mit Fisteln, heilten. Von diesen 26 wurden 9 einer nachträglichen Behandlung, nämlich 8 durch secundäre Nephrektomie und 1 durch Ausschabung der Fistel unterworfen, und zwar für alle 9 mit günstigem Ausgang. Dagegen starben von 17 Patienten, deren nach der Nephrotomie zurückgebliebene Fisteln keiner anderweitigen Behandlung unterlagen, 4, und es erhöht sich hierdurch die Gesammtsterblichkeit der Nephrotomie bei vereiterter Steinniere auf 42 = 36·8%. Es ist anzunehmen, dass diese hohe Mortalität vielleicht in nicht zu langer Zeit bei der wachsenden Uebung in der operativen Behandlung der Nierenkrankheiten eine Herabsetzung erfahren wird, wenn gleich nicht in einer so ausgesprochenen Weise, wie wir es bei der Nephrolithotomie eines sonst gesunden Organs gesehen haben. Vorläufig ist jedoch als Ergebniss des chirurgischen Einschreitens bei vereiterter Steinniere festzuhalten, dass dasselbe viel zu häufig noch in Fällen stattfindet, welche, wie sich *Rovsing* ausdrückt, nicht mehr der Operation werth sind. Einzelne Chirurgen, welche, wie *J. Israel*, hier bessere Resultate haben, vermögen dieses lediglich zu bestätigen. Im Speciellen aber wird die Nephrotomie viel öfter wegen ihrer im Augenblick grösseren Ungefährlichkeit in hoffnungslosen Fällen vereiterter Steinniere versucht, als die Nephrektomie. Es bestätigt sich dieses durch die Analyse der Todesursachen sowol der Nephrotomie, wie der Nephrektomie. Von 26 Fällen ersterer, welche bei *Tuffier* mit näheren Angaben versehen sind, ist keiner auf directe Rechnung des Operateurs zu setzen; von 16 tödtlichen Nephrektomien kommen 3 auf Zerreissung grösserer Gefässe bezw. Blutung und 1 auf Collaps. Die weiteren Todesursachen bei den übrigen 12 Nephrektomien, sowie bei den 26 Nephrotomien zeigt nachstehende Tabelle: ·

Art der Todesursache:	a) bei Nephrotomie	b) bei Nephrektomie
Nephritis	4mal	2mal
Stein der anderen Niere	9 „	4 „
Krebs der operirten Seite	4 „	1 „
Kachexie	2 „	— „
Septichämie oder Pyämie	3 „	3 „
Andere Todesursachen	4 „	2 „

Mit anderen Worten waren von 26 tödtlichen Nephrotomien bei vereiterter Steinniere 22 (86·2%) und von 12 Nephrektomien 10 (83·3%) von vornherein mehr oder minder hoffnungslos

Für die Praxis aber sind aus Vorstehendem folgende Anzeigen für die verschiedenen chirurgischen Eingriffe bei Nephrolithiasis abzuleiten:

1. Die Nephrolithotomie mit Eröffnung der Niere durch den sogenannten Sectionsschnitt ist in nicht complicirten Fällen die Operation der Wahl. Bei ihren gleichmässig guten Resultaten und bei der Ungefährlichkeit der lumbaren Incision ist ihre Ausführung selbst dort berechtigt, wo die Diagnose nur mit grösserer Wahrscheinlichkeit, nicht mit voller Gewissheit zu stellen ist. Es ist eine sehr ausgiebige Spaltung der Niere von der Convexität her ohne übeles Ereigniss möglich, ebenso können relativ umfangreiche Steine*) ohne Zwischenfall herausbefördert werden, besser aber ist die Zertrümmerung grosser Concremente in situ (Nephrolithotripsie).

Die Pyelolithotomie ist nur unter bestimmten Verhältnissen (besonders leichte Zugänglichkeit des Nierenbeckens und des in ihm enthaltenen Steines, namentlich auch bei etwaiger einen Nahtverschluss zulassender Verdickung seiner Wandung) zulässig. Desgleichen ist die transperitoneale Steinextraction nur unter ausnahmsweisen Bedingungen (Verlagerung der Niere) zu verrichten.

2. Durch rechtzeitige Lithotomie bei noch gesunder Niere ist die Zahl der Steinoperationen bei bereits vereitertem Organ möglichst zu verkleinern. Von den hier in Frage kommenden Eingriffen hat die Nephrotomie, d. h. die Eröffnung des Eitersackes mit Entleerung des Steines, abgesehen davon, dass sie das letzte von keiner unmittelbaren Gefahr begleitete Hilfsmittel in sonst hoffnungslosen Fällen bietet, ihre besondere Anzeige als Voract für die secundäre Nephrektomie. Diese soll bei zweifelhafter Leistungsfähigkeit der anderen Niere, bei schlechtem Allgemeinzustande des Patienten und schwerer Zugänglichkeit der Niere durch entzündlich-eiterige paranephritische Processe erst dann vorgenommen werden, wenn man in Folge der fortgesetzten Ableitung des Secretes der Steinniere nach aussen über die Functionsfähigkeit der anderen Niere im Klaren sich befindet, wenn ferner der Patient sich so weit erholt hat, um auch einen grösseren Eingriff zu ertragen (*Douret*), und endlich auch, wenn etwaige den Ueberblick über das Operationsgebiet erschwerende paranephritische Zustände sich zurückgebildet haben. Die secundären Nephrektomien bei Zurückbleiben einer Fistel sind günstig zu beurtheilen, dagegen geniessen die sich selbst überlassenen Operationsfisteln nach Nephrotomien bei vereiterter Steinniere eine minder gute Vorhersage, als dieselben nach Nephrotomie in anderweitigen Fällen von Pyonephrose besitzen.

3. Die Nephrektomie bei Niereneiterung in Steinnierefällen hat im Allgemeinen die gleichen Anzeigen wie die bei den sonstigen Vorkommnissen von Nierenabscess und Pyonephrose. Wegen der

---

*) Von *Beurett-May* wurde eine Concretion von 289 Unzen, von *Jacobson* eine solche von 145 mit gutem Erfolg extrahirt (*Fenwick*).

grösseren Häufigkeit schwerer Erkrankung der „anderen" Niere sind aber ihre Erfolge von vornherein geringer anzuschlagen; auch haften ihrer Ausführung gewisse Gefahren an, so dass man in einigen geeigneten Fällen statt völliger Auslösung des ganzen Organs die Decortication (*Ollier*) bezw. die Zerstückelung (*Péan*, *Tuffier*) vorzuziehen hat. Transperitoneale Operationen sollten hier nicht ohne Noth (d. h. nur bei Verlagerung der Niere, sehr grosser Geschwulst) gemacht werden.

§ 128.

Anhang. Chirurgische Behandlung der Anurie.

Für die chirurgische Behandlung kann man die Anurie in zwei Gruppen theilen. Die erste bei weitem grössere umfasst diejenigen Fälle, in welchen nur eine einzige functionsfähige Niere noch vorhanden und diese den Dienst einstellt. Es gehören hierher nicht nur die Vorkommnisse von congenitalem Bestehen einer sogenannten Einzelniere, sondern vor Allem auch die Fälle, in denen eine Niere durch frühere pathologische Processe (Vereiterung, Atrophie) oder durch operative Eingriffe (Nephrektomie) verloren gegangen ist. Nur in einem gewissen Theile der Beobachtungen ist die Anurie Folge eines Abflusshindernisses, speciell eines in das Nierenbecken oder in den Harnleiter eingekeilten Steines, ferner des Uebergreifens einer bösartigen Neubildung vom Becken her auf den einen bis dahin frei gebliebenen Ureter; häufig handelt es sich um eine plötzliche Erkrankung oder wenigstens um eine acute Verschlimmerung einer solchen bei dem einzigen bis dahin ausreichend secretionsfähigen Organe, oder aber es ist eine reflectorische Unthätigkeit eingetreten. Letztere kann von Erkrankungen und operativen Eingriffen, speciell in den unteren Harnorganen (*Legner*), öfter aber auch von entfernter liegenden Theilen abhängen: sie kann der Entfernung der anderen Niere folgen (*W. Meyer*) und durch Congestionszustände, wie sie bei Menstruation, Schwangerschaft u. dgl. auftreten, begünstigt werden.

Unter den vorstehenden Fällen haben streng genommen nur diejenigen Anspruch auf chirurgische Behandlung, in welchen das Hinderniss ein rein mechanisches, im Uebrigen aber ein functionsfähiges Organ noch vorhanden ist. Das Prototyp dieser Gruppe ist die Anuria calculosa. In vielen Fällen, in welchen nur einzelne und vorübergehende Symptome von Nierenstein bestanden, ist es schwer, zu bestimmen, auf welcher Seite die noch functionsfähige Niere ist. Weiter erschwert wird diese Entscheidung noch besonders dadurch, dass der Chirurg viel zu spät zugezogen wird, wenn der Kranke schon besinnungslos und über seine Antecedentien nichts festzustellen ist. Findet man dann selbst den Harnabfluss hindernde Steine, so kann inzwischen der Rest functionsfähigen Parenchyms so vereitert sein, dass die Harnsecretion in hinreichender Weise sich nicht wiederherstellt. Solche Fälle werden wohl immer erst durch die Autopsie aufgeklärt. Ebenso wird man einige Male erst post mortem bei weit gediehenen secundären Veränderungen die Oertlichkeit des Hindernisses erkennen können. Aus diesen und aus den bei der Nephrolithotomie überhaupt betonten Gründen sollte man stets bei Anuria calculosa die Eröffnung der Niere durch Sectionsschnitt der Ureterotomie mit der Pyelotomie vorziehen. Denn findet man den obstruirenden Stein nicht, so ist das Offenlassen der Nierenincision, damit das Secret nach aussen abfliesst (*Pousson* und *Wemour*), jedenfalls nicht unzweckmässig und direct das Leben erhaltend. Im anderen Falle sucht man nach gegebenen Regeln (s. o. S. 83), das im Harnleitersystem oder Nierenbecken sitzende Concrement durch die Nierenincision herauszubefördern. Jedenfalls sollte man diesen zweiten Theil der operativen Cur der Anuria calculosa bei erkennbarem Sitz des obstruirenden Steines und unter ganz bestimmten Umständen (grosse Schwäche) nicht sofort, sondern erst in einer späteren Sitzung ausführen, da das Sitzenbleiben des Steines nicht mehr zu beseitigende secundäre Veränderungen veranlassen könnte.

Die Häufigkeit (*Morris*), mit der man bei der Anuria calculosa zu spät kommt, bedingt, dass oft genug die Beseitigung des Hindernisses, resp. die Schaffung freien Harnabflusses nicht zur Wiederherstellung der Function und zur Erhaltung des Lebens führt. Viele hierhergehörige ungünstige Einzelfälle mögen nicht veröffentlicht sein; immerhin zählte *Leguen* auf 25 operativ behandelte Fälle von Anuria calculosa 10·40% tödtliche Ausgänge. Wie viel bessere Prognose die frühzeitige Intervention bietet, zeigen 9 vor dem fünften Tage des Bestehens der Anurie ausgeführte Operationen mit nur 2 Todesfällen (*Leguen*).

Man hat neuerdings auch durch andere mechanische Hindernisse als durch Steine bedingte Anurie chirurgisch zu behandeln erstrebt, und zwar hauptsächlich solche, die durch Compression beider Ureteren seitens irreparabler bösartiger Tumoren hervorgerufen ist. Abgesehen von dem Versuche, durch Neostomie des einen Harnleiters hier Abhilfe zu schaffen, indem man sein oberes Ende in die Lende implantirt (*Le Dentu*), hat man auch hier die Eröffnung der Niere durch Sectionsschnitt und, zur Herstellung einer mehr dauernden Fistel, die Excision eines Stückes von Nierensubstanz gemacht.

Nur äusserst selten bildet diejenige Form der Anurie, in welcher es sich um gleichzeitige plötzliche Erkrankung der beiden bis dahin noch gesunden bezw. functionsfähigen Nieren handelt, Gegenstand chirurgischen Eingreifens. Ein solches dürfte hier meist von einer irrigen Diagnose ausgehen; thatsächlich hat die auch hier ausgeführte Incision der Niere nur dadurch einen gewissen Erfolg (*Fenwick*), dass sie dem congestionirten Organ Blut entzieht.

XIII. Operationen an der Niere (Nephrotomie und Nephrektomie).

§ 129.

Vorbemerkung. Nachdem die Befestigung der abnorm beweglichen Niere (Nephrorrhaphie, Nephropexie), ferner die operative Entfernung von Nierensteinen (Nephrolithotomie) und auch im Capitel über die Neubildungen der Niere die Punction der Niere berücksichtigt worden sind, kann auf diese in Nachstehendem nur noch kurz Bezug genommen werden. Es bleiben zur eingehenden Besprechung daher hier nur noch übrig die meist mit Incision in die Nierensubstanz verbundene operative Freilegung des Organs, die Nephrotomie und die operative Entfernung des Organs, die Nierenexstirpation oder Nephrektomie, welch' letztere eine vollständige (Nephrektomie in gewöhnlichem Wortsinne) oder nur eine theilweise (Nephrektomia partialis, Nierenresection) sein kann. In den ersten Zeiten der Nierenchirurgie kannte man vornehmlich die Exstirpation der Niere als einzigen an der Niere zu vollziehenden Eingriff; man bezeichnete denselben in Uebereinstimmung mit dem für die Exstirpation des Eierstockes gebräuchlichen Ausdruck „Ovariotomie" als Nephrotomie. Es haben sich durch diese incorrecte Wortbildung in die frühesten Arbeiten über Nierenchirurgie einzelne Missverständnisse eingeschlichen, auf welche hiermit besonders aufmerksam gemacht wird. Andererseits wird von einzelnen Autoren (*Le Dentu*) die Nephrolithotomie als einzige Form der Nephrotomie beschrieben.

Die nachfolgende Darstellung enthält sich in wohlerwogener Absicht der so vielfach geübten Aufbringung von möglichst umfangreichen Sammelstatistiken mit sich anschliessenden procentarischen Berechnungen der Genesungsziffer und der Höhe der Sterblichkeit. Ebenso ist hier davon abgesehen worden, auf Grund derartig sich ergebender Zahlen die Anzeigen des einen Eingriffes, der Nephrotomie, gegenüber dem anderen, der Nephrektomie, in bestimmter Formulirung festzulegen. Denn die Gesammtsumme der bis jetzt veröffentlichten verwerthbaren Fälle von Nierenoperationen ist eine überaus geringe, namentlich wenn man dieselbe mit der Zahl der an anderen Unterleibsorganen unternommenen chirurgischen Eingriffe vergleicht. Es erscheint ebenfalls gering die Zahl der operativ behandelten Nierenerkrankungen gegenüber der der nicht-operativen Fälle in den einzelnen Formen von Nierenleiden, und endlich besteht selbst unter den competentesten Autoren über die Nothwendigkeit eines bestimmten Eingriffes in einzelnen sogenannten chirurgischen Nierenaffectionen nur theilweise Uebereinstimmung *). In den meisten Sammelstatistiken kommen daher auf den einzelnen Operateur nur relativ wenige Fälle, häufig vertheilen sie sich überdies auf einen

---

*) Als Beispiel möge dienen, dass die Indication zur ersten Nierenexstirpation *Simon's*, das Bestehen einer Harnleiterfistel, heute vielfach als unberechtigt zu diesem Eingriffe betrachtet wird.

grossen, zwei Decennien und mehr betragenden Zeitraum und datiren so weit in die ersten Anfänge der Nierenchirurgie zurück, dass sie das Bild von dem heutigen Standpunkte nur zu verwirren vermögen.

Die technische Ausführung der Nephrotomie und Nephrektomie ist, was den Schnitt durch die bedeckenden Weichtheile und die Blosslegung des Organs betrifft, nahezu identisch. Häufig entscheidet sich erst nach dieser Blosslegung im Laufe der Operation, welchen von den beiden Eingriffen man zu wählen hat.

Uebergänge zwischen einfacher Nephrotomie und gänzlicher Exstirpation der kranken Niere bilden die nicht gerade häufigen Fälle, in denen einfach das Erkrankte bezw. der den Krankheitsherd tragende Theil der Niere entfernt oder nur ein Stück Nierensubstanz herausgeschnitten wird. Es handelt sich hier entweder um die systematisch auszuführenden, bereits erwähnten partiellen Exstirpationen, Resectionen der Niere oder um die seltenen Fälle von Excision von Nierensubstanz.

Auf zwei Wegen ist die Niere chirurgisch zugänglich, von hinten von der Lende her oder von vorn her nach doppelter Durchquerung des Bauchfellsackes Die erstere Operation pflegt man als die lumbare, als Lendenschnitt, weniger zweckmässig als extra- oder retroperitoneale zu bezeichnen, da auch hier zuweilen das Bauchfell in Mitleidenschaft zu ziehen ist; in letzterem Falle spricht man von transperitonealer Nephrotomie bezw. Nephrektomie oder kurzweg von Laparotomia renalis.

A. Lumbare Nierenoperationen.

Für alle lumbaren Operationen, welches auch die Schnittrichtung sei, sind als feste Punkte der Rand des M. sacrolumbalis und die letzte Rippe, bezw. die untere Grenze des Brustfelles festzuhalten Wir verweisen bezüglich der hierhergehörigen Einzelheiten auf unsere frühere Darstellung. Als „point de repère" tritt namentlich im oberen Theile der Lendengegend der Rand des grossen Rückenstreckers hervor, bei fetten Personen allerdings erst deutlicher nach Durchtrennung des hier oft sehr massenhaften Fettes des Unterhautzellgewebes. Da der Muskelbauch des M. quadratus lumborum sich nach oben etwas verschmälert, so dass sein Rand mehr medianwärts gerichtet erscheint, so ist man in einer gewissen Ausdehnung nach Freilegung des Randes des M. sacrolumbalis vom Nierenfett nur durch das hier oft sehr zarte vorderste Blatt der Fascia transversalis getrennt. Von den hier verlaufenden Nerven und Gefässen verdienen einige Beachtung, die aus dem letzten Intercostalraume hervortreten. Der N. ileo-hypogastricus und die anderen weiter unten dem Lendengeflecht entspringenden Stämme sind dem Darmbeinkamm zu nahe, um unter gewöhnlichen Verhältnissen in Betracht zu kommen (s. jedoch unten). Das Auffinden der Niere in dem mehr oder minder flüssigen Nierenfett macht nur bei systemlosem Vorgehen dem Anfänger Schwierigkeiten. Man hat zu beachten, dass die Fettkapsel am oberen wie unteren Pol Lücken bietet und es verhältnissmässig leicht gelingt, vom Sacrolumbalrande aus nicht nur den unteren Pol der Niere freizulegen, sondern auch von diesem aus zum Nierenbecken und Anfang des Harnleiters zu gelangen. (Fig. 372.)

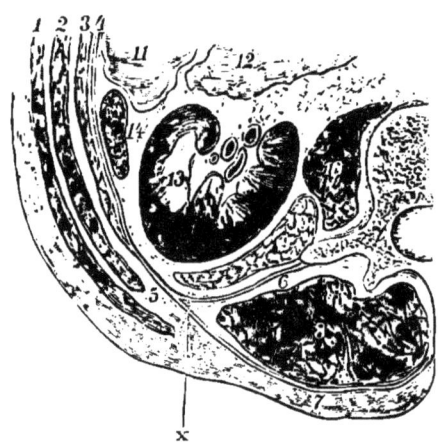

Fig. 372.

Wagrechter Schnitt durch die linke Nierengegend. Nach Esmarch und Lange.)

1. M. obliquus externus.
2. M. obliquus internus.
3. M. transversus.
4. Fascia transversalis
5. Fascia lumbodorsalis.
6. Das sog. tiefe Blatt dieser.
7. Deren oberflächliches Blatt.
8. M. sacrospinalis.

9. M. quadratus lumborum.
10. M. psoas.
11. Colon descendens.
12. Pancreas.
13. Niere.
14. Milz.
x. Richtung des Schnittes von G. Simon am Rande des M. sacrolumbalis.

Schnittrichtung.

So gesichert und so bequem es daher besonders bei nicht zu fettleibigen Personen erscheint, von einem dem Rande des grossen Rückenstreckers aus entsprechenden Weichtheilschnitt, wie ihn *Simon* gelehrt und Andere nach ihm mit nur geringen Modificationen (*Lange*) ausgeführt haben, die Niere zu erreichen, so hat sich doch diese von einer anatomisch feststehenden Grenze ausgehende Incision für viele Zwecke der Nierenchirurgie als unzureichend erwiesen. Es gilt das schon für eine allseitige Untersuchung des Organs, bei welcher man dieses aus seinem Bette herauszuheben und von vorn und hinten nicht nur zu betasten, sondern eventuell auch mit der Acupuncturnadel zu durchdringen hat und besonders dort, wo man vom convexen Rande einen explorativen Sectionsschnitt führen will. Von stärkeren Volumszunahmen, von Fällen pathologischer Verwachsungen oder sclerotischer Verdickungen der Fettkapsel sei hier ganz abgesehen. Man hat daher den *Simon*'schen Sacrolumbalschnitt mit Hilfsschnitten versehen, welche entweder winkelig von diesem abgehen (s. Fig. 343, nach *Treves* mit

dem durch punktirte Linien angedeuteten *Koenig*'schen Schnitt) oder
von vornherein Lappenform annehmen (Thürflügelschnitte nach *Barden-
häuer* u. A.). Manche Chirurgen ziehen es aber vor, entsprechend den
überaus wechselnden Umständen, unter denen es zu operativen Eingriffen an der Niere kommt, von Fall zu Fall die Schnittrichtung
durch die Weichtheile zu ändern (*James Israel*). Hierbei ist das Haupt-
princip, die Incision nicht durch den verhältnissmässig engen Zwischenraum zwischen letzter Rippe und Darmbeinkamm in ihrer Ausdehnung
zu beschränken. Die meisten neueren Schnittführungen verlaufen daher
schräg oder nahezu quer durch diesen Zwischenraum, sich zunächst
an die letzte Rippe, dann aber mehr nach vorn bezw. aussen und

Fig. 373.
Lumbo-abdominaler Schrägschnitt zur Nephrektomie. (Nach v. Bergmann.)
Der Patient ist absichtlich nur wenig nach der gesunden Seite gelagert, um die
volle Ausdehnung des Schnittes zu demonstriren.

unten haltend. Solcher Schnittführungen giebt es eine sehr grosse
Zahl. Direct quer verläuft die *Péan's*; sie beginnt drei Querfinger
lateralwärts vom Rande des geraden Bauchmuskels in der Höhe des
Nabels oder etwas oberhalb dieses und endet hinten am Rande, bezw.
etwas jenseits des Randes des M. sacrolumbalis. Sehr ähnlich sind
die queren Incisionen von *Braun, Küster* u. A. *Schede's* Schnitt verläuft vom vorderen Rande des M. sacrolumbalis schräg nach vorn,
den letzten Rippen parallel, etwa einen Querfinger von diesen entfernt. *Czerny* giebt seiner Incision einen von der zwölften Rippe nach
vorn und unten flach bogenförmigen Verlauf. Hieran schliesst sich
die beifolgend abgebildete (Fig. 373) Schnittführung nach *v. Bergmann*.

welche vom oberen Ende der zwölften Rippe schräg nach vorn und unten bis zur Grenze des äusseren und mittleren Drittels des Lig. Poupart. herabgeführt wird. Durch diese letzteren. nicht so sehr als lumbar. wie als lumbo-abdominal zu bezeichnenden Schnitte gewinnt man nicht nur ausserordentlich viel Raum. sondern vermag ähnlich wie mit dem früher beschriebenen Schnitt von *J. Israel*. wenn nöthig. den Harnleiter bis weit nach unten zu verfolgen.

Alle die zuletzt geschilderten Schnitte. welche ohne Abzweigungen. Winkel- oder Lappenbildungen geführt werden. kann man im Gegensatz zu diesen als „einfache" bezeichnen. auch wenn man zur Gewinnung von Raum von dem ursprünglichen Schnitt aus ein Débridement von innen nach aussen vornimmt. Auch die von *Czerny* u. A. einige Male geübte Resection der zwölften Rippe. von der man wegen ihrer grossen Variabilität und der leichten Möglichkeit einer Brustfellverletzung jetzt ziemlich zurückgekommen ist. hat man nicht als „Compli-cation" zu bezeichnen.

1. Technik der lumbaren Nierenoperationen.

Der erste Act der lumbaren Nierenoperationen. der Einschnitt bis auf die Niere. ist sowol der Nephrotomie wie der Nephrektomie gemeinsam. Das Gleiche gilt von den Vorbereitungen zur Operation. Dieselben sind im Wesentlichen identisch mit denen für sonstige grössere Eingriffe im Bereich der Bauchorgane. Noch mehr als bei diesen sei man ganz besonders bestrebt. von vornherein die An-wendung differenter antiseptischer Mittel auf das äusserst nothwendige Maass zu beschränken wegen der grossen Empfänglichkeit der „zweiten" Niere für deren schädliche Nebenwirkungen. Man befolge von Anfang bis zu Ende eine in allen Einzelheiten peinliche Asepsis derart. dass in Fällen mit Fisteln und jauchig-eiterigen oder geschwürigen Processen man lieber. wenn irgend möglich. eine mehrtägige Vorcur vorausschickt. als die Operation selbst mit ausgiebigen desinficirenden Spülungen einzuleiten.

Die geeignetste Position des Patienten ist die Lagerung auf der gesunden Seite. ähnlich wie bei der Untersuchung in Seiten-lage nach *J. Israel* (s. o. Fig. 533). Unter die gesunde Seite ist ein Rollkissen geschoben. wodurch die Entfernung zwischen Rippenbogen und Darmbeinkamm auf der kranken Partie möglichst gross und dem entsprechend das Operationsterrain gespannt und hervorgewölbt wird.

So wünschenswerth es ist. selbst grössere Eingriffe der so-genannten „inneren" Chirurgie mit thunlichst geringer Assistenz aus-zuüben. so hat dieses doch bei Nierenoperationen seine Grenzen. *Treves* verlangt. ausser dem die Narkose leitenden Arzt. welcher bei der Seitenlage des Patienten und der Nothwendigkeit. eine möglichst tiefe. die Bauchdecken erschlaffende Narkose herbeizuführen. eine sehr verantwortungsvolle Aufgabe hat. drei Gehilfen. Je einer soll auf jeder Seite des Operateurs stehen. um diesen. welcher hinter dem in der Seitenlage befindlichen Patienten seinen Platz hat. so dass er dessen Rumpf gleichsam beherrscht, bei der Blutstillung zu unterstützen. Jedenfalls muss ein Gehilfe vor dem Patienten stehen, also auf der anderen Seite des Operationstisches, um eventuell vom Bauche her die Niere dem Chirurgen in das Gebiet des Weichtheilschnittes entgegenzudrängen.

Eine allgemeine Regel ist, den Weichtheilschnitt, mag es sich um eine Nephrotomie oder Nephrektomie handeln, vorsichtig schichtweise zu vertiefen. Nur bei dem Durchbruch nahen paranephritischen Abscessen, bei Spaltung unterminirender Fisteln und in ähnlichen besonderen Fällen ist allenfalls ein mehr expeditives Verfahren erlaubt. Im Uebrigen empfiehlt es sich, den Schnitt, je mehr man im Gebiete des eigentlichen Bauches sich noch befindet, desto oberflächlicher zu halten, damit man bei grösseren, sich stärker hervorwölbenden Anschwellungen nicht vorzeitig in diese fällt und dabei die adhärente seitliche Umschlagstelle des Bauchfelles verletzt. Je näher man dem Rande der Rückenmuskelmassen sich befindet, desto mehr hat man die Incision zu vertiefen. Man orientire sich dabei mit Hilfe der Richtung der zu durchtrennenden Muskelfasern, von denen die des M. obliq. ext. von aussen und oben nach innen und unten, die des M. obliq. int. in entgegengesetzter Richtung und endlich die des M. transversus-abdominis mehr quer verlaufen, wie weit man vorgedrungen ist. Die Fascia transversa ist zuweilen eine sehr dünne Membran, so dass man unter gewissenhafter Schonung der Scheide des grossen Rückenstreckers sich plötzlich vis-à-vis des nur von der Fascia propria subperitonealis eingehüllten Nierenfettes befinden kann, in welches sich der M. quadrat lumbor. hineinwölbt. Ist letzterer hinderlich, so kann er eingekerbt werden. Manchmal ergiebt sich schon jetzt die Nothwendigkeit etwaiger Hilfsschnitte in T, L und anderen Formen. Man gewinnt sehr viel Raum und spart Assistenz, wenn man die Ränder des Hautmuskelschnittes mit tiefergreifenden provisorischen Seidennähten zurücknäht. Man kommt jetzt zum zweiten Operationsact, der Freilegung der Niere.

Während man bis dahin mit Messer und Pincette zwischen rechtwinkelig gebogenen breiten Wundhebeln — J. *Israel* benutzt mit Vortheil platte, sehr lange, spiegelnd polirte Retractoren von bis zu 10 cm Länge und 6 cm Breite — vorgegangen ist, hat man in dem weichen, flüssigen Nierenfett mehr stumpf zu arbeiten. Es ist dabei ein Unterschied wie zwischen Tag und Nacht, ob man es mit einer erheblich vergrösserten, von verdünnten Weichtheilen bedeckten Niere oder mit einem kleinen, hochstehenden Organ bei reichlicher Fettentwickelung zu thun hat. Die eigenartigen Schwierigkeiten bei der Freilegung der Niere in letzteren Fällen sind in dem Capitel Nephrolithiasis schon erwähnt worden. Dieselben, wie überhaupt der ganze Operationsact werden sehr erleichtert, wenn der Assistent, der dem Operateur vom Bauch her entgegenarbeiten soll, seine Aufgabe versteht. Von dem hervorquellenden Fett der weichen Bedeckungen (*Jacobson*) wie von dem der Capsula adiposa können Stücke stumpf entfernt werden. J. *Israel* empfiehlt die gänzliche systematische

Exstirpation letzterer Kapsel in Fällen bösartiger Geschwülste. Allerdings hat manchmal das paranephritische Gewebe seinen Charakter völlig verändert. Neubildungen und eiterige Processe sind häufig mit Entwickelung starker sclerotischer Bindegewebsmassen und ausgedehnter Collateralgefässe in Folge der Kreislaufstörungen in der Niere selbst verbunden. Hier ist die allgemeine Regel, möglichst nicht im Dunkeln und in der Tiefe zu arbeiten und die Niere thunlichst weit in das Niveau der äusseren Wundränder zu bringen. Es hat das völlig unabhängig von der Art der an der Niere auszuführenden Operation zu geschehen. Die Auslösung und Freilegung der Neubildungen der Niere ist bei jugendlichen, einer eigentlichen Capsula adiposa entbehrenden Personen unter angemessener Schnittführung oft ohne Weiteres möglich. Anschwellungen flüssigen Inhaltes sind, wenn nöthig, provisorisch zu verkleinern, wobei man unter Gebrauch des Klemmtrokars sich nach den für die Entfernung cystischer Ovarien giltigen Regeln zu richten hat. Bestehen ferner bandartige Verwachsungen mit starken Gefässen, so hat man vor Allem deren Abreissen durch doppelte Unterbindung vor ihrer Durchtrennung zu meiden. Besondere Aufmerksamkeit ist dabei der Nierenconvexität zu widmen, da man von ihr aus durch den sogenannten „Sectionsschnitt" jetzt allgemein in das Organinnere zu dringen pflegt.

Bis zur beendeten Freilegung der Niere stimmt das Vorgehen bei der Nephrotomie und bei der Nephrektomie vielfach überein. Es lässt sich indessen in manchen Fällen schon früh während des bisherigen Ganges der Operation erkennen, dass einerseits von einer einfachen Incision in die Niere, bezw. deren erkrankten Theil nicht die Rede sein kann, andererseits Nephrektomie in gewöhnlichem Wortsinn nicht ausreicht. Abgesehen davon, dass die Nephrotomie diagnostischen Zwecken dient, soll sie durch genügendes Eindringen in das Organparenchym in diesem enthaltene krankhafte Producte entfernen. Namentlich soll sie bei etwaigen tuberculösen, eiterigen und anderen destructiven Processen nach den allgemeinen chirurgischen Grundsätzen für guten Abfluss sorgen, Blindsäcke und Taschen mittels Durchtrennung der ihrer Zugänglichkeit entgegenstehenden, meistens von den Scheidenwänden der Nierenkelche gebildeten Hindernisse beseitigen und getrennte Krankheitsherde durch einen gemeinsamen directen Zugang nach aussen vereinigen. Schon während der Freilegung des Organs sieht man indessen häufig genug, dass Vorstehendes unmöglich. Die Zahl der Krankheitsherde erscheint schon von aussen zu gross, die Gestalt und Ausdehnung der Taschen und Absackungen zu ungünstig. Für gewöhnlich ist dann die Entfernung der ganzen Niere indicirt. Aber deren Ausführung in der sonst üblichen Weise zeigt sich nicht leicht angängig, weil die Freilegung durch breite bindegewebig-entzündliche Verwachsungen der verdickten Capsula propria verhindert ist. In extremen derartigen Fällen von eiteriger oder tuberculöser Pyonephrose sind die Capsula propria fibrosa und die Capsula adiposa zu einer festen bindegewebigen Schale derart innig verwachsen, dass die durch den eiterigen, destructiven Process noch nicht völlig zer-

störten Parenchymreste nach Entleerung des flüssigen Inhaltes aus dieser
Schale gleichsam von selbst herausfallen. Andere Male kann in bereits
oben erwähnter Weise eine „subcapsuläre Decortication", wie
sie von *Simon* empfohlen und durch *Ollier, v. Bergmann* u. A. geübt
worden ist, nach bekannten Regeln mittels des Fingers oder des *Volkmann'*schen Löffels geübt werden, wobei festere, mehr sclerotische Stellen
mit der *Péan'*schen Zerstückelung („morcellement") zu behandeln sind
(*Tuffier*). Aber diese „subcapsuläre Decortication" hat ihre
Grenzen. Schon bei dem Versuche, die Niere auszuhülsen und freizulegen, erkennt man, dass die feste Schale nicht immer eine „continuir-
liche" ist. Es bestehen theilweise zarte Verwachsungen, namentlich mit
Bauchfell und Dickdarm. Haften hier schwammige, leicht blutende Ge-
websreste, so kann die Sachlage recht schwierig sich gestalten. Zuweilen
gelingt es, der betreffenden Stellen durch den Thermokauter Herr zu
werden; andere Male kann ihre endgiltige Ausräumung durch eine Nach-
operation erfolgen. Aber manchmal bleibt nichts Anderes übrig, als nach
präventiver Unterbindung des Nierenstiels (nach *Bruns* und *Linser*) den
Kranken mit tamponirter Wunde sich selbst zu überlassen. Solche Vorkommnisse tragen dann zur Vermehrung der Fälle von ungünstiger
secundärer Nephrektomie (s. o.) bei.

Ebenfalls bereits bei der Freilegung der Niere beobachtet man in Fällen
von Neubildungen, dass Verwachsungen neoplastischer Natur bestehen, welche selbst erfahrenen Operateuren die Vollendung der Exstirpation
von vornherein verbieten. Namentlich in den ersten Zeiten der Nierenchirurgie,
in denen die Zahl der Frühdiagnosen von Nierenneubildungen noch eine
kleinere gewesen als heutzutage, war dies häufig der Fall. Die Beispiele von
aus diesem Grunde allein bereits in einem frühen Stadium der Operation unbe-
endet gelassenen Exstirpationen sind nichts weniger als selten. Die betreffenden
Verwachsungen gehen hier ohne sichtliche Grenze in die Haupttumormasse über;
sie stellen nicht nur mit Dickdarm und Bauchfell untrennbare, feste Verlöthungen
dar, sie erstrecken sich auch bis zur Wirbelsäule, bezw. zu den vor dieser gelegenen
Lymphdrüsen, letztere ebenso wie die grossen Hauptgefässtämme des Bauches
mehr oder minder vollständig einbettend

Anmerkung. Statt der Nephrotomie in engerem Wortsinn hat man
mehrfach angesichts der leichten Erreichbarkeit des Nierenbeckens und des
Hilus nach Freilegung des unteren Poles der Niere die Incision des Nierenbeckens
bevorzugt. Man hat dieselbe sowol in Fällen von Pyonephrose als einfache
Pyelotomie, als auch behufs Extraction von Steinen als Pyelolithotomie
ausgeführt. Als letztere haben wir sie bereits oben gewürdigt; sie wird aber trotz
der offenbaren Vorzüge, welche die Eröffnung des Nierenbeckens und die Steinextraction mit Hilfe des Sectionsschnittes bietet, immer wieder wegen der leichten,
unmittelbaren Zugänglichkeit des Nierenbeckens empfohlen. Man hat ausserdem
darauf hingewiesen, dass die an und für sich schwierige Naht des Nierenbeckenschnittes durch Verdickung der Beckenwand erleichtert wird (*Bodenstein*). Immerhin
bleibt der Nachtheil bestehen, dass man von einem einfachen Schnitt in das Nierenbecken aus nicht die Ausbuchtungen und Taschen, welche die erweiterten Nierenkelche tief in das Nierenparenchym hinein häufig genug bilden, direct eröffnet.

Man vermag dann nicht den in den Absackungen der Nierenkelche enthaltenen Eiter und die hier lagernden Steine unmittelbar zu entleeren. In besonders complicirten Fällen hat man daher versucht, die Pyelotomie mit der Eröffnung der Niere durch Sectionsschnitt zu combiniren, indem man letzteren von vornherein bis in das Nierenbecken führt (Bisectio renis Fengers).

Nach Freilegung der Niere gehen die operativen Maassnahmen auseinander, je nachdem man die Nephrotomie oder die Nephrektomie beabsichtigt. Bei der Nephrotomie soll man sich, wie bereits mehrfach betont, streng an die durch den „Sectionsschnitt" gegebene Richtung halten. Man kann auf diese Weise sowol den unteren wie den oberen Pol des Organs weit genug einkerben, um das ganze Parenchym genau zu untersuchen. Diese Schnittrichtung gestattet bei geringem Blutverlust in Fällen, in denen das eigentliche Nierengewebe gesund ist, also bei Nephrolithiasis und bei Probeincisionen, wie wir dieses schon in dem Capitel „Steinkrankheit der Niere" dargethan haben, die erfolgreiche Vereinigung durch die Naht, der man dann die Naht der weichen Bedeckungen unter den üblichen Vorsichtsmaassregeln (Offenlassen des unteren Wundwinkels) folgen lässt. Kleine Einschnitte in die Niere heilen bekanntlich auch ohne Naht durch directe Vereinigung. Der Sicherheit wegen kann man für die ersten Tage einen Gazestreifen von der äusseren Wunde aus zum Einschnitt in die Niere leiten. — Ueber das Vorgehen bei Abscedirungen, Pyonephrosen und anderen destructiven Veränderungen bei der Nephrotomie ist bereits vorstehend das Erforderliche mitgetheilt worden. In den einschlägigen Fällen wird man je nach Erforderniss zur Bewältigung paranephritischer Complicationen die äussere Wunde nur zum Theil oder aber gar nicht schliessen dürfen, seltener Gegenöffnungen anzulegen haben. Ausgiebige Tamponade ist hier die Regel; doch übertreibe man andererseits diese nicht, um nicht einen unnöthigen, die Darmcirculation erschwerenden Druck auf die übrigen Organe des Bauches auszuüben.

Ist man gezwungen, von der Erhaltung der Niere abzusehen und statt der Nephrotomie ihre Exstirpation, die Nephrektomie auszuführen, so besteht der nächste (dritte) Act in Unterbindung des Nierenstieles, an dem das allseitig freigelegte Organ noch haftet, und in Durchtrennung dieses Stieles.

Der „Nierenstiel" begreift die Hauptstämme der grossen Gefässe und den Harnleiter in sich; die begleitenden Nerven sind chirurgisch von keiner Bedeutung, dagegen können dieses die in ihm enthaltenen Theile des Lymphsystems unter pathologischen Verhältnissen werden. Die Länge des Nierenstieles ist auf beiden Seiten ziemlich gleich, denn wenn auch die A. renalis rechts auf ¹/₂ cm länger als links, wo sie im Mittel 4 cm misst, berechnet wird, ist die V. renalis rechts um ebenso viel kürzer als links. Andererseits sind diese Maasse nur als ungefähre zu betrachten, denn häufig genug ist die Theilung der Hauptstämme der A. und V. renalis vor deren Eintritt in den Hilus schon beendet, ebenso wie der Harnleiter zuweilen ohne eigentliche Nierenbeckenbildung ausserhalb des Hilus in zwei oder mehrere Sammelröhren zerfallen kann, welche letztere dann in die Nierenkelche übergehen. Man findet daher bei Unterbindung und Durchschneidung des Nierenstieles, dass man es nicht selten mit mehr als einer Lichtung sowol der Hauptgefässstämme als auch des Harnleiters zu thun hat, von gröberen hierhergehörigen Anomalien abgesehen Wie die Geschichte der Wanderniere zeigt, sind die im Nierenstiel enthaltenen Gefässe und Nerven grösserer Zerrungen und Dehnungen fähig, ohne dass ihre Function leidet. Ausserdem aber wird die Länge des Nierenstieles durch Uebergreifen der Erkrankungen der Niere auf denselben und durch diese selbst verändert Betheiligung des Stieles an neoplastischen und entzündlichen Processen vermag ihn zu verdecken; durch Vergrösserung der Niere und des Nierenbeckens wird in Folge der damit verbundenen Vertiefung des Hilus seine Länge beeinträchtigt, während er in einzelnen Fällen neoplastischer Erkrankung durch den Zug des vergrösserten Organs etwas verlängert erscheinen kann. Manchmal geht die Affection der Niere so allmählig auf den Stiel über, dass eine deutliche Absetzung nicht zu erkennen ist, so namentlich, wenn eine Betheiligung der in ihm enthaltenen lymphatischen Gebilde statt hat.

Fig. 374.
Klemme mit starker Krümmung zum Fassen des Nierenstieles.
Nach Collin.
(Catalog. général, 1894, Fig. 516.)

Entsprechend den vorstehend gekennzeichneten Verschiedenheiten des Stieles ist seine Behandlung keineswegs in allen Fällen die gleiche. Im Allgemeinen gilt die Regel, ihn, ehe man ihn einer Unterbindung unterwirft, so weit wie möglich zu isoliren und dann direct zugänglich zu machen, wobei die überall gelöste, frei bewegliche Niere möglichst weit aus dem Wundraum herauszuheben ist. Je nach der Lage des Falles dient hierzu die Hand eines Assistenten, oder der Zug einer Zange oder einer geeigneten Klemme mit breiten, gezähnten Branchen. Trotzdem gelingt es, namentlich bei einigermaassen umfangreichen Nierengeschwülsten, trotz aller Sorgfalt, nicht immer, den Nierenstiel in seiner ganzen Ausdehnung frei zugänglich zu machen. Hier hat man den Stiel mit sicheren Klemmzangen von genügender Länge und geeigneter Krümmung zu fassen, ehe man ein Weiteres mit ihm vornimmt (Fig. 374.)

Zuweilen muss man diese Klemmen ebenso wie bei den vaginalen Uterus- und Appendix-Operationen zur definitiven Blutstillung liegen lassen, nachdem man über sie hinweg die Niere abgetragen hat. Es sind dieses aber nur Ausnahmen, ebenso wie gewisse an der Grenze der Operabilität stehende Fälle sehr umfangreicher Geschwülste, bei denen man den Stiel vor völliger Lösung der Niere durchtrennen muss, da erst dann alle Verwachsungen in der Tiefe völlig zugänglich werden. In einigen dieser Fälle ist überhaupt ein eigentlicher Stiel wegen ausgedehnter Adhärenz der Niere nicht vorhanden; hier soll man die Verwachsungen möglichst trennen und einen provisorischen, noch Nierensubstanz enthaltenden Stiel bilden, den man später von den grossen Gefässen, bezw. der Wirbelsäule ablöst. Doch sind weitere Erfahrungen über dieses Verfahren (*Smith*) noch zu sammeln.

Das gewöhnliche Verfahren der Stielbehandlung in der grossen Mehrheit der Nephrektomien ist die Unterbindung des gespannt gehaltenen Stieles und seine Durchschneidung pari passu mit der Unterbindung. Die Frage nach dem Unterbindungsmaterial, ob Catgut oder sterilisirte Seide, entscheidet sich dabei häufig mehr nach der persönlichen Erfahrung und Vorliebe des Operateurs, als durch sachliche Gründe. Jedenfalls muss die Stärke des Ligaturfadens der Dicke der zu unterbindenden Massen entsprechen; ein Catgut Nr. 5—6 ist für die „Ligature en masse" nicht zu stark (*Le Dentu*). Thatsächlich wird man in einzelnen Fällen nicht umhin können, die „Ligature en masse" anzuwenden, statt der möglichst vorzuziehenden isolirten Ligatur. Wenn irgend thunlich, sollte man die Gefässe und den Harnleiter getrennt unterbinden, schon wegen des leichteren Abgleitens einer Massenligatur. Am besten bedient man sich hierzu einer langgestielten Aneurysmanadel von nicht zu kleinen Dimensionen: 3 cm sollte der Radius betragen (*Le Dentu*). Das freie Ende soll weder zu spitz zugehen, noch auch zu breit und grob gearbeitet sein. Eine kleinere Krümmung der Nadel ist bei der Handhabung in der Tiefe nicht zu brauchen. Das gleichzeitige Fassen der Fadenschlinge und Zurückziehen des Instrumentes würden noch mehr erschwert werden, als sie es thatsächlich häufig sind. Man hat, um dieser Schwierigkeit zu begegnen, verschiedene zum Theil recht complicirte Vorrichtungen angegeben, welche aber alle kein Bürgerrecht in der Nierenchirurgie erlangt haben. Die Vorschrift, die Aneurysmanadeln erst mit Faden zu versehen, wenn sie mit ihrer Spitze an der anderen Seite des Stieles zum Vorschein kommt (*Treves*), ist durchaus nicht immer von Vortheil. Die Schlinge des Doppelfadens wird hierauf durchschnitten und die entsprechenden Fadenendenpaare doppelt geknotet. Der Knoten muss mit zitternder Hand zusammengezogen werden, jede unnöthige Gewalt ist zu vermeiden, um nicht gleichzeitig einen unerwünschten Zug auszuüben. Die Anwendung eines zweifachen Fadens, die Wiederholung der Ligatur weiter centralwärts und ähnliche kleine Vorsichtsmaassregeln bei der Stielbehandlung anderer Organe sind auch bei der Niere am Platze.

Während nun der obere Wundrand möglichst weit sammt dem Rippenbogen nach oben gezogen wird, wird der Stiel vorsichtig mit einigen Scheerenschlägen getrennt. Eine plötzliche Durchschneidung soll man meiden; und eine weitere Vorschrift ist, diese Durchschneidung nicht zu nahe dem Ligaturfaden vorzunehmen und lieber ein Stück des Nierenbeckens und selbst der Nierensubstanz zunächst stehen zu lassen. Je dicker und kürzer der Stiel, je mehr die Unterbindung den Charakter einer einzigen Ligatur en masse trägt, desto grösser ist die Gefahr des Abgleitens. Jedenfalls soll man die Ligatur nicht von vornherein kurz abschneiden, schon um eine Handhabe zu besitzen, wenn eine Stielblutung trotz der Ligatur fortdauert. Empfehlenswerth ist die Ergänzung der Massenligatur durch nachträgliche isolirte Ligatur.

Auch ohne Fortdauer der Blutung aus dem Stiel ist nach Herausnehmen der Niere die ganze Wundhöhle einer genauen Revision bezüglich blutender Stellen zu unterwerfen. Alle irgendwie blutenden Punkte sollten sofort gefasst und unterbunden werden. Soweit es sich hierbei um die Gegend des Stieles handelt, hat man es mit aberrirenden oder anomalen Gefässen zu thun, deren Lumina man sich relativ leicht versichern kann. Zuweilen ist die Stielunterbindung an einer Stelle erfolgt, vor welcher bereits die Auftheilung der Hauptgefässstämme der Niere statt gehabt. Im Ganzen sind die Stielblutungen leichter zu bemeistern als solche aus den Adhäsionen, welche verhältnissmässig häufig Tamponade der Wundhöhle erfordern. In einzelnen Fällen hat man die seitliche Anreissung der V. cava durch die Naht zu schliessen gesucht, was einige Mal völlig gelang. Ausnahmsweise ist eine gefahrdrohende Nachblutung durch provisorische elastische Ligatur zu stillen.

Behandlung des Harnleiterstumpfes. Dieselbe ist ebenso wie die des Nierenstieles eine wechselnde. Ist der Harnleiter gesund, so hat es mit seiner isolirten Ligatur sein Bewenden. Jedenfalls hat es keine Berechtigung, den Harnleiterstumpf in allen Fällen einzunähen, um ihn unter Augen zu behalten (*Thornton*). Es ist dieses einfach eine unnöthige Complication. Selbst in Fällen von Erkrankung des Harnleiters führt einerseits seine temporäre Ausschaltung manchmal zu seiner Verödung. Andererseits leistet die Ligatur des Harnleiters keineswegs stets Gewähr für seine endliche Undurchgängigkeit. Regel sei daher, bei entzündlich oder tuberculös infectiösen und malignen neoplastischen Veränderungen den Ureter möglichst weit zu verfolgen, auszuschaben, mit dem Paquelin und Galvanokauter zu behandeln und dann durch Ligatur noch einmal abzuschliessen. Eine primäre Ureterektomie in Verbindung mit der Nephrektomie ist zielbewusster Weise von *Potniknow* verrichtet worden; secundäre derartige Operationen wurden vielfach nach dem Vorgange von *Reynier* durch *Israel* u. A. ausgeführt.

Uebele Ereignisse während der Nephrektomie.

Von einzelnen hierhergehörigen Zwischenfällen, namentlich von der Unmöglichkeit, die freigelegte Niere zu entfernen, ist in der bisherigen Darstellung des Ganges der Operation schon die Rede gewesen. Es bleiben als wesentliche Punkte zur Besprechung die Blutung und etwaige Nebenverletzungen Dass bei der Entfernung der Niere wie bei der anderer Organe der durch den Blutverlust gesteigerte

„Shock" eine Rolle spielt, sei hier mit dem Zusatz erwähnt, dass von nicht geringer Bedeutung die Einwirkung der längeren Narkose auf die Thätigkeit der „anderen" Niere ist. Wir werden hierauf noch zurückkommen und bemerken nur noch, dass mittelbar wie direct hierbei auch die Herzthätigkeit in Mitleidenschaft gezogen wird.

Die durch die Blutung bedingten Störungen sind, soweit diese von Verwachsungen und vom Stiel herrührt, schon erörtert worden. Aber in gleicher Weise muss man auf andere Quellen der Blutung achten. Zunächst hat man schon beim Durchtrennen der bedeckenden Weichtheile Schicht für Schicht jede blutende Lichtung zu versorgen und sich nicht darauf zu verlassen, dass bei Schluss der Wunde doch diese Blutung zum Stehen käme. Abgesehen davon, dass man bei so eingreifenden Operationen, wie die Nephrotomie und Nephrektomie, sorgfältig jeden unnöthigen Blutverlust meiden soll, ist bei der grossen Tiefe, in der man schliesslich zu arbeiten gezwungen ist, die Ueberschwemmung des Operationsgebietes von oben her besonders störend. Vielfach übersehen wird die Quelle unangenehmer Blutungen, welche die Niere selbst bildet. Schon die Decapsulirung der Niere führt nicht selten — entsprechend der Bedeutung des perirenalen Kreislaufes — zu ziemlich erheblichen Blutverlusten. Grösser gestalten sich aber diese, wenn die Nierensubstanz, sei es unabsichtlich, sei es mit Vorbedacht, z. B. durch einen exploratorischen Sectionsschnitt, verletzt worden ist. Ist man in der Lage, letzteren sofort zu nähen, so genügt allenfalls der directe Druck auf die Wundränder durch einen Assistenten zur Hämostase. Häufiger aber ist eine temporäre Compression des Nierenstieles bis zur völligen Entfernung der Niere bezw. bis zur Extraction der Steine nothwendig. Man kann diese Compression auf verschiedene Weise bewerkstelligen, z. B. durch Klemmen; bei genügendem Raum ist die Einklemmung des Stieles zwischen dem zweiten und dritten Finger eines Assistenten zu empfehlen, da dieselbe viel länger durchführbar ist, als das Zusammendrücken der Stielglieder zwischen Daumen und Zeigefinger (*J. Israel*).

Das unerfreuliche Capitel der Nebenverletzungen scheint neuerdings etwas an Umfang abzunehmen in Folge der naturgemässen Beschränkung der Operationsanzeigen bei umfangreichen Neubildungen und der grösseren Häufigkeit rechtzeitigen Operirens auf Grund von Frühdiagnosen. Immerhin sind noch relativ oft gefährdet das Brustfell, die dicken Därme und vornehmlich das Bauchfell. In allen diesen Vorkommnissen, mögen es Risse oder Schnitte sein, gilt als Regel der sofortige Schluss durch die Naht. Tamponade mit steriler Gaze verhindert nicht das Weiterreissen und ebenso auch nicht bei der relativ langen Dauer der hierhergehörigen Eingriffe eine septische Infection. Bei richtiger Durchführung der lumboabdominalen Schnittrichtung hat die für die Entfernung sehr umfangreicher Nierengeschwülste nothwendige Eröffnung des Bauchfellsackes an seiner seitlichen Umschlagsfalte, unter Befolgung des Principes des möglichst baldigen Verschlusses der Oeffnung, keine Gefahren; jedenfalls ist der Rath. bei umfangreichen Nierengeschwülsten die Lumbalincision aufzugeben und zur Laparotomie überzugehen. nicht mehr ganz berechtigt. Die von der Lende aus gemachte Oeffnung im Bauchfell liegt. um den Ausspruch *Péan's* zu wiederholen, unmittelbar unter den Augen des Chirurgen, so dass aus ihr keinerlei Nachtheile zu befürchten sind. Immerhin soll man auch diese Verletzung nicht unnöthig machen. und immer zunächst eine sorgfältige Ablösung der seitlichen Umschlagstelle des Bauchfelles in genügender Ausdehnung versuchen.

Als Nebenverletzungen hat man auch kleine Unregelmässigkeiten bei Anlegung des Weichtheilschnittes zu betrachten. welche man in Folge von fistulösgeschwürigen Veränderungen zuweilen nicht ganz umgehen kann. Man muss aber stets berücksichtigen. dass hieraus im Vergleich mit anderen Fällen Verzögerungen in der Wundheilung und grössere Geneigtheit zu nachträglicher Bruchentwickelung gelegentlich entspringen können. Letztere Neigung wird namentlich durch den Schwund der Lendenmusculatur begünstigt. welche theils als Folge längerer Wundeiterung. namentlich auch als Folge der Durchtrennung der das Operationsgebiet kreuzenden Intercostal- und Lumbalnerven auftritt. Man soll diese Nerven durch Haken beiseite ziehen und. wenn irgend möglich. schonen.

Versorgung der Wunde und Nachbehandlung. Nach jeder Nephrektomie bleibt ebenso wie nach jeder Nephrotomie, durch welche eine grössere Menge Eiters oder anderer Krankheitsproducte entfernt worden sind, eine mehr oder minder umfangreiche Wundhöhle zurück. Man kann mit *Le Dentu* dieselbe in zwei Abschnitte theilen. in einen oberen. welcher der Wölbung des Diaphragma entsprechend. hinter den untersten Rippen liegt und einen unteren mehr abdominalen. Letzterer wird sehr bald zum grossen Theil von den bis dahin zurückgedrängten Därmen und sonstigem Bauchinhalt ausgefüllt. Dagegen bleibt der obere Abschnitt nun mehr eine getrennte Höhle. falls man nicht die ganze Wunde tamponirt oder wenigstens sorgfältig drainirt. Je mehr man vom Stiel oberhalb der Unterbindung hat stehen lassen müssen, je weniger die Wunde den Charakter einer reinen hat und je mehr die Exstirpation einer Decortication sich nähert. desto ungeeigneter ist ein Verschluss eines grösseren Theiles der Wunde durch die Naht. Mit der Reinigung solcher Wunden durch antiseptische Lösungen. durch verschorfende Mittel und Aehnliches muss man unseren früheren Ausführungen entsprechend sehr zurückhaltend sein; am besten ist Tamponade mit sterilisirter Gaze. welche nur in dringenden Fällen von Nachblutungsgefahr in vorübergehender Weise etwas fester eingestopft werden darf und bald gewechselt werden muss. In geeigneten Fällen kann man nach 8 bis 10 oder mehr Tagen die Secundärnaht versuchen.

Entspricht der nach der Nephrektomie oder Nephrotomie zurückbleibende Hohlraum mehr einer reinen Wunde, so kann man den Schnitt durch die bedeckenden Weichtheile zum grössten Theil durch die Naht vereinigen. wofern man für genügende Drainage der Wundtiefe sorgt. Diese Drainage hat je nach den Verhältnissen in concreto mittelst einer elastischen Röhre oder durch etwas Jodoformdocht. bezw. einen Streifen zusammengefalteter Jodoformgaze zu erfolgen. Kann man die Röhre bezw. den Streifen frühzeitig entfernen, so ist die Heilungsdauer zuweilen eine sehr kurze, circa 2—3 Wochen betragende. Selbstverständlich muss der Patient in dieser Zeit sich völlig ruhig liegend verhalten, entsprechenden Falles muss man den Abfluss von Wundsecret längs der Drainage durch Lagerung des Patienten auf die operirte Seite zu begünstigen suchen Wegen unvollständiger Heilung in Folge von trotz aller Vorsichtsmaassregeln durch den zurückgelassenen Ureterenstumpf unterhaltener nephrektomischer Fisteln vgl. die Capitel Pyonephrose und Nierentuberculose.

Zwischenfälle und Folgezustände nach der Nephrotomie wie Nephrektomie werden bedingt: durch den operativen Shock. durch Nachblutung. Secretverhaltung, durch Entzündung von Pleura und Peritoneum, durch Fortdauer der durch die Operation nicht völlig beseitigten Krankheit und durch das Verhalten der „anderen" Niere. Alle diese Dinge können ungünstigen Falles zur Ursache des tödtlichen Ausganges werden oder aber eine verzögerte bezw. unvollständige Genesung bedingen. Sowol das eine wie das andere erfolgt inzwischen bei den verschiedenen operativ behandelten Nierenkrankheiten in so wechselnder Weise, dass nur einige wenige hierhergehörige Einzelheiten von gemeinsamen Gesichtspunkten aus sich zusammenfassen lassen.

Pleuritis und Peritonitis schliessen sich nur in Fällen von Verletzung bezw. Infection der betreffenden serösen Häute unmittelbar an.

Besonderheiten bietet nach grösseren Nierenoperationen das Verhalten der zweiten Niere. Nicht nur nach Nephrektomien, sondern auch nach Nephrotomien mit ausgiebiger Entfernung krankhafter Producte, gründlicher Ausräumung des Parenchyms und nach ähnlichen weitgehenden Eingriffen pflegt eine Oligurie zu folgen. In gleichem Maasse. wie sich der Harn vermindert, nimmt die Abscheidung von Harnstoff und anderen festen Bestandtheilen ab. Manchmal ist die Oligurie so hochgradig, dass nur relativ wenige Kubikcentimeter Harn in 24 Stunden abgesondert werden; in extremen Fällen kommt es sogar zu vorübergehender Anurie. Gelegentlich sind einige Blutelemente dem Urin beigemischt. welche nicht immer von der „zweiten" Niere, sondern manchmal auch von dem durchschnittenen Harnleiter auf der Seite der Operation stammen. Meist geht schon nach wenigen Tagen die Oligurie in Polyurie über und diese nach und nach wieder in normale Harnabsonderung. auf deren Rückkehr man etwa 8—10 Tage nach der Operation rechnen darf.

Die vorstehenden Abweichungen treten umsoweniger hervor, je mehr der Patient gewohnt ist, mit den Leistungen nur einer Niere auszukommen (Tuffier). Wenn man in der Lage ist. mit der Nierenexstirpation so lange zögern zu können, bis das kranke Organ seine Leistungen allmälig mehr oder minder völlig eingestellt hat. so können diese Schwankungen nur sehr gering sein (*Neumann*). Aber selbst in solchen günstigen Fällen sind die Harnabsonderungsverhältnisse keineswegs die einer gesunden Person, und schon diese Thatsache sollte zur Verwerfung des Vorschlages der zweizeitigen Ausführung der Nephrektomie genügen. Denn wenn auch Fälle bekannt sind, in welchen Frauen mit nur einer Niere nach operativer Entfernung der anderen wiederholte Schwangerschaften, resp. Entbindungen überstanden haben (*Le Dentu*), so befindet sich doch häufig die secernirende Thätigkeit der Niere bei Menschen, die eine einseitige Nephrektomie überstanden oder durch destructive Processe eine Niere verloren haben, gleichsam nur in einem labilen Zustande. Verfasser kennt einen Patienten, bei welchem durch eine weit ausgebreitete perityphlitische Phlegmone die rechte Niere vereitert ist, und der in grösseren Zwischenräumen an eigenartigen Anfällen mit völliger Sistirung der Harnabsonderung leidet. Dass kurz vorübergehende fieberhafte Krankheiten unter solchen Verhältnissen sehr ernst die Thätigkeit der zurückgebliebenen Niere beeinflussen können, ist bekannt (*Neumann*). Auch äussere Einwirkungen, namentlich aber die von Medicamenten und ganz speciell die allgemeine Narkose fallen hier vielfach schädlicher aus, als bei Leuten mit zwei normal secernirenden Nieren.

Durch Thierversuche und Obductionsbefunde nach Nephrektomien wissen wir, dass die Besonderheiten der Harnabsonderung seitens der zurückgelassenen Niere auf bestimmte Structurveränderungen dieser zurückzuführen sind. Zwischen dem ersten und siebenten Tage nach der Exstirpation der einen Niere spielen sich gewisse Veränderungen in den Elementartheilen des zurückgelassenen Organes ab. Dieselben bestehen in Störung der reihenförmigen Anordnung des Kernes in den secernirenden Parenchymzellen, Vorrücken der Granula gegen die Lichtung der Harncanälchen, Verklumpung und Vacuolenbildung (*Enderlen*). Vom fünften Tage an scheint hierin eine Restitutio ad integrum wieder zu beginnen, doch existiren noch nach dem siebenten Tage einzelne Unregelmässigkeiten eine Zeit lang. Jedenfalls entsprechen diesen Veränderungen die Verhältnisse der Harnsecretion, welche sich gleichzeitig mit ihrer Rückbildung ebenfalls zu bessern pflegt *). Wird dann schliesslich diese Secretion mit einer den Bedürfnissen des Organismus genügenden Regelmässigkeit von der zurückgebliebenen Niere besorgt, so entwickelt sich hier eine Art compensatorischer Hypertrophie, welche im Wesentlichen nicht auf einer Vermehrung, sondern auf einer Volumszunahme der Elementartheile und einer stärkeren Vascularisation beruht (*Baek*), doch sind die hiehergehörigen Erfahrungen bis jetzt noch nicht abgeschlossen, und scheinen die Verhältnisse bei erworbenen Defecten andere zu sein, als bei angeborenem Mangel einer Niere.

---

*) Eine ähnliche, wenn auch gesteigerte Wirkung dürfte der Combination der Nephrektomie mit der Jodoformbehandlung der Wunde bezw. der Chloroformnarkose zukommen.

2. Technik der transperitonealen Nierenoperationen.

Die Technik der transperitonealen Nierenoperationen ist die gleiche wie die anderer Laparotomien zur Entfernung retroperitonealer Anschwellungen. Während aber in den ersten Zeiten der Nierenchirurgie, in denen eine relativ grosse Reihe von Nierentumoren in Folge ihrer Verwechselung mit anderen Unterleibsgeschwülsten Gegenstand chirurgischen Einschreitens waren, die Eröffnung des Bauches in gewöhnlicher Weise in der Mittellinie geschah, wird jetzt allgemein die Laparotomia lateralis bevorzugt. Erst ganz neuerdings beginnt man auch hier sich mit der Schnittführung nach der Ausdehnung der Nierengeschwulst zu richten. Der seitliche Schnitt längs des Aussenrandes des M. rect. abd. hat den Vorzug, dass man auf die äussere Schichte des Mesocolon fällt und nach Einschnitt in dieselbe die Geschwulst sammt Colon descendens nach innen zu herausheben kann. In einfachen Fällen gelingt die stumpfe Ablösung der Geschwulst und die Erreichung der Hilusgegend erfolgt fast unblutig. Die Gefässe der Niere werden einfach durch stumpfes Abheben des Bauchfelles in der Richtung der Aorta zurückgeschoben.

Während man zuweilen bereits in diesem Stadium der Operation die Unmöglichkeit, die erkrankte Niere zu entfernen, erkennt und die Bauchhöhle ganz wie nach einer Probelaparotomie möglichst vollständig zu schliessen hat, ist für gewöhnlich der nächste Act der Operation die Sicherung des Nierenstieles, dessen Ligatur, bezw. Durchschneidung. Die Ausführung dieses Actes schon an dieser Stelle ist das am meisten charakteristische Moment des abdominalen Verfahrens der Nephrektomie. Es wird auf dasselbe zwar von vielen Seiten weniger Gewicht gelegt, als auf die Eröffnung des Bauchfellsackes, resp. die doppelte Durchtrennung des Bauchfelles selbst. Aber die lumbare Schnittführung widerspricht der Mitbetheiligung des Peritoneums durchaus nicht principiell. Dagegen wird bei ihr als Regel der Stiel erst nach seiner der allseitigen Auslösung der Niere folgenden Isolirung unterbunden und abgetragen. Gewiss lassen leicht bewegliche, nicht übertrieben umfangreiche Nierengeschwülste es ohne Weiteres zu, dass die Stielbehandlung als Schlussact auch bei der abdominalen Operation angewendet wird. Aber das Gewöhnliche ist dieses nicht. Man soll bei letzterer vielmehr den Stiel, sobald als man nach Abhebung der hinteren Bauchfellplatte zu ihm gelangt ist, zu isoliren und zu unterbinden suchen (vgl. die Darstellung bei *Treves* u. A.), ehe man die hintere Seite der Niere und den oberen Theil ihrer Convexität von der Unterlage abgelöst hat. Vielfach ist die Voranschickung der Stielligatur vor dieser Ablösung eine absolute Nothwendigkeit, bedingt durch die Gefahr der Blutung, welche die Abhebung der Niere von ihrer Unterlage oft zur Folge hat. Man ist hier nicht, wie bei der lumbaren Operation, unter günstiger Schnittrichtung in der Lage, die etwaigen Verwachsungen nach doppelter Unterbindung frei zu durchtrennen; es liegt vielmehr nahe, dass Fetzen der erkrankten Niere abreissen und zurückbleiben. Dass hier in den entsprechenden Fällen auch eine gewisse Infectionsgefahr liegt, bedarf keiner Erörterung (*Le Dentu*). Radicale Operateure aber bekommen leicht durch diese Verhältnisse einen Anreiz, die häufig nur einen Nothbehelf darstellenden roheren und unvollkommeneren Auslösungsverfahren, die Decapsulirung und die Zerstückelung an Stelle der reinen Ausschälung des kranken Organes behufs Beendigung des Eingriffes zu setzen.

Im Uebrigen ist an und für sich die Art der Behandlung des Stieles im Principe bei den abdominalen Nierenoperationen keine andere als bei den lumbaren. Bezüglich der Versorgung der Wunde pflegt man die Incision der hinteren Bauchfellplatte sich selbst zu überlassen. Nur ausnahmsweise bei drohender Infectionsgefahr seitens des Krankheitsherdes vereinigt man die Ränder dieser Incision mit denen des Bauchfelles im äusseren Einschnitt und drainirt von diesem aus. Die Unannehmlichkeit einer von der vorderen Bauchwand in die Tiefe führenden Fistel veranlasst indessen in vielen hierherzählenden Fällen eiterig-destructiver Nierenerkrankung, sowie namentlich bei Nephrolithiasis zur regelmässigen Anlage einer Gegenöffnung in der Lende, durch die freier Abfluss gewährt wird, wogegen die Bauchwunde nach bekannten Regeln völlig geschlossen wird.

Zwischenfälle und Störungen der Nachbehandlung sind vielfach bei der abdominalen Operation die gleichen wie bei der lumbaren, doch kann unter Umständen die breite Eröffnung des Bauchfellsackes zu Complicationen führen. Bei allseitig, speciell auch hinten und am Hilus fest verwachsenen Nierenanschwellungen muss man zuweilen nicht nur den Dickdarm, sondern auch grössere Convoluta benachbarter Dünndarmschlingen hervorholen, ehe man eine ausgiebige Auslösung des erkrankten Organes bewerkstelligen kann. Bei dünnwandigen, fest verkalkten, sackartigen Nieren droht durch diese und ähnliche Manipulationen vorzeitiges Ausreissen des Sackes bezw. Infection des Bauchfelles. Dass endlich die Art der Einheilung des Nierenstieles und ganz besonders die des Harnleiters die Möglichkeit für Hindernisse in der Darmbewegung bieten kann, wurde oben schon erwähnt*).

Die üblichen Vergleiche zwischen der abdominalen und der lumbaren Methode der Nierenoperationen werden von den meisten Schriftstellern durch Gegenüberstellung der ziffermässigen Heilungsergebnisse der einen und der anderen dieser beiden Methoden in den verschiedenen Fällen von Nephrotomie und Nephrektomie eingeleitet. Die abdominale Methode pflegt hierbei in der Regel mehr oder weniger schlecht fortzukommen. Wir halten aber den statistischen Weg zur Gewinnung einer richtigen Werthschätzung sei es der lumbaren, sei es der abdominalen Methode der Nierenoperationen für nicht geeignet, wenigstens zur Zeit nicht. Unter Verweisung auf unsere

---

*) Von einzelnen Seiten ist deshalb, und weil der Nierenstiel mit dem Ureter auch eine Infectionsquelle für das Bauchfell bilden kann, gerathen worden, denselben durch eine besondere Incision in die Lende zu fixiren.

Erörterungen eingangs dieses Capitels sei hier zunächst nur kurz angedeutet, dass die schlechten statistischen Ergebnisse der abdominalen Operation, theilweise wenigstens, darauf beruhen, dass aus den ersten Zeiten der Nierenchirurgie mehrfach Fälle berücksichtigt werden, in denen dieselbe unter mehr oder minder unzureichenden Anzeigen auf Grund irriger diagnostischer Voraussetzungen oder aber als eine Art ultimum refugium unternommen worden ist. Für eine dem heutigen Standpunkte entsprechende Beurtheilung des Verhältnisses der beiden Methoden zu einander sollten daher die procentualen Berechnungen aus häufig nur kleinen Gesammtsummen hinter anderen Erwägungen zurücktreten. Ueberdies haben einzelne Laparotomisten (*Thornton, Sänger* u. A.) vielleicht ebenso gleichmässig gute Resultate, wie sie für die lumbare Methode in Anspruch genommen werden. Allerdings kommt bei allen glücklichen Bauchschnitten, daher auch solchen zur Entfernung von Nierengeschwülsten, als späterer Nachtheil die Möglichkeit der leichten Entwickelung eines Bruches, verbunden mit grösseren Eventrationen, in Frage. Am wesentlichsten aber dürfte sein, dass die Grenze zwischen Bauchschnitt und Lendenschnitt nicht mehr mit aller Schärfe hier aufrecht erhalten wird. Verschiedene Chirurgen (*Trendelenburg, Koenig* u. A.) verwenden den Bauchschnitt wesentlich dort, wo es sich um umschriebene, mehr nach vorn entwickelte Anschwellungen der Niere handelt, also wesentlich bei Neubildungen. Richtet sich dabei die Schnittrichtung weniger nach anatomischen Grenzen, als nach der Hauptausdehnung der Geschwulst, so steht nichts im Wege, dieselbe nöthigenfalls (wie es auch thatsächlich geschehen) bis weiter nach hinten, nach der eigentlichen Lendengegend zu führen. Die Schnittführung kommt dann auf ein und dasselbe hinaus, wie die extra-intraperitoneale Incision in querer oder mehr schräger Richtung von der Lende her (nach *Péan, v. Bergmann* und vielen Anderen). Jedenfalls theilt letztere mit jener den Vorzug, selbst für sehr grosse Nierengeschwulstexstirpationen genügend Raum zu schaffen und verdient in dieser Beziehung nicht die Vorwürfe, die man früher den dem Rande des M. sacrolumbalis entsprechend begrenzten Incisionen gemacht. Die Annehmlichkeit, durch das directe Eindringen vom Bauche aus den vorderen Umfang des erkrankten Organes mehr oder minder vollständig freizulegen, hat inzwischen in den allerletzten Jahren bei verschiedenen Chirurgen in bereits angedeuteter Weise zu einer Art Compromiss zwischen Bauch- und Lendenschnitt geführt. Principiell ohne Eröffnung des Bauchfelles sind demzufolge anzugreifen: Nierenschwellungen in Folge diffuser, infectiös-eiteriger und ähnlicher Processe, sei es, dass es sich um radicale Exstirpationen, sei es, dass es sich um Incision behufs Herausbeförderung von Krankheitsproducten handelt. Ferner sollen von der Lende her die absichtlichen Fistelbildungen, die Eingriffe bei Anurie und das Gros der Nierensteinextractionen ausgeführt werden, und endlich kommt der Weg von der Lende her in erster Reihe in Frage, wenn sich der vom Bauche her als unthunlich erweist, und wenn Operationsfisteln und Residuen früherer Operationen auf den Lendenschnitt hinweisen. Directe Gegenindicationen gegen letzteren zu Gunsten der Laparotomie ergeben sich inzwischen in Fällen unsicherer Diagnose, bei Dystopie und abnormer Beweglichkeit der erkrankten Niere, bei Geschwulstbildung in einer Hufeisenniere und endlich dann, wenn Verbildungen des Rumpfskeletes, namentlich aber Wirbelverkrümmungen die Lendengegend ungangbar machen.

Als ein besonderer Vorzug der Nierenoperationen vom Bauch her wurde bis vor Kurzem betont, dass es möglich sei, sich nach Eröffnung des Bauches von der Existenz der „anderen" (zweiten) Niere zu vergewissern. Wir wollen zugeben, dass es einem durch Uebung an der Leiche wie am Lebenden geschulten Chirurgen in der Mehrzahl der Fälle bei normalen Lagerungsverhältnissen gelingt, die betreffende Niere selbst bei seitlicher Anlage des nicht zu grosse Ausdehnung bietenden laparotomischen Schnittes zu erreichen. Es ist aber in diesem Werke, speciell in dem Capitel von der Steinkrankheit der Niere, mehrfach betont worden, dass man eines Weiteren bedarf, um sich über Gesundheit und Erkrankung, vor Allem aber über die genügende Leistungsfähigkeit einer Niere zu unterrichten. Nicht immer dürften hierzu selbst die grossen, sich nunmehr auf den Harnleiter erstreckenden Fortschritte der Cystoskopie genügen; häufig reicht hierzu kaum die allseitige dem Gesichts- und Gefühlssinne zugute kommende Freilegung der Niere aus. Man muss die Accupunctur, besser aber noch den Probeschnitt durch die Substanz des Organes zu Hilfe nehmen. Die Gefahrlosigkeit dieses Schnittes, wenn richtig dem sogenannten Sectionsschnitte entsprechend, unter Halbirung der Niere in einen vorderen und hinteren Abschnitt unternommen, dürfte augenblicklich allgemein anerkannt sein und hieraus eine weitere Förderung der Nierenchirurgie in der nächsten Zeit resultiren.

Anhang: Partielle Nephrektomie (Nierenresection).

Angesichts der Gefahren und Nachtheile, welche das Leben mit nur einer Niere mit sich bringt und der Schwierigkeit, welche bisweilen die vollständige Enucleation einer erkrankten Niere bietet, haben wir mehrere Verfahren erwähnt, welche das Gemeinsame haben, dass möglichst alles Kranke entfernt wird, aber noch ein gewisser Rest des Organes erhalten bleibt. So weit es sich dabei um ein Vorgehen bei mehr diffusen, ohne scharfe Grenze die Nierensubstanz betheiligenden Processen handelt, kommen die verschiedenen Formen der Ausräumung hier in Betracht. Der Hauptrepräsentant dieser ist die *Ollier*'sche capsuläre Decortication; eine weniger gründliche Art derselben wird von *Le Dentu's* sogenannter hinterer Halbnephrektomie gebildet.

Gegenüber diesen und ähnlichen auf einer Zerstückelung beruhenden Eingriffen steht die partielle Abtragung der Niere in Form der Resection eines grösseren zusammenhängenden, alles Erkrankte enthaltenden Stückes. Dieselbe ist physiologisch durch Thierversuche von *Tuffier* u. A. begründet; sie hat zur Voraussetzung die Heilung der Nierenwunden durch erste Vereinigung unter Beihilfe der Naht nach provisorischer Blutstillung, sei es durch Compression des Nierenstieles oder der Wundränder. Die Zahl der Fälle, in denen man durch solche theilweise Abtragung eine chirurgische Nierenkrankheit zu heilen vermag, kann der Natur der Sache nach nur eine beschränkte sein.

doch waren unter den 15 hierhergehörigen sicheren Beobachtungen die Resultate im Allgemeinen viel bessere als bei der totalen Nephrektomie. An dem Eingriffe selbst starb kein Operirter. Gute dauernde Ergebnisse wurden auch in zwei Fällen von Nephrolithiasis und unter vier verschiedenen Vorkommnissen von Nierencysten in drei erreicht. Ebenfalls heilte je ein Fall von Fistelbildung und ferner ein Fall von Pyonephrose (nach Mitzählung eines *Faeger*'schen Patienten zwei), dann eine Nierenzerreissung und eine von *Tuffier* operirte Nierenfistel. Sehr ausgezeichnet ist die Heilung einer wegen Nierentuberculose durch *J. Israel* gemachten Nierenresection durch den günstigen Einfluss, den dieselbe auf die beginnende Miliartuberculose der Blase an der entsprechenden Harnleitermündung ausübte. Wenig angebracht ist ein derartiger partieller Eingriff inzwischen bei Neubildungen. Von vier einschlägigen Fällen genas endgiltig nur ein von *Spencer Wells* Operirter, aber es handelte sich hier um ein perirenales Lipom. Bei drei bösartigen Geschwülsten kam es bei zwei mehr oder weniger bald zum Recidive, resp. bei einer zu einer Recidivoperation, in dem dritten Falle bestand gleichzeitig Blasencarcinom. Wenn man daher bösartige Neubildungen der Niere von Partialoperationen mit Recht ausschliesst, sollte das Streben dahin gehen, im Uebrigen den Wirkungskreis der Nierenresection möglichst zu erweitern.

SACHREGISTER.